家常湘菜

1000 例

本社 编

湖南科学技术出版社

○ 编者的话

湘菜即湖南菜，至今已有 2000 多年的历史。1974 年在长沙马王堆出土的一套西汉随葬竹简菜谱上，已记载了 100 多种名贵湘菜和 11 种烹饪技法，说明在当时湘菜已有较高的发展水平。在随后的 2000 多年中，湘菜不断创新改进，至明清时期达到高峰，菜系特点趋于成熟，与鲁、川、粤、闽、苏、浙、徽等菜系一起，被称为"八大菜系"。

近年来，湘菜以其独特的魅力迅速征服了众多食客，呈现出强劲的发展势头。湘菜不断推陈出新，硕果累累，湘菜品种已由原来的 2000 多个增加到 6000 多个，名菜达 400 余种。这些湘菜新品在全国各地受到广大消费者的青睐。以湘菜为主的酒家、饭店在全国异军突起，遍地开花。据不完全统计，目前全国各地已有近万家生意红火的湘菜馆。其中，北京、上海、深圳、广州等地的湘菜馆，多的已过千家。

湘菜取得这样的成功，与湘菜勇于创新、兼收并蓄分不开，其亲民性也是主要原因之一。虽然湘菜从来不缺乏制作精致、用料讲究、烹制复杂、原汁原味的高档菜式，燕、翅、鲍、参、肚都是湘菜的入席之选，但在平和、理性、节制、务实、回归自然的美食之风气兴起的现在，选料广泛、注重口味、价廉物美的湘菜更加获得了大众的青睐。在湘菜中，简简单单的原材料就可烹制出美味菜肴；而采用不同的制法，就能将青椒变成烧辣椒、擂辣椒、酱辣椒、鲊辣椒、白辣椒，将红椒变成剁辣椒，将豆角变成干豆角、酸豆角、卜豆角……用简单的方法赋予食品原料以美味，是湘菜的一大特色。从这个意义上说，湘菜是非常适合家庭制作的。

为了让广大读者更好地了解湘菜、学会制作湘菜，我们特地选取了生活中常见常用的食物材料 189 种，详细介绍了用这些食物材料制作的广为流传并适合家庭制作的湘菜共 1000 道，其中既有传统佳肴，也有创新菜式，荤素并举，各种做法兼顾。具体分为：

◆**素菜类**：主要包括蔬菜、菇菌、豆制品等，共介绍菜品 325 道。

◆**畜肉类**：主要包括猪肉、牛肉、羊肉等，共介绍菜品 260 道。

◆**禽蛋类**：主要包括鸡、鸭、肉鸽、鹌鹑以及各种蛋类，共介绍菜品 154 道。

◆**水产类**：主要包括鱼类、虾、蟹、甲鱼等水产品，共介绍菜品 187 道。

◆**点心主食**：各种美味点心以及常见的湖南特色主食，共 74 道。

同时，我们在书中穿插了一些实用的小栏目：

◆**"养生堂"**：64 个，介绍食物的养生知识。

◆**"厨艺分享"**：67 个，介绍烹饪经验，特别是一些湘菜特有的原料的制作方法，包括剁辣椒、酸豆角等。

◆**"相宜相克"**：67 个，以图解形式，直观明了地介绍 67 种常见食物的相克相宜知识。

衷心希望这本实用方便的美食工具书能够帮助广大读者朋友提高厨艺，让大家的一日三餐更加丰富，饮食更健康！

本书编委会

2016 年 11 月

烹饪基础

下面是本书中用到的调料和烹饪方法，先读一读，或许对您会有所帮助。

油 食盐 味精

油：有调味和传热的作用，能使原料增香，又能作为传热介质使原料加快成熟。常用的油有动物油（如猪油）和植物油两类。动物油熔点高，烹制的菜肴色泽洁白，但容易回软；植物油熔点低，所烹制的菜肴色泽金黄、口味香脆。

食盐：百味之主，不仅能调和滋味，还有渗透、防腐和加速蛋白质凝固的作用。评判菜肴的第一条标准就是盐味是否准。

味精：主要用来增加菜肴鲜味，但用量要适当、使用要得法。味精久煮会产生对人体不利的物质，所以一般在菜肴出锅之前加入味精效果比较好，菜肴的味道也会更加鲜美。拌凉菜加味精须用温水化开、放凉后浇入。

鸡 精

是具有肉鲜味、鸡肉味的复合增鲜、增香调味料，可以用于使用味精的所有菜肴、食品，适量加入菜肴、汤食、面食中均能达到增鲜、增香的效果，用于汤菜效果更明显。鸡精因含多种调味剂，因此味道比较综合、协调。因鸡精含盐，因此用鸡精调味时应注意少加盐。

酱油 豆瓣酱

酱油：酱油是一种成分复杂的呈咸味的调味品，其作用是提味调色，适合红烧及制作卤味。酱油在加热时，最显著的变化是糖分减少，酸度增加，颜色加深。生抽和老抽为酱油中的两种，生抽提鲜，颜色比较淡，可以用来拌凉菜，也可以用来腌制食物和炒菜；老抽用来上色入味，多用于红烧菜式中。

豆瓣酱：用蚕豆做成的酱，紫红色，鲜艳有光泽，香辣鲜美可口，多用于炒菜、烧菜。以豆瓣酱调味的菜肴无须加入太多酱油，以免成品过咸。豆瓣酱用油爆过后，色泽及味道较好。四川郫县产的豆瓣酱闻名全国。

蒜茸香辣酱　永丰辣酱　辣妹子辣酱

蒜茸香辣酱：将蒜茸与辣酱混合，并加入香菇酱和糖醋所制成的酱。蒜味浓郁，辣中带甜酸，多用于白煮、白灼菜的调汁，也可用于烹炒菜。

永丰辣酱：湖南永丰县产的辣椒酱，颜色鲜红、口味香辣，系闻名全国的湖南省名特土产。

辣妹子辣酱：红辣椒磨碎做成的酱，呈赤红色黏稠状，又称辣酱。可增添辣味，并增加菜肴色泽。

干淀粉

干淀粉：即芡粉，多调成水淀粉后使用。主要用途是保证菜肴脆嫩、融合汤汁、色艳光洁、突出主味以及保温等。

水淀粉：是将干淀粉用清水调拌均匀后的白色粉浆，也称为芡。如果水分较少、粉浆浓稠，入锅经糊化后，菜品上的芡汁浓厚，则为厚芡（稠水淀粉）；如果水分较多、粉浆稀薄，入锅经糊化后，菜品上的芡汁少且稀薄，则为薄芡。

蒸鱼豉油　蚝油

蒸鱼豉油：是一种高档的功能性酱油，用于烹调海鲜类菜品时可以更好地带出海鲜的鲜味。由于味道特别，在一些口味菜式中也加以使用。

蚝油：用牡蛎的汁酿制成的调味品，营养丰富、味道鲜美，醇香中透露着些许甜味。炖肉、炖鸡及红烧鸡、鸭、鱼等食物时加入蚝油佐味，更加鲜美可口。蚝油本身很咸，可用白糖稍微中和其咸度。

料酒　醋

料酒：又称黄酒，在烹调中应用范围极广，酒精浓度低，香味浓郁、味道醇和，常用来去腥、增香、调味。烹制水产类原料少不了料酒。料酒以浙江绍兴出产的绍酒为最好。

醋：能增鲜、解腻、除腥。在加热过程中加少许醋，不仅能使原料的维生素少受或不受损失，同时还能使食物中的钙质分解，以利于人体消化吸收。常用的有白醋、陈醋。陈醋不宜久煮，于起锅前加入即可，以免香味散去。白醋略煮可使酸味较淡。

胡椒粉　白糖

胡椒粉：胡椒磨成的粉。辛辣而芳香，可以去腥、起香、提鲜，并有除寒气、消积食的作用。

白糖：能调和滋味，增加菜肴的色泽，使其美观，并使肉组织柔软多汁。

香油　红油

香油：香油就是芝麻油，菜肴起锅前淋上，可增香味；腌制食物或是凉拌菜时，亦可加入以增添香味。较涩的蔬菜可以用香油改善。

红油：为菜肴增红色、增辣味，多在出锅前淋入。超市有售，也可自制：锅内放植物油烧热，控制在七成热左右（油温不要过高），下入辣椒粉，放一点生姜、八角、桂皮，也可放入花椒，用小火熬制一会，离火，让辣椒粉在油里面泡久一点，辣椒粉会沉底，上面的油即为红油。

湘菜卤药配方

布油曲 2 克,甘草、陈皮、香叶、桂皮、罗汉果、胡椒粉、白芷、木香、厚朴、榧子、丁香、肉桂、甘松、肉扣霜、花椒、龙胆草、八角、枳壳、豆蔻、地龙粉、苍术、砂红、香附、草果、小茴香、砂姜各 10 克,干椒 20 克,加清水 2500 毫升。卤药水保洁好可反复用。

白卤水制法

先用干净的不锈钢桶装清水 5000 毫升,将八角 50 克、桂皮 50 克、甘草 30 克、整干椒 20 克、花椒粒 10 克、姜 50 克、蒜子 200 克、香葱 30 克、香菜 45 克、红尖椒 15 克用纱布一起打包,投入不锈钢桶,再上火烧开,放入适量的盐、味精调味,加入二锅头 10 毫升、广东米酒 15 毫升、玫瑰露酒 8 毫升,再次烧开后即可使用。

红卤水制法

锅内放植物油 50 毫升,放入白糖 30 克,开小火,用手勺按顺时针方向搅拌至糖完全融化呈深红色,加入清水 150 毫升,用大火烧开,即成糖色,备用;另取一锅,放入植物油 120 克,烧热后放入整干椒 200 克爆香,再立即加入冷植物油 80 克拌匀,备用;取不锈钢桶,将八角 50 克、桂皮 50 克、甘草 10 克、白蔻 5 克、草果 15 克、整干椒 100 克、花椒粒 5 克、陈皮 8 克、白胡椒粒 3 克、小茴香 12 克一起用纱布打包(卤药包),将香葱 10 克、香菜根 15 克、姜 6 克、大蒜子 5 克用纱布另打一包(香葱包);取不锈钢桶一个,加入清水 2500 毫升,投入卤药包、香葱包,加入适量的盐、味精、鸡精和冰糖 500 克,加入红烧酱油 100 克,加适量的老抽和糖色调至酱红色,烹入料酒,用中火烧开,倒入整干椒(包括冷植物油 80 克)即可。家庭制作按 1/10 的用量配料。

鸡 油

鸡油:鸡油俗称鸡板油,也叫明油。用途广泛,经提炼后纯油可用作高品质、高营养、高档次的食品油。

香 料

香料(八角、桂皮、草果、波扣、香叶、花椒):香料植物的干燥物,能给食物带来特有的风味、色泽和刺激性味感。

干 椒

干椒(干椒段、干椒末、整干椒):将鲜红尖椒晒干而成。

葱 姜 蒜

葱（葱花、葱段、葱结）、姜（姜片、姜丝、姜末）、蒜（蒜粒、蒜片、蒜蓉）：含辛辣芳香物质的调味品，不但能去腥起香，还有开胃和促进消化的作用。

大蒜 三丝

大蒜：多用来爆香、去腥味，具有杀菌、消除胃胀、抗癌以及强精等功效。

三丝：将鲜红椒去蒂、去籽后洗净，切成细丝，与葱丝、姜丝一起放入清水中漂洗 5 分钟即可。多用于蒸鱼中，其他菜肴中也有用到。

鲜汤

鲜汤：将富含蛋白质和脂肪的动物性原料（鸡、鸭骨架、猪脚爪、猪骨等）放在水中慢煮，使原料中所含的蛋白质和脂肪溶解于水而制成的汤。鲜汤的用途十分广泛，大部分菜肴都要用鲜汤提鲜调味。可一次性多制作些，放入冰箱保存，随用随取。

挂糊 上浆

挂糊：是先用干淀粉加水或蛋液调制成黏性的糊，然后将经过刀工处理的原料放入糊内拖过，使原料挂上一层薄衣一样的粉糊。挂糊一般用于炸、熘、煎、贴等。

上浆：是把干淀粉、蛋清及调味品（盐、味精等）调成浆，直接加入原料中一起调拌均匀，使原料表面上一层薄浆。与挂糊不同的是：挂糊是事先将糊调好，糊较厚较稠；而上浆的糊可直接加在原料上，较稀较薄。上浆多用于滑炒、滑熘等。

挂糊

上浆

蛋清糊

挂糊、上浆的作用：由于油炸时温度比较高，原料上的粉糊受热后会立即凝成一层保护层，使原料不直接与高温油接触，得以保持原料内的水分、鲜味、营养成分不致流失，制作的菜肴就能达到松、嫩、香、脆的目的，既使菜肴形色美观，又可保持营养成分。

本书所用的糊的种类如下：

1. 蛋清糊：也叫蛋白糊，用鸡蛋清和水淀粉调制而

蛋泡糊

全蛋糊

蛋黄糊

脆糊

成，或用鸡蛋、面粉、水调制而成。还可加入适量的泡打粉助发。色泽淡黄、质地松软。制作时，蛋清不打发，只要均匀地搅拌在面粉或淀粉中即可。一般适用于软炸。

2. 蛋泡糊：也叫雪花糊，将鸡蛋清用筷子顺一个方向搅打成泡沫状（直到筷子在蛋清中能够直立不倒为止），然后加入干淀粉搅拌成糊。用它挂糊制作的菜肴，外观形态饱满，口感外松里嫩。一般用于松炸菜肴或某些形态比较特殊的菜肴。制作蛋泡糊，除强调打发（要顺一个方向，不能停顿）外，还要注意加干淀粉，否则糊易出水，菜难制成。

3. 蛋黄糊：用鸡蛋黄加面粉或干淀粉加水搅打而成，可使制作的菜色泽金黄，一般适用于酥炸、炸熘等烹调方法。酥炸后食品外酥里鲜，食用时蘸调味品即可。

4. 全蛋糊：用整只鸡蛋与面粉或干淀粉加水搅打而成，制作简单，适用于炸制拔丝菜肴，成品金黄色，外松里嫩。

5. 脆糊：将面粉 50 克、干淀粉 10 克、盐 0.6 克、泡打粉（发酵粉）2 克放入碗中拌匀，再加入清水 60 毫升和匀，最后放植物油 15 克轻轻搅匀，静置 30 分钟即可。一般适用于酥炸、干炸、拔丝的菜肴，制成的菜具有酥脆、酥香、胀发饱满的特点。

焯 水

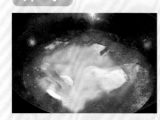

冷水焯

热水焯

就是把经过初加工的原料放入水锅中加热至半熟或刚熟状态，随即取出以备进一步切配成形或正式烹制菜肴之用。焯水的作用是去掉原料的异味，或做熟前处理以便于烹调。大部分蔬菜及一些有血污或有腥膻气味的肉类原料都需要焯水。焯水分冷水锅和沸水锅两类。焯水时，有时会在水中加盐、味精、料酒等对原料同时进行入味。

冷水锅焯水：是原料与冷水同时下锅，适用于体积较大和含有苦味、涩味的蔬菜以及腥膻味重、血污多的牛肉、羊肉、下脚料（肠、肚等）。

沸水锅焯水：是待水加热至沸滚时，再将原料下锅，适用于体积小、含水量多的叶类蔬菜以及腥味小、血污少的禽类原料和猪肉等。

过 油

走油

将已经成形的原料或经焯水处理的原料，放入油锅内加热成半成品，使原料达到滑嫩香脆的特点。过油分走油和滑油两种。

走油：即炸，是将原料放入油量多、油温高的油锅中进行炸制的一种方法。技术关键：油量要没过原料，油温要有七至八成热；挂糊的原料走油时应逐一下锅，小型原料要拌散下锅，防止黏在一起。

滑油：把经过加工的小型原料放入五成热以下的温油锅中进行滑制的方法。技术关键：锅要洗净，锅烧热再下油，油温要控制在二成热以上、五成热以下；原料一般要上浆，要拌散下锅，并随即用筷子拨散，时间不能过长。

勾 芡

在菜肴接近成熟、准备出锅前，将调好的水淀粉汁（芡汁）淋入锅内，或在菜肴装盘后，将烹好的芡汁浇在菜肴上，勾芡后的菜肴汤汁稠浓。勾芡的目的：增加菜肴汤汁的黏性；增加菜肴的光泽，保持菜肴的温度。勾芡的方法有多种，在本书中，如无特别说明，勾芡是指在出锅前将水淀粉淋入锅内的菜肴上。

识别油温

走油和滑油都要正确掌握油温。油的沸点可达250℃，油温高低一般称为"几成热"，每成热约计为30℃。例如三四成热即90℃～130℃。油锅温度的分类及判断方法为：

1. 温油锅：三四成热，90℃～130℃，油面平静，无烟、无响声，原料下锅后，周围出现少量气泡。

2. 热油锅：五六成热，130℃～170℃，油面从四周向中间翻动，稍有青烟，原料下锅后四周有较多的气泡。

3. 旺油锅：七八成热，170℃～230℃，有青烟，油面平静，如果用手勺搅动时有响声，原料下锅后周围有大量气泡，并伴有爆炸声。

煸 炒

又叫生炒，是将加工成薄片或丝、条、丁状的小型原料直接用旺火热锅热油翻炒的方法。技术关键：原料事先不经调味料拌渍，不需挂糊上浆，起锅时不勾芡，原料依次下锅，断生即成。

淋尾油

将少许烧热的猪油或植物油浇淋在即将出锅的菜肴上，以增加菜肴的光泽度。或将少许香油或红油浇淋在即将出锅的菜肴上，以增亮、增味、增香。

刀工基础

刀具的种类

刀具的种类很多，按功能能分为砍刀、片刀、蔬菜刀、刨皮刀、火腿刀、番茄刀、西瓜刀、面包刀、多用刀等；按刃口分为一体钢刀和夹钢刀；按材料分为碳钢刀、不锈钢刀、高碳不锈钢刀等。

选菜刀的经验

不论你选用不锈钢刀还是传统的钢刀，都要求刀面光滑，没有凹凸不平的现象。从刀刃到刀背是从薄到厚的均匀过渡。用刀刃削另一把刀的刀背，倘若能削下铁屑，顺利向前滑动，就说明钢口好。

防菜刀生锈去锈妙法

使用以下方法即可避免菜刀生锈：菜刀使用之后，一定要用清洁剂和清水刷洗干净，然后用热水烫一下，再用干洁抹布擦干，这样菜刀就不会生锈了。

采用以下三种方法即可去除菜刀上的锈：一是先用食醋擦洗一下，然后用温水冲洗，即可除掉；二是用食盐沾少许水擦洗锈斑，也可顺利去除；三是用淘米水泡一会再洗，便可轻松去净。

去除菜刀异味秘诀

菜刀切过鱼或葱蒜等食物，如没有及时清理干净，会留有腥臭气味。要消除刀上的异味，可用生姜片擦刀面，或将刀在火炉上迅速烤一下，再用温水洗净。用柠檬皮擦拭，也可去除菜刀异味，但柠檬汁容易使菜刀生锈，所以擦后需用水洗净擦干。

磨菜刀的正确方法

碗底蹭几下便可，殊不知这样会损坏刀刃。在磨刀之前，先把菜刀在盐水里浸泡20分钟，然后把菜刀拿出来。用盐水浇着磨，才能将刀刃磨得锋利。磨刀时要做到：正反次数一致；要用力均匀；等磨刀石表面起沙浆时再洒水；刀的两面和前后及中部要轮流均匀地磨到。只有这样才能保持刀刃平直、锋利，刀磨完后要用清水洗净，擦干。

刀工的四大作用

一、便于烹调：我们知道：菜肴的烹调方法很多，各种不同的烹调方法需要不同的刀工。比如干煸牛肉丝的肉丝要粗点，清炒牛肉丝的肉丝就应细些；又如羊肉，运用炖法烹调，切块要大一些，采用爆炒法烹调，块就需要小些。

二、便于入味：有的原料不进行刀工处理，调味品就很难渗入内部，难以形成美味。如表面光滑的鲜墨鱼，切成大块后爆炒，味道就很难渗入。只有在大块表面切上多十字刀纹，增大受热面，才能在短时间内快速入味。

又比如鱼，直接烧制也不易渗入调味料，但表面经过刀工处理后，就能让其味透入肌里。

三、便于食用：整块较厚较大的原料，如整的猪、牛、羊是无法食用的，必须经过刀工进行剔骨、去皮，切成丁、丝、片、条等小形状，才便于食用。

四、整齐美观：原料切成规格一致、粗细相等、长短一样的丝、片、条，美观整齐，诱人食欲，特别是花色菜肴，更能突出刀工的作用。比如在韧性原料如猪腰、墨鱼上切上花刀，经过油加热后就能卷曲成美丽的花形，正所谓"刀下生花，油里开花"。

刀工的五大要求

一、根据原料的性质进行刀工：原料的质地有脆、韧、软、松等不同性质，有的有骨，有的无骨，需要采用不同的刀工处理。比如：牛肉质老，就应横着纹路切；猪肉较嫩，要斜着纹路切；鸡肉最嫩，就要顺着纹路来切。黄瓜质脆，用直刀切；面包松暄，就用锯切；煮好的白肉，最好是锯切加直切。

同是切块，有骨的块就要比无骨的块小些；同是切片，质地脆嫩的要比质地韧硬的厚些；同是切丝，质地松软的要比质地较韧的粗些。

二、根据烹调的要求进行刀工

中国菜肴的烹调方法粗算有三十多种，细分就有百余法。各种烹调方法所使用的火力有强弱，加热时间有长短。所以刀工要适应不同的烹调方法。

如爆、熘、炒的烹调方法，要求旺火速成，口感滑嫩，因此原料在刀工上就要切得薄一些，小一点；过分厚大，既不易熟又难入味。

又如炖、煨的烹调方法，小火时间长，要求口感酥烂，所以在刀工时应切得厚、大一些。如过于细小，经加热后就会成糊状，又降低食用价值。

再如烧、蒸的烹调方法，需要大块或整只的原料，就需要根据这类烹调方法，将原料剞上各种刀纹。

三、原料刀工后要整齐划一

切好的肉丝、肉条，必须粗细均匀，长短一致，不能有连刀出现，更不能切成韭菜扁，也不能切成一头粗一头细的老鼠尾，否则成菜的形态不美。

切好的鱼片、鸡片，必须大小一样，厚薄相同。如果大小、厚薄不一，在烹调时薄的已熟，厚的还没熟透，或等厚的熟透，薄的早已过火或碎烂。调味也很难均匀。

四、原料刀工后要干净利落

刀工处理后的原料，无论是条与条之间，丝与丝之间，块与块之间，都不能有连接，或肉断筋不断，似断非断的现象，否则，不仅影响菜肴的质量，也会影响菜肴的美观。

五、原料刀工时应物尽其用

在刀工操作中，用料应有计划，要量材使用，做到大材大用，小材精用，不浪费原材料。例如大料改为小料时，落刀前就得心中有数，使其每一刀都能得到充分利用。能切肉丝的不轻易用做切肉片，能切肉片的不能拿去制馅。

注意站案姿势

一般来说，切制各种原料时，砧板要放平稳，精神集中，目不旁观，用刀切制原料时，两腿自然分立站稳，上身略向前倾，前胸稍挺。不能弯腰曲背，两肩不能有高有低、腹部与砧板保持一拳相距。砧板位置高低，根据身材高矮，以操作方便为准。

握刀的正确方法

用刀切菜，人人都会。但要正确握刀，有的人却不会，厨房中切伤手指的大有人在。正确方法是：

1. 用大拇指及食指夹住靠近刀柄的刀面。
2. 其余三指握住刀柄，虎口朝刀背。

基本刀法——直刀法——切

切：又细分为六种：直切、推切、拉切、锯切、滚切、铡切。

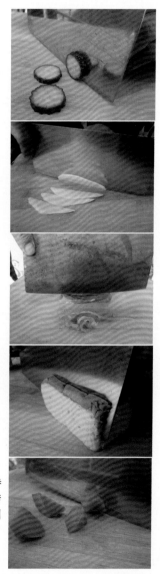

1.直切：是一刀一刀笔直地切下去，着力点布满刀刃，前后力量一致，用力对准原料待切的部位一次性垂直切断，同时还可利用刀刃和菜墩的自然回弹力和腕部的灵活性进行均匀而有序的跳动，所以又叫"跳刀切"。此法适用于无骨原料、脆性原料，如豆腐、莴笋等。

2.推切：这种刀法的着力点在刀的后端，开始落刀由刀的前端触及原料，落刀后用力由后向前推动，一刀推切到底至原料断开，不再拉回刀切断原料。适宜于质地松散和不容易断开的原料，如葱白、豆腐干、萝卜等。

3.拉切：又叫"拖切"，与推切正好相反。着力点在刀的前端，落刀先由后面向前虚推，再由前向后实拉，一拉到底，即所谓"虚推实拉"，把料切断；或先用前端微剌后，再向后方拉切。适用于比较坚韧、不易切断的原料，如猪肉、牛肉等。

4.锯切：又叫推拉切。着力点前后交替使用，是推切和拉切的刀法同时运用。用刀由上往下压的同时，刀首先推出去，再拉回来切断原料，一推一拉，如同拉锯，所以叫"锯切"。适用于有一定的韧性和松散易碎的原料，如五花肉、火腿肠、面包等。

5.滚切：又叫"滚料切"，一手按住原料，另一手持刀与原料保持一定的角度垂直切下去，每切一刀，转动原料一次，边滚边切。这种切法多用于圆形或椭圆形的质地脆的原料，如黄瓜、土豆、萝卜、莴笋等。

6.铡切：铡切，又叫"压切"，有两种方法：一是一手握住刀柄，另一手握住刀背，对准原料待切部位，上下反复、错落有致地压切下去；另一种是一手握住刀柄，刀刃的前端按在原料待切部位贴着菜墩不动，另一手按住刀背前端，左右两手同时用力压切下去。这种刀法多用于带壳、带软骨（或小硬骨）、小而圆且易滑动的原料，如螃蟹、花椒、板栗等。

基本刀法——直刀法——剁

又叫"斩"，是将无骨原料剁制成泥、茸、末、粒状，通常运用单刀直剁、双刀排剁、刀背剁(又叫"捶")，如鱼泥、鸡茸、姜末等；或将带骨原料剁制成形的一种方法，常用单刀直剁，适用于畜禽类生熟原料，如整鸡、鸭、烤禽等。

操作要点：一是单刀剁制时，提刀不要过高，防止碎末儿飞溅；二是双刀剁制时要保持一定的距离。一般是两刀前端距离可以稍近一些，刀根的距离稍远一些。

基本刀法——直刀法——砍

又分为三种：直刀砍、根刀砍、拍刀砍。

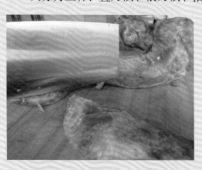

1.直刀砍：这种刀法常用于带骨的或质地坚硬的原料。操作方法是：手持刀具，对准原料待切部位，刀具抬起一定的幅度(有时也可高于头顶，以增加惯性冲击力)，用力垂直砍下，一次或多次至原料断开。此法多用于大骨或质地较硬的原料，如鸡、鸭、排骨等。

操作要点：一是要用手臂力量，而不是用手腕力量，否则容易震伤手腕；二是右手落刀前要高高举起，左手按稳原料，在落刀时则应迅速离开落刀点，以免伤手；三是砍时要握紧刀柄，一刀把原料砍断。

2.根刀砍：根刀砍，也是砍刀法的一种刀法。具体操作方法是：将刀刃按在原料要砍的部位上，一手持原料，一手持刀，两手同时举起，同时落下，重复多次，直至把原料切断。多用于不易切断、又较难掌握的原料，如猪手、冷冻的鱼类、肉制品。

操作要点：一定要将刀嵌稳原料，不能松动脱落。两手紧密配合，左手持好原料，右手握住刀柄，两手同时垂直起落，下落时持原料的手要离开原料，以避免刀滑砍手。

3.拍刀砍

将刀刃放在原料待切部位，右手握住刀柄，左手高举以掌心或掌根用力拍击刀背，直至把原料砍断。这种刀法多用于形圆易滑、质硬带骨又较难掌握的原料，如鸭头、鸡头等。

操作要点：一是拍刀背时用力要得当。过重，易使原料跳动散失；过轻，不能将原料砍开。二是对准原料要切的部位后，不能移动，否则，砍开的原料形状或偏大或偏小。三是一次拍不断，可连续数次，直至拍断。

平刀法——平刀片

是一手按住原料，另一手放平刀身，从原料的一端起刀与菜墩平行进入原料，一刀把原料批开。从原料的上端起刀为"上刀片"，从原料的下端起刀为"下刀片"。

适用原料：无骨柔软的原料和蔬菜，如豆腐、鸡血、鸭血、鲜肉等。

操作要点：用下刀片时，刀的前端要紧贴砧板的表面，刀的后端稍微提高一点，来控制片的厚薄；采用上刀片法，左手按料时，指与指之间要留开一道缝，以便观察所切片的厚薄；左手按料用力不能过大，以原料不动为好。

平刀法——推刀片

推刀片是将刀的前端用平刀片的方法片进原料后，由内向外（由后向前）推移片下来。

适用原料：熟料和脆性原料，如茭白、熟笋、生姜、榨菜等。

操作要点：运刀时，刀的后端略微提起，着力点在刀的后端。

平刀法——拉刀片

拉刀片与推刀片动作相反，方法是将刀的后端用平刀片的方法片进原料后，由外向里（由前向后）片下来。

适用原料：细嫩和略带韧性的原料，如鸡脯、腰子、猪肝、瘦肉等。

操作要点：运刀时，刀的前端稍微抬高一点，着力点在刀的前端。

平刀法——推拉片

又叫"拉锯片"，先将刀的前端平片进原料，由前向后拖拉，再由后向前推进，一前一后、一推一拉，直至片断原料。

适用原料：韧性较强或软烂易碎的原料，如猪肚、火腿肠、灌肠、冻肉等。

操作要点：运刀时，来回用力要一致。往前推时，刀的后端略微提起。往后拉时，刀的前端稍微抬高一点。

平刀法——抖刀片

又叫波浪片，与平刀片基本相似，但不同的是片进原料后，要做上下波浪形移动。具体操作是：左手按住原料，右手握刀，用平刀法将刀刃片进原料的同时，刀刃做上下轻微而又均匀的波浪形抖动，美化原料的形状。

适用原料：柔软、脆嫩的原料，如豆腐干、松花蛋、胡萝卜、黄白蛋糕等。

操作要点：刀刃上下抖动要均匀，使片下来的原料形状美观。

平刀法——旋料片

对柱体原料的批片。是指刀刃平刀片进原料，一边进刀刃一边将原料在砧板上滚动，可以旋成较薄的片。

适用原料：圆柱形植物原料，如胡萝卜、白萝卜、茄子等。

操作要点：要始终保持刀面平行，并且控制好进刀深度，以免把原料片断。

斜刀法——正刀片

又叫抹刀片。具体操作方法是：左手按料，右手握刀，使刀背向右，刀刃向左，刀身倾斜，从刀的前中部着力，进入原料的同时，从外向内拉动片断原料。

适用原料：如鸡脯肉、猪腰、海参等。

操作要点：操作此种刀法时，右侧角度以 45°～50° 为佳；要待刀刃接触原料表面时，才可用力片下，这样可避免刀伤手。

斜刀法——反刀片

这种刀法是左手按住原料，右手握刀使刀身倾斜，刀背朝内，刀刃向外，从刀的中后部着力，片进原料后，运用推力，由左向右拉动片断原料。

适用原料：脆性、韧性而黏滑的熟猪耳朵、熟猪头肉、熟肉皮等，以及刮鱼、剔肉皮等都使用这种刀法。

操作要点：此种刀法在下刀时，刀身倾斜抵住左手关节，右侧角度 130°～140° 为好。从正前方看，不能看见手指头，否则极容易割破手指。

特殊刀法——削

　　主要用于带皮的蔬菜，如土豆、胡萝卜、白萝卜、莴笋等去皮时都用此法。

　　方法是用反刀削：左手拿原料，右手持刀，刀背向内，刀刃向外，着力点在刀刃的中间，将皮削下来。

特殊刀法——旋

　　也主要用于带皮的原料，如苹果、梨等。

　　方法是用正刀削：左手拿料，右手执刀，刀背向外，刀刃向内，着力点在刀刃的中间，将皮削下来。

特殊刀法——剜

　　主要用于把原料上不能食用的部分剜去，如土豆的芽眼、番茄的蒂等及其他原料上不能食用的部分。

　　方法是：左手拿料，右手执刀，使刀柄朝下，刀身呈倾斜状，将刀根尖对准所要去除的部位，原料随刀根尖转一圈，即剜出所要去的部位，着力点在刀根。

特殊刀法——拍

　　用刀面把原料拍松。常用的原料有两种，一种是刀工前的处理，如黄瓜、莴笋等，另一种是刀工后的处理，如切好的厚牛肉片、猪里脊等。

　　方法是：将原料放在砧板上，右手握刀平放，使刀背向左、刀刃向右，对准所要拍的原料拍下去，使原料变松，着力点在刀面，用力要适度，防止拍得过碎。

特殊刀法——压

　　主要用于光滑的原料，如大蒜、生姜等。

　　方法是：将原料放在砧板上，右手握刀平放，使刀背向左、刀刃向右，或刀背向右、刀刃向左，把刀面放在原料上，左手使劲向下压住刀面，使原料裂开为止。压碎时，注意不要滑落刀面，避免受伤。

特殊刀法——戳

主要用于炸肉排时切好的肉片，如大虾肉、猪肉片等。

方法是：将加工好的片料理平于案板上，右手执刀，使刀柄朝上，刀身呈倾斜状，用刀尖在上面戳上数个小洞，以断其筋络，着力点在刀尖。

特殊刀法——敲

主要用于硬壳原料如核桃、白果等和纤维粗的肉类原料如牛肉等。

方法有两种。一种是把硬壳原料放在砧板上，左手扶住原料一侧，右手执刀，刀刃向上，刀背向下，对准原料部位用力敲下去，使壳开即可；另一种是把肉料置砧板上，用刀背在两面敲一两遍，使其纤维变松即可。

特殊刀法——刮

主要用于皮薄的胡萝卜、牛蒡、莲藕和去鱼鳞等。

方法有两种。一种是用刀背刮，左手持料，右手握刀，刀刃向上倾斜于身内，刀背向下，在原料表面来回反复地刮，直至把表皮刮净，用力要适度，着力点在刀背；另一种是用刀刃刮，主要是去鱼鳞，方法是：将鱼头朝左平放于砧板上，左手压住鱼身，右手持刀，用刀刃向鱼头部刮去，使鱼鳞脱落，直至刮净。

特殊刀法——剖

指用刀将整形原料破开的刀法，如鸡、鸭、鱼等。

在操作时，应根据烹调需要掌握下刀部位及剖口大小而准确运刀。如鱼，应头朝内、尾向外，背朝左，腹向右，左手压住鱼身，右手持平刀，将刀刃对准鱼腹来回拉几下，使鱼腹破开即可；又如鸡、鸭，在腹部或脊背开口，应用直刀切开。若在鸡胸上近肛门处开口，就应用平刀割开一条长约5厘米的刀口。

特殊刀法——剔

这种刀法适用于带骨和有筋膜的原料，如鸡腿去骨、羊肉上的筋膜和小碎骨，都采用剔的刀法。操作时下刀的刀法要准确，随原料部位不同分别运用刀尖、刀根等刀刃的不同部位，以保证取料完好。

不同砧板的优点和缺点

	优点	缺点
木砧板	1.比较有韧性，切起来比较有感觉，这也是为什么大厨们都选择木砧板的原因 2.天然材料，相对比较健康	1. 容易开裂，需经常保养 2. 长期使用，可能会产生木渣，尤其是硬度不够的木砧板 3. 硬度不够的木砧板容易产生刀痕，易隐藏有害细菌
竹砧板	1.市场上的竹砧板质量比较稳定，不像木砧板那样质量参差不齐 2.天然材料，比较健康	1. 多为多片竹子拼接而成，不能重击，不能切硬物 2. 硬度较高，会伤刀。习惯了木砧板的人，用起来觉得过硬，没有韧性，没有刀感
塑料砧板	1. 价格便宜 2. 比较平整，食物不会粘或嵌进砧板，比较适合揉面等	1. 塑料制品在高温下使用，会产生有毒物质 2. 菜刀留下的刀痕容易藏污，产生细菌

砧板的选购

1. 首选木砧板：木砧板刀感比较好，也不伤刀，所以不但便于切制各种食材，而且还适宜剁制各种食材。如果你在家里经常剁猪排骨、牛骨头、猪手等带骨的食材，就必须备用一个木砧板。

木头的砧板以桦木、柳木最佳。挑选时应注意：一看整个砧板是否厚薄一致，有没有开裂；二看年轮，一般是以年轮圆正，纹路清晰而细密的为好。如果有木节，则要看木节与木节是否紧密相连。如果木节与木质有明显接痕或裂缝，则不宜选购，因这种砧板容易脱落而使表面留下一个坑。

有些木质砧板由于用料劣质，颜色偏黑，厂家经过硫黄漂白，让其颜色更白、更光鲜。购买时，应闻一闻砧板有无异味。

2. 竹砧板，多适用于切水果、熟食。

3. 如果你对塑料砧板情有独钟，用它揉面团是最合适不过了，因为面不易粘或嵌进塑料板内。

4. 出于健康、卫生的考虑，生熟食品必须用不同的砧板，否则容易交叉感染。所以每个家庭至少要备两块砧板。

c o n t e n t s

目录

第2篇　畜肉类

猪肉

第3篇　禽蛋类

第4篇 水产类

速查表

素菜类

葱香白菜丝

原料：白菜梗 250 克，青椒、红椒各 50 克，大葱白 100 克，鸡蛋 2 个。

调料：植物油、精盐、味精、胡椒粉、香油。

做法：

① 将白菜梗、青椒、红椒、大葱白均切成 5 厘米长的丝；鸡蛋打散，摊成蛋皮，也切成 5 厘米长的丝。

② 锅置旺火上，放入植物油，烧热后下入白菜梗丝、青椒丝、红椒丝、精盐、味精炒拌入味，再加入葱白丝、蛋皮丝炒拌均匀，淋上香油，撒胡椒粉，出锅装盘即可。

麻辣白菜卷

原料：大白菜 500 克。

调料：精盐、味精、白糖、白醋、花椒油、香油、红油、鲜汤。

做法：

① 锅置旺火上，放入鲜汤、精盐、味精、白糖、白醋、红油、花椒油烧开，放入大白菜浸泡入味。

② 待汤汁凉后夹出大白菜，切成 8 厘米宽，卷好码在碟子上，淋上热香油即可。

原料：大白菜 500 克，鲜红椒 4 克。

调料：猪油、盐、味精、姜片、鲜汤。

做法：

❶ 将大白菜摘洗干净，将白菜梗撕成 3 厘米见方的块，白菜叶大小随意；将鲜红椒去蒂、去籽后洗净，切成片。

❷ 净锅置旺火上，放猪油烧热后下入姜片煸香，随后下入白菜梗，放盐、味精拌炒入味，熟后放鲜红椒片、白菜叶一起合炒，倒入鲜汤，将白菜稍焖熟后出锅装盘。

清炒大白菜

原料：大白菜 500 克。

调料：猪油、盐、味精、香油、红油、干椒末。

做法：

❶ 锅内放水烧开，放少许盐，将大白菜摘洗干净后放入锅中烫热，连沸水一起出锅倒入大盆中，放置 4 小时后捞出，切碎、挤干水。

❷ 净锅置旺火上，放猪油烧热后下入干椒末煸香，随后放入烫白菜，放盐、味精拌炒入味后，淋香油、红油，出锅装入盘中。

干椒炒烫白菜

☯ 相宜相克　　　　白菜

使蛋白质变性，降低营养价值

引发中毒

兔肉　✕　　　✕　黄鳝

虾米　✓　白菜　✓　牛肉

清热解毒、滋阴清肺、健肠开胃

有健脾开胃功效，对体弱乏力、肺热咳嗽有辅助疗效

✿ 养生堂　　　　大白菜

◆含有丰富的维生素 C、维生素 E，多吃可护肤养颜，有养胃生津、利尿通便、清热解毒之功效。

◆不宜用铜制器皿盛放或烹制。冬季人们容易受寒或感冒，可将白菜加大葱、生姜合用，以御寒并防治感冒。

◆大众人群均适合食用。妇女食用尤可降低乳腺癌发病率。

油浸小白菜

原料: 小白菜心 250 克, 鲜红椒 2 克。

调料: 植物油、盐、味精、蒸鱼豉油、姜丝、葱丝。

做法:

① 将鲜红椒去蒂、去籽后洗净, 切成细丝; 将小白菜心摘洗干净。

② 锅内放水烧开, 放植物油、盐、味精, 放入小白菜心焯水后捞出, 整齐地码入盘中, 放上姜丝、葱丝、鲜红椒丝, 浇蒸鱼豉油、浇少许沸油即可。

要点: 如果没有蒸鱼豉油, 也可用海鲜汁代替。小白菜也可用大白菜替代。

蟹黄白菜

原料: 小白菜心 200 克, 盐蛋黄 3 个, 鲜红椒 3 克。

调料: 猪油、盐、味精、鸡精、水淀粉、鸡油、姜末、鲜汤。

做法:

① 将盐蛋黄蒸熟后放在砧板上, 用刀板碾成茸; 鲜红椒去蒂、去籽, 洗净后切成米粒状。

② 锅内放猪油烧热, 下入白菜心翻炒, 放少许的盐、味精、鸡精炒匀, 放少许鲜汤焖一下, 用筷子夹入盘中, 随意造型。

③ 净锅置旺火上, 放猪油烧热后下入姜末, 随后下入盐蛋黄充分拌炒, 放鲜汤、味精、鸡精, 烧开后勾少许水淀粉, 淋鸡油, 出锅浇盖在小白菜心上, 撒上红椒米即可。

☯ 相宜相克　　　　　　小白菜

容易引起腹泻和呕吐

兔肉 ✕

会使小白菜中原有的营养成分大大降低

黄鳝 ✕

虾米 ✓

小白菜

牛肉 ✓

辅助治疗小便不利、烦热口渴

营养全面, 对脑血管病、软骨病也有辅助疗效

❋ 养生堂　　　　　　小白菜

◆ 有保持血管弹性、润泽皮肤、延缓衰老、防癌抗癌之功效。

◆ 大众人群均适合食用。尤其适合肺热咳嗽、便秘、丹毒、漆疮、疮疖等疾病患者及缺钙者食用。但脾胃虚寒、大便溏薄者不宜多食。

原料：大白菜 1500 克。

调料：植物油、盐、味精、白醋、开水。

做法：

❶　先将大白菜洗净晒干，加入开水、白醋泡制 3 天，需用时取出切碎。

❷　锅内放油烧热，将白菜下入锅中翻炒，放盐、味精调好味即可出锅。

酸白菜

原料：白菜梗 250 克，黄尖椒 20 克。

调料：植物油、盐、味精、鸡精、香油、葱花。

做法：

❶　将白菜梗切成条状，用少许盐抓匀腌渍，挤去盐水。

❷　锅内放油烧热，下入黄尖椒和白菜梗翻炒，放盐、味精、鸡精，待白菜梗熟后，淋香油、撒葱花，出锅装盘。

黄椒炒白菜梗

原料：四季白菜 750 克。

调料：熟猪油、盐、味精、干椒段、蒜蓉。

做法：

❶　将白菜洗净，用开水烫熟后放在通风处自然风干，切碎待用。

❷　锅内放熟猪油烧热，下入干椒段、蒜蓉、白菜拌炒，放盐、味精调好味即可出锅。

风干四季白

鸡汁春不老

原料： 春不老（上海青菜心）750 克，三丝（红椒丝、葱丝、姜丝）20 克。

调料： 色拉油、盐、味精、鸡汁、葱油、高汤。

做法：

① 将春不老用清水浸泡、洗净，用刀剖切成两半。

② 锅内放清水烧开，放盐、味精、色拉油，将春不老焯水，捞出后放入盘内，放上三丝。

③ 锅上火，放葱油烧至七成热，倒入高汤，烧开后淋入鸡汁，出锅浇在三丝上即可。

要点： 春不老一定要清水泡，不然春不老会变黄。

香辣芽白

原料： 洋芽白梗 500 克。

调料： 盐、白糖、白醋、姜、整干椒、花椒、香油。

做法：

① 将洋芽白梗切成长 4 厘米、宽 1 厘米的条，放盐腌制 2 小时，待用。

② 姜切丝，取姜丝泡入清水中；整干椒切丝。

③ 取不锈钢锅，倒入姜水及剩下的姜丝，加入白糖，上火熬融，冷却后倒入白醋，成酸甜卤汁。

④ 将腌好的芽白梗挤干水分，整齐地码放在盘中，倒入少许酸甜卤汁，上面放上干椒丝。

⑤ 锅内放入香油烧热，下入花椒炸香，浇在芽白梗上即可。

要点： 如果用干椒一起与白糖熬汁则会变成红黑色，将影响菜的颜色，所以应最后用油浇。

🥄 厨艺分享

白菜巧选购

质量好的白菜新鲜、嫩绿、较紧密和结实。有虫害、松散、茎粗糙、叶子干瘪发黄，滞土过多，发育不良的勿选。

✳ 厨艺分享

自制烫白菜

①将白菜择洗干净后。放大盆内加入沸水。再加入少量的白醋。烫至白菜变软后捞出沥干水分备用。

②在沸水中焯烫时间不能过长，最佳时间为 30 秒~60 秒。

原料：白菜 750 克，鲜红椒丝 10 克。

调料：植物油、盐、味精、白醋、红油、香油、蒜蓉。

做法：

❶　将白菜择洗干净，沸水中放白醋，下入白菜，烫熟后沥干水，切碎，将水分挤干，然后在锅中炒干水汽。

❷　锅置旺火上放油烧热，下入蒜蓉、红椒丝、白菜拌炒，放盐、味精拌炒，入味后略加汤翻炒，淋红油、香油，出锅装盘。

要点：略加汤的目的是使调料的味道迅速渗透到菜中。

炒烫白菜

原料：矮脚大白菜 750 克，水发香菇 20 克。

调料：猪油、盐、味精、鲜汤。

做法：

❶　大白菜逐片剥开，洗净。

❷　锅内倒入鲜汤，放香菇，放盐、味精调味，下猪油，然后放入大白菜，用小火将大白菜煮至软糯、鲜香即可。

要点：此菜一定要用猪油，才会使大白菜软糯。

上汤大白菜

原料：净芽白 500 克。

调料：猪油、盐、味精、蚝油、胡椒粉。

做法：

❶　锅内放水烧开，将芽白择洗干净，切成长 5 厘米、宽 2厘米的条，放入锅中焯水后迅速捞出，沥干水。

❷　净锅置旺火上，放猪油烧热后下入芽白，放盐、味精、蚝油，快炒入味后撒胡椒粉拌匀，出锅装入盘中。

蚝油芽白

鸡汁芽白

原料: 芽白 500 克, 红椒末 2 克。

调料: 猪油、鸡油、盐、味精、水淀粉、葱花、高汤。

做法:

① 将芽白切成宽 2 厘米、长 15 厘米的条 (以芽白梗为主)。

② 将芽白下入沸水中, 汆透, 然后整齐地码放在盘中。

③ 锅内下猪油, 烧至五成热, 下入高汤, 放盐、味精, 勾水淀粉 (将芡汁浇在芽白上), 然后将芽白上笼蒸 10 分钟, 出笼后淋鸡油, 撒上红椒末、葱花即成。

要点: 所用高汤是用鸡熬出的浓汤。汆制芽白时, 注意放一点油, 使之不泛黄。鸡油不能像猪油那样炼制出来, 因为 "炼" 会使鸡油变成茶色。鸡油应蒸制, 待油出来后去掉油渣。

剁椒芽白

原料: 净芽白 500 克, 剁辣椒 10 克。

调料: 猪油、盐、味精、姜末、蒜蓉。

做法:

① 将芽白摘洗干净, 切成 3 厘米大小的块, 沥干水。

② 净锅置旺火上, 放猪油烧热后放入姜末、蒜蓉、剁辣椒煸香, 随即下入芽白, 放盐、味精, 用旺火热油快炒入味后, 出锅装入盘中。

要点: 湖南人将剁辣椒简称为 "剁椒"。剁辣椒制法见本书第 77 面 "厨艺分享"。

🎵 **厨艺分享**　　　　　　　　**小白菜**

◆应选购菜身干洁、菜心结实、菜叶软糯、老帮少、根子少、形状圆整、菜头包紧的小白菜。

◆腐烂的白菜不能吃, 吃剩的白菜过夜后最好不要再吃。

◆存放小白菜之前忌用水洗, 否则易造成茎叶溃烂, 营养大损。

◆切小白菜时, 宜顺丝切, 这样易熟。用小白菜制作菜肴, 炒、烹的时间都不宜过长, 以免损失营养。

🌱 **养生堂**　　　　　　　　**芽白**

◆又名黄芽白、绍菜、黄芽菜, 一般人通称其为山东白菜。

◆可解热除烦、通利肠胃, 有补中消食、利尿通便、清肺止咳、解渴除瘴的作用。

◆营养丰富, 对肠胃非常有益。

◆一般人均可食用, 尤其适合一切发热病症以及膀胱炎、尿道炎患者和小便不利者。

◆发热患者如果在发热期间不思饮食, 可用芽白做汤。

芽白梗炒年糕

原料：芽白梗 250 克，水磨淡年糕 150 克，青红椒片 25 克。

调料：油、盐、味精、鸡精、姜片、鲜汤。

做法：

① 将芽白梗、青红椒切成菱形片，年糕斜切成马蹄片。

② 将年糕用开水氽熟，沥干，漂在冷水中备用。

③ 锅内放油 500 克，烧至八成热，下芽白梗过大油，沥干。

④ 锅内留底油，下青红椒片、姜片略煸炒，然后下芽白梗，放盐、味精、鸡精，再下年糕片翻炒。加鲜汤少许，收干汁装盘即成。

要点：年糕一定要焯水，不可过油，年糕过油会起泡，影响美观。芽白梗一定要过油，否则不软糯。

蒜蓉粉丝蒸芽白

原料：芽白（或高山娃娃菜）350 克，龙口粉丝 150 克。

调料：油、盐、味精、蒸鱼豉油、姜末、蒜蓉、葱花。

做法：

① 将芽白切成长条形，下入开水锅中氽至断生，捞出沥干水，拌入油、盐、味精，整齐地摆放在盘中。

② 粉丝用开水泡发，沥干水，拌入蒜蓉、姜末、盐、味精、蒸鱼豉油，然后码放在芽白上，上笼蒸 10 分钟即可出笼，淋蒸鱼豉油，冲油、撒葱花，即可上桌。

上汤瓦罐汤

原料：水发粉丝 100 克，芽白 100 克，五花肉 100 克，鸡蛋 1 个，金钩虾 1 克。

调料：盐、味精、胡椒粉、料酒、生粉、蚝油、姜丝、葱花、鲜汤。

做法：

① 将芽白切成长条状，金钩虾用冷水泡发。

② 将五花肉剁成肉泥，放入碗中，将鸡蛋打入，放盐、味精、料酒、蚝油，用筷子顺一个方向搅打至稠状，再放入生粉，搅拌均匀。

③ 锅内放水烧开，将打好的肉泥挤成丸子，逐个放入水中煮熟（此为"氽汤丸"。也可用油炸肉丸代替）。

④ 将鲜汤倒入瓦罐中，下入姜丝，上火烧开后将金钩虾放入炖一下，再下入粉丝、芽白，一同炖至汤色乳白再下入肉丸，放盐、味精，撒上胡椒粉、葱花即成。

要点：本汤中，在放粉丝时也可以放入黄花菜。如果用上煮肉丸的汤，则汤味更鲜美。

爽口包菜

原料: 包菜 500 克。

调料: 精盐、白醋、糖粉、姜、剁辣椒、辣红椒面、花椒粉、柠檬片、玫瑰露酒。

做法:

① 将包菜去梗，撕成大片，加精盐稍腌一下；姜切片。

② 将姜片、柠檬片、剁辣椒、辣红椒面、花椒粉、精盐、糖粉、白醋和凉开水一起调好味，制成醋水。

③ 将腌好的包菜叶沥干水分，下入调好味的醋水中，加入玫瑰露酒，浸泡 24 小时以上，捞出包菜即可食用。

手撕包菜

原料: 包菜 500 克。

调料: 油、盐、味精、陈醋、酱油、蒸鱼豉油、干椒段、蒜片。

做法:

① 将包菜用手撕成碎块。

② 锅置旺火上放油，烧热后下入干椒段炒香，然后下入蒜片、包菜拌炒，烹蒸鱼豉油，放盐、味精、陈醋、酱油，快炒入味后出锅装盘。

要点: 一定要把干椒炒成香辣味，不可炒煳。撕包菜时，注意包菜梗不要撕进去。

☯ 相宜相克　　　　　　　　　　　包菜

影响人体对维生素 C 的吸收，大大降低营养

黄瓜　✗

猪肉　✓

包菜

炒食可健胃补脑、强身生津

木耳　✓

番茄　✓

补脾、润肠胃、生津健身　　　　　益气生津

🌸 养生堂　　　　　　　　　　　包菜

◆适宜容易骨折的老年人食用，能防癌、促进儿童骨骼生长、改善皮肤粗糙。

◆特别适合动脉硬化患者、胆结石患者、肥胖症患者、孕妇及消化道溃疡患者食用。

◆皮肤瘙痒性疾病患者、眼部充血患者忌食。脾胃虚寒、泄泻以及小儿脾弱者不宜多食。在进行腹腔手术和胸外科手术后，患有胃肠溃疡且出血特别严重时，患有腹泻及肝病时都不宜吃。

油炝包菜丝

原料：包菜 300 克，鲜红椒 5 克。

调料：猪油、盐、味精、鸡精、蒸鱼豉油、香油、红油、花椒油、整干椒、葱段、花椒。

做法：

1　将包菜洗净，切成丝；将鲜红椒去蒂、去籽后洗净，切成丝。

2　净锅置旺火上，放猪油烧热后下入花椒、整干椒炝锅，出香辣味时，将花椒、整干椒从锅内捞出，快速下入包菜丝，放盐、味精、鸡精和蒸鱼豉油，用旺火热油快炒，入味后撒下红椒丝、葱段，淋香油、花椒油、红油，拌匀后出锅装盘。

要点：旺火、热油、快炒。

剁椒酸辣包菜

原料：酸包菜 450 克。

调料：猪油、盐、味精、蒸鱼豉油、蒜子（切捣成蓉）、剁椒（自制方法见第 77 面"厨艺分享"）。

做法：

1　将酸包菜切成 2 厘米大小的块，挤干水。

2　净锅置旺火上，放猪油烧热后下入剁椒煸香，随后下入酸包菜，放盐、味精、蒸鱼豉油，蒜蓉拌炒入味后出锅装入盘中。

要点：大火、热油、快炒。

🎵 厨艺分享　　**保持蔬菜的绿色**

　　有些蔬菜在烹饪过程中需要焯水，为了使蔬菜在焯水后保持翠绿的颜色，可以在水中放少许食用纯碱，焯完水后再将蔬菜用清水洗净，去净碱味即可。

🎵 厨艺分享　　**自制酸包菜**

　　去掉包菜外面的几片，洗净后切成两瓣，放入大盆中，倒入开水，将包菜全部淹没在水中（可在包菜上面倒扣一个碗，以免包菜浮起来），盖上盖子，放 2~4 天即成酸包菜。

酸包菜炒粉皮

原料：酸包菜 150 克，水发粉皮 150 克。

调料：猪油、盐、味精、辣妹子辣酱、蒸鱼豉油、红油、干椒段、蒜片。

做法：

① 将干粉皮用温水泡发，大块切小，放入清水中洗净后捞出，沥干水。

② 将酸包菜切成 3 厘米大的小块，挤干水。

③ 净锅置旺火上，放猪油烧热后下入蒜片、干椒段煸香，随后下入粉皮，放盐、味精、蒸鱼豉油、辣妹子辣酱一起拌炒，炒至粉皮起泡后下入酸包菜一同炒，入味后淋少许红油，出锅装入盘中。

清炒菠菜

原料：菠菜 500 克。

调料：猪油、盐、味精、胡椒粉。

做法：

① 将菠菜摘洗干净，放入盐水中浸泡几分钟，捞出沥干水。

② 净锅置旺火上，放猪油烧热后下入菠菜，放盐、味精拌炒入味，熟时撒胡椒粉拌匀，出锅盛入盘中。

要点：旺火、热油、快炒。

笋泥菠菜

原料：菠菜 500 克，春笋 100 克（冬季可用冬笋）。

调料：植物油、盐、味精、胡椒粉、白糖。

做法：

① 将菠菜清洗干净，沥干水；将春笋剥壳，煮熟后用擂钵擂成泥或剁成米粒状。

② 净锅置旺火上，放植物油烧热后下入笋泥，放盐拌炒，炒香后随即下入菠菜，放盐、味精、白糖拌炒入味，熟后撒下胡椒粉，拌匀即可出锅，装入盘中。

要点：春笋如能用冬笋代替更好。

原料：菠菜 500 克。

调料：鸡油、精盐、味精、鸡精粉、水淀粉。

做法：

❶　将菠菜洗净，去筋，放入冰水中浸泡 30 分钟，再放入果汁机中打成汁。

❷　锅置旺火上，倒入菠菜汁，烧开后放入精盐、味精、鸡精粉，撇去浮沫，用水淀粉调稀勾芡，淋入鸡油，装入汤盅内，每人 1 份即可。

富贵菠菜汁

原料：菠菜 150 克，豆腐 4 片。

调料：猪油、盐、味精、鸡精、胡椒粉、鲜汤。

做法：

❶　将菠菜摘洗干净，沥干水；将豆腐切成小片。

❷　净锅置旺火上，倒入鲜汤，烧开后下入豆腐、菠菜，放盐，撇去泡沫，再放味精、鸡精和熟猪油，撒胡椒粉，出锅盛入大汤碗中。

菠菜豆腐汤

🌀 相宜相克　　　　　　　　　菠菜

长期同食易引起缺钙　　　　同食会导致腹泻

豆腐 ✕　　　　　　　　　✕ 黄鳝

✓

猪肝　　　　　　　✕ 黄瓜

菠菜

防治老年性贫血　　　　影响人体对维生素 C 的吸收

🌸 养生堂　　　　　　　　　菠菜

◆菠菜所含草酸较多，有碍机体对钙的吸收，因此吃菠菜时应尽量搭配海带、水果等碱性食品，促使草酸钙溶解排出，以防止结石。

◆肠胃虚寒、经常腹泻、尿路结石等人士以及孕妇、小孩不宜多吃。

凉拌香菜

原料：香菜500克，鲜红椒10克。

调料：盐、味精、蒜蓉香辣酱、蚝油、香油、红油、蒜蓉。

做法：

❶ 将香菜择洗干净，沥干水，放入盘中；将鲜红椒去蒂、去籽，洗净后切成米粒状。

❷ 将盐、味精、蒜蓉香辣酱、蚝油、香油、红油、蒜蓉、鲜红椒米放入碗中，放入香菜拌匀后即可上桌。

凉拌菜根

原料：香菜根300克。

调料：精盐、味精、白糖、干椒粉、美极鲜味汁、香醋、红油、黑芝麻。

做法：

❶ 将香菜根去须、洗净，从中间切开。

❷ 在香菜根中加入上述调料拌匀，装盘即可。

☯ 相宜相克　　　　　　　　　　香菜

破坏维生素C的吸收　　　　破坏维生素C的吸收

黄瓜　　　　　　　　　　　　猪肝

✕　　　　　　　　　　　✕

香菜

✓　　　　　　　　　　　✓

牛肉　　　　　　　　　　　　羊肉

可补脾健胃，除水肿、通气

可补气血、固肾壮阳

🌼 养生堂　　　　　　　　香菜

◆ 芳香健胃、祛风解毒，能解表治感冒，利大肠、利尿，促进血液循环。

◆ 老少皆宜食用，感冒患者及食欲不振者、小儿出麻疹者尤其适合。

◆ 服用补药和白术、牡丹皮等中药时不宜服用香菜，以免降低药效。

◆ 患口臭、狐臭、严重龋齿、胃溃疡的人和生疮者不宜食。

原料：嫩莴笋叶 250 克，剁辣椒（自制方法见第 77 面"厨艺分享"）10 克。

调料：猪油、盐、味精。

做法：

① 嫩莴笋叶洗净，切碎。

② 净锅置旺火上，放猪油烧热后，放入剁辣椒煸香，随后下入莴笋叶，放盐、味精，用旺火热油快炒，入味后出锅装入盘中。

剁椒莴笋叶

原料：莴笋尖 300 克。

调料：猪油、盐、味精、水淀粉、蒜蓉、鲜汤。

做法：

① 锅内放水烧开，将莴笋尖清洗干净后放入锅中焯水，捞出沥干。

② 净锅置旺火上，放入猪油，下入蒜蓉煸香，放鲜汤，放盐，汤开后用水淀粉，勾薄芡、淋少许熟猪油，放味精，出锅浇淋在码好的莴笋尖上即成。

油浸蒜蓉莴笋尖

🌀 **相宜相克**　　　　　**葱**

易引起草酸钙沉淀　　　　增加人体内火

豆腐　　　　　　　　　　狗肉

葱

动物肝脏　　　　　　　　牛肉
有利于其营养物质的　　　对风寒感冒、头
吸收　　　　　　　　　　疼、鼻塞有效

✳ **养生堂**　　　　　**莴笋**

◆ 降低血压，预防心律失常，治疗便秘，帮助睡眠，防治缺铁性贫血，改善糖尿病患者糖的代谢功能。

◆ 秋季易患咳嗽的人多吃莴笋叶可平咳。有眼疾特别是夜盲症的人不宜多食。

白灼芥蓝

原料： 芥蓝菜300克，鲜红椒2克。

调料： 猪油、盐、味精、蒸鱼豉油、葱丝、姜丝、姜末。

做法：

① 锅内放水烧开，将芥蓝菜洗净后放入锅中焯水，捞出沥干水，整齐地码入盘中。

② 制作"三丝"：将鲜红椒去蒂、去籽后洗净，切成细丝，与葱丝、姜丝一起放入清水中漂洗5分钟即可。

③ 将三丝撒在芥蓝上。

④ 净锅置旺火上，放猪油烧热后下入姜末，放盐、味精，出锅浇淋在芥蓝上，再淋上蒸鱼豉油，浇少许热猪油即可。

奶汤翡翠节

原料： 芥蓝梗250克。

调料： 精盐、胡椒粉、鸡精、广东米酒、葱油、高汤、奶汤。

做法：

① 将芥蓝梗去皮，切成8厘米长的段，入烧沸的高汤（400克）中烫1分钟，捞出过凉，整齐地摆在碗内。

② 净锅置旺火上，在锅内倒入剩余的高汤、奶汤、广东米酒，烧开后加入精盐、鸡精，撒上胡椒粉，倒入碗内，淋上葱油即可。

开洋烧芥蓝

原料： 芥蓝菜300克，开洋（金钩虾）25克。

调料： 猪油、盐、味精、鸡精、料酒、水淀粉、葱结、姜片。

做法：

① 将开洋先用温水泡发，再用清水洗净，沥干水后放入碗中，放入姜片、葱结、料酒，上笼蒸3分钟后取出。

② 锅内放水，烧开后放入芥蓝焯水，捞出沥干水。

③ 净锅置旺火上，放猪油烧热，下入开洋，放盐、味精、鸡精调味、拌炒，随后下入芥蓝一起合炒，入味后将芥蓝用筷子夹出，整齐地码入盘中，往锅中勾水淀粉，出锅将开洋浇盖在芥蓝菜上即可。

蚝油芥蓝菜心

原料：芥蓝菜心 300 克。

调料：植物油、盐、味精、蚝油、胡椒粉、姜末、蒜蓉、鲜汤。

做法：

❶ 将芥蓝菜清洗干净，去老叶、老茎。

❷ 锅内放鲜汤烧开，放盐、味精、油（少许），将芥蓝菜放入锅中焯水至熟后捞出，整齐地码入盘中。

❸ 净锅置旺火上，放植物油烧热，下入姜末、蒜蓉，放蚝油烧沸后放少许胡椒粉，出锅浇淋在芥蓝菜心上即可。

要点：广东人称芥蓝菜为广心菜，将芥蓝菜心叫做"菜远"。

豆豉辣椒炒空心菜梗

原料：空心菜梗 250 克。

调料：猪油、盐、味精、香油、干椒段、蒜蓉、豆豉。

做法：

❶ 将空心菜梗摘去老梗，清洗干净，用刀拍松后切成 1 厘米长的段。

❷ 净锅置旺火上，放猪油烧热后下入蒜蓉、豆豉、干椒段煸香，随即下入空心菜梗，放盐、味精拌炒入味至熟后，淋少许香油，出锅装入盘中。

🥄 厨艺分享　　　　　　　　**莴笋**

◆以选购茎粗大、中下部稍粗或呈棒状，叶片不弯曲、无黄叶、不发蔫者为宜。

◆莴笋怕咸，盐要少放才好吃。焯的时间过长、温度过高会使莴笋绵软，失去清脆口感。

◆将莴笋浸泡在冷水中，再用毛巾吸去水分，用沾湿的纸巾包好放入冰箱，可延长保鲜时间。

🥄 厨艺分享　　　　　　　　**芥蓝**

◆芥蓝的食用部分为带叶的菜薹，虽然口感不如菜心柔软，但十分爽脆，别有风味。选购芥蓝时，以叶茎鲜嫩、味道清香、无烂叶者质佳，最好选茎身适中的，过粗即太老。

◆因有苦涩味道，因此烹炒时可加入少量酒和糖，以改善口感。

蒜蓉腐乳空心菜

原料： 空心菜 750 克，腐乳 2 片。

调料： 猪油、盐、味精、鸡精、蒜蓉、鲜汤。

做法：

❶ 将空心菜摘下带嫩梗子的叶子（老梗留下可做其他菜肴），洗干净，沥干水。

❷ 将腐乳放入碗中，用勺子压碾成泥，加入鲜汤，调稀成腐乳汁。

❸ 锅内放猪油烧热，下入蒜蓉炒香后，下入空心菜翻炒几下，再倒入腐乳汁，放味精、鸡精、盐炒均匀即可。

要点： 腐乳盐味重，所以此菜用盐量少。

炒冬寒菜

原料： 冬寒菜 750 克。

调料： 猪油、盐、味精、鸡精、胡椒粉、姜末、豆豉、鲜汤。

做法：

❶ 将冬寒菜只取带嫩梗子的叶片（老梗留下可做其他菜肴），洗干净。

❷ 锅内放猪油烧热，下姜末、豆豉煸香，下入冬寒菜炒蔫后，放盐、味精、鸡精，倒入鲜汤略煮，煮至冬寒菜软糯时撒胡椒粉即可。

要点： 冬寒菜必须放汤煮烂，才会软糯；必须配豆豉，才会有特殊的鲜味。

🥄 厨艺分享　　　　**空心菜**

◆ 用塑料袋包好，放入冰箱里存放即可。

◆ 空心菜易失水枯萎，炒菜前将它在清水中浸泡约 30 分钟，就可恢复鲜嫩、翠绿的质感。

◆ 宜旺火快炒，以避免营养流失。空心菜只要炒至九成熟即可，即空心菜已炒蔫，但仍是碧绿色、没有变黑。

✳ 养生堂　　　　**冬寒菜**

◆ 冬寒菜又名冬苋菜、葵菜，性味甘寒，具有清热、舒水、滑肠的功效，对肺热咳嗽、热毒下痢、黄疸、二便不通、丹毒等病症有辅助疗效。

◆ 一般人群均可食用，但脾虚肠寒者忌食，孕妇慎食。

原料：冬寒菜梗 250 克，腊肉 50 克。

调料：油、盐、味精、蒸鱼豉油、干椒段、豆豉、姜米、蒜片、鲜汤。

做法：

❶ 将冬寒菜梗洗净，切成 1 厘米长的段。腊肉切粗丝。

❷ 锅内放油，下姜米、蒜片、干椒段、豆豉、腊肉丝一同煸香，后下入冬寒菜梗，放盐一同翻炒。然后调正盐味，放蒸鱼豉油、味精，加鲜汤，装入烧红的沙煲中即可。

要点：沙煲菜与干锅不同的是不带火上桌，但要把沙煲放点油，上火烧，待烧红（沙煲冒烟）时，熄火，将做好的菜倒入，汤汁在煲中嗞嗞作响才是正宗沙煲风味。

冬寒菜梗煲

原料：冬寒菜 750 克。

调料：猪油、盐、味精、鸡精、胡椒粉、姜末、豆豉、鲜汤。

做法：

❶ 将冬寒菜摘洗干净，只取带嫩梗子的叶片（老梗留下做其他菜）。

❷ 锅内放猪油烧热，放姜末、豆豉炒香后，下冬寒菜炒蔫，倒入鲜汤，放盐、味精、鸡精，撒胡椒粉煮至汤开后，改用小火将冬寒菜煮烂即成。

要点：冬寒菜必须放豆豉才会有特殊的鲜味，而且一定要煮烂才会软糯。本菜中也可加入鲜猪肉 50 克（切片），使汤味更鲜美。

豆豉冬寒菜汤

原料：苋菜 500 克。

调料：猪油、盐、味精、蒜蓉、鲜汤。

做法：

❶ 将苋菜摘洗干净，沥干水。

❷ 锅内放猪油烧热，下入蒜蓉煸香，将苋菜下锅翻炒，炒蔫后放盐、味精再行翻炒，倒入鲜汤，汤烧开后改用小火煮几分钟，直至将苋菜煮得软烂、汤汁快要收干即可。

要点：苋菜煮得越烂越好。

清炒苋菜

水煮苋菜

原料： 苋菜 500 克。

调料： 猪油、盐、味精、鸡精、蒜蓉、鲜汤。

做法：

① 将苋菜择洗干净，沥干水。

② 锅内放猪油烧热，下入蒜蓉炒香，再将苋菜下锅炒蔫，倒入鲜汤，烧开后放盐、味精、鸡精，改用小火将苋菜煮烂，盛入汤碗中，带汤上桌。

要点： 须将苋菜煮得软糯。

皮蛋煮苋菜

原料： 苋菜 500 克，皮蛋 2 个。

调料： 猪油、盐、味精、鸡精、蒜粒、鲜汤。

做法：

① 将苋菜摘洗干净，沥干水。

② 将皮蛋剥去外壳，切成小颗粒。

③ 锅内放猪油烧热，下入蒜粒炒香后，放入苋菜炒蔫，倒入鲜汤，下入皮蛋，放盐、味精、鸡精，等鲜汤烧开后改用小火将苋菜煮烂，出锅盛入汤碗中，带汤上桌。

要点： 苋菜煮烂，其美味才会出来。

⚫ 相宜相克　　　　苋菜

易引起中毒、身体不适
甲鱼

破坏维生素 B₁ 的吸收
蕨粉

苋菜

菠菜

牛奶

互相抵触，降低营养价值

影响钙的吸收

✳ 养生堂　　　　苋菜

◆ 又名"长寿菜"，能促进牙齿及骨骼生长，维持正常心肌活动，防止肌肉痉挛；促进凝血，提高血红蛋白携氧能力，促进造血功能。常食可减肥瘦身、排毒、防便秘。

◆ 烹调时间不宜过长，以免营养流失。

◆ 一般人均可食用，尤其适合老幼、妇女及减肥者。但脾胃虚寒者忌食，平素胃肠有寒气、易腹泻的人也不宜多食。

原料：红菜薹 500 克，剁辣椒 10 克。

调料：猪油、盐、味精。

做法：

① 将嫩红菜薹摘成 5 厘米长的段，老红菜薹剥去外皮，也摘成 5 厘米长的段，洗净后沥干水。

② 锅内放猪油烧热，下入剁辣椒炒热后，下入红菜薹一同翻炒，炒蔫后放适量盐、味精调好味，再行翻炒，至红菜薹熟透即可。

要点：剁辣椒即剁椒，其做法见第 77 面"厨艺分享"。

剁椒红菜薹

原料：红菜薹 500 克。

调料：盐、味精、白醋、香油、姜汁、蒜蓉。

做法：

① 将红菜薹摘成 5 厘米长的段，中间部分的菜秆剥去外皮，也摘成 5 厘米长的段，粗的再用刀从中间纵向剖成两半，洗净、沥干水。

② 锅内放水烧开，下入红菜薹焯水，捞出后用冷开水过凉，挤干水分，将姜汁浇在红菜薹上，放蒜蓉、盐、味精、白醋、香油拌均匀即可。

要点：此菜的口味在姜汁，所以要多放一点。姜汁制法：将生姜拍碎，放在碗内，倒入料酒，用刀柄捣出姜汁，再用干净纱布包起来，挤出姜汁。在制姜汁时，要使姜汁充分溢出。姜汁在超市也能买到。

姜汁红菜薹

原料：青菜 250 克，水磨年糕 100 克。

调料：油、盐、味精、水糯米粉（代替水淀粉）、姜末、鲜汤。

做法：

① 将青菜洗干净，切碎。

② 年糕切成 0.5 厘米厚的片，用开水汆熟后放入冷水中。

③ 锅内放油，下姜末，煸香后下入切碎的青菜，翻炒几下后放盐、味精，待青菜炒好后倒入鲜汤，勾水糯米粉，待汤汁呈稠状后，下入年糕煮开即可。

要点：本菜中用的青菜即芥菜，别名雪里蕻、雪菜，多用于腌制，主要用于配菜炒来吃，或煮成汤。此菜用水糯米粉代替水淀粉，是与年糕相匹配，都带糯糯。

万年青菜年糕钵

虾米青菜钵

原料： 青菜500克，海虾米50克。

调料： 猪油、盐、味精、鸡精、蚝油、姜末、鲜汤。

做法：

① 将青菜择洗干净、切碎；海虾米拣去杂质，洗净后沥干水分。

② 锅内放猪油烧热，下入姜末炒香，再放入青菜炒蔫后，放盐、味精、鸡精、蚝油，倒入鲜汤，下入虾米，烧开后改用小火煮3分钟，煮至滚开几下时淋入热猪油，即可出锅。

要点： 本菜中用的青菜即芥菜，别名雪里蕻、雪菜，多用于腌制，主要用于配菜炒来吃，或煮成汤。用虾米煮青菜，使此菜汤鲜味美。

剁椒高山菜

原料： 高山娃娃菜150克，鸡蛋2个。

调料： 剁辣椒、蒜子、姜、味精、生抽。

做法：

① 将高山娃娃菜一剖四开，码放于盘中；鸡蛋打散，淋在盘的两边；将姜、蒜子切米。

② 将剁辣椒、蒜米、姜米、味精、生抽拌匀，盖在高山娃娃菜上，放入蒸柜用旺火蒸6分钟即可。

✿ 养生堂 **红菜薹**

◆ 别名紫菜薹、红油菜薹，色泽艳丽，质地脆嫩，为佐餐佳品，主要分布在长江流域一带，以湖北武昌和四川成都栽培的最为著名。

◆ 营养丰富，含有钙、磷、铁、胡萝卜素、维生素C等成分，多种维生素的含量比大白菜、小白菜都高。

◆ 一般人群均可食用。

✿ 养生堂 **芥菜**

◆ 又名大头菜，水分少、纤维多，具有特殊的香辣味道。

◆ 能促进结肠蠕动，解毒防癌，抗菌消肿，促进伤口愈合，提神醒脑、解除疲劳。

◆ 食疗时不宜烧得过烂，否则易诱发高血压。

◆ 内热偏盛、便血及眼疾等患者不宜食用。

原料： 高山娃娃菜 500 克，腊肉 100 克。

调料： 猪油、盐、味精、蚝油、水淀粉、姜末、鲜汤。

做法：

❶ 将高山娃娃菜一切成四开，清洗干净；腊肉切成薄片。

❷ 锅内放油，下姜末、腊肉煸香，放入鲜汤，放盐、味精调好味，略熬煮一下，再下入高山娃娃菜、蚝油，将高山娃娃菜煮透。

❸ 用筷子将高山娃娃菜夹起，摆在盘中，将锅内的汤汁勾水淀粉，出锅浇淋在高山娃娃菜上即可。

要点： 腊肉一定要先熬，使其香味溢出。

腊味高山娃娃菜

原料： 生菜 750 克。

调料： 猪油、盐、味精、蚝油、姜末、鲜汤。

做法：

❶ 将生菜摘洗干净，沥干水。

❷ 锅内放猪油烧至六成热，下入姜末煸香，再下入生菜，放盐、味精，将生菜炒蔫后出锅倒入漏勺中，沥干水分，装入盘中。

❸ 锅置火上，锅内放猪油，倒入鲜汤，下入蚝油、姜末，等蚝油糊化后淋热猪油，出锅浇淋在生菜上即成。

要点： 生菜无论是炒还是煮，时间都不要太长，以保持脆嫩的口感。蚝油本身带芡，所以它会糊化。

蚝油生菜

原料： 香椿 500 克。

调料： 猪油、盐、味精、蚝油、陈醋、香油、干椒末、姜末、蒜蓉。

做法：

❶ 将香椿择洗干净，沥干水。

❷ 锅内放水烧开，放猪油，将香椿下入锅中焯一下立即捞出，泡入冷开水中过凉，然后捞出轻轻挤干水分。

❸ 将香椿放入一大碗中，放入姜末、蒜蓉、干椒末、盐、味精、蚝油、香油、陈醋拌均匀，即可装盘。

要点： 香椿不能焯得过久。也可将香椿放在筛网中，用开水浇淋，将其烫熟。

凉拌香椿

椒盐香椿

原料：香椿 500 克，蛋黄糊半碗。

调料：植物油、盐、甜面酱、五香粉。

做法：

① 将嫩香椿摘洗干净，沥干水分。

② 在蛋黄糊中加入盐、五香粉搅匀。

③ 锅置旺火上，放植物油烧至六成热，用筷子夹住香椿裹上蛋黄糊，逐个下锅炸至金黄色，捞出撒上五香粉，装入盘中，取一个小碟装入甜面酱，连同香椿上桌。吃时蘸甜面酱。

清炒萝卜菜

原料：新鲜萝卜菜 750 克。

调料：猪油、盐、味精、姜末、蒜蓉、鲜汤。

做法：

① 将萝卜菜摘洗干净，切碎。

② 锅内放猪油烧至六成热，下姜末、蒜蓉炒香，然后下入切碎的萝卜菜，放盐、味精，将萝卜菜炒蔫后倒入鲜汤，煮至萝卜菜完全变色即可。

要点：萝卜菜是水萝卜或大萝卜种子萌发形成的肥嫩幼苗，味道鲜嫩，并稍有萝卜的辣味和苦味。萝卜菜越煮越鲜。此菜也可用米汤来煮，味道更佳。

※ 养生堂　　　　　生菜

◆能消除脂肪（将生菜洗净，加入适量沙拉酱直接食用，常食有利于女性保持苗条的身材）。

◆具有镇痛催眠、降低胆固醇、辅助治疗神经衰弱等功效，有利尿和促进血液循环的作用。

◆在存放时要远离苹果、香蕉、梨等食物。

◆一般人均可食用，但因性凉，患有尿频和胃寒的人应少吃。

※ 养生堂　　　　　香椿

◆健脾开胃、清热利湿，含维生素 E 及性激素，补阳滋阴、抗衰老，有"助孕素"之美称。

◆用开水烫后食用为宜。

◆健康人均可食用。但香椿为发物，慢性疾病患者应少食或禁食。

原料：芋头250克，萝卜菜300克。

调料：猪油、盐、味精、姜末、鲜汤。

做法：

① 将萝卜菜择洗干净，切碎，沥干水；芋头去皮后切成小片。

② 净锅置旺火上，放猪油，烧热后下入姜末，随后下芋头片拌炒，至熟时加入鲜汤，放盐、味精调味，煮至芋头熟烂、汤汁浓郁时下入萝卜菜一起煮熟，出锅盛入大汤碗中。

要点：洗芋头去皮方法见第94面"厨艺分享"。

芋头煮萝卜菜

原料：酸萝卜菜250克，尖红椒25克。

调料：猪油、盐、味精、酱油、姜末、蒜蓉。

做法：

① 将酸萝卜菜切碎，挤干水分；将尖红椒去蒂洗净后切成小圈。

② 净锅置旺火上，放入酸萝卜菜炒干水汽，盛出。

③ 锅内放猪油，下入姜末、蒜蓉、尖红椒圈炒香，再放入酸萝卜菜，放盐、味精、酱油反复翻炒，直至将酸萝卜菜炒至热透即可出锅装盘。

要点：此菜只要炒透，用油量适当多一点即可。酸萝卜菜制法：将萝卜菜洗干净，放入一大盆内，倒入烧开的淘米水，浸泡24小时，让萝卜菜发酵，制成酸萝卜菜。

炒酸萝卜菜

原料：素捆鸡2个，韭菜100克。

调料：盐、味精、鸡精、酱油、蒸鱼豉油、蚝油、陈醋、香油、红油、干椒末、姜末、蒜蓉。

做法：

① 将素捆鸡横刀切成0.3厘米厚的片，焯水后捞出沥干水，放入碗中，加入姜末、蒜蓉、盐、味精、鸡精、干椒末、陈醋、蒸鱼豉油、酱油、蚝油、香油、红油拌匀，待用。

② 将韭菜择洗干净，放入开水锅中迅速焯水后捞出沥干水，过凉后切成3厘米长的段，放入拌好的捆鸡中拌均匀即可。

韭菜拌捆鸡

蒜蓉花生苗

原料：新鲜花生苗 400 克。

调料：植物油、盐、味精、蚝油、白醋、香油、干椒末、姜末、蒜蓉。

做法：

① 将花生苗择洗干净，沥干水分。

② 锅内放植物油，随冷油下入姜末、蒜蓉，随着油温升高到八成热（将油温控制在八成热），姜末、蒜蓉炸焦、炸香后，用漏勺捞出，将油倒入大碗中，即成蒜油。

③ 将锅洗净，放水烧开，下入花生苗焯水至熟，捞出后用冷开水过凉，沥干水，倒入大碗中，拌入盐、味精、白醋、蚝油、干椒末，再倒入已制好的蒜油，淋一点香油，拌匀即可食用。

要点：花生苗即花生芽，是直接用花生种子在适当的环境条件下进行无土栽培而成，鲜嫩爽脆、香甜可口，是一种新型高档无公害芽苗菜，可热炒、凉拌、制作泡菜、涮锅等。

清炒豌豆苗

原料：豌豆苗 500 克。

调料：猪油、盐、味精、白糖。

做法：

① 将豌豆苗洗干净，沥干水。

② 锅内放猪油，烧至八成热时即下入豌豆苗翻炒几下，放盐、味精、白糖，待豌豆苗炒熟即可出锅入盘。

要点：将豌豆苗炒至刚转色时即可出锅。豌豆苗别名寒豆苗、豆苗，为豌豆的嫩苗，可热炒、做汤、涮锅，与猪肉同食对预防糖尿病有较好的作用。

🌀 **相宜相克**   **韭菜**

易引起胃痛

可解热毒，有助于减肥

蜂蜜 ✕ 豆芽

豆腐 ✓ **韭菜** ✓ 鸡蛋

可治疗便秘

可补肾，对痔疮及胃病有一定的疗效

✳ **养生堂**   **韭菜**

◆有补肾温阳、益肝健胃、行气理血、润肠通便之功效，韭菜炒鸡蛋是一道不错的减肥佳肴。

◆一般人均可食用，适宜便秘者、寒性体质者以及产后乳汁不足的女性食用。但多食会上火且不易消化，因此阴虚火旺、有眼病和胃肠虚弱的人不宜多食。

◆隔夜的熟韭菜不宜再吃。

原料：豌豆苗 150 克，鸡蛋 3 个，熟火腿 40 克。

调料：猪油、盐、味精、鸡精、水淀粉、鸡油、鲜汤。

做法：

❶ 将豌豆苗摘洗干净，沥干水，放入大汤碗中。

❷ 将鸡蛋取蛋清，打入碗中搅散；将熟火腿切成片。

❸ 锅内放猪油，倒入鲜汤，放盐、味精、鸡精，汤开后勾水淀粉，用锅勺推动，再改用小火，将蛋清液轻轻淋入汤中，用锅勺推动，汤开后放鸡油、火腿片，轻轻将汤出锅倒入汤碗中，将碗内的豌豆苗冲熟即成。

白云豆苗汤

原料：新鲜藠头 500 克。

调料：猪油、盐、味精、鸡精、酱油、蚝油、干椒段、姜末、蒜蓉、浏阳豆豉。

做法：

❶ 将新鲜藠头摘洗干净，改切成 3 厘米长的段，只留一刀藠叶。

❷ 锅内放猪油，下入姜末、蒜蓉、干椒段、豆豉，放盐一同炒香后下入藠头，反复翻炒，放味精、鸡精、蚝油、酱油翻炒几下后，放少许水（10 毫升）再炒，待将藠头炒熟即可出锅装盘。

豆辣炒藠头

原料：鸡婆笋 150 克，藠头 150 克。

调料：油、盐、味精、鸡精、鲜汤、水淀粉、香油、干椒段、姜米、蒜蓉。

做法：

❶ 将鸡婆笋横刀切成圈，藠头切成 3 厘米长的段。

❷ 鸡婆笋下水焯一下，沥干。

❸ 油烧至八成热，下姜米、蒜蓉、干椒段煸香，然后下鸡婆笋一起煸炒，炒均匀炒热，下藠头，放盐、味精、鸡精，炒至藠头发软，加鲜汤微焖，水淀粉勾芡，淋香油即成。

要点：鸡婆笋要焯水。藠头炒软时会出现浓汁，所以要少加点汤。

鸡婆笋炒藠头

西米番茄盅

原料： 番茄 10 个（直径 5 厘米左右），西米 250 克，水发银耳 50 克，枸杞 10 克，苹果 1 个。

调料： 白糖、菠萝香精。

做法：

① 将西米放在一盆内，用开水浸泡，开水冷却后，把水沥干，又用开水冲泡，反复多次后西米将自动涨发，这时将西米上笼蒸发，待用。

② 将水发银耳洗干净，枸杞用水泡发，苹果削皮、去核后切成小颗粒。

③ 将番茄洗干净，在蒂的下方 1 厘米处用小刀戳成一圈锯齿形，揭下后即形成盖和身，再把身的一端用小调羹挖去里面的籽和肉。

④ 把番茄重新盖好，摆在盘子里，上笼蒸 2 分钟左右，预热一下。

⑤ 将西米粥上火烧开，下入银耳、枸杞、苹果丁，放入白糖、菠萝香精调匀，即成西米果羹，将西米果羹放入番茄中，盖上盖即成。

要点： 西米要反复用开水冲发，才可上火熬粥。

麻茸酥炸番茄

原料： 番茄 2 个，鲜猪肉 75 克，脆糊 200 克（制法见本书前面的"烹饪基础"），熟芝麻 25 克。

调料： 植物油、盐、味精、水淀粉、香油、葱花。

做法：

① 将鲜猪肉洗净后剁成泥，加入少许葱花、盐、味精、水淀粉、香油搅匀，成馅心。

② 将番茄洗净，切成 2 厘米厚的片共 24 片，在其中 12 片上均匀地抹上馅心，将另外 12 片番茄覆盖在馅心上，即成 12 个番茄饼。

③ 锅置旺火上，放植物油 500 克烧至五成热，将番茄饼沾上脆糊，逐个下入油锅通炸至内熟后倒入漏勺中，沥尽油。

④ 锅洗净，放少许香油，下入炸好的番茄饼，撒入熟芝麻、葱花翻拌均匀，出锅整齐地码入盘中。

🌓 相宜相克　　番茄

易引起呕吐、腹痛、腹泻、结石

红薯　✕　**番茄**　✕　**猪肝**　破坏维生素 C 的吸收

芹菜　✓　**番茄**　✕　**黄瓜**

可预防高血压、高血脂　　破坏维生素 C 的吸收

✳ 养生堂　　番茄

◆ 能保护血管、止血、降压、利尿、保护皮肤健康、预防口腔炎，还可预防夜盲症和干眼症，降低患癌的风险。

◆ 就营养吸收来讲，番茄生吃不如熟吃，熟吃不如喝番茄汁。

◆ 不宜空腹吃。胃酸过多者以及患有急慢性胃炎、痢疾、腹泻的人最好不要多食。

原料：番茄 100 克，豆腐 6 片。

调料：植物油、盐、水淀粉、白糖、姜末、番茄酱。

做法：

❶ 将番茄洗净后切成丁；在沸水锅中放少许盐，将豆腐切成 1.5 厘米见方的丁，放入锅中焯水后捞出，沥干水。

❷ 净锅置旺火上，放植物油烧热后下入姜末、番茄酱、白糖、少许盐拌炒，随即下入豆腐丁、番茄丁拌炒，入味后勾少许水淀粉，淋少许热植物油，出锅装入盘中。

要点：番茄丁和已焯水的豆腐都不宜在锅中久炒。

番茄烧豆腐

原料：紫茄子 3 根（约重 600 克），鲜红椒 5 克。

调料：植物油、精盐、鱼露、白糖、香醋、葱、蒜子、朝天椒、香油。

做法：

❶ 在 750 毫升清水中加入 20 克精盐，让盐充分溶解；鲜红椒、蒜子、朝天椒均切米，葱切花。

❷ 将茄子洗净去蒂，顺剖成四条（长约 8 厘米），放入盐水中浸泡 5 分钟，捞出沥干水分待用。

❸ 锅置旺火上，放入植物油，烧至六成热时，倒入茄子炸透，捞出沥干油，再放入沸水锅中煮约 2 分钟，捞出过凉，整齐地摆入盘中。

❹ 将鱼露、精盐、白糖、香醋、香油和红椒米、蒜米、朝天椒米拌匀，盖在茄子上，再撒上葱花即可。

露香凉茄

原料：茄子 400 克，无皮猪五花肉 20 克，红椒 15 克，香菜叶 6 克。

调料：植物油、精盐、味精、白糖、酱油、豆酱、烧汁酱、姜、葱、蒜子、香油、水淀粉、鲜汤。

做法：

❶ 将茄子洗净去蒂后一切为二，在表面剞上花刀；猪五花肉剁成泥，红椒、姜、蒜子切成末，葱切花。

❷ 将茄子下入六成热油锅内炸熟，倒入漏勺沥干油。

❸ 锅置旺火上，加入鲜汤、豆酱、酱油、烧汁酱、白糖、精盐、味精调匀，再放入茄子、姜末、蒜末、红椒末、肉泥，烧透入味后取出茄子，摆入盘中，锅内余汁用水淀粉勾芡，淋在茄子上，再淋上香油、撒上葱花、用香菜叶点缀即可。形状美观，香甜可口。

烧汁茄子

烧怪味茄子

原料：带把茄子2条（长约15厘米），派仔腊八豆100克，尖椒圈10克，香菜3克。

调料：油、盐、味精、蚝油、鲜汤、陈醋、水淀粉、蒜蓉、姜末。

做法：

① 茄子去皮（茄把一定要留在茄子上），从把的下端顺茄子切成长条，茄把不切开，所有的长条留在把上。

② 锅内放油，烧至八成热，用手抓住茄把，把长条放入油中，炸至金黄沥出。

③ 锅内放入鲜汤，调正盐味，放味精、蚝油、陈醋，将茄子放入汤中，烧熟入味，然后将茄子连把摆放在盘子中（汤汁另碗装），再把香菜撒在茄子上。

④ 锅内放油，下蒜蓉、姜末、腊八豆、尖椒圈，放点盐一同煸香，勾水淀粉，淋尾油，倒入汤汁碗内，再浇在茄子上即可。此菜味形特别、爽口。

要点：茄把一定要连在茄条上。炸茄子方法参见第361面"茄子烧鳝鱼"。

香煎大片茄子

原料：嫩青皮茄子500克，紫苏3克。

调料：植物油、盐、味精、鸡精、蒜蓉香辣酱、蚝油、水淀粉、葱花、姜末、蒜蓉、鲜汤、红椒末。

做法：

① 将茄子洗干净，不刨皮，切成0.5厘米厚的圆片。

② 锅置旺火上，放植物油200克烧至八成热，下入茄片煎至两面焦黄，倒入漏勺沥干油。

③ 锅内留底油，下入姜末、蒜蓉煸香，再下入蒜蓉香辣酱、盐、味精、鸡精、蚝油，放入鲜汤，汤开后勾水淀粉，等芡粉糊化后淋热植物油，下入茄片、紫苏同炒，推炒至芡汁完全裹在茄片上时撒上葱花、红椒末即可。

要点：茄片下锅后只有用推炒的方法才不会烂。

⬤ 相宜相克　　　　　　**茄子**

伤肠胃
螃蟹　　　　　　　　引发肚子痛
　　　　　　　　　　黑鱼

茄子

大米　　　　　　　　苦瓜
可辅助治疗黄疸型肝炎　都是心血管病人的理想食品，同食会互相促进营养物质吸收

✳ 养生堂　　　　　　**茄子**

◆ 可防止细胞癌变，促进肠胃蠕动，散血淤，消肿痛，治寒热，祛风止血。

◆ 挂糊上浆后炸制可减少维生素P的流失；不需去皮，茄皮中有多种营养。

◆ 清热解暑，对于容易长痱子、生疮疖的人尤为适宜。肺寒咳嗽、肺结核、关节痛患者以及刚做完手术的人和孕妇不宜吃茄子，以免加重病情。

原料：茄子 500 克，鲜猪肉 250 克，水发香菇 50 克，鸡蛋 1 个，蒜苗、榨菜、红泡椒各 3 克。

调料：植物油、盐、味精、鸡精、辣妹子辣酱、陈醋、水淀粉、香油、姜末、蒜蓉、鲜汤、脆糊（制法见"烹饪基础"）。

做法：

❶ 将茄子削皮后切成 1 厘米厚的片，在每一片中切一刀，不要切断，形成茄夹。

❷ 将香菇、红泡椒、蒜苗、榨菜均切成米粒状。

❸ 将鲜猪肉洗净后剁碎，放入碗中，打入鸡蛋，放 1/2 的香菇米和盐、味精，用筷子顺一个方向搅起劲，再下入少许干淀粉拌匀，然后将肉料夹入每一片茄夹中，待用。

❹ 锅内放植物油 500 克烧至七成热，将茄夹裹上脆糊，逐片下锅炸成金黄色、外皮焦脆，沥出放入盘中。

❺ 锅内留底油，下入姜末、蒜蓉、香菇、蒜苗、榨菜、红椒米，放辣妹子辣酱、盐、味精、鸡精、陈醋，放入鲜汤，汤开后勾水淀粉、淋香油，出锅将汁浇淋在茄夹上即成。

要点：茄夹烹炸时一定要炸焦。

酸辣脆皮茄夹

原料：茄子 500 克。

调料：植物油、盐、味精、鸡精、蒸鱼豉油、陈醋、水淀粉、干椒末、姜末、蒜蓉、鲜汤。

做法：

❶ 将茄子切成 3 厘米厚的大片，在上面剞上花刀，然后切成 3 厘米见方的菱形块。

❷ 将姜末、蒜蓉、干椒末放入蒸钵内，放入盐、味精、鸡精、蒸鱼豉油、陈醋、鲜汤、水淀粉，制成姜醋汁。

❸ 锅置旺火上，放植物油 500 克烧至八成热，下入茄子炸透，倒入漏勺中沥干油，锅仍放火上。

❹ 将茄子倒入锅内，将姜醋汁搅匀，烹入锅内，待汁糊化后淋入尾油，即成。

要点：炸茄子一定要用八成以上的油温，茄子才不会含油。

姜醋烧茄子

原料：茄子 200 克，豆角 150 克，四季豆 150 克。

调料：植物油、盐、味精、鸡精、蒸鱼豉油、红油、蒜香辣酱、香油、蒜蓉、姜丝、鲜汤、水淀粉、白糖。

做法：

❶ 将茄子切成条，豆角切成四季豆同长，蒜子拍成茸。

❷ 锅内烧水，水开之后，分别将豆角、四季豆焯水，焯水时放一点油和盐。

❸ 锅置旺火上，放植物油 500 克，烧至八成热，将茄子、豆角、四季豆分别过大油后沥净油。

❹ 锅内留少许底油，下入蒜蓉、姜丝炒香，随即下入四季豆、豆角，放盐、味精、鸡精、蒜香辣酱、蒸鱼豉油、白糖拌炒，入味后浇鲜汤略焖，然后下入茄条一起焖，至汤汁浓郁快干时，勾水淀粉一起拌匀，淋上红油、香油，出锅装盘。

茄条炒双豆

茄子煲

原料： 茄子 350 克，腊肉 100 克，香菇 5 克，紫苏 3 克，鲜红椒 3 克。

调料： 油、盐、味精、白糖、蚝油、陈醋、蒜蓉、姜末、葱花、鲜汤。

做法：

❶ 将茄子去皮，切成长 5 厘米、粗 1 厘米的长条，腊肉切成薄片，鲜红椒切成长条，香菇切片。

❷ 锅内烧油至八成热，下入茄子过大油，沥出。

❸ 锅内留底油，下入蒜蓉、姜米、腊肉一同煸香，后下入茄子、香菇，调入盐、味精、白糖、蚝油、陈醋，加入鲜汤，下红椒条。待汤烧开后，放紫苏、葱花，淋尾油，装入已烧红的沙煲中即可。

要点： 茄子过大油的炸制方法见第 361 面"茄子烧鳝鱼"，这是此菜的关键。

盐蛋黄烧茄子

原料： 茄子 350 克，盐蛋黄 4 个，红椒末 1 克。

调料： 油、盐、味精、蒜蓉、姜末、葱花。

做法：

❶ 将茄子去皮，切成长 5 厘米、粗 1 厘米的条。

❷ 盐蛋黄蒸熟，用刀推压碾挤成粉末状。

❸ 锅内放油，烧至八成热，下茄子过大油，沥出。

❹ 锅内留底油，中火将盐蛋黄末入锅炒，边烹点水炒至起泡沫，蓬松后下蒜蓉、姜末、茄子，略放一点盐和味精一同翻炒，试准盐味，待蛋黄完全粘在茄子上即可装盘，撒上葱花、红椒末。

要点： 盐蛋黄一定要碾成粉末状，不可有颗粒，炒时要注意火候，不可炒糊。

青椒蒸茄子

原料： 茄子 300 克，青椒圈 100 克。

调料： 油、盐、味精、蚝油、蒸鱼豉油、红油、香油、姜末、蒜蓉、葱花、豆豉。

做法：

❶ 将茄子切成条状，不要切断，连接至茄把（蒂），下入六成热油锅中炸熟捞出，撒上盐 1 克。

❷ 将青椒圈放姜末、蒜蓉、盐 2 克、豆豉、味精、蚝油、蒸鱼豉油、红油一起拌匀，均匀浇盖在茄条上，入笼蒸 10 分钟，至茄子熟后取出，撒上葱花，冲沸油、淋香油即可。

要点： 茄条要连接至茄把，青椒圈要拌入味，成菜后冲沸油。

拍黄瓜

原料：黄瓜 500 克。

调料：精盐、味粉、白糖、陈醋、蒜子、蚝油、詹王鸡粉、生抽王、干椒粉、红油、香油、葱香油。

做法：

① 将黄瓜洗净、去籽，用刀拍烂，切成 7 厘米长的段；蒜子切米。

② 将黄瓜放入碗内，加入上述调料，拌匀后装入盘内即可。

要点：葱香油制法：将红葱头、蒜子、香葱、洋葱丝与植物油一起放入油锅中，开小火烧至沸腾，飘出香味时沥油即成葱香油。

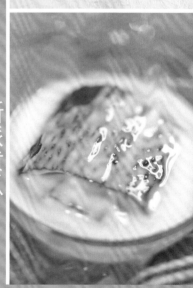

新派黄瓜

原料：黄瓜 400 克，酸奶 75 毫升。

调料：白醋、绵白糖、精盐。

做法：

① 将黄瓜洗净，先切 5 厘米长的段，再横切成 0.2 厘米厚的薄片。

② 用绵白糖和精盐把黄瓜片腌制 15 分钟。

③ 将酸奶、白醋、绵白糖调成酸甜汁，放入黄瓜片泡 2~3 分钟，捞出装盘即可。

☯ 相宜相克　　黄瓜

橘子中所含的多种维生素会被破坏

橘子

黄瓜中所含的分解酶会被分解破坏，降低营养价值

芹菜

× ×

黄瓜

✓ ✓

虾米

除热、利水、补肾

黄花菜

补虚养血、利湿消肿，可用于烦渴、咽喉肿痛、头晕耳鸣等症

✺ 养生堂　　黄瓜

◆ 可抗皮肤老化、减少皱纹，防止唇炎、口角炎，降血糖，清热解毒、消肿利水。

◆ 脾胃虚弱、腹痛腹泻、肺寒咳嗽的人应少食。肝病、心血管病、高血压患者勿食腌黄瓜。

◆ 与花生同食会伤身；不宜与维生素 C 含量高的蔬菜（如番茄、辣椒等）一同烹调。

紫苏煎黄瓜

原料：黄瓜 300 克，紫苏 50 克。

调料：油、盐、味精、鸡精、酱油、蚝油、香油、蒜蓉、姜米、干椒末。

做法：

❶ 将黄瓜斜切成马蹄片，紫苏切碎。

❷ 锅内放油烧至九成热，将黄瓜一片片摆进锅内，煎至两面发黄，下干椒末、蒜蓉、姜米、紫苏、盐、味精、鸡精、蚝油、酱油，轻轻翻炒至入味，黄瓜熟透，淋香油出锅。

要点：黄瓜一定要煎香。翻炒要轻，免炒碎；此菜不要加汤，就让黄瓜中的水分中和各种调料，收干汤汁，才别具一格。放水则黄瓜易过于软烂。

黄瓜炒薯粉

原料：黄瓜 300 克，水发红薯粉 100 克，鲜猪肉 50 克，鲜红椒 50 克。

调料：猪油、盐、味精、水淀粉、胡椒粉、香油。

做法：

❶ 将黄瓜刨皮、去籽后切成丝，鲜猪肉洗净后剁成泥，鲜红椒去蒂、去籽，洗净后切成丝，红薯粉浸入清水中泡发后剪短。

❷ 净锅置旺火上，放猪油，烧热后下入肉泥炒散，随后下入红薯粉，放盐、味精、胡椒粉，拌炒入味后下入黄瓜丝炒匀，勾水淀粉，淋香油，撒红椒丝，拌炒均匀后出锅装盘。

冰点南瓜

原料：南瓜 200 克，冰激凌 100 克，葡萄干 10 克。

调料：细砂糖、精盐。

做法：

❶ 将细砂糖、精盐放入冷开水中泡成糖水；把南瓜洗净、去皮，将肉挖成球状，入沸水锅中焯水断生，捞出沥干水分。

❷ 将南瓜放入糖水内，放入蒸笼用旺火蒸 20 分钟，关火晾凉后取出南瓜装入盘中，盖上冰激凌、撒上葡萄干即可。

原料： 南瓜 1000 克，水发银耳 50 克，枸杞 25 克。

调料： 水淀粉、白糖。

做法：

① 将南瓜削去外皮，从中剖开，刮去内瓤，洗净后切成小片（大小不限，但薄一点为好）。

② 将南瓜片放入无油的不锈钢盆内，加入适量的水（以刚好淹没南瓜为度），上火煮烂后，用无油的漏瓢将南瓜捞出（原汤仍要），将南瓜碾成细泥（越细越好）。

③ 将南瓜泥倒入煮南瓜的汤中，上火煮开，边煮边搅动，同时下入白糖、银耳，待搅匀且汤开时水淀粉勾薄芡，煮至糊化即可出锅装入大汤盆中（或盛入汤盅，每人一份也行），撒上枸杞，即可上桌。

要点： 制作此菜，一定要用无油的餐具，才不会有油腥气。银耳要用水泡发。

滋补南瓜羹

原料： 嫩籽南瓜 2 个（约 500 克），红泡椒 50 克。

调料： 植物油、盐、味精、鸡精、蒸鱼豉油、白醋、鲜汤。

做法：

① 将子南瓜削去外皮，从中剖开，刮去内瓤，洗净后切成 0.3 厘米粗的丝；将红泡椒去蒂、去籽后洗净，也切成丝。

② 锅内放油，烧至七成热，下入南瓜丝在锅中翻炒，边炒边放盐、味精、鸡精、蒸鱼豉油、白醋，再倒入鲜汤，撒入红椒丝，将南瓜丝完全炒熟即可出锅。

要点： 南瓜丝水分较少，在炒的过程中千万不能让南瓜丝粘锅炒煳，所以可略放鲜汤同炒。

醋熘嫩南瓜丝

相宜相克　南瓜

易引起腹胀、腹痛、消化不良

羊肉 ✕

易引起痢疾

虾 ✕

山药 ✓　可提神补气、滋补身体

南瓜

绿豆 ✓　可清热解毒、补中益气

养生堂　南瓜

◆ 防止动脉血管硬化、防癌、助消化，促进溃疡面愈合。

◆ 不宜与富含维生素 C 的食物同食，不宜与羊肉、虾同食，与螃蟹、鳝鱼、带鱼同食易中毒，与鹿肉同食甚至会导致死亡。

◆ 南瓜性温，胃热炽盛者、气滞中满者、湿热气滞者应少吃，患有脚气、黄疸、气滞湿阻病的人应忌食。

盐蛋黄炒南瓜丁

原料： 牛角南瓜 300 克，盐蛋黄 4 个，红椒末 3 克。

调料： 植物油、干淀粉。

做法：

❶ 将南瓜削去皮，从中剖开，刮净内瓤，洗净后切成 1.5 厘米见方的丁。

❷ 将盐蛋黄放入盘中，上笼蒸熟，取出后放在砧板上用刀背碾成泥，待用。

❸ 净锅置旺火上，放植物油 500 克烧至六成热，将南瓜丁拍上干淀粉，下入油锅炸至八成熟，倒入漏勺沥尽油。

❹ 锅内留底油，下入碾成泥的盐蛋黄烹炒，中间略放一点水，盐蛋黄起大泡时下入南瓜丁、红椒末一起拌匀，将南瓜丁全部裹上盐蛋黄即可。

要点： 咸盐蛋黄一定要碾成泥。

家常蒸南瓜

原料： 牛角南瓜 500 克。

调料： 白糖。

做法：

将南瓜削去皮，从中剖开，刮净内瓤、洗净，按扣碗口径的大小，将南瓜修饰成圆形，修下的边角余料放在扣碗中垫底，同时将圆形南瓜切成 2 厘米宽的条，放入碗中，撒上白糖，上笼蒸 20 分钟，将南瓜蒸熟即可。

要点： 农家菜。此菜操作简单，唯一的要求就是南瓜一定要蒸透。

百合蒸南瓜

原料： 南瓜 250 克，鲜百合 50 克，红椒末 2 克。

调料： 盐、葱花、白糖。

做法：

❶ 将南瓜去皮、去籽，切成块，扣在蒸钵中或窝盘中（如何造型，随南瓜的形状而定）。

❷ 将鲜百合剥开、洗净，码放在扣好的南瓜上。

❸ 将白糖撒在扣好的南瓜上，然后撒上盐，上笼蒸 10 分钟取出，撒上红椒末、葱花即可。

要点： 注意掌握好蒸制时间。

原料：南瓜750克，蜜枣150克。
调料：白糖50克。
做法：

　　将南瓜去皮、去籽，切成块，扣在蒸钵中，蜜枣摆放在南瓜两边（如何造型可随南瓜的形状和自己的意思而定），然后将白糖撒在南瓜上，上笼蒸10分钟即可。

要点：南瓜要一次性蒸熟。

蜜枣蒸南瓜

原料：冬瓜150克，黄瓜、白萝卜、胡萝卜、四季豆、青椒、红椒、水发香菇各100克。
调料：猪油、盐、味精、酱油、永丰辣酱、蚝油、水淀粉、红油、干椒段、姜片、蒜片、鲜汤。
做法：

❶　将冬瓜、黄瓜、白萝卜、胡萝卜去皮，四季豆撕去老筋，青椒、红椒去蒂、去籽，水发香菇去蒂，均切成长4厘米、粗1厘米见方的条。

❷　锅内放水烧开，将冬瓜、白萝卜、胡萝卜、四季豆分别下入锅中焯水至熟，捞出沥干水。

❸　锅内放猪油烧热后下入姜片、蒜片、干椒段、永丰辣酱煸香，下入冬瓜、白萝卜、胡萝卜、四季豆、盐、味精、酱油拌炒入味，下入红椒、青椒、黄瓜和香菇继续拌炒，放鲜汤焖煮，放蚝油，试好味、熟透后勾水淀粉，淋红油，即可装入烧红的沙煲中。

要点：冬瓜、白萝卜、胡萝卜、四季豆难熟，可先下锅，黄瓜、红椒、青椒、香菇易熟，故后下锅。

冬瓜杂菜煲

※ 养生堂　　　　　　　　　冬瓜

◆常吃可利尿、消肿、除暑热，能养胃生津、清胃降火，有助于减肥。连皮煮汤，解热利尿效果明显。

◆不宜生食，脾胃虚弱、肾脏虚寒、久病滑泄、阳虚肢冷者忌食，虚寒体质者和怕冷的老年人不宜吃。

◆切开的冬瓜应用干净白纸或塑料薄膜平贴在切口并抹平贴紧后存入冰箱，以保新鲜。

腐乳烧冬瓜

原料： 去皮冬瓜 500 克，腐乳 3 片、辣椒米、香菇米各 5 克。

调料： 油、盐、味精、鸡精、香辣酱、鸡汤、水淀粉、红油、香油、蒜蓉、姜米、葱花。

做法：

① 将冬瓜切成 6 厘米见方的坨，入沸水中煮至七成熟，捞出，沥干。

② 腐乳用刀碾成泥。

③ 净锅置旺火上，放油，烧热后下入姜米、蒜蓉、腐乳泥炒香，随即下冬瓜、香菇米、放盐、味精、鸡精、香辣酱，拌炒入味后，加鸡汤稍焖一下，勾水淀粉，淋红油、香油，撒辣椒米、葱花，一起拌炒均匀后出锅，装入盘中。

要点： 冬瓜焯水至七成熟后，沥干水，腐乳要捣成泥。

三色烧冬瓜

原料： 冬瓜 250 克，鸡蛋 4 个，火腿肠 10 克。

调料： 猪油、盐、味精、鸡精、水淀粉、鸡油、姜片、鲜汤。

做法：

① 将火腿肠切成骨牌块；将鸡蛋的蛋白、蛋黄分别打入碗中，放少许盐搅匀，入笼蒸成蛋白糕、蛋黄糕，熟后取出，放凉后切成小骨牌片。

② 锅内放水烧开，将冬瓜去皮、洗净后切成骨牌块，放入锅中焯水后捞出。

③ 净锅置旺火上，放猪油烧热，下入姜片、冬瓜片翻炒几下后放盐、味精、鸡精调味，放鲜汤稍焖，随即下入火腿肠、蛋白糕、蛋黄糕，推炒入味后勾水淀粉、淋鸡油，出锅装入盘中。

剁辣椒烧酸冬瓜

原料： 冬瓜 500 克，红剁辣椒（自制方法见第 77 面"厨艺分享"）10 克。

调料： 植物油、盐、味精、香油、葱花、蒜蓉。

做法：

① 将冬瓜切成 2 厘米长的条，将淘米水烧开，下入冬瓜条，倒入蒸钵中浸泡 6 小时，加适量的醋即成酸冬瓜。

② 将冬瓜沥干，用清水洗净，待用。

③ 净锅置旺火上，放植物油，烧热后下入蒜蓉、剁辣椒煸炒，随后下入酸冬瓜条，放盐、味精拌炒入味，淋香油、撒葱花，出锅装入盘中。

原料： 冬瓜 750 克，豆豉辣椒料（制法见第 181 面"厨艺分享"）45 克，红椒末 1 克。

调料： 油、酱油、葱花。

做法：

① 将冬瓜去皮去籽，切成大块，用酱油抹上色。

② 锅内放油，烧至八成热，下入冬瓜，炸至起虎皮样、成砖红色即出锅。

③ 将炸好的冬瓜像扣肉一样扣入蒸钵中，然后在上面放上豆豉辣椒料，放 25 克油，上笼蒸 20 分钟，取出扣入盘中，撒上葱花、红椒末即可。

要点： 冬瓜上的酱油一定要抹匀，炸出的色泽才一致。

蒸素扣肉

原料： 冬瓜 200 克，花甲 150 克。

调料： 鸡油、精盐、味精、鸡精粉、料酒、胡椒粉、低脂淡奶、葱、鲜汤。

做法：

① 将冬瓜去皮，切成 2.5 厘米长、2 厘米宽、0.2 厘米厚的片；葱切花；花甲剖开洗净，放入沸水锅内，加入料酒、精盐，去除腥味后捞出，再用清水冲洗干净。

② 锅置旺火上，放入鲜汤、花甲、冬瓜片，用旺火烧开后撇去浮沫，加入精盐、味精、鸡精粉、低脂淡奶，转用小火炖至冬瓜软烂，撒入胡椒粉、葱花，淋上鸡油，装入汤盅内即可。

花甲炖冬瓜

✳ 养生堂　　　　　　　　　　丝瓜

◆ 性味甘平，能清暑凉血、解毒通便、祛风化痰、润肌美容、通经络、行血脉、下乳汁。

◆ 含有能防止皮肤衰老的维生素 B1，能保护皮肤、消除斑块，使皮肤洁白、细嫩，是不可多得的美容佳品。

◆ 一般人群均可食用。月经不调者、身体疲乏者、痰喘咳嗽者、产后乳汁不通的妇女适宜多吃。但因性寒滑，故多食易致泄泻，体虚内寒者、腹泻者不宜多食。

♪ 厨艺分享　　　　　　　　　丝瓜

◆ 不宜生吃，应现切现做，避免营养物质随汁水流失。

◆ 味道清甜，烹煮时不宜加酱油和豆瓣酱等口味较重的调料，以免抢味。

◆ 烹制时应尽量保持清淡，油要少用，可勾稀芡，用味精或胡椒粉提味。

◆ 磕掉老丝瓜的薄皮，将丝瓜瓤取出，用来洗碗最环保。用两三天后，用碱将丝瓜瓤洗净，还可接着用。

金钩翡翠丝瓜排

原料：嫩丝瓜 750 克，金钩虾 10 克。

调料：猪油、盐、味精、鸡精、水淀粉、白糖、鸡油、姜片、鲜汤。

做法：

① 将丝瓜切去蒂，刨去粗皮，从中间一剖四开，翻过来去掉瓤，再顺料切成 5 厘米长的骨牌块；将金钩虾用水泡发。

② 锅内放水烧开，下入丝瓜焯水，捞出沥干。

③ 净锅置灶上，放猪油，下入姜片煸香，再下入丝瓜、金钩虾，放盐、味精、鸡精、白糖，推匀后放入鲜汤将丝瓜焖熟，再将丝瓜一片片地用筷子夹出，码放在盘中。

④ 锅内仍留汤汁，上火后勾薄芡、淋鸡油，将芡汁出锅浇淋在丝瓜上即可。

油条烧丝瓜

原料：丝瓜 500 克，油条 2 根。

调料：植物油、盐、味精、香油、姜末、蒜蓉。

做法：

① 锅将丝瓜切去蒂，刨去粗皮，去籽洗净，用滚刀法切成转头形。

② 将油条切成 4 厘米长的段。

③ 净锅置灶上，放植物油，下入姜末、蒜蓉，炒熟后下入丝瓜，放盐、味精调味，待丝瓜七成熟时下入油条合炒，待油条炒软时淋香油，出锅装入盘中即可。

炒农家苦瓜

原料：苦瓜 300 克，梅干菜 50 克。

调料：猪油、盐、味精、鸡精、香油、干椒段、姜末、蒜蓉、鲜汤、豆豉。

做法：

① 将苦瓜切去蒂，顺直剖开，用刀柄蹭去瓤和籽，洗净后切成片，放少许盐抓匀，略腌一下，挤去水分；将梅干菜洗净后剁碎。

② 净锅置旺火上，放猪油烧热，下入豆豉、干椒段、姜末、蒜蓉、梅干菜，煸香后放鲜汤，下入苦瓜，放盐、味精、鸡精，炒熟入味后淋香油，出锅装入盘中。

要点：苦瓜也可不用盐腌，而是放入开水中焯一下。

农家煎苦瓜

原料：苦瓜500克，梅干菜20克。

调料：植物油、盐、味精、鸡精、蚝油、水淀粉、香油、干椒末、鲜汤。

做法：

❶ 将苦瓜一剖四开，用刀柄蹭去瓜籽和瓜瓤，然后在有瓜瘤的一面剞十字花刀，再切成菱角块；梅干菜洗干净，剁细待用。

❷ 锅置旺火上，放植物油100克，烧至七成热，下入苦瓜，连煎带炸至苦瓜两面金黄时，下入梅干菜、干椒末、盐、味精、鸡精、蚝油，并放鲜汤，至汤汁收浓时勾薄芡、淋香油，即可。

苦瓜炒海带

原料：苦瓜400克，盐渍海带丝150克，红泡椒50克。

调料：猪油、植物油、盐、味精、鸡精、白醋、水淀粉、蚝油、姜末、蒜蓉。

做法：

❶ 将苦瓜切去蒂，顺直剖开，用刀柄蹭去瓤和子，洗净后切成直条丝；将红泡椒去蒂、去籽后洗净，切成丝。

❷ 将盐渍海带丝漂洗干净，放在砧板上切两刀。

❸ 锅内放水烧开，将苦瓜和海带分别焯水后捞出沥干。

❹ 锅内放猪油，下入姜末、蒜蓉炒香，将苦瓜和海带同时下入锅中翻炒，然后放盐、味精、鸡精、蚝油、白醋，待苦瓜在锅中转色时下入红椒丝，勾水淀粉、淋热植物油，即可出锅。

相宜相克　　　　　丝瓜

煲汤共食可清热化痰、凉血解毒

滋阴润燥，养血通乳

猪肉 ✔　　　　✔ 鸡蛋

番茄 ✔

丝瓜

✔ 鲢鱼

煲汤可清解热毒、消除烦热

煲汤同食可助妇女产后催乳

养生堂　　　　　苦瓜

◆性寒味苦，清暑涤热、明目解毒，有降低血糖和防治癌症等作用；营养丰富，维生素C的含量在瓜类中突出。

◆适宜糖尿病、癌症等症患者以及长痱子的人食用。

◆苦瓜煮水后擦洗皮肤，可清热、止痒、祛痱。

◆苦瓜性凉，脾胃虚寒者不宜食用。不要一次吃得过多。

豆豉辣椒炒苦瓜

原料： 苦瓜200克，梅干菜10克。

调料： 油、盐、味精、红油、香油、豆豉、干椒末、蒜片。

做法：

① 将苦瓜剖开，横刀切成片或斜刀片。

② 将切好的苦瓜拌盐或焯水。如果是拌盐，稍过片刻后，挤干水分。梅干菜切碎。

③ 净锅置旺火上，放油烧热后下入豆豉、干辣椒末、梅干菜，放盐、味精反复拌炒，入味后下入苦瓜，反复炒，下蒜片，不要加水，炒至苦瓜熟即淋红油、香油，出锅装盘。

要点： 苦瓜拌盐则苦瓜脆，苦瓜焯水则苦瓜糯，两者可任选。此为农家小菜，盐味一定要准。

白辣椒梅干菜蒸苦瓜

原料： 白辣椒75克（制法见第80面"厨艺分享"），苦瓜250克，梅干菜75克。

调料： 油、盐、味精、蚝油、蒜蓉、姜末、豆豉、葱花。

做法：

① 将苦瓜剖开、去籽、洗干净，切成斜刀片，用盐、味精、蒜蓉、姜末、豆豉、蚝油拌匀。

② 将梅干菜洗干净剁碎，在锅中炒干水汽，盛出。

③ 在锅内放油，烧热后下入梅干菜，放蒜蓉、姜末、味精炒香、炒入味，扣入蒸钵底。

④ 将白辣椒洗干净、剁碎，挤干水分，放在梅干菜上。

⑤ 将苦瓜码放在白辣椒上。

⑥ 将准备好的蒸钵上笼蒸20分钟，至熟后反扣装盘，冲油、撒葱花上桌。

要点： 梅干菜要炒香，苦瓜要入味，白辣椒要保留本身的味道，蒸制时才能使其相互渗透。

黄花菜炒粉丝

原料： 干黄花菜100克，粉丝50克，鲜猪肉75克。

调料： 猪油、盐、味精、酱油、蒜蓉香辣酱、蒸鱼豉油、胡椒粉、葱段、姜末、蒜蓉。

做法：

① 将干黄花菜用水泡发30分钟以上，切去蒂，再放入沸水锅中焯一下，捞出沥干水分。

② 将粉丝用清水泡发，捞出后沥干水，切短；将鲜猪肉洗净后剁成泥。

③ 净锅置旺火上，放猪油烧热，下入姜末、蒜蓉、肉末，放酱油、蒜蓉香辣酱，炒熟后下入黄花菜、粉丝，放盐、味精、蒸鱼豉油合炒，入味后撒胡椒粉和葱段，拌匀后即可出锅盘。

原料： 黄花菜 50 克，豆腐 4 片，鲜猪肉 50 克。

调料： 盐、味精、鸡精、胡椒粉、香油、葱花、鲜汤。

做法：

① 将黄花菜去蒂、清洗干净，挤干水分；将豆腐切成小条状；将鲜猪肉洗净，剁成肉泥。

② 净锅置旺火上，倒入鲜汤，放盐、味精、鸡精调味，烧开后下入黄花菜和肉泥，用小火熬出鲜香味，再下入豆腐，烧开后撇去浮沫，撒胡椒粉和葱花，淋香油，出锅盛入汤碗中。

要点： 黄花菜必须先熬才会有鲜香味。

豆腐黄花菜汤

原料： 花菜 750 克。

调料： 猪油、盐、味精、酱油、豆瓣酱、蒜蓉香辣酱、蚝油、红油、干椒段、姜末、蒜蓉、大蒜叶、鲜汤。

做法：

① 将花菜顺枝切成小块，洗干净，沥干水。

② 锅内放猪油，下入姜末、蒜蓉、干椒段煸香，再下豆瓣酱、蒜蓉香辣酱炒香，下入花菜在锅中翻炒，放盐、味精、酱油、蚝油，待上色后略放鲜汤翻炒，直到花菜九成熟时即装入干锅中，淋上红油，撒上大蒜叶，带火上桌即可。

要点： 花菜最多炒至九成熟，如果熟透则花菜太软化。干锅是相对于火锅而言，火锅汤汁多，干锅则汤汁较少，讲究香辣、鲜嫩、爽脆，但同火锅一样的是带火上桌，边吃边加温。干锅菜入锅之前一般已达到成菜要求的 80%~90%，一般多用炒、烧的方法成菜，且主料不上芡，成菜不勾芡，通过干锅的烧煮使菜味越来越浓。

干锅花菜

相宜相克 　　　　　　　　　苦瓜

辣椒所富含的维生素 C 会被破坏

同炒可祛皱美容、延缓衰老

辣椒 × 　胡萝卜 ✓

苦瓜

鸡蛋 ✓ 　猪肉 ✓

防治眼病

煮汤食用，有清热解暑、明目祛毒的作用

养生堂 　　　　　　　　　黄花菜

◆ 一般人群均可食用，孕妇、中老年人、过度劳累者尤其适合。患有皮肤瘙痒症者忌食，肠胃病患者慎食，平素痰多者（尤其是哮喘病患者）不宜食。

◆ 吃新鲜黄花菜可能造成胃肠道中毒。应选用冷水发制的干黄花菜，吃前先用开水焯一下，再用凉水浸泡 2 小时以上，加工时火力要大，彻底加热，每次食用量不宜过多。

铁板花菜

原料： 花菜 400 克，尖红椒 20 克。

调料： 植物油、精盐、味精、白醋、蚝油、酱油、剁辣椒、豆瓣酱、孜然、胡椒粉、葱、红油、香油、水淀粉。

做法：

① 将花菜切成 2 厘米见方的块，入沸水锅内焯水，捞出沥干水分；尖红椒切圈，葱切花，铁板烧热。

② 锅置旺火上，放入植物油，下入尖红椒圈、剁辣椒、豆瓣酱炒香，再放入花菜、精盐、味精、蚝油、酱油、白醋、孜然、胡椒粉、红油炒拌入味，勾芡，出锅装入铁板，撒上葱花、淋入香油即可。

凉拌西兰花

原料： 西兰花 500 克。

调料： 植物油、盐、味精、香油、姜末、蒜蓉、食用纯碱。

做法：

① 将西兰花洗净，顺枝切成适口大小。

② 锅内放水烧开，下入西兰花水，同时放一点植物油和食用纯碱，将西兰花焯至熟透后捞出，用冷开水冲洗过凉。

③ 将过凉后的西兰花放入碗中，放姜末、蒜蓉、盐、味精、香油拌匀，试准味道，在盘中造型即可上桌。

要点： 焯水时一定要保持西兰花的脆绿色，放植物油和食用纯碱，就是为了这一目的。但焯水后应将西兰花冲洗干净，去尽碱味。

西兰花烧豆腐

原料： 西兰花 200 克，豆腐 4 片，鲜猪肉 50 克，红椒 3 克。

调料： 植物油、盐、味精、酱油、蒜蓉香辣酱、水淀粉、白糖、香油、红油、葱花、姜末、蒜蓉、鲜汤。

做法：

① 将鲜猪肉剁成肉末；红椒切成米粒状；在沸水锅中放少许植物油、盐，将西兰花切成小枝，放入沸水锅中焯水入味后捞出，围入盘边。

② 在沸水锅中放少许盐和酱油，将豆腐切成 2 厘米见方的块，放入锅中焯水入味后捞出，沥干水。

③ 锅内放植物油烧热，下入姜末、蒜蓉、肉末拌炒，倒入鲜汤，放盐、味精、白糖、蒜蓉香辣酱调味，汤开后下入豆腐，用小火稍煨后勾水淀粉，撒葱花、红椒米，淋香油、红油，出锅装入盘中央。

要点： 煨豆腐的时候要用小火，煨的时间越长，豆腐的味道越好。

榨菜香干炒韭花

原料：韭花 250 克，榨菜 150 克，香干 2 片，红泡椒 50 克。

调料：植物油、盐、味精、鸡精、酱油、蚝油、水淀粉、红油、蒜片、鲜汤。

做法：

① 将榨菜切成 0.2 厘米粗的丝，放入清水中漂洗；将香干切成 0.3 厘米粗的丝；将韭花摘洗干净，摆放整齐，切去头尾，再切成 3 厘米长的段；将红泡椒去蒂、去籽，洗净后切成丝。

② 在汤锅内放水烧开，将榨菜下入锅中焯水，捞出沥干水，倒入（炒）锅内炒干水汽。

③ 锅内放植物油 500 克，烧至八成热，下入香干炸散，待其表皮硬化即可用漏勺捞出，沥干油。

④ 锅内留底油，下入蒜片炒香，下入韭花炒几下，再下入榨菜、香干，放盐、味精、鸡精、酱油、蚝油翻炒，略放鲜汤焖一下，下入红椒丝，勾水淀粉、淋红油，即可出锅。

要点：色泽亮丽，咸鲜爽口。香干入油锅一定要炸散，千万不要粘在一起。

醋香洋葱

原料：洋葱 300 克，红椒 10 克。

调料：精盐、味粉、白糖、香油、陈醋、生抽王。

做法：

① 将洋葱去皮切丝，加精盐、白糖、陈醋腌制 2~3 分钟；红椒去蒂、去籽，切丝。

② 将洋葱丝放入碗中，加入生抽王、红椒丝、味粉、香油，拌匀即可。

要点：切辣椒、洋葱时，先将刀在冷水中蘸一下，再切就不会辣眼睛了。

🥄 厨艺分享　　　**黄花菜**

◆宜选用冷水发制的黄花菜。

◆适于凉拌（应先焯熟）、炒、氽汤或做配料。

◆不宜单独炒食，应配其他食物原料。

◆以选购色泽浅黄或金黄，新鲜无杂质，条身紧长均匀粗壮，抓一把手感柔软有弹性、松手后能很快散开的黄花菜为宜。

☯ 相宜相克　　　**花菜**

花菜中的维生素 C 会被破坏

黄瓜　✕　✕　会影响牛奶中钙的消化吸收　牛奶

香菇　✓　**花菜**　✓　鸡肉

利肠胃、开胸膈、壮筋骨，并有较强的降血脂作用

清热解毒，提高免疫力

洋葱炒榨菜丝

原料： 洋葱 200 克，榨菜 100 克。

调料： 植物油、盐、味精、酱油、香油、葱花、干椒段。

做法：

① 将洋葱去根，剥去外皮，洗净后切成丝；将榨菜切丝，放入清水中漂洗干净后，捞出挤干水。

② 净锅置旺火上，放入榨菜丝炒干水汽。

③ 锅置旺火上，放植物油，烧热后下入洋葱丝、干椒段煸炒，再下入榨菜丝，放盐、味精、酱油，合炒入味后淋香油，撒葱花，出锅装入盘中。

油淋泡椒

原料： 红泡椒 400 克。

调料： 植物油、盐、味精、鸡精、酱油、陈醋、蒜片、豆豉。

做法：

① 将红泡椒洗干净，切去蒂，用刀拍烂。

② 锅置旺火上，放植物油 500 克烧至八成热，将红泡椒下入锅中炸至起虎皮，用漏勺捞出，沥干油。

③ 锅内留底油，下入蒜片、豆豉炒香，再下入红泡椒，放盐、味精、鸡精、陈醋、酱油，并用炒勺将红泡椒碾炒，使盐味渗进去，待红泡椒熟透即可出锅。

要点： 红泡椒一定要炸起虎皮，盐一定要放准。

🥄 厨艺分享　　　　　　　**西兰花**

◆ 将西兰花或花菜放在盐水里浸泡几分钟，菜虫就会跑出来，还有助于去除残留农药。

◆ 烧煮和加盐时间不宜过长，否则会丧失和破坏防癌、抗癌的营养成分。

◆ 凉拌着吃更有利于保存营养。

◆ 选购时，手感越重质量越好，但花球不能过硬，否则太老。买回后最好 4 天内吃掉，否则就不新鲜了。

◐ 相宜相克　　　　　　　**洋葱**

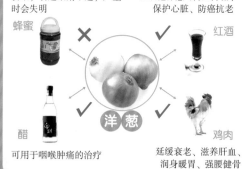

伤眼，引起眼睛不适，严重时会失明

蜂蜜

红酒泡洋葱可降压降糖、保护心脏、防癌抗老

红酒

洋葱

醋

可用于咽喉肿痛的治疗

鸡肉

延缓衰老、滋养肝血、润身暖胃、强腰健骨

原料：红泡椒 400 克。

调料：植物油、盐、陈醋、白糖、香油、葱段、蒜片。

做法：

① 将红泡椒洗干净，去掉蒂，然后一切两半。

② 锅置旺火上，放植物油 500 克烧至八成热，将红泡椒下入锅中炸至起虎皮，用漏勺捞出，沥干油。

③ 锅内留底油，下入蒜片炒香，再下入红泡椒，放白糖、盐、陈醋，炒至白糖熔化并出浓糖汁时，撒入葱段、淋上香油即可。

要点：糖熬成汁时，一定要掌握火候。

糖醋泡椒

原料：大鲜红椒 300 克，五花肉 50 克，洋葱 10 克，大蒜叶 3 克。

调料：油、盐、味精、蚝油、陈醋、姜片、蒜蓉、鲜汤。

做法：

① 将大鲜红椒放在火上烧熟，泡入水中，洗去外皮上烧出的黑皮，然后剥开，除去里面的子，将其撕成长条形。

② 将五花肉切成薄片，洋葱切片。

③ 锅内放油，放蒜蓉、姜片煸香，下入肉片，煸炒至熟，快出油时，加入鲜汤，后调盐、味精、蚝油、陈醋，烧开后，下入烧椒，翻炒几下后，倒入垫有洋葱片的干锅中，撒上大蒜叶，带火上桌。

要点：烧辣椒时不可烧得太熟，用干锅带火，还要继续加热。

干锅烧辣椒

相宜相克　　　　　　　　红椒

营养丰富，对儿童的生长发育很有帮助

降血压、止头疼、解毒消肿，还可防治糖尿病和龋齿疼

鸡肉 ✔　　　　　空心菜 ✔

南瓜 ✘　　　　　黄瓜 ✘

红椒中的维生素 C 会被破坏

红椒中的维生素 C 会被破坏

厨艺分享　　　　　　自制剁辣椒

将尖红椒 100 克去蒂后洗干净，剁碎，放入汤碗中，加入姜片 5 克、蒜片 5 克、盐 10 克、味精 5 克、料酒 3 毫升、陈醋 2 毫升拌匀，腌制 30 分钟，即成剁辣椒。

未用完的剁辣椒可放入玻璃瓶中，盖紧，存入冰箱。

豆豉辣椒蒸红椒

原料：鲜红椒 250 克。

调料：油、豆豉辣椒料（制法见第 181 面"厨艺分享"）、葱花。

做法：

① 将鲜红椒切开，去蒂、去籽，用水洗干净。

② 锅置旺火上，放油烧至八成热，下入鲜红椒，余炸即出锅，扣入碗中。

③ 将豆豉辣椒料码在红椒上，上笼蒸 10 分钟，出锅，冲沸油、撒葱花即成。

要点：出笼后冲沸油能使菜肴成色油亮。辣椒的蒸制时间不可太长。

擂辣椒

原料：青椒 400 克。

调料：盐、味精、鸡精、陈醋、蒜粒、豆豉。

做法：

① 将青椒在明火上烧至皮呈黑色后，泡入冷水中，剥去黑皮、去掉籽，然后放入专用的擂钵中。

② 在擂钵中放入豆豉、蒜粒、盐、味精、鸡精、陈醋，然后用擂棍（或刀柄）将青椒捣碎，即可装盘。

要点：青椒不要烧得太熟，此菜看上去不吸引人，但口味极佳。如无擂钵，也可将青椒放入木碗中用刀柄捣碎。

相宜相克　　　　　　　　　青椒

青椒所富含的维生素 C 会被分解

黄瓜 ✕

青椒富含维生素 C，与米饭同食可缓解牙龈出血

大米 ✓

可供给人体丰富的维生素 C，清热开胃、利尿消肿

绿豆芽 ✓

青椒

益智健脑，可辅助治疗食欲不振、消化不良等症

虾皮 ✓

厨艺分享　　　　　　　　　青椒

◆ 烹制时避免使用铜质餐具，以免维生素 C 被破坏。

◆ 切辣椒、洋葱时，先将刀在冷水中蘸一下，再切就不会辣眼睛了。

◆ 由于青椒独特的外形和生长姿态，使喷洒的农药都积累在凹陷的果蒂上，因此清洗时应去蒂。

◆ 保存时应擦干青椒上的水分，装入有窟窿的袋子里，再放入冰箱冷藏柜。

原料：青椒 500 克。

调料：植物油、盐、味精、蚝油、香油、姜末、蒜蓉、豆豉。

做法：

❶ 将青椒去蒂后洗净，切成 6 厘米长的段；将豆豉用清水泡 1 分钟，洗净。

❷ 锅置旺火上，放入植物油 500 克烧至八成热，下入青椒炸至起虎皮，用漏勺捞出（油仍留部分在锅中），泡入冷开水中过凉，然后沥干水分，拌入少许盐、味精，待用。

❸ 等锅内油温升至七成热时，下入泡发的豆豉炸香，捞出沥尽油后，再倒入锅中，下入姜末、蒜蓉、盐、味精、蚝油、香油炒香，放入青椒拌匀后，将青椒夹出整齐地叠放在盘中，将豆豉码放在青椒上即可。

豉香青椒

原料：青椒 50 克。

调料：油、盐、味精、酱油、香油、豆豉、蒜片。

做法：

❶ 将青椒切成辣椒圈，豆豉用水稍洗，沥干水。

❷ 锅置旺火上，放油烧热后下入豆豉炒香，再下入蒜片、青椒，放盐、味精、酱油反复拌炒，淋香油，出锅装盘中。

要点：典型的湖南下饭菜。豆豉要炒香，整个菜的盐味不能过淡。不要加汤、水，就用油干炒，才体现农家风味。

豆豉炒青椒

原料：青椒 250 克，番茄 150 克。

调料：植物油、盐、味精、鸡精、蒸鱼豉油、白醋、姜片、蒜片、豆豉、鲜汤。

做法：

❶ 将番茄洗干净，切成 0.5 厘米厚的片。

❷ 将青椒去蒂、洗干净，用刀拍一下（不要拍碎）。

❸ 锅置旺火上，放植物油 500 克烧至八成热，下入青椒过大油，待青椒炸起虎皮即倒入漏勺，沥干油。

❹ 锅内留底油，放豆豉、蒜片、姜片炒香，下入青椒，放盐、味精、鸡精、蒸鱼豉油、白醋后用炒勺将青椒擂炒，使盐味透入青椒，再下入番茄轻轻翻炒，放鲜汤焖一下，即可出锅装盘。

要点：虎皮青椒炒好后，番茄不宜炒得太久。

虎皮青椒炒番茄

油炸白辣椒

原料：白辣椒 300 克。

调料：植物油、香油、葱花。

做法：

1. 将白辣椒摘洗干净。

2. 锅内放植物油 300 克，下入白辣椒，让白辣椒与油一同升温，将白辣椒炸至七成焦时立即取出盛入碗中，让其随自身的温度升至十成焦，撒入葱花、淋香油，即可食用。

要点：炸白辣椒时一定要掌握好火候，否则会焦煳、苦口。

豆豉炒酱辣椒

原料：酱辣椒 300 克。

调料：猪油、味精、白糖、大蒜叶、豆豉。

做法：

1. 将酱辣椒切去蒂，然后切碎，挤干水分。

2. 锅内放猪油，烧至八成热，下入豆豉炸香，再下入酱辣椒翻炒，同时放味精、白糖，将酱辣椒炒出香味后，放入大蒜叶，炒熟后出锅装盘即成。

要点：酱椒味咸，故不放盐，放一点白糖。

厨艺分享　自制白辣椒

白辣椒并非白色的辣椒，它是用青椒晒制而成的，与荤菜同炒味道独特，比如白辣椒炒腊肉、白辣椒炒风吹肉（见本书后面部分）等。

制法：挑选质量好的青辣椒（最好是薄皮灯笼辣椒），去蒂，放入开水锅中焯熟，捞出摊放在簸箕上，在太阳下晒干成白色，再纵向剪开，放盐拌匀（500 克辣椒拌入 50 克盐），装入坛中即可。

厨艺分享　酱辣椒和鲊辣椒

◆酱辣椒制法：把新鲜青辣椒放进腌泡菜的老坛子的泡菜水中，密封后过 7 天可食，泡好后辣椒为黄色。湖南名菜"酱椒蒸鱼头"中，用的就是这种酱辣椒。

◆鲊辣椒制法：将鲜红椒去蒂、去籽后洗净，沥干水，切碎，拌入粗糯米粉、盐、五香粉，一起拌匀后再放入泡菜坛中腌 2 天，即成。

原料：蒜苗 100 克，红椒 100 克，香干 3 片。

调料：油、盐、味精、酱油、香辣酱、鲜汤、水淀粉、红油、香油。

做法：

❶ 将红椒去籽，切成粗丝，蒜苗切成段，香干切丝。

❷ 净锅置旺火上，放油烧热后下入香干，稍炸香后出锅，装入盘中待用。

❸ 锅内放油，下入蒜苗，放盐煸炒至熟，然后下香干与红椒丝，放盐、味精、酱油、香辣酱拌炒入味，加鲜汤略焖一下，勾水淀粉，淋红油、香油，拌匀出锅，装入盘中。

要点：蒜苗要单独放盐炒熟，否则不易入味。

红椒蒜苗炒香干

原料：红薯 250 克。

调料：果珍橙汁、椰粉。

做法：

❶ 将红薯洗净、去皮，入蒸柜蒸 50 分钟至熟透，取出晾凉。

❷ 将冷却的红薯放入粉碎机中，加入果珍橙汁一起打成泥状，装入裱花袋中挤出形状，撒上椰粉即可。

金沙雪影

原料：红心红薯 100 克，大白菜梗 150 克。

调料：植物油、白糖粉。

做法：

❶ 将红薯和大白菜梗洗净，均切成细丝。

❷ 锅置旺火上，放入植物油，烧至五成热时放入红薯丝炸至金黄酥脆，捞出沥干油。

❸ 将红薯丝与白菜丝拌匀，撒上白糖粉即可。

金银龙禧丝

凉拌凉薯

原料： 凉薯250克，红泡椒3克。

调料： 盐、白醋、白糖、姜末。

做法：

❶ 将凉薯撕去外皮，洗净后切成薄片，放少许盐拌匀，腌3分钟后沥干盐水；将鲜红椒去蒂、去籽后洗净，切成丝。

❷ 将白糖、白醋、姜末、红椒丝同放入一碗中，然后放入凉薯拌匀入味，将凉薯装入盘中，碗内剩汁淋在凉薯上即可。

剁椒拌菜头

原料： 菜头750克。

调料： 盐、香油、剁辣椒。

做法：

❶ 将菜头剥去粗皮，修净筋膜，切成马蹄片，放少许盐抓匀，待出水后挤干水分，待用。

❷ 将剁辣椒与菜头拌在一起，腌制2分钟，淋入香油即可。

要点： 如果用自制剁辣椒（见第77面"厨艺分享"），则味道更为特别。

💧 相宜相克　　　　　　　　　　**蒜苗**

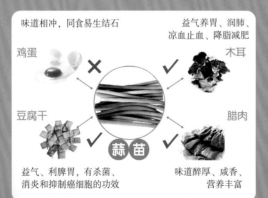

味道相冲，同食易生结石

鸡蛋 ✕

益气养胃、润肺、凉血止血、降脂减肥

木耳 ✓

豆腐干 ✓

蒜苗

腊肉 ✓

益气、利脾胃，有杀菌、消炎和抑制癌细胞的功效

味道醇厚、咸香、营养丰富

💧 相宜相克　　　　　　　　　　**红薯**

引起胃胀、腹痛、呕吐，严重时会导致胃出血

柿子 ✕

会引发身体不适，如呕吐、腹痛、腹泻

螃蟹 ✕

狗肉 ✓

红薯

大米 ✓

可用于中老年人肾阳不足、夜尿频多

健脾补胃、补虚强体

原料： 净莴笋头（莴笋去叶留茎）200 克，鲜红椒 1 个。

调料： 盐、味精、白醋、香油、姜丝。

做法：

❶　将净莴笋头洗净后切成丝，拌入少许盐腌一下，挤干水；将鲜红椒去蒂、去籽后洗净，切成丝。

❷　在碗中放盐、味精、白醋、香油拌匀，再放入姜丝、红椒丝、莴笋丝一起拌匀，装入盘中即可。

要点： 莴笋丝要先用盐腌一下，并且要挤干水。

凉拌莴笋丝

原料： 莴笋头 500 克，枸杞 2 克。

调料： 浓缩苹果汁、矿泉水、蜂蜜。

做法：

❶　将莴笋头去皮、去筋膜，切成 0.5 厘米厚的菱形片，入沸水锅内焯水断生，捞出后放入冷水中过凉。

❷　将浓缩苹果汁、矿泉水、蜂蜜调匀成汁，再放入莴笋片浸泡 2 小时，捞出装盘，用泡发的枸杞点缀即可。

汁浸莴笋

原料： 莴笋头 300 克。

调料： 植物油、盐、味精、蒜片。

做法：

❶　将莴笋头切掉底部老的部分，去皮，即成净莴笋头，洗净后切成 0.2 厘米厚的长条片。

❷　净锅置旺火上，放植物油，烧热后下入蒜片，随即下入莴笋片，放盐、味精拌炒，熟后迅速出锅装盘。

要点： 本菜为农家制法，力求体现原料本味。

刨花莴笋片

香菇烧莴珠

原料：莴笋头 750 克，水发香菇 50 克（最好选用直径 2 厘米、大小一致的）。

调料：植物油、盐、味精、鸡精、水淀粉、鸡油、姜末、鲜汤、食用纯碱。

做法：

① 将莴笋头削去外皮，修净筋膜后用挖球器挖成圆球状（莴珠），漂在清水中待用。

② 将香菇去蒂、洗净。

③ 锅置旺火上，放水烧开，下入莴珠，放油（少许）、食用纯碱，将莴珠焯至八成熟，取出漂入冷水中。

④ 锅内放植物油，下入姜末，然后下入莴珠、香菇，加入鲜汤、盐、味精、鸡精，用小火将莴珠煨至熟透。

⑤ 将煨制好的莴珠用筷子夹入器皿中，香菇留在锅中。

⑥ 将锅移至火上，勾芡，待水淀粉糊化后，淋上鸡油，然后将香菇整齐地码放在莴珠旁，将芡汁浇在香菇和莴珠上即成。

要点：莴笋头一定要修净筋膜。焯水时放少许油和食用纯碱，是为了使莴珠始终保持翡翠碧绿色。

酱椒荬瓜丁

原料：嫩荬瓜 300 克，酱椒 50 克，红椒末 2 克。

调料：植物油、盐、味精、香油、蒜蓉。

做法：

① 将嫩荬瓜去皮洗净后切成 3 厘米见方的丁，酱椒去蒂、洗净后切成丁。

② 净锅置灶上，放植物油，烧热后下入蒜蓉、荬瓜丁，放盐拌炒至七成熟时下入酱椒，放味精，合炒入味后，撒红椒末，淋香油，出锅装盘。

要点：酱椒即酱辣椒，制法见第 80 面"厨艺分享"。

☯ 相宜相克　　莴笋

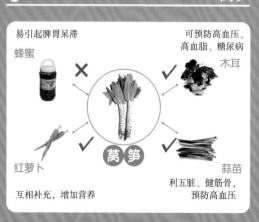

易引起脾胃呆滞　　　　可预防高血压、
蜂蜜　　　　　　　　　高血脂、糖尿病
　　　　 ✕　莴笋　✓　　木耳
红萝卜　✓　　　　✓　蒜苗
互相补充，增加营养　　　利五脏、健筋骨、
　　　　　　　　　　　　预防高血压

☯ 相宜相克　　荬瓜

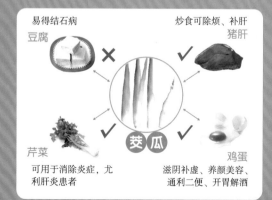

易得结石病　　　　　炒食可除烦、补肝
豆腐　　　　　　　　　　　　猪肝
　　　 ✕　荬瓜　✓
芹菜　✓　　　　✓　鸡蛋
可用于消除炎症，尤　　滋阴补虚、养颜美容、
利肝炎患者　　　　　　通利二便、开胃解酒

原料：茭瓜 250 克。

调料：植物油、盐、味精、白糖、香油、红油、花椒油、干椒段、花椒。

做法：

① 将茭瓜去皮、洗净，用滚刀法切成转头形。

② 锅内放植物油，烧至七成热，放入茭瓜过油至七成熟，倒入漏勺中，沥尽油。

③ 锅内留少许底油，下入花椒与干椒段煸香，再下入炸好的茭瓜，放盐、味精、白糖拌炒入味，淋少许花椒油、香油、红油，出锅装入盘中。

香油炝茭瓜

原料：明笋 200 克。

调料：鸡油、精盐、味精、白糖、葱、酱油、高汤。

做法：

① 将明笋洗净，用清水泡 10~12 小时（中途换水 5~6 次）；葱切段。

② 将浸泡后的明笋切丝，入沸水锅中焯水，入清水内过凉，捞出挤干水分待用。

③ 锅置旺火上，放入鸡油烧至五成热，放入明笋丝略炒干水汽，再加入精盐、味精、酱油、白糖和高汤，转用小火煮至笋丝入味，撒上葱段，出锅装盘即可。

要点：明笋即闽笋，又称板笋，产于福建，是久负盛名的佐料。

鸡油明笋

原料：水发闽笋 300 克，肥膘丝 100 克。

调料：油、盐、味精、胡椒粉、料酒、姜丝、葱段、鲜汤。

做法：

① 将水发闽笋用开水氽过后切成条，在锅中炒干水汽。

② 锅内放油，下肥膘丝炒散，快出油时下笋条同炒，烹入料酒，倒入鲜汤，放盐、味精、胡椒粉、姜丝，然后用小火煮至汤汁乳白，试正口味后即可装碗，放上葱段即可上桌。

要点：笋子有种自然的清香和鲜味，煮的时间越长越有味，但一定注意不要烧干汤汁。

水煮笋子

乡村笋丝

原料： 笋干150克。

调料： 猪油、精盐、味精、白酒、胡椒粉、葱、鲜汤。

做法：

1 将笋干泡发，切成5厘米长，宽、厚各0.3厘米的丝；葱切段。

2 将笋丝入沸水锅内焯水，捞出后沥干水分。

3 锅置旺火上，放入笋丝炒干水分，再加入猪油，烹入白酒，略为焖炒后倒入鲜汤，旺火烧开后撇去浮沫，加入精盐、味精，转用小火焖45分钟至笋丝入味，再用旺火收浓汤汁，撒入胡椒粉、葱段，出锅装盘即成。

外婆煎春笋

原料： 春笋1000克，梅干菜3克。

调料： 猪油、盐、味精、酱油、香油、红油、干椒段、葱花、姜末、蒜蓉。

做法：

1 将春笋剥壳、砍去老兜（即成净春笋），切成0.5厘米厚的圆片，装入大碗中，入笼蒸至断生，取出后沥尽蒸汁（蒸汁留用）。

2 净锅置灶上，放猪油，烧热后下入春笋片，煎至金黄色后出锅装入盘中，锅内下入干椒段、蒜蓉、姜末拌炒，随后下入煎好的春笋、梅干菜，放盐、味精、酱油拌炒入味，倒少许蒸汁焖一会，待汤汁收干时撒下葱花，淋香油、红油，出锅装入盘中。

🌓 相宜相克　　　　竹笋

食物药性有抵触，同食会产生对人体不利的物质

会发生复杂的生物化学反应，导致腹痛

红糖　✕　　　　✕　羊肉

鸡肉　✓　　竹笋　　✓　鲫鱼

有利于暖胃、益气、补精、填髓

可辅助治疗小儿麻疹、风疹及水痘等症

🎵 厨艺分享　　　　竹笋

◆净春笋切后不能用水洗，否则会涩口。

◆冬笋质量比春笋好。冬笋要用开水煮透后再切，才不麻口。

◆鸡婆笋就是南方的小指状竹笋，若只能买到袋装的，一定要焯水去盐分，鲜品则可直接下锅。

◆烟笋是将竹笋晒干，再用烟熏制而成。烟笋要发透（切得动即已发透）或泡软后煮透再切。

原料：冬笋 250 克，梅干菜 10 克，红椒圈 3 克。

调料：油、盐、味精、鸡精、蚝油、香油、干椒段、蒜蓉、姜米、鲜汤。

做法：

❶　冬笋放水中煮透，切成月牙形备用。

❷　梅干菜切成小米状。

❸　锅内烧油至八成热，下姜米、干椒段、蒜蓉煸香，再下冬笋、梅干菜、红椒圈，一起煸炒至焦香，放入盐、味精、鸡精、蚝油，加鲜汤，微焖至汤干，淋香油，出锅装盘。

油焖冬笋

原料：冬笋 500 克，韭黄 250 克，红泡椒 50 克。

调料：猪油、盐、味精、鸡精、姜丝。

做法：

❶　将冬笋剥出外壳，放入开水锅中煮熟，捞出后修干净，刮去茸毛，再切成韭菜叶形状的丝。

❷　将韭黄摘洗干净，切成 5

厘米的段；将红泡椒去蒂、去籽后洗净，也切成同样长的段。

❸　锅内放猪油烧至六成热，下入姜丝、冬笋丝煸香后，再下入韭黄，放盐、味精、鸡精、红椒丝，在韭黄炒蔫之前出锅。

要点：冬笋一定要切成韭黄状的丝，俗称"韭叶丝"，方能与韭黄相匹配。

冬笋丝炒韭黄

原料：鸡婆笋 250 克，酸菜 10 克。

调料：植物油、盐、味精、香油、干椒段、葱花。

做法：

❶　将鸡婆笋洗净、切碎，挤干水分；将酸菜切碎。

❷　净锅置旺火上，放植物油烧热，下入干椒段、鸡婆笋拌炒，放盐、味精、酸菜合炒，入味后淋香油、撒葱花，出锅装入盘中。

酸菜炒鸡婆笋

油辣仙笋

原料： 鸡婆笋 250 克。

调料： 精盐、味精、白糖、剁辣椒、香油、红油、干锅油。

做法：

❶ 将鸡婆笋撕成丝，入沸水锅内焯水，捞出晾凉待用。

❷ 净锅置旺火上，放入红油烧热，下入鸡婆笋丝，加入精盐、味精、白糖、剁辣椒、干锅油拌炒均匀，淋香油，装盘即可。

水煮烟笋钵

原料： 水发烟笋 400 克，腊肉 100 克，红椒 1 个。

调料： 猪油、盐、味精、蒸鱼豉油、胡椒粉、白糖、香油、葱段、姜丝、鲜汤。

做法：

❶ 锅内放水烧开，将烟笋放入锅中焯水后捞出，沥干水；将腊肉去皮，切成丝；红椒去蒂、去籽后洗净，切成丝。

❷ 净锅置旺火上，放猪油，烧热后下入姜丝、腊肉丝煸炒，随即下入笋丝、红椒丝拌炒，放盐、味精、蒸鱼豉油、白糖、胡椒粉调味，拌匀后倒入鲜汤煨煮，入味后出锅装入钵中，撒葱段、淋香油，再用小火烧开即可上桌。

风味烟笋钵

原料： 湘西干烟笋 200 克，猪五花肉 100 克。

调料： 熟猪油、精盐、味精、鸡精粉、白糖、胡椒粉、整干椒、葱、红油、鲜汤。

做法：

❶ 烟笋用水泡发，漂洗干净，切成 3 厘米长、1 厘米宽、0.2 厘米厚的片；整干椒切段，入六成热油锅内炸香，倒入漏勺沥油；猪五花肉切丝；葱切段。

❷ 将切好的烟笋挤干水，放入净锅内炒干水分后倒出。

❸ 锅置旺火上，放入熟猪油，下入猪五花肉炒香，再放入烟笋、精盐、味精、鸡精粉、白糖拌炒均匀，加入鲜汤，旺火烧开后撇去浮沫，转用小火煨 30 分钟至烟笋入味，再用旺火收浓汤汁，装入钵内，淋入红油，撒上胡椒粉、葱段即可。

原料：干小笋 300 克，鸡脯肉 200 克，干鱿鱼 100 克。

调料：猪油、精盐、味精、整干椒、葱、香油、鲜汤。

做法：

① 将干鱿鱼与干小笋放入水中泡发，切成细丝洗净，再将笋丝下锅炒干水汽；鸡脯肉切成丝，整干椒切成丝，葱切段。

② 锅置旺火上，加入猪油，烧热后放入上述主料炒香，加入精盐、味精、干椒丝煸炒均匀，再倒入鲜汤略焖入味，收浓汤汁，淋上香油、撒上葱段，出锅装盘即可。

鸡丝干鱿口味笋

原料：土豆 300 克，酸奶 1 瓶（约 200 毫升）。

调料：白醋、白糖。

做法：

① 将土豆去皮、洗净，切成 0.3 厘米厚的片，入沸水锅中焯水烫熟，捞出沥干水，压制成土豆泥。

② 将白醋、白糖加入酸奶中拌匀成味汁，倒入土豆泥中搅拌均匀，装盘即可。

要点：凡腐烂、霉烂或生芽较多的土豆极易引起中毒，一律不能食用。孕妇应慎食土豆。

奶香土豆泥

相宜相克　土豆

易产生雀斑

香蕉 ✕

易引起食欲不振

番茄 ✕

豆角 ✓

芹菜 ✓

土豆

可防治急性胃肠炎

可健脾除湿、降压

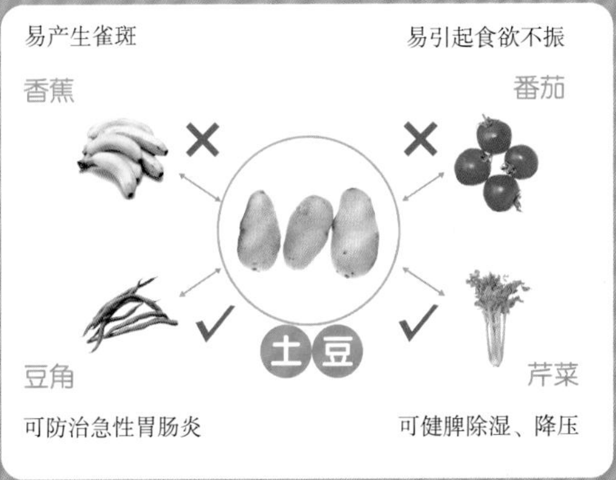

厨艺分享　土豆

◆将土豆放入一个棉质布袋中扎紧口，像洗衣服一样用手揉搓，就能很容易地将土豆皮去净，最后用刀剔去长芽部分即可。

◆土豆切开后容易氧化变黑，属正常现象，不会造成危害。将切开的土豆放入冷水中，再滴几滴醋，可以使土豆洁白。

◆把切好的土豆片、土豆丝放入水中，可以去掉过多的淀粉以便烹调，但泡得太久会导致水溶性维生素等营养物质流失。

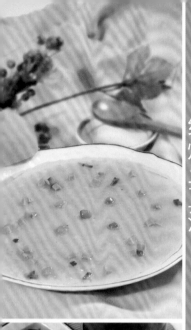

红烧土豆泥

原料： 土豆 400 克，火腿肠 50 克，青豆（罐装）5 克。

调料： 葱油、精盐、味精、白糖、香油、柠檬黄、水淀粉、鲜汤。

做法：

① 将土豆洗净去皮，切成厚片，蒸熟后拌成泥状；火腿肠切成细丁。

② 锅置中火上，加入葱油，烧热后放入土豆泥、火腿丁，再加入精盐、味精、白糖、柠檬黄炒匀，倒入鲜汤略烧入味，勾芡，淋入香油、撒上青豆、出锅装盘即成。

醋熘土豆丝

原料： 净土豆 200 克，鲜红椒 5 克。

调料： 植物油、盐、味精、白醋、葱段、姜丝。

做法：

① 将鲜红椒去蒂、去籽后洗净，切成丝；将去皮的净土豆切成丝。

② 将土豆丝放入清水中漂洗，捞出沥干水，再放入开水锅中焯水，捞出沥干。

③ 净锅置旺火上，放植物油，烧热后下入姜丝、土豆丝拌炒，放盐、味精，烹入白醋，放入红椒丝、葱段，翻炒均匀后出锅装盘。

农家炒土豆丝

原料： 去皮净土豆 200 克，青椒 2 个。

调料： 猪油、盐、味精、干椒丝、葱段。

做法：

① 将去皮的净土豆切成丝；青椒切丝。

② 净锅置旺火上，放猪油，烧热后下入干椒丝、青椒丝煸香，随后下入土豆丝，放盐、味精拌炒入味，熟时撒葱段，出锅装入盘中。

干煸麻辣土豆条

原料：净土豆 200 克。

调料：油、盐、味精、十三香牌麻辣鲜、红油、香油、干淀粉、干椒段、姜米、蒜蓉、熟芝麻、葱花、香菜。

做法：

① 将土豆切成筷条状，用清水漂洗干净，放盐、味精、麻辣鲜拌匀，入味后拌干淀粉，下入八成热油锅内，炸至外焦内嫩，倒入漏勺，将油沥净。

② 锅内留少许底油，下入干椒段、姜米、蒜蓉，炒香后下入炸好的土豆条，烹麻辣鲜，撒上熟芝麻、葱花一起拌匀，淋香油、红油，出锅装盘，拼上香菜。

要点：土豆条要炸干水分，使之焦香。

茄汁土豆丸

原料：土豆 500 克，鸡蛋 2 个。

调料：植物油、盐、水淀粉、干淀粉、白糖、葱花、姜末、鲜汤、番茄沙司、面粉。

做法：

① 将土豆去皮、洗净，切成小片，放入碗中，入笼蒸熟后取出，放凉后用刀板碾成泥。

② 将鸡蛋打入碗中搅散，加入盐、面粉、干淀粉和清水，搅匀后放入土豆泥再次搅匀，用手挤成直径 3 厘米的土豆丸。

③ 锅置旺火上，放植物油烧至六成热，下入土豆丸通炸至色泽金黄、外焦内熟后出锅倒入漏勺中，沥尽油。

④ 锅内留底油，下入姜末、白糖、番茄沙司、鲜汤，待转色、烧开后勾水淀粉，成茄汁，随后下入土豆丸拌匀，淋少许植物油，撒葱花，出锅装入盘中。

皮蛋剁椒蒸土豆

原料：土豆 350 克，皮蛋 3 个。

调料：植物油、精盐、味精、剁辣椒、葱、蒜子、香油。

做法：

① 将土豆洗净去皮，切成 2.5 厘米长、1.5 厘米宽、0.2 厘米厚的片，入清水中漂洗 3 分钟，摆入盘中，均匀地撒上精盐；皮蛋剥壳，每个切成 8 瓣，围摆在土豆周围；蒜子切末，葱切花。

② 将剁辣椒、蒜末、精盐、味精、植物油拌匀，盖在土豆和皮蛋上，上笼用旺火蒸 10 分钟左右取出，淋上烧热的香油、撒上葱花即可。

炸烹香芋条

原料： 香芋 150 克。

调料： 植物油、盐、味精、豆瓣酱、辣妹子辣酱、蚝油、干淀粉、白糖、香油、红油、干椒段、葱段、姜丝、红椒丝。

做法：

① 将香芋去皮洗净后切成条状。

② 锅置旺火上，放植物油烧至六成热，将香芋条拌上干淀粉，逐一下入油锅中通炸至熟，倒入漏勺中沥尽油。

③ 锅内留底油，下入姜丝、干椒段，放豆瓣酱、辣妹子辣酱、盐、味精、白糖、蚝油调味，随即下入炸好的香芋条翻炒均匀，撒下葱段、红椒丝，淋红油、香油，出锅装入盘中。

椒汁香芋丝

原料： 净香芋 300 克，姜米 10 克，蒜蓉 10 克，鲜红椒条 20 克，葱段 10 克。

调料： 油、盐、味精、辣妹子酱、十三香牌麻辣鲜、红油、香油、鲜汤、水淀粉、干淀粉。

做法：

① 将香芋切成丝，入清水中漂洗，然后沥干水。

② 将香芋丝拌盐、味精、干淀粉，拌匀后下入六成热油锅内通炸至脆酥后倒入漏勺，沥净油，装入盘中。

③ 锅内留少许底油，下入姜米、蒜蓉，放盐、味精、辣妹子酱、红椒条拌炒，然后放麻辣鲜，加鲜汤，烧开后勾水淀粉，淋红油、香油，撒葱段，浇盖在炸好的香芋上即可。

要点： 香芋丝粗细均匀，入油中要炸焦酥。

水煮芋头

原料： 芋头 200 克。

调料： 猪油、盐、味精、葱花、豆豉、鲜汤。

做法：

① 戴上一次性手套，将芋头清洗干净，放入沙罐中，倒入清水，上火煮熟后捞出剥皮。

② 净锅置灶上，放入鲜汤，下入豆豉、芋头，煨煮至芋头熟糯、汤汁浓郁时放熟猪油、盐、味精调味，撒葱花，即可出锅。

剁辣椒蒸芋头

原料：芋头 250 克，剁辣椒 30 克。

调料：油、盐、味精、蚝油、红油、姜末、蒜蓉、葱花。

做法：

① 将芋头刨皮，清洗干净，大的切成小块，拌油、盐入味，放入碗中。

② 在剁辣椒中加入姜末、蒜蓉，放味精、盐、蚝油、红油拌匀，均匀浇盖在芋头上，入笼蒸 20 分钟，至芋头熟糯入味后取出，撒葱花即可。

要点：芋头要蒸至软烂糯香。

娃娃菜芋头汤

原料：娃娃菜 250 克，毛芋头 250 克。

调料：猪油、盐、味精、蚝油、胡椒粉、姜末、鲜汤。

做法：

① 将芋头洗干净、煮熟（以能剥去外皮为好），捞出剥去外皮，切成厚片；将娃娃菜洗净，放入汤碗中。

② 锅内放猪油，烧至五成热时下姜末略炒，下入芋头，倒入鲜汤，煮开后放盐、味精、蚝油，将汤汁煮成稠状即可。

③ 将烧好的芋头汤倒入碗中，让滚开的汤将娃娃菜烫熟，撒上胡椒粉即可。

要点：让烧好的芋头汤冲熟娃娃菜，娃娃菜才会脆；毛芋头要选用易煮烂的芋头仔。

🔵 相宜相克　　　　　　芋头

引发腹胀，不利健康　　　　　可用于脾胃虚弱、虚劳乏力

香蕉　✗　　　　　　　　　　　鲫鱼　✓

芋头

猪肉　✓　　　　　　　　　　　大枣　✓

滋阴润燥、养胃益气　　　健脾、益气、补血，能够使血脉通畅，增加皮肤营养

🎵 厨艺分享　　　　　巧洗芋头

　　不论是从超市买的去皮芋头还是没去皮的芋头，清洗后手都会觉得很痒，所以在清洗时要将芋头先放入清水中浸泡一会，再戴上一次性手套，将芋头捞出，用细盐将芋头表面的黏液搓洗干净。洗过芋头的手要尽快清洗，如果觉得痒，可打开煤气灶开小火，将双手在火上保持适当距离烤一下。

芋泥香菜羹

原料： 香菜 200 克，毛芋头 200 克。

调料： 油、盐、味精、蚝油、胡椒粉、姜末、鲜汤。

做法：

① 将香菜切碎。

② 毛芋头用水煮烂，捞出剥去外皮，用刀拍成芋泥。

③ 锅内放油，下姜末煸香，下入芋泥炒香，倒入鲜汤，将芋泥炒散，放盐、味精，待芋泥汤开时调准盐味，放入胡椒粉、蚝油，下入香菜，搅拌均匀后出锅装入碗中即可。

要点： 毛芋头一定要煮烂，才能碾成泥。

蘑菇烧芋丸

原料： 槟榔芋 600 克，蘑菇 150 克，火腿肠 1 根，鸡蛋 2 个，红椒末 3 克。

调料： 油、盐、味精、胡椒粉、蚝油、鲜汤、干淀粉、面粉、香油、水淀粉、姜末、葱花。

做法：

① 将槟榔芋去皮，切成小块，上笼蒸烂，然后捣成芋泥。

② 将芋泥放入盆内，将鸡蛋打入，放盐、味精、姜末、胡椒粉、蚝油、火腿肠末、干淀粉、面粉，加适量水反复搅拌，试准盐味后，下入香油。

③ 锅置旺火上，锅内放油烧至七成热，将打好的芋泥料用手挤成芋丸，下锅炸至金黄色。

④ 锅内留底油，下入姜末、蘑菇翻炒，然后下入鲜汤，调整盐味，放蚝油，下入炸好的芋丸，用小火将芋丸烧入味，待烧到汤汁较浓时，稍勾浓芡，淋尾油，出锅装盘，撒红椒末、葱花即成。

要点： 炸芋丸时，一定要掌握好火色，火大时一定要离火炸。

✿ **养生堂** 　　　　　芋头

◆ 止泻防癌、洁齿防龋，具有益胃、宽肠、通便、解毒、补中益肝肾、消肿止痛、益胃健脾、散结、调节中气、化痰、添精益髓等功效。

◆ 特别适合身体虚弱者食用。小儿食滞、胃纳欠佳者以及糖尿病患者应少食。食滞胃痛、肠胃湿热的人忌食。

♪ **厨艺分享** 　　　　　芋头巧去皮

◆ 戴上一次性手套，将芋头清洗干净后放入沙罐中，倒入清水，上火煮熟后捞出剥皮。

◆ 将芋头装进口袋里（只装半袋），用手抓住袋口，将袋子在水泥地上摔几下，再把芋头从袋中倒出，便可发现芋头皮全脱下了。

原料：槟榔芋150克，脆糊（制法见"烹饪基础"）150克。

调料：植物油、酱油、白醋、水淀粉、白糖、姜丝、葱花、红椒丝。

做法：

❶ 将槟榔芋去皮、洗净，切成厚2厘米、宽3厘米、长4厘米的片；将白糖、白醋少许、酱油和水淀粉加适量清水搅匀，对成糖醋汁。

❷ 锅置旺火上，放植物油500克烧至六成热，将槟榔芋块沾上脆糊，逐块下入油锅内通炸至外焦内熟后，倒入漏勺中，沥尽油。

❸ 锅内留底油，下入姜丝、红椒丝，随即将糖醋汁倒入锅中，用勺推搅，待糖醋汁起泡时浇少许热植物油，将炸好的槟榔芋块倒入锅中一起拌匀，出锅，撒葱花，装盘即可。

糖醋槟榔芋

原料：槟榔芋300克，大片豆腐2块。

调料：植物油、盐、味精、酱油、蒸鱼豉油、香油、干椒末、葱花、豆豉。

做法：

❶ 将槟榔芋去皮洗净，切成长6厘米、厚0.5厘米的片；将豆腐也切成长6厘米、厚0.5厘米的片。

❷ 锅置旺火上，放植物油烧至七成热，将槟榔芋片逐片下锅过油，捞出沥干油，同时将豆腐逐片下锅过大油，捞出沥干油。

❸ 按一片豆腐一片槟榔芋的方式，将豆腐和槟榔芋整齐地扣入钵中，放植物油、盐、味精、蒸鱼豉油、酱油少许、豆豉、干椒末，上笼蒸15分钟至酥烂后，取出反扣入盘中，淋少许香油、撒上葱花即成。

少林扣肉

原料：芋头荷子300克。

调料：植物油、盐、味精、香油、干椒末、姜末、蒜蓉、葱花。

做法：

❶ 将芋头荷子切成小段。

❷ 净锅置旺火上，放植物油烧热，下入干椒末、姜末、蒜蓉煸香，随即下入芋头荷子，放盐、味精炒熟后，淋香油，撒葱花，出锅装入盘中。

要点：芋头荷子是将芋头秆切成小段，老的不要，洗净晒干后加盐揉搓，再用烧开的淘米水烫泡5天，取出后将每段撕碎小条即可。以前人们只吃芋头，而将芋头秆扔掉，很可惜。

炒芋头荷子

亭山莲藕

原料：莲藕 150 克，枸杞 5 克。

调料：精盐、白糖、糖醋水。

做法：

① 将莲藕去皮、洗净，切滚刀块。

② 在莲藕中加入精盐和白糖腌制 20 分钟，再浸入糖醋水中泡 3 小时，捞出装盘，撒上泡发的枸杞即可。

蜜汁藕饼

原料：白莲藕 500 克，玫瑰糖 50 克。

调料：猪油、白糖。

做法：

① 将白莲藕去藕节、刨皮，切成 0.5 厘米厚的片，泡入清水中。

② 锅内放水烧开，下入藕片直至煮熟，捞出沥干水。

③ 锅内放猪油，下入白糖、玫瑰糖，放少量水，将糖熬成浓汁，然后下入藕片，将糖汁全部沾在藕片上即成。

要点：收糖汁是此菜的技术关键，一定要用小火慢慢熬，糖汁起大泡时就可以了。

椒盐藕夹

原料：白莲藕 200 克，鲜猪肉 100 克，脆糊 200 克（制法见"烹饪基础"）。

调料：植物油、盐、味精、胡椒粉、水淀粉、香油、花椒油、红油、葱花。

做法：

① 将鲜猪肉洗净，剁成泥，放盐、味精、胡椒粉、少许水淀粉一起搅匀，加少许香油，成藕夹馅心；将白莲藕去藕节、刨皮，切成藕夹。

② 锅置旺火上，放植物油 500 克烧至六成热，将肉泥夹入藕夹中，沾上脆糊，下入油锅内通炸至色泽金黄、外焦内熟后捞出，沥尽油。

③ 净锅置于旺火上，放花椒油、香油，烧热后下入炸好的藕夹，撒入葱花，淋红油拌匀，出锅整齐地码入盘中。

滑熘白玉藕片

原料：净白莲藕 300 克，红椒末 3 克。

调料：猪油、盐、味精、胡椒粉、香油、葱花、姜丝。

做法：

① 将白莲藕去藕节、刨皮，切成薄片，用清水漂洗干净，捞出沥干水。

② 净锅置灶上，放猪油，烧热后下入姜丝煸香，再下入藕片拌炒，放盐、味精翻炒均匀，入味后淋少许香油，撒葱花、红椒末、胡椒粉，出锅装入盘中即可。

干煸藕条

原料：白莲藕 500 克。

调料：植物油、盐、味精、麻辣鲜、干淀粉、香油、干椒段、葱花、花椒。

做法：

① 将白莲藕去藕节、刨皮，切成粗 1 厘米、长 4 厘米的直条，洗净后沥干水。

② 锅置旺火上，放植物油 500 克烧至八成热，将藕条拍上干淀粉，下入油锅炸至色泽金黄、表皮焦脆后捞出，沥干油。

③ 锅内留底油，放盐、味精、花椒、麻辣鲜、干椒段稍煸香，下入藕条拌匀，淋上香油、撒上葱花即可。

要点：操作手法要快，不然藕条会疲软。

♪ 厨艺分享　　　　　　　　　藕

◆藕有红花藕与白花藕之分，红花藕（湖藕）外皮为褐黄色，又短又粗，生吃味道苦涩；白花藕（莲藕）外皮光滑，呈银白色，长而细，生吃甜。通常炖汤用红花藕，炒制用白花藕。

◆煮藕时忌用铁器，以免引起食物发黑。切过的莲藕要在切口处覆以保鲜膜，可冷藏保鲜 1 个星期左右。

❋ 养生堂　　　　　　　　　藕

◆白莲藕尤其适宜老幼妇孺、体弱多病者食用，特别适宜高热病人、吐血者以及高血压、肝病、食欲不振、缺铁性贫血、营养不良等病症患者多食。

◆藕性偏凉，碍脾胃，脾胃消化功能低下、大便溏泻者不宜生吃。妇女产后忌食生冷，唯独不忌藕，因为它能消瘀。

熘珍珠藕丸

原料： 莲藕400克，猪五花肉150克，糯米80克，红椒20克，青豆15克，香芝麻10克，火腿肠20克，干淀粉50克，鸡蛋2个。

调料： 植物油、精盐、味精、胡椒粉、香油、姜、蒜子、葱、鲜汤。

做法：

❶ 将藕削皮洗净后同猪五花肉分别剁成茸，用纱布包住挤去水分，倒入盆内，加入精盐、味精、干淀粉、胡椒粉、鸡蛋，搅打均匀；糯米洗净后用清水浸泡2小时，捞出沥干水分待用；红椒、火腿肠切成米粒状，姜、蒜子切末，葱切花。

❷ 将藕泥挤成丸子，粘上糯米，放在抹有猪油的碟子里，用旺火蒸35分钟取出，冷却后再放入六成热的油锅内炸至金黄色，沥干油。

❸ 锅内放底油，下姜末、蒜末、红椒、火腿肠、香芝麻、青豆炒香，加入精盐、味精、胡椒粉、鲜汤，稍焖入味后勾芡，淋入香油，下入丸子，翻拌均匀后撒上葱花，出锅装盘即可。

红烧莲藕丸

原料： 莲藕1000克，干淀粉25克。

调料： 油、盐、味精、白糖、酱油、鲜汤、水淀粉、香油。

做法：

❶ 将莲藕去蒂去皮，清洗干净，用擂钵擂成藕泥，水稍挤干，加入盐、味精、干淀粉，挤成藕丸（20个），下入七成热油锅炸成色泽金黄，至熟后倒入漏勺沥干油。

❷ 锅内留少许底油，加鲜汤、姜米、蒜米，放盐、味精、白糖、酱油，下入炸好的藕丸稍焖，勾水淀粉，淋少许热尾油、香油即成。

要点： 炸藕丸时，油温要到七成热，避免藕丸散。

卤水湖藕

原料： 湖藕1000克。

调料： 盐、味精、鸡精、酱油、料酒、白糖、整干椒、葱花、鲜汤、八角、桂皮、草果、波扣、香叶、花椒、红椒末。

做法：

❶ 取一大蒸钵，倒入鲜汤，加入料酒、八角、桂皮、草果、波扣、香叶、花椒、整干椒、盐、味精、鸡精、白糖、酱油，在火上烧开后再改用小火熬制，将香料的香味熬出来（此为简易卤锅，可以长期使用，用的时间越长越好，当然这中间还必须随时加调料、加汤）。

❷ 将湖藕去藕节、刨去外皮后洗净，放入卤水中，用小火将其卤透，取出后切片，摆盘，撒上葱花、红椒末即可。

要点： 锅的卤汁可适当咸一点。

原料：嫩仔姜 500 克。

调料：剁辣椒、精盐、味精、白糖、香油、葱香油（制法见第 63 面"拍黄瓜"）。

做法：

❶ 将仔姜洗净、去皮，切片，用精盐腌制。

❷ 将腌制后的仔姜挤去多余的水分，加入剁辣椒、味精、白糖、香油和葱香油拌匀，装盘即可。

要点：姜辣开胃，爽口。生姜一般按肉质根的成熟度和储藏时间分为老姜和嫩姜。老姜（母姜）老而有渣，味较辣，多用于入药、调味；嫩姜又称芽姜、仔姜，附有姜芽，质地脆嫩无渣，辣味较轻，多用作菜肴配料，或作腌酱原料。

开胃仔姜

原料：削皮荸荠 500 克，豆浆 250 毫升。

调料：猪油、盐、味精、葱花、姜片、鲜汤。

做法：

❶ 将削皮荸荠切成 0.5 厘米厚的片。

❷ 锅内放猪油，下入姜片，煸香后下入荸荠略炒，然后放入鲜汤，将荸荠煮至五成熟后，倒入豆浆，放盐、味精调味，用小火炖至荸荠熟透时撒葱花即可。

要点：因豆浆煮起来锅边容易起壳、烧煳，故必须先让荸荠煮至五成熟。放入豆浆后，火一定要小，只要保持锅内微开即可。

豆浆炖荸荠

⚫ **相宜相克**　　　　　　　　**姜**

寒热同食，易致腹泻

兔肉 ✕

引发腹痛

狗肉 ✕

羊肉 ✓　　**姜**　　✓ 红糖

驱寒保暖，可辅助治疗脘腹寒痛

可用于发热头痛、感冒风寒等症

🌼 **养生堂**　　　　　　　　**荸荠**

◆别名马蹄、地栗，具有凉血解毒、利尿通便、化湿祛痰、消食除胀等功效。

◆最适宜儿童和发热病人食用，咳嗽多痰、咽干喉痛、消化不良、大小便不利、癌症等患者也可多食。

◆生长在泥中，外皮和内部可能有较多细菌和寄生虫，故不宜生吃；属于生冷食物，故不适宜小儿和消化力弱、脾胃虚寒、有血瘀者食用。

荸荠炝荷兰豆

原料：削皮荸荠 200 克，荷兰豆 200 克，鲜红泡椒 25 克。

调料：猪油、盐、味精、鸡精、水淀粉、香油、姜片、鲜汤。

做法：

❶ 将削皮荸荠切成 0.3 厘米厚的片；将荷兰豆撕去筋膜、洗净，大的撕成小块；将鲜泡椒去蒂、去籽后洗净，切成菱形片。

❷ 锅内放水烧开，下入荷兰豆焯水，捞出沥干。

❸ 锅内放猪油，下入姜片、红椒片煸香，再下入荸荠，放盐翻炒后下入荷兰豆一起翻炒，放味精、鸡精，同时可略放鲜汤，炒至荸荠转色（即熟透后）勾薄芡、淋香油即成。

要点：荷兰豆焯水时可放一点植物油或猪油，入水即起。

橙汁萝卜丝

原料：白萝卜 150 克。

调料：浓缩橙汁、白糖粉。

做法：

将白萝卜去皮切丝，加入白糖粉拌匀，再浸入浓缩橙汁内 2~3 小时后即可食用。

要点：橙汁可以增加体内高密度脂蛋白（HDL）的含量，从而降低患心脏病的可能性。

炒响萝卜丝

原料：白萝卜 500 克，鲜红泡椒 5 克。

调料：猪油、盐、味精、酱油、陈醋、水淀粉、香油、姜丝、大蒜丝、鲜汤。

做法：

❶ 将白萝卜洗干净，不去皮，切成大小均匀的丝，放少许盐抓一下；将鲜红泡椒去蒂、去籽后洗净，切成丝。

❷ 在碗内放盐、味精、酱油、陈醋、大蒜丝、姜丝、红椒丝、鲜汤、水淀粉，对成汁待用。

❸ 锅内放猪油，烧至八成热，将萝卜丝挤干盐水，下入锅中炒散，即刻将对好的汁倒入锅内，迅速翻炒至芡糊化，淋香油即成。

要点：此菜炒制时动作要快，萝卜丝吃在口中一定要"嘣嘣"响才合乎菜名的要求。

原料：白萝卜 500 克。

调料：猪油、精盐、味精、鸡精粉、胡椒粉、葱花、鸡汤。

做法：

① 将白萝卜切成 6 厘米长的丝，入沸水锅内焯水后捞出，沥干水分；葱切花。

② 锅置旺火上，放入鸡汤、萝卜丝、精盐、味精、鸡精粉、猪油，调好滋味，烧沸后撇去浮沫，煮至萝卜丝入味，撒上胡椒粉、葱花，出锅装入汤碗即可。

鸡汁萝卜丝

原料：白萝卜 300 克，燕饺 250 克（超市有买），红椒丝 1 克。

调料：猪油、盐、味精、葱花、姜丝、鲜汤。

做法：

① 将白萝卜剥皮，切成细丝。

② 锅内放猪油，下姜丝炒香后倒入鲜汤，烧开后下入萝卜丝，炖开后改用小火煮至汤汁乳白，再下燕饺同煮，放盐、味精调好味，放入红椒丝，撒上葱花即可出锅。

要点：一定要保持萝卜丝的汤汁呈乳白色。煮萝卜丝的要点见第 197 面"萝卜丝煮腊肉"。

飞燕银丝

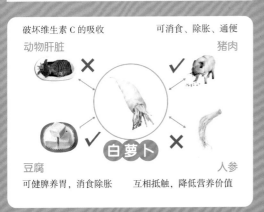

相宜相克　　　　　　　白萝卜

破坏维生素 C 的吸收　　　可消食、除胀、通便

动物肝脏　　×　　　　　猪肉　✓

豆腐　✓　　白萝卜　　　人参　×

可健脾养胃，消食除胀　　互相抵触，降低营养价值

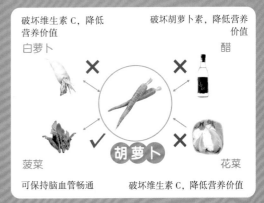

相宜相克　　　　　　　胡萝卜

破坏维生素 C，降低营养价值　　破坏胡萝卜素，降低营养价值

白萝卜　×　　　　　　　醋　×

菠菜　✓　　胡萝卜　　　花菜　×

可保持脑血管畅通　　破坏维生素 C，降低营养价值

清脆萝卜丸

原料: 白萝卜 500 克,猪五花肉 100 克,鱼肉 150 克,鱿鱼 10 克,红椒 5 克,香菇 5 克。

调料: 植物油、精盐、味精、鸡精粉、蚝油、黑胡椒、姜、干淀粉、红油、香油、鲜汤。

做法:

❶ 将白萝卜、猪五花肉、鱼肉均剁成泥,加入精盐、味精、鸡精粉、黑胡椒、干淀粉搅拌均匀,再做成 2 厘米大小的萝卜丸。

❷ 将鱿鱼、香菇放入沸水锅内焯水,捞出后切成末;姜切末、红椒切圈。

❸ 锅置旺火上,放入植物油,烧至五成热,倒入萝卜丸炸熟,倒入漏勺沥干油。

❹ 锅内留底油,下入姜末、鱿鱼末、香菇末、红椒圈炒香,加入鲜汤、萝卜丸,放入精盐、味精、鸡精粉、蚝油烧透入味,待汤汁收干时淋入红油、香油,出锅装盘即可。

鸡汁萝卜片

原料: 白萝卜 750 克。

调料: 鸡油、猪油、盐、味精、葱花、高汤。

做法:

❶ 将萝卜去皮,横刀切成 0.5 厘米厚的片。

❷ 锅内烧水,水开后放猪油,再下入萝卜焯水,捞出沥干水、过凉,整齐地码放在盘子中。

❸ 锅内将高汤烧开,调准盐味,放味精,出锅倒在萝卜片上,上笼用旺火将萝卜蒸烂,出笼后淋上鸡油、撒葱花即可。

要点: 所用高汤是用鸡肉、骨头等熬出的浓汤,特别鲜香。

香辣萝卜干

原料: 萝卜干 200 克。

调料: 盐、味精、蚝油、红油、干椒末、豆豉。

做法:

❶ 将萝卜干切成 1.5 厘米长的段,放入开水中泡一下,捞出沥干水分。

❷ 在将萝卜干放在大碗中,放入豆豉、干椒末、盐、味精、蚝油、红油反复拌匀,再戴上手套用手抓捏,调好咸淡即成。

要点: 萝卜干只要用开水泡一下,即刻沥干水,其目的是只要萝卜干回软,使萝卜去吸收调料和红油,如果泡发了,它就不会去吸收调料了。

原料：白萝卜 1000 克，尖红椒 1000 克。

调料：盐、味精、生抽、陈醋、蒸鱼豉油、香油、姜片、蒜片。

做法：

① 将白萝卜洗干净，削下萝卜皮，切成 2 厘米长的片（不规则形），放入盐水中约浸泡 2 小时。

② 将尖红椒去蒂、洗净后剁碎，放入碗中，加入姜片、蒜片、盐、味精（少许）、陈醋拌匀，腌制 2 小时即成剁辣椒。

③ 将泡在盐水中的萝卜皮捞出，沥干盐水后放入碗中，加入蒸鱼豉油、生抽、味精拌匀，再将腌制好的剁辣椒拌入即成，淋上香油即可。

要点：萝卜用盐水泡，主要是为了增加脆性。

脆香萝卜皮

原料：胡萝卜 100 克。

调料：精盐、白糖粉、雪碧。

做法：

① 将胡萝卜洗净、去皮，切成 10 厘米长、4 厘米宽的连刀片，放精盐腌一下。

② 将腌好的胡萝卜用凉水冲洗干净，然后加入雪碧、白糖粉拌匀，放入冷藏柜中，浸泡 5 小时。

③ 上菜时，将胡萝卜片中间翻转一下装盘即可。

雪碧萝卜

原料：胡萝卜 300 克，香菜 10 克。

调料：植物油、精盐、味精、花椒油、红油。

做法：

① 将胡萝卜切成细丝；将精盐、味精、花椒油、红油调对成汁。

② 锅内放植物油，烧至五成热时，下入胡萝卜丝炒拌断生，再倒入调味汁翻拌均匀，出锅装盘，用香菜点缀即可。

风味萝卜丝

大蒜炒胡萝卜丝

原料：胡萝卜 500 克。

调料：猪油、盐、味精、酱油、干椒丝、蒜蓉、大蒜。

做法：

① 将胡萝卜刨去皮、洗净，切成细丝；将大蒜切成 5 厘米长的段，蒜头剖开，切成丝。

② 锅内放猪油烧热，下入蒜蓉、干椒丝煸香后，放入胡萝卜翻炒，同时放盐、味精、酱油，快熟时下入大蒜，一同炒至胡萝卜丝完全熟透即可出锅装盘。

要点：在炒的过程中，可适当放一点鲜汤，因为胡萝卜水分少。

香菇双色萝卜

原料：胡萝卜 250 克，白萝卜 250 克，水发香菇 50 克。

调料：植物油、猪油、盐、味精、鸡精、香油、水淀粉、鲜汤。

做法：

① 将胡萝卜、白萝卜分别刨去皮，洗净后分别切成大小相等的橄榄形各 15 个；将水发香菇去蒂后洗净。

② 锅内放水烧开，分别将胡萝卜、白萝卜焯水至五成熟，捞出沥干。

③ 锅内放植物油 500 克烧至七成热，分别下入胡萝卜、白萝卜过油，捞出沥干油。

④ 锅内放猪油，下入胡萝卜、白萝卜、香菇，放入鲜汤、盐、味精、鸡精，烧开后改用小火煨焖直至橄榄萝卜熟透，然后用筷子将橄榄萝卜夹入盘子造型，再将锅内的汤汁勾芡，淋香油，出锅浇在橄榄萝卜上即成。

要点：此菜操作时，主要注意是否煨至熟透。用猪油的目的是在焖制时使胡萝卜、白萝卜软糯。

果酱山药

原料：山药(又名淮山)100 克。

调料：什锦果酱。

做法：

① 将鲜山药去皮洗净，切成 0.5 厘米厚的片。

② 锅内放入清水，烧沸后放入山药焯水断生，捞出沥干水分，整齐地摆入盘中，另配什锦果酱一碟，蘸而食之。

原料： 山药 500 克，鲜红泡椒 50 克。

调料： 植物油、盐、味精、鸡精、酱油、豆瓣酱、辣妹子辣酱、白糖、姜片、葱花、鲜汤。

做法：

❶ 将山药用刨子刨去皮、洗净，切成圆形片，泡入冷水中；将鲜红泡椒去蒂、去籽后洗净，切成菱形片。

❷ 锅置旺火上，放植物油 500 克烧至八成热，下入山药过大油，待山药表皮转色时即倒入漏勺，沥干油。

❸ 锅内留底油，下入姜片、豆瓣酱、辣妹子辣酱煸香，下入山药翻炒，放酱油、白糖，等山药炒上色后放入鲜汤，汤烧开后放盐、味精、鸡精，改用小火将山药煨至熟透，再下入红椒片和葱花，略烧一下，即可出锅装盘。

要点： 山药本身含有淀粉，故煨制时一定不要烧开汤汁，而应让汤汁自动收浓。

香辣红烧山药

原料： 山药 500 克，红枣 75 克，枸杞 2 克。

调料： 植物油、盐、味精、白糖、姜片、鲜汤。

做法：

❶ 将山药用刨子刨皮，洗净后切成适口大小，泡入冷水中；将红枣用开水浸泡，枸杞用清水泡发。

❷ 锅置旺火上，放植物油 500 克烧至八成热，下入山药炸至表皮转色，倒入漏勺中，沥干油。

❸ 锅内留底油，下入姜片煸香，下入山药、白糖一同翻炒，山药上色后放入鲜汤，汤开后放盐、味精和红枣，用小火将山药烧透，待汤汁浓稠撒枸杞即可出锅装盘。

要点： 同上。

枣王烧山药

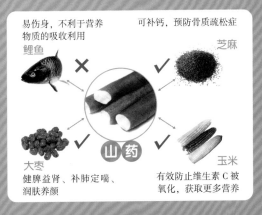

相宜相克　　山药

易伤身，不利于营养物质的吸收利用
鲤鱼 ✕

可补钙，预防骨质疏松症
芝麻 ✓

山药

大枣 ✓
健脾益肾、补肺定喘、润肤养颜

玉米 ✓
有效防止维生素 C 被氧化，获取更多营养

相宜相克　　百合

引起中毒
猪肉 ✕

对失眠、健忘、焦虑、多梦等症有辅助疗效
银耳 ✓

百合

杏仁 ✓
润肺止咳、祛痰利湿

绿豆 ✓
清热润肺、养心安神、滋养脾胃

山药烧豆腐

原料： 豆腐 6 片，山药 150 克。

调料： 植物油、盐、味精、辣妹子辣酱、水淀粉、白糖、香油、红油、葱花、姜片、鲜汤。

做法：

1. 将山药去皮，切成 3 厘米厚的圆片，放入冷水中浸泡 5 分钟，捞出放入沸水中煮熟，捞出沥干水。

2. 净锅置旺火上，放植物油烧至七成热，将豆腐改切成小三角块后放入锅中连煎带炸至金黄色，倒入漏勺沥干油。

3. 锅内留底油，烧热后下入姜片，随即下入山药、豆腐，放盐、味精、白糖、辣妹子辣酱一起拌炒，入味后倒入鲜汤略焖一下，勾少许水淀粉，淋香油、红油，撒下葱花，出锅装入盘中。

要点： 在第 1 步中，一定要将山药煮熟。

相敬如宾

原料： 西芹 100 克，百合 100 克。

调料： 冰块、蚝油、海鲜酱、味粉、香油、芝麻酱、胡椒粉。

做法：

1. 将西芹洗净，去筋络、去皮，切成条状；百合掰成片，洗净。

2. 将蚝油、海鲜酱、芝麻酱、胡椒粉、味粉、香油调成蘸酱。

3. 用冰块分别盖住西芹和百合，40 分钟后将西芹段摆入盘中间，百合放在西芹段上，拼上蘸酱蘸食即可。

百合炒蚕豆

原料： 鲜百合 2 个，新鲜蚕豆 200 克，鲜红泡椒 50 克。

调料： 植物油、盐、味精、鸡精、水淀粉、白糖、香油、姜末、蒜蓉、鲜汤。

做法：

1. 将新鲜蚕豆剥去外皮，洗净，鲜百合剥散，洗净，鲜红泡椒去蒂、去籽，洗净后切成菱形片。

2. 锅置旺火上，放植物油 500 克烧至八成热，下入蚕豆过大油，将蚕豆炸起泡即倒入漏勺沥干油。

3. 锅内留底油，下入姜末、蒜蓉煸香，再下入蚕豆、红椒片煸炒几下后，放盐、味精、鸡精、白糖，炒匀后放鲜汤，勾薄芡，下入百合，轻轻翻炒后淋香油，即可出锅。

要点： 鲜汤只能放一点点，勾薄芡后下入百合，一定要轻轻翻炒，并且时间不要太长。

原料： 新鲜百合 2 个，奶油玉米 1 根，枸杞 10 克，青豆 3 克。

调料： 猪油、盐、味精、鸡精、水淀粉、白糖、香油、鲜汤。

做法：

❶ 将新鲜百合剥散、洗净，待用；枸杞用水泡发。

❷ 将玉米上笼蒸熟，然后剥下玉米粒。

❸ 锅内放猪油，将玉米粒、青豆下锅熘炒，随后放盐、味精、鸡精、白糖炒匀，放鲜汤略焖一会，勾薄芡，下入百合、枸杞一同熘炒，淋入香油即成。

要点： 百合脆而易碎，不宜久炒和久翻，动作要轻。若用干百合，先用冷水泡 10 分钟，待其发软即可用。

百合熘玉米

原料： 净芹菜 300 克。

调料： 盐、味精、蚝油、香油、红油、姜丝、姜汁（制法见第 51 面"姜汁红菜薹"）。

做法：

❶ 将芹菜摘洗干净后切成 3 厘米长的段，放入开水锅中焯水，捞出沥干水。

❷ 将姜丝放入碗中，放盐、味精、姜汁、蚝油、香油、红油一起调匀，再倒入芹菜拌匀即可。

姜汁拌芹菜

🌓 相宜相克　　　　　　　　**芹菜**

易引起脱发　　　　　　破坏维生素 B_1 的吸收

兔肉　　　　　　　　　蚬

✕　　　　芹菜　　　✕

牛肉　　　　　　　　　黄瓜

可提高其营养价值　　　破坏维生素 C 的吸收

🌓 相宜相克　　　　　　　　**蕨菜**

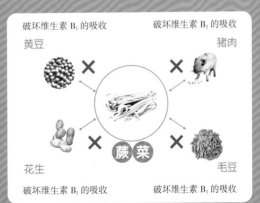

破坏维生素 B_1 的吸收　　破坏维生素 B_1 的吸收

黄豆　　　　　　　　　猪肉

✕　　　　蕨菜　　　✕

花生　　　　　　　　　毛豆

破坏维生素 B_1 的吸收　　破坏维生素 B_1 的吸收

西芹炒百合

原料：西芹 250 克，鲜百合 150 克，红椒片 10 克。

调料：油、盐、味精、鸡精、鲜汤、水淀粉、姜片。

做法：

① 将西芹去筋，切成菱形片。

② 鲜百合剥散，洗净，用水泡备用。

③ 姜、红椒切成菱形块。

④ 锅内放水，烧开后，将西芹焯水，焯水时，可加一点油，捞出沥干。

⑤ 锅内放油，烧红，下入姜片、红椒片，再下入西芹，放盐、味精、鸡精，略炒至快熟时再下百合，加鲜汤略焖，勾水淀粉，淋尾油即成。

要点：百合在锅内不宜久炒，以免太软烂，所以要后放。

西芹炒腊香干

原料：西芹 150 克，腊香干 3 块。

调料：植物油、盐、味精、酱油、香油、红油、干椒段、鲜汤。

做法：

① 将西芹摘去老筋，洗净后切成 3 厘米的长条；将腊香干切成 0.2 厘米厚的片。

② 净锅置旺火上，放植物油，烧热后下入干椒段煸香，随后下入腊香干，放少许酱油拌炒，随后下入西芹，放盐、味精，放入少许鲜汤，待西芹熟时、腊香干入味后淋少许香油、红油，即可出锅。

豆辣炒水芹菜

原料：水芹菜 250 克。

调料：植物油、盐、味精、香油、红油、干椒段、姜末、蒜蓉、豆豉。

做法：

① 将水芹菜摘去老根和叶，洗净后切成小段。

② 净锅置旺火上，放植物油，烧热后下入豆豉、干椒段、姜末、蒜蓉煸香，随后下入水芹菜，放盐、味精拌炒，入味后淋香油、红油，出锅装入盘中。

原料：蕨菜 200 克，红椒 5 克。

调料：盐、味精、米醋、香油、红油、姜末、蒜蓉。

做法：

① 将红椒去蒂、去籽后洗净，切成末；将蕨菜摘去花蕊和老根，用水洗净后切成 3 厘米长的段。

② 锅内放水烧开，将蕨菜放入锅中焯水后，捞出沥干水分。

③ 将盐、味精、米醋、香油、红油同放入碗中，搅匀。

④ 将焯水后的蕨菜、姜末、蒜蓉、红椒末放入碗中，拌匀入味后，即可装盘。

凉拌蕨菜

原料：蕨菜 200 克。

调料：植物油、盐、味精、陈醋、香油、红油、干椒段、豆豉。

做法：

① 将蕨菜摘去花蕊和老根，洗净后切成 1 厘米长的段。

② 锅内放水烧开，将蕨菜放入锅中焯水后，捞出沥干水分。

③ 净锅置旺火上，放植物油，烧热后下入干椒段、豆豉煸香，随即下入蕨菜，放盐、味精、陈醋拌炒入味，淋少许香油、红油，出锅装盘即可。

豆辣烧蕨菜

原料：四季豆 250 克。

调料：猪油、盐、味精、蒸鱼豉油、香油、红油、干椒丝、姜丝、蒜蓉、鲜汤。

做法：

① 将四季豆去蒂去筋、清洗干净，切成细丝。

② 净锅置旺火上，放猪油烧热后下入姜丝、蒜蓉、干椒丝炒香。再下入四季豆丝，放盐、味精、蒸鱼豉油一起拌炒入味，倒入鲜汤微焖一下，熟后淋香油、红油，出锅装入盘中。

要点：四季豆一定要炒至熟透，否则会中毒。

炒四季豆丝

椒香四季豆

原料：四季豆150克。

调料：猪油、盐、味精、蒸鱼豉油、香油、红油、干椒段、花椒。

做法：

① 锅内放水烧开，放少许猪油、盐，将四季豆去蒂去筋、洗净后用手摘成3厘米长的段，放入锅中焯水至熟，捞出沥干。

② 净锅置旺火上，放猪油烧至七成热时下入花椒，炸香后拨出花椒，下入干椒段煸香，随即下入四季豆，放盐、味精，烹入蒸鱼豉油，急火快炒入味，熟后淋香油、红油拌匀，出锅装入盘中。

要点：锅内放油，下入花椒炸焦，滤去花椒，这种油叫花椒油。要掌握好火候，千万不能把花椒炸糊。

干煸四季豆

原料：四季豆200克，肉末50克，梅干菜30克。

调料：油、盐、味精、蚝油、香辣酱、干椒段、姜米、蒜蓉。

做法：

① 四季豆用自然长度，不折断，下开水锅焯水，水中可放一点盐。

② 锅置旺火上，放油烧至八成热，下四季豆炸起泡，捞出沥净油。

③ 锅内留少许底油，下蒜蓉、姜米、干椒段、梅干菜、肉末、翻炒煸香后，下入盐、味精、香辣酱、蚝油，炒匀后，下入四季豆，反复翻炒，直至肉末、梅干菜全部附着在四季豆上即成。

要点：四季豆在油锅中炸至刚好泛白色起泡为最佳出锅时间；四季豆先焯水，是为使四季豆熟透，以免中毒。四季豆外皮光滑，不易入味，先焯水也使其易入味。

干锅四季豆

原料：四季豆300克，青尖椒、红尖椒各25克，梅干菜25克。

调料：植物油、盐、味精、蒜蓉香辣酱、蒸鱼豉油、香油、红油、姜片、蒜片、鲜汤。

做法：

① 将四季豆去蒂去筋，清洗干净；将青尖椒、红尖椒去蒂、洗净后切成0.2厘米厚的圆圈；将梅干菜洗净、剁碎，挤干水分，放入热锅中炒干水汽。

② 净锅置旺火上，放植物油500克烧至七成热，下入四季豆过油至熟，捞出沥尽油。

③ 锅内留底油，下入姜片、蒜片、青椒圈、红椒圈、梅干菜煸炒，放盐、味精、蒜蓉香辣酱、蒸鱼豉油，随后下入四季豆合炒，入味后倒入鲜汤微焖一会，淋香油、红油，出锅盛入干锅内，带火上桌。

要点：四季豆一定要炒熟，否则会中毒。

姜丝炒豆角

原料：嫩豆角（豇豆）250克。

调料：植物油、盐、味精、蒸鱼豉油、蚝油、香油、姜丝。

做法：

1. 将豆角摘去两头，清洗干净，切成5厘米长的段。

2. 净锅置旺火上，放植物油烧热后下入姜丝煸香，随即下入豆角，放盐、味精、蚝油、蒸鱼豉油一起煸炒入味，熟后淋香油，出锅装入盘中。

要点：长豆角不宜烹调时间过长，以免造成营养损失。

青椒豆角米

原料：豆角400克，青椒60克，猪五花肉50克。

调料：植物油、精盐、味精、蒜子、干椒粉、香油。

做法：

1. 将豆角洗净后切成米，青椒切米，猪五花肉剁成泥，蒜子去蒂后切成末。

2. 锅置旺火上，放入植物油，烧热后下入蒜子、肉泥炒香，倒入豆角米、青椒米，翻炒至豆角五成熟时，加入精盐、味精、干椒粉，继续煸炒至豆角爽脆，淋上香油，出锅装盘即可。

❋ 养生堂　　四季豆

四季豆食用不当会引发中毒，因此除了将四季豆下入沸水锅中焯透或下入热油锅中煸炒至变色熟透之外，还要注意不买、不吃老四季豆，应把四季豆两头的蒂尖摘掉，因为这些部位含毒素较多。通过烹调使四季豆外观失去原有的生绿色，吃起来没有豆腥味，就不会中毒。

♪ 厨艺分享　　自制卜豆角

豆角即豇豆，又称角豆、带豆、裙带豆，是夏季的主要蔬菜之一。豆角可热炒，可焯水后凉拌，还可加工成口感爽脆的卜豆角。

方法：将新鲜豆角摘洗干净，放入沸水中焯水（至豆角变色）后，捞出挂在通风之处、吹干豆角的水汽，放入大盆中，放盐揉搓至豆角入盐味、柔软后，放入习水缸（水坛）中，一星期后取出，豆角变白色、味脆香，方可食用。

乡里煮豆角

原料：较老青豆角200克。

调料：猪油、盐、味精、整干椒、姜末、豆豉、米汤（或鲜汤）。

做法：

① 选用比较老的青豆角，摘去两端和筋膜，清洗干净后切成5厘米长的段，沥干水。

② 净锅置旺火上，放猪油烧热，下入姜末、豆豉、整干椒炒香，随后下入豆角，放盐、味精拌炒入味，放米汤（或鲜汤，以淹没豆角为度），用大火煮开后改用小火煮至豆角软烂、汤汁浓郁时，出锅盛入汤碗中。

香辣麻茸豆角

原料：青嫩长豆角150克，鲜红椒10克，熟芝麻5克。

调料：植物油、盐、味精、蒜蓉香辣酱、蒸鱼豉油、蚝油、香油、红油、姜末、蒜蓉。

做法：

① 将豆角摘去两头，清洗干净，切成6厘米长的段；将鲜红椒去蒂、去籽后洗净，切成米粒状。

② 净锅置旺火上，放植物油烧至六成热，下入豆角过油至熟，捞出沥尽油。

③ 锅内放植物油25克、红油15克，下入姜末、蒜蓉煸香，再下入豆角，放盐、味精、蒸鱼豉油、蚝油、蒜蓉香辣酱一起拌炒，入味后撒鲜红椒米、熟芝麻，一起翻炒均匀后淋香油，出锅装入盘中。

要点：豆角过油时，转熟即捞出；炒拌时，要使芝麻全都粘在豆角上。

冬瓜条炒豆角

原料：冬瓜300克，新鲜豆角200克，鲜红泡椒100克。

调料：植物油、盐、味精、蚝油、水淀粉、香油、姜丝。

做法：

① 将冬瓜去皮、去瓤，改切成长5厘米，0.8厘米见方的长条；新鲜豆角摘去两头，洗净后也改切成5厘米长的条；鲜红泡椒去蒂、去籽、洗净后切成长5厘米、宽0.5厘米的条。

② 锅内放水烧开，放入冬瓜焯水至六成熟。

③ 锅内放植物油，烧至八成热，下入姜丝、红椒条煸香，下入豆角翻炒，并放盐少许翻炒入味，待豆角炒至六成熟时下入冬瓜条一同翻炒，放盐、味精、蚝油，待长豆角九成熟时勾薄芡，淋香油，即出锅装盘。

要点：技术关键是要掌握好冬瓜、豆角的成熟火候。

原料：卜豆角 300 克（制法见第 111 面"厨艺分享"）。

调料：植物油、味精、鸡精、蚝油、干椒丝、蒜片、大蒜叶、鲜汤。

做法：

❶ 如果卜豆角长度不超过 2 厘米，则无须改切，只将卜豆角洗干净，挤干水分。

❷ 锅内放植物油烧热，下入蒜片、干椒丝煸香，再下入卜豆角一同煸炒，放味精、鸡精、蚝油、大蒜叶炒香后倒入鲜汤，收干水汽后即可出锅装盘。

干椒丝炒卜豆角

原料：荷兰豆 400 克，红椒 2 克。

调料：猪油、盐、味精、料酒、水淀粉、白糖、香油、姜片、鲜汤。

做法：

❶ 将荷兰豆撕去筋膜，大的撕成两片，洗净后沥干水；将红椒去蒂、去籽后洗净，切成菱形片。

❷ 锅内放水烧开，放料酒和少许猪油，下入荷兰豆，随即捞出，沥干水。

❸ 用抹布擦干锅中的水汽，放猪油烧至八成热，下入姜片、红椒片煸香后即下入荷兰豆，放盐、味精、白糖迅速翻炒，倒入鲜汤，勾薄芡、淋香油，装盘即成。

要点：炒时要迅速，以保持荷兰豆的鲜绿色。

清炒荷兰豆

🥄 厨艺分享　　　**自制酸豆角**

　　将豆角洗净后放入大盆内，撒盐，在盆内倒入烧开的淘米水，将豆角完全淹没（可以在豆角上压一重物，避免豆角浮起），静置数天后（冬天 4 天，夏天 2 天），豆角变黄，取出洗净，即可食用（如要缩短腌制时间，可加少许白醋）。

🥄 厨艺分享　　　**自制干豆角**

　　干豆角在超市或农贸市场有售，也可自制：挑选个大、肉厚、子粒小的豆角，摘去筋和蒂，用清水洗净，入锅略蒸一下，然后一条一条挂到绳子上或摊在木板上晒至干透后，拌入少量精盐，装在塑料袋里，放在室外通风处。也可将干豆角用开水烫一下，然后晒干。

　　吃时用开水洗净，再用温水浸泡 1~2 小时，捞出沥干水分即可。

荷兰豆钵

原料： 荷兰豆500克，梅干菜30克，咸蛋黄25克，红椒10克。

调料： 植物油、精盐、味精、干椒粉、鲜汤。

做法：

① 将荷兰豆撕去筋膜、洗净，梅干菜、咸蛋黄用刀切碎，红椒切圈。

② 锅置旺火上，放入植物油烧热，下咸蛋黄炒散，再下入梅干菜、荷兰豆煸炒均匀，烹入鲜汤，煮至荷兰豆七成熟时放入精盐、味精、干椒粉，继续煮至荷兰豆熟透入味，出锅装入钵内，最后放上红椒圈点缀即可。

干椒丝炒黄豆芽

原料： 黄豆芽400克。

调料： 猪油、盐、味精、酱油、辣妹子辣酱、蒸鱼豉油、干椒丝、姜丝、大蒜叶。

做法：

① 将黄豆芽摘净根须，洗净，沥干水；将大蒜摘洗干净，切成4厘米长的段。

② 锅内放猪油，烧至六成热，下入干椒丝、姜丝煸至焦香，下入黄豆芽，放盐、味精、辣妹子辣酱、蒸鱼豉油、酱油、大蒜叶，将黄豆芽炒熟后出锅装盘即可。

🥄 **厨艺分享**   **黄豆芽**

◆烹调过程要迅速，要用热油急速快炒。

◆一定要注意掌握好时间，八成熟即可。

◆没熟透的豆芽稍稍带点涩味，炒时可加少量食醋，既能去除涩味，又能保持黄豆芽爽脆鲜嫩，同时还能保持维生素B不丧失。

✳ **养生堂**   **绿豆芽**

◆能预防消化道癌症，防止心血管病变，经常食用可清热解毒、利尿除湿、解酒毒热毒。

◆口腔溃病、便秘患者以及血压或血脂偏高且嗜好烟酒肥腻的人宜多食。膳食纤维较粗、不易消化，且性质偏寒，所以脾胃虚寒之人不宜多食。

◆不宜与猪肝同食。

原料：黄豆芽 300 克，水发香菇 150 克。

调料：猪油、盐、味精、鸡精、蚝油、香油、姜丝、鲜汤。

做法：

❶ 将黄豆芽摘净根须，洗净；将水发香菇去蒂，切成条。

❷ 锅内放猪油，烧至六成热，下入姜丝煸炒，再下入黄豆芽翻炒几下，倒入鲜汤，等汤大开后下入香菇，改用小火炖 15 分钟，放盐、味精、鸡精、蚝油调好味，淋香油即可。

要点：用小火炖时，一定要使汤保持微开。黄豆芽较经炖，越炖越鲜，久炖仍保持鲜脆。

黄豆芽炖香菇

原料：绿豆芽 400 克，韭菜 150 克，鲜红椒 3 克。

调料：猪油、盐、味精、香油、姜丝。

做法：

❶ 将绿豆芽摘去根须、洗净；将鲜红椒去蒂、去籽后洗净，切成丝；将韭菜摘洗干净，切成 5 厘米长的段。

❷ 锅内放猪油烧至八成热，下入姜丝炒香，立即下入绿豆芽和韭菜，放盐、味精快速翻炒至绿豆芽熟时，放红椒丝，淋入香油即可装盘。

要点：只要将绿豆芽炒至五成熟（即快熟而又未完全熟）即可。

韭菜炒绿豆芽

原料：鸡蛋 2 个，绿豆芽 200 克，鲜红椒 5 克，韭菜 50 克。

调料：植物油、盐、味精、水淀粉、香油、葱段、姜丝。

做法：

❶ 将绿豆芽摘去两头，清洗干净，沥干水；将鲜红椒去蒂、去籽后洗净，切成丝；将韭菜择洗干净，切成 5 厘米长的段。

❷ 将鸡蛋打入碗中，放少许盐搅匀，再加适量的浓水淀粉，再次搅匀。

❸ 在净锅内擦上油，上火烧热，倒入蛋液烫成蛋皮，盛出后切成丝。

❹ 净锅置旺火上，放植物油，烧热后下入姜丝、绿豆芽、韭菜，放盐、味精拌炒，随即下入蛋皮丝、葱段、红椒丝炒匀，淋香油，出锅装入盘中。

要点：旺火、热油、快炒。

蛋皮炒银芽

茭白炒蚕豆

原料：新鲜蚕豆 200 克，茭瓜 200 克，鲜红椒 50 克，梅干菜 25 克。

调料：植物油、盐、味精、辣妹子辣酱、干椒段、姜末、蒜蓉。

做法：

① 将新鲜蚕豆剥去外皮，洗净；将茭瓜去皮，用滚刀法切成滚刀块；将鲜红椒去蒂、去籽后洗净，切成菱形片；将梅干菜用温水泡发，洗净泥沙后剁碎，挤干水分，放入热锅中炒干水汽。

② 锅置旺火上，放植物油 500 克烧至八成热，下入蚕豆过大油，待蚕豆表皮起泡时，用漏勺捞出，沥干油。

③ 锅内留底油，下入姜末、蒜蓉、干椒段、梅干菜、辣妹子辣酱煸香，再下入蚕豆、茭瓜、红椒片合炒，放盐、味精，翻炒至茭瓜熟透即可出锅装盘。

要点：茭瓜不切片，而是切滚刀块，就是为了使茭瓜和蚕豆承受同样的火力。

酸菜炒蚕豆

原料：新鲜蚕豆 250 克，梅干菜 50 克。

调料：植物油、盐、味精、辣妹子辣酱、干椒段、姜末、蒜蓉。

做法：

① 将新鲜蚕豆剥去外皮，洗净；将梅干菜用温水泡发，洗净泥沙后剁碎，挤干水分，放入热锅中炒干水汽。

② 锅置旺火上，放植物油 500 克烧至八成热，下入蚕豆过大油，待蚕豆表皮起泡时，用漏勺捞出，沥干油。

③ 锅内留底油，下入姜末、蒜蓉、梅干菜、干椒段、辣妹子辣酱煸香，再下入蚕豆，放盐、味精翻炒至梅干菜完全裹在蚕豆上时即可出锅装盘。

要点：蚕豆很难入味，因此放较咸的梅干菜并让其裹在蚕豆上，使蚕豆有盐味。梅干菜也可用排冬菜替代。

相宜相克 　　　蚕豆

引发肠绞痛　　　　　影响人体对蚕豆中所含铁的吸收

田螺　　　　　　　　　丝瓜

海参　　　　　　　　　牛肉

煮羹食用，具有健脾益气、止血的功效　　　益气强筋、清热利湿

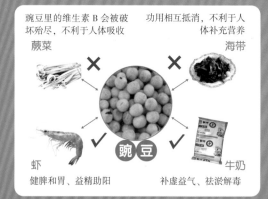

相宜相克 　　　豌豆

豌豆里的维生素 B 会被破坏殆尽，不利于人体吸收　　　功用相互抵消，不利于人体补充营养

蕨菜　　　　　　　　　海带

虾　　　　　　　　　　牛奶

健脾和胃、益精助阳　　　补虚益气、祛淤解毒

原料：豌豆300克，番茄150克。

调料：植物油、盐、味精、水淀粉、香油、姜末。

做法：

❶　锅内放水烧开，将豌豆洗净后放入锅中焯水，捞出沥干；将番茄洗净后切成1厘米见方的丁。

❷　净锅置旺火上，放植物油烧热，下入姜末煸香，随即下入豌豆煸炒，待豌豆起泡、熟后再下入番茄，放盐、味精合炒入味后，勾水淀粉、淋香油，出锅装盘。

豌豆熘番茄

原料：鲜豌豆粒300克，水泡酸菜75克。

调料：油、盐、味精、红油、香油、蒜蓉、干椒段、鲜汤。

做法：

❶　将豌豆用清水洗干净，沥干水，酸菜切碎，挤干水。

❷　净锅置旺火上放油，热后下入豌豆爆炒，至豌豆起泡时下入酸菜、干椒段、蒜蓉，放盐、味精调味拌炒，入味后加少许鲜汤，微焖一下，淋红油、香油，出锅装盘。

要点：放酸菜是为了让难以入味的豌豆易入盐味。

豌豆炒酸菜

原料：绿豆150克，海带150克。

调料：盐、味精、鸡精、姜片、鲜汤。

做法：

❶　将海带用清水泡10分钟后，清洗干净，切成菱形块，放入沸水中焯水后捞出，再次用清水洗净。

❷　将绿豆淘洗干净后，与海带一同放入大沙罐中，放入姜片，倒入鲜汤，上大火烧开后改用中小火，炖至海带软香、绿豆熟烂、汤味清香时放盐、味精、鸡精调好味，即可盛入碗中。

要点：要用鲜汤（骨头汤、鸡汤等）炖此菜，汤味更醇香。

绿豆炖海带

五香怪味黄豆

原料： 黄豆 500 克。

调料： 盐、味精、白糖、整干椒、姜片、八角、桂皮、草果、波扣、香叶、花椒、甘草、话梅、五香粉（或麻辣鲜调料）。

做法：

① 将黄豆洗净，放入沙钵中，倒入清水，放入八角、桂皮、草果、波扣、香叶、花椒、甘草、姜片、话梅、盐、味精、白糖、整干椒，上大火煮开后改用小火煮 30 分钟，将煮好的黄豆沥出，拣去所有香料，即成盐水黄豆。

② 在盐水黄豆上撒上五香粉（或者麻辣鲜调料），放入烤箱中烘干水汽即可（如遇好天气，也可以放在太阳下晒干水汽）。

椒香炒盐水黄豆

原料： 盐水黄豆 300 克（见"五香怪味黄豆"），鲜红尖椒 25 克。

调料： 猪油、盐、姜末、干椒末、蒜蓉、大蒜叶。

做法：

① 将鲜红尖椒去蒂后洗净，横切成小圆圈。

② 锅置旺火上，放猪油烧至八成热，下姜末、蒜蓉煸香，下入尖椒圈，放盐拌炒，再加入盐水黄豆拌炒，放大蒜叶、干椒末炒至入味即可出锅装盘。

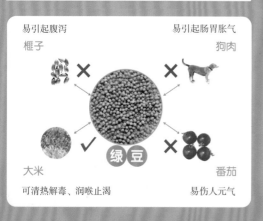

相宜相克 绿豆

易引起腹泻　　　　　　　　易引起肠胃胀气
榧子　　　　　　　　　　　狗肉

×　　　　　　　　　　　×

✓

绿豆

大米　　　　　　　　　　　番茄
可清热解毒、润喉止渴　　　易伤人元气

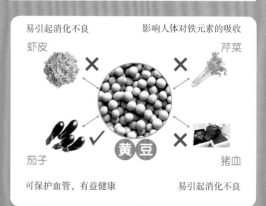

相宜相克 黄豆

易引起消化不良　　　　　　影响人体对铁元素的吸收
虾皮　　　　　　　　　　　芹菜

×　　　　　　　　　　　×

✓

黄豆

茄子　　　　　　　　　　　猪血
可保护血管，有益健康　　　易引起消化不良

原料： 鲜香菇 300 克。

调料： 鸡油、精盐、味精、鲜味汁、蚝油、料酒、姜、葱、香油、高汤。

做法：

① 将鲜香菇用温水洗净，姜拍松，葱挽结。

② 锅置中火上，放入鸡油，再下入葱结、姜块煸香，烹入料酒，倒入高汤，加香菇和精盐、味精、鲜味汁、蚝油、香油，用中火煮至汤汁浓厚，关火焖 25 分钟。

③ 将香菇取出晾凉，剞上花刀片，装盘即可。

鲜味香菇

原料： 水发香菇 200 克，鲜红椒 2 克。

调料： 植物油、盐、味精、鸡精、永丰辣酱、辣妹子辣酱、胡椒粉、白糖、水淀粉、香油、红油、姜片、鲜汤。

做法：

① 将水发香菇去蒂洗净，大片切小，挤干水分，待用；将鲜红椒去蒂、去籽，洗净，切成片。

② 锅置火上，倒入植物油，下入姜片，随油一起升温，略煸香，下入香菇一同煸炒，然后放入盐、味精、鸡精、白糖、胡椒粉、永丰辣酱和辣妹子辣酱，略微翻炒后放入鲜汤、红椒片，用小火煨制，待汤汁将收干时勾芡，淋上香油和红油即可。

要点： 香菇在常理上是清淡口味，此菜按湖南口味，注入辣味，使香菇成菜鲜、香、辣。

红烧香辣香菇

🥄 厨艺分享　　　　　　　　　　**菌菇**

◆ 新鲜菌菇应清洗后再烹制。

◆ 干菌菇烹制前要泡发、清洗。泡发菌菇的水可保留，很多营养物质溶在水中。

◆ 将菌菇泡入水中，用筷子轻轻敲打或用手顺一个方向搅动水，可以很容易地洗净泥沙。

◆ 有苦味、涩味的菌菇（如猴头菇、牡丹菇等）烹制前要反复漂洗，去尽苦涩味。

◑ 相宜相克　　　　　　　　　　**香菇**

调理脾胃		引起血管曲挛
荸荠 ✕	香菇	鹌鹑肉 ✕
豆腐 ✓		牛肉 ✓
煲汤共食能降脂减肥		煲汤共食有利于缓解气血亏虚所致的手足冰冷、腰膝酸软等症

香菇菜胆

原料：水发香菇、菜胆各 10 个。

调料：猪油、盐、味精、鸡精、水淀粉、胡椒粉、鸡油、鲜汤。

做法：

① 将香菇去蒂、洗净，将菜胆摘洗干净。

② 锅内放水烧开，放少许的盐、味精、油，将菜胆放入锅中焯水入味，捞出整齐地码入盘中。

③ 净锅置旺火上，放猪油烧热后下入香菇拌炒，放盐、味精、鸡精和鲜汤，烧开后勾少许水淀粉，淋少许热猪油和鸡油，出锅盖在菜胆上，撒上胡椒粉即成。

要点：超市、农贸市场有鸡油出售，买来蒸制即可。

玉树彩酿香菇

原料：水发香菇 12 个（直径 5 厘米），菜胆 12 个，熟火腿 100 克，红椒菱形片 10 克，香菜叶 20 克，鸡茸料 75 克，雪花糊半碗（制法见本书"烹饪基础"）。

调料：植物油、盐、味精、鸡精、水淀粉、鲜汤。

做法：

① 将香菇去蒂、洗净，放入鲜汤内，加少许盐、味精，焯至入味后捞出、挤干水分，在香菇蒂的一面均匀地抹上鸡茸料。

② 将雪花糊均匀地抹在鸡茸香菇上，贴上红椒片和香菜叶，码入盘中，再将火腿切成片，拼摆入盘中，一起入笼蒸 3 分钟至熟后取出。将菜胆下锅焯水后捞出，拼摆入盘内。

③ 锅内放鲜汤、盐、味精、鸡精调味，烧开后勾少许水淀粉，淋上尾油出锅，浇入盘中。

要点：鸡茸料制法：将鸡脯肉剁成茸状，放入碗中，放盐、味精、胡椒粉、料酒、白糖、冷鲜汤，用筷子顺一个方向搅拌至鸡茸起丝状，然后下入蛋清、干淀粉，将鸡茸搅拌均匀即成。

西兰花烧白灵菇

原料：鲜白灵菇 250 克，西兰花 250 克，红泡椒 1 个。

调料：植物油、盐、味精、鸡精、料酒、水淀粉、胡椒粉、白糖、鸡油、姜片、鲜汤、食用纯碱。

做法：

① 将白灵菇清洗干净，横刀切成 0.5 厘米厚的片；西兰花顺枝切成小朵；红泡椒切成末。

② 锅置旺火上，放水烧开，下入西兰花，放油 1 克左右、食用纯碱 0.5 克，将西兰花焯水后捞出沥干，过凉，备用。

③ 锅置旺火上，放植物油烧至八成热，下入白灵菇过大油，捞出沥干。

④ 锅内留底油，下姜片煸香后，放入白灵菇煸炒，烹入料酒，下入盐、味精、鸡精、胡椒粉、白糖，倒入鲜汤，用小火煨至汤汁浓稠时，下西兰花一同煨烧，待西兰花入味后，即勾水淀粉、淋鸡油、撒红椒末，装盘即成。

原料：鲜白灵菇300克，五花肉100克。

调料：植物油、盐、味精、鸡精、豆瓣酱、辣妹子辣酱、蚝油、干椒段、姜末、蒜蓉、鲜汤。

做法：

❶ 将白灵菇洗净，横向切成0.5厘米厚的片；五花肉切成5厘米长、0.5厘米厚的片。

❷ 锅置旺火上，放植物油烧至八成热，下入白灵菇过大油，捞出沥干。

❸ 锅内留底油，下蒜蓉、姜末、干椒段煸香，再将五花肉下锅煸至出油时，放入豆瓣酱、辣妹子辣酱一同煸炒，然后下入白灵菇，放盐、味精、鸡精、蚝油，倒入鲜汤，煨至汤汁稠浓时，即可起锅倒在烧红的铁板上上桌。

要点：煨制时，一定要煨至汤汁将成稠浓，再倒在烧红的铁板上才会使之酥香、味浓。

铁板白灵菇

原料：水发猴头菇300克，鸡脯肉150克，鸡蛋2个（取蛋清），鲜红椒2克。

调料：植物油、盐、味精、鸡精、水淀粉、胡椒粉、白糖、香油、姜末、鲜汤。

做法：

❶ 将水发猴头菇顺纹路切成块，挤干水分，备用；将鲜红椒去蒂、去籽，切成米粒状。

❷ 将鸡脯肉剁成肉茸，放入碗中，加入盐（少许）、味精（少许）、鸡精、白糖、鸡蛋清、胡椒粉、姜末，顺一个方向充分搅拌，倒入鲜汤，将鸡茸料在鲜汤中搅散，放入稠水淀粉，即成对汁鸡茸。

❸ 锅内放入植物油，烧至八成热时，下入猴头菇过大油，捞出沥干油。

❹ 锅内留底油烧热，倒入对汁鸡茸，待鸡茸汁烧开并糊化时下入猴头菇，轻轻翻动，淋香油，撒入红椒米，装盘即可。

要点：烧制本菜时，一定要使鸡茸汁充分糊化。霉烂变质的猴头菇不可食用，以防中毒。

鸡茸猴头菇

原料：干猴头菇250克。

调料：植物油、盐、味精、鸡精、酱油、白糖、香油、姜片、鲜汤、八角、桂皮。

做法：

❶ 将猴头菇作水发处理，捞出切去老根（削去根部的皮，有绒毛的地方不要削去），用清水反复冲洗干净，挤干水分。

❷ 锅置旺火上，倒入植物油烧热，放入姜片煸香，加入鲜汤，放盐、味精、鸡精、酱油、白糖、香油、八角、桂皮，烧开后放入猴头菇，用小火煨制至汤汁稠浓时将猴头菇捞出，切小装盘。

❸ 将锅内剩余的汤汁过滤后，取净汁再次烧开、收浓，出锅浇淋在猴头菇上即成。

要点：制作时应注意调味，一定要使味道渗入猴头菇中。

卤味猴头菇

鲍汁猴头菇

原料： 干猴头菇300克，火腿100克，鸡脯肉100克。

调料： 猪油、盐、味精、鸡精、料酒、水淀粉、胡椒粉、白糖、鸡油、葱段、姜片、鲜汤、极品鲍汁。

做法：

① 将猴头菇作水发处理，清洗干净后用刀削去根部的皮（有绒毛的地方不要削去），切成0.5厘米厚的片。

② 锅置火上，倒入鲜汤，放入猴头菇，煨至入味，捞出挤干。

③ 将火腿切成0.2厘米的薄片，鸡脯肉切成片。

④ 净锅置灶上，放猪油，下入姜片、鸡片、火腿片拌炒，随后放入猴头菇片，烹料酒、鲍汁，放盐、味精、鸡精、白糖，拌炒后倒入鲜汤煨一下，待汤汁浓郁时勾少许水淀粉，淋鸡油，撒胡椒粉、葱段，出锅装盘。

要点： 猴头菇一定要煨至入味、软糯，装盘时要保持猴头形状。此菜可作高档宴席菜肴。

茶树菇烧豆笋

原料： 干茶树菇200克，水发豆笋（腐竹）150克，红椒50克。

调料： 猪油、盐、味精、永丰辣酱、辣妹子辣酱、蚝油、水淀粉、香油、红油、姜丝、大蒜、鲜汤。

做法：

① 将干茶树菇去蒂，用温水泡发，洗净后挤干水分，切成3厘米长的段；将豆笋用清水泡发后，切成3厘米长的段；将红椒去蒂、去籽，洗净后切成丝；将大蒜切成段。

② 锅置旺火上，放猪油烧热后放入姜丝、茶树菇拌炒，随即下入豆笋，放盐、味精、永丰辣酱、辣妹子辣酱、蚝油，拌炒入味后放入鲜汤煨焖一下，待汤汁稍收干时撒下大蒜、红椒丝一起拌炒均匀，勾水淀粉，淋红油、香油，出锅装入盘中。

🥄 厨艺分享　　　　　　　　**香菇**

◆ 把香菇泡在水里，用筷子轻轻敲打，泥沙就会掉入水中。如果香菇比较干净，则只要用清水冲净即可，这样可以保持香菇的鲜味。

◆ 干香菇要用冷水泡发，但忌用热水浸泡和久泡。已泡发好的香菇要放在冰箱里冷藏才不会损失营养。泡发香菇的水不要倒了，因为很多营养物质都溶在水中。

🥄 厨艺分享　　　　　　　　**白灵菇**

◆ 白灵菇属高档菌类，具有口感好、味道鲜的特点，口感滑爽，极似鲍鱼，适于炒、涮（火锅）、煎、炸、炖、煲、扒等各种烹调方法。

◆ 白灵菇必须用鲜汤煨制才可使其味道更鲜美。

◆ 做菜最好用鲜白灵菇，若是干白灵菇，要先泡软再制作。

原料： 干茶树菇 250 克，鲜猪肉、洋葱各 100 克，青椒、红椒各 50 克。

调料： 猪油、盐、味精、蒜蓉香辣酱、香油、红油、干椒段、葱段、姜丝、蒜片、鲜汤。

做法：

① 将猪肉洗净后切成丝；将青椒、红椒去蒂、去籽，洗净后切成丝；将洋葱洗净后切成丝，垫入干锅中。

② 将干茶树菇去蒂，用清水泡发，洗净、挤干水分，切成 6 厘米长的段待用。

③ 锅置旺火上，放油烧热后放入姜丝、干椒段、蒜片煸炒，随即放入肉丝与茶树菇，放盐、味精、蒜蓉香辣酱拌炒均匀入味，倒入鲜汤微焖一下，撒青椒丝、红椒丝、葱段，淋红油、香油，出锅盛入装有洋葱的干锅中，带火上桌食用。

要点： 茶树菇在干锅中用火烧制时，越煮越香、脆，味愈浓。

干锅茶树菇

原料： 干牛肝菌 300 克，猪五花肉 150 克，香菜 5 克。

调料： 猪油、盐、味精、鸡精、豆瓣酱、永丰辣酱、料酒、水淀粉、胡椒粉、香油、红油、干椒段、葱段、姜片、蒜片、鲜汤、八角、草果、花椒。

做法：

① 将牛肝菌用温水泡发，去蒂、洗净，挤干水分；将猪五花肉切成片；将香菜择洗干净。

② 净锅置旺火上，放猪油烧热后下入姜片、蒜片、干椒段、八角、草果、花椒，放豆瓣酱、永丰辣酱，煸炒出香味时下入五花肉片，放盐、味精、鸡精，烹料酒，继续煸炒至五花肉吐油入味时下入牛肝菌一起拌炒入味，再放胡椒粉、鲜汤微焖，待汤汁浓郁时勾少许水淀粉，撒葱段，淋香油、红油，出锅盛入干锅内，放入香菜，食时带火上桌。

干锅牛肝菌

🎵 **厨艺分享**　　**猴头菇水发方法**

将干猴头菇放入开水锅中煮片刻，去掉污垢、洗净根柄，放入开水中焯 5~6 次，再浸入冷水中泡发 24 小时，再浸入开水中泡发 3 小时，取出后摘去老毛、削去老根即可。未经处理的猴头菇有苦味，所以漂洗等程序不可少。罐头制品已经处理，不需再漂洗。无干猴头菇时也可用罐装猴头菇替代。

✳ **养生堂**　　**茶树菇**

茶树菇是高蛋白、低脂肪、低糖分，集保健、食疗于一身的纯天然无公害保健食用菌，有滋阴壮阳、美容保健、抗癌、降压、防衰之功效，对肾虚、尿频、水肿、风湿有独特疗效，对小儿低热、尿床有较理想的辅助治疗功效，是高血压、心血管病和肥胖症患者的理想食品。

香辣凤尾菇

原料： 凤尾菇 300 克，菜胆 12 个，青椒、红椒各 5 克，小米椒 10 克。

调料： 植物油、盐、味精、辣妹子辣酱、香油、红油、葱花、蒜片。

做法：

① 将凤尾菇去蒂，清洗干净，挤干水分；锅内放水烧开，放少许盐、味精、香油，将菜胆放入锅中焯水，捞出沥干，围入盘边；将青椒、红椒去蒂、去籽，洗净后切片；小米椒洗净后切碎。

② 净锅置灶上，放植物油烧热后下入蒜片、小米椒拌炒，随后下凤尾菇，放盐、味精、辣妹子辣酱一起拌炒入味后，放入青椒片、红椒片，撒葱花，淋红油、香油，出锅装盘。

要点： 凤尾菇成菜后，如汤汁过多可倒入漏勺中稍沥干，再装入盘中（因凤尾菇所含水分较多）。

凤尾菇炒芽白梗

原料： 凤尾菇 150 克，芽白梗 150 克，鲜红椒 5 克。

调料： 猪油、盐、味精、胡椒粉、香油、葱段。

做法：

① 将凤尾菇去蒂，清洗干净，挤干水分；将芽白梗切成骨牌大小的块，将鲜红椒切片。

② 净锅置灶上，放猪油，烧热后放入芽白梗、凤尾菇、红椒片，放盐、味精一起拌炒，入味至熟时撒胡椒粉、葱段，淋香油，出锅装盘。

🥄 厨艺分享　　**牛肝菌**

◆一般牛肝菌都有一些微毒，所以吃的时候最好用热水焯一下。当然干蘑菇就比较安全了，因为干蘑菇都要经过涨发，这样就可以分解毒素了。

◆用牛肝菌做菜时，可以多放一点蒜。

🌸 养生堂　　**凤尾菇**

◆营养丰富，经常食用可以增强人体健康。

◆含脂肪、淀粉很少，是糖尿病患者和肥胖症患者的理想食品，还有降低胆固醇的作用。

◆含有一些生理性物质，能诱发干扰素的合成、提高人体免疫功能，具有防癌、抗癌的作用。

原料：凤尾菇 250 克，水发粉丝 150 克，青椒、红椒各 5 克。

调料：猪油、盐、味精、蒸鱼豉油、蚝油、香油。

做法：

❶ 将凤尾菇去蒂，清洗干净，大的撕成小片，沥干水分；将粉丝用冷水泡软，用剪刀在水中将粉丝剪断（6 厘米长左右为佳）；将青椒、红椒洗净后切成丝。

❷ 净锅置灶上，放猪油，烧热后放入凤尾菇、粉丝一起拌炒，放盐、味精、蒸鱼豉油、蚝油一起合炒，入味后放入青椒丝、红椒丝，淋香油，出锅装盘。

凤尾菇炒粉丝

原料：凤尾菇 200 克，净莴笋 150 克，鲜红椒 50 克。

调料：猪油、盐、味精、胡椒粉、香油、葱段。

做法：

❶ 将凤尾菇去蒂，清洗干净，挤干水分；将莴笋、鲜红椒洗净后切丝。

❷ 将莴笋丝、红椒丝放少许盐抓匀，挤干水分。

❸ 净锅置旺火上，放猪油，烧热后下凤尾菇翻炒，同时放盐、味精、胡椒粉，翻炒入味后，放入莴笋丝、红椒丝一起翻炒，至莴笋丝熟透，撒葱段、淋香油，出锅装盘。

凤尾菇炒莴笋丝

原料：巴西菇 250 克，夹心贡丸 200 克。

调料：猪油、盐、味精、鸡精、蚝油、干淀粉、白糖、香油、葱段、姜片、蒜粒、鲜汤。

做法：

❶ 将巴西菇去蒂，清洗干净。

❷ 锅内放水，放入夹心贡丸煮熟（以便于烧制）。

❸ 锅内放猪油，烧热后下姜片、蒜粒煸香，再下入巴西菇翻炒，倒入鲜汤，烧开后下入夹心贡丸，放盐、味精、鸡精、蚝油、白糖调味，待汤汁收浓时，勾芡，淋香油、撒葱段，出锅装盘即成。

要点：夹心贡丸一定要煮熟后再烧制。

巴西菇烧夹心贡丸

巴西菇烧西兰花

原料： 鲜巴西菇 250 克，西兰花 200 克。

调料： 猪油、盐、味精、鸡精、蚝油、干淀粉、胡椒粉、白糖、香油、姜片、鲜汤、食用纯碱。

做法：

① 将巴西菇去蒂、洗净，西兰花顺枝切成适口大小。

② 锅内放水烧开，下入西兰花，放猪油 10 克、食用纯碱，焯至五成熟时捞出，沥干水。

③ 锅内放猪油，下入姜片煸香，放入巴西菇翻炒，倒入鲜汤烧开后，放盐、味精、鸡精、蚝油、白糖调好味后，倒入西兰花一同烧制，待汤汁收浓时勾芡，淋香油、撒胡椒粉。

④ 用筷子将西兰花夹出，在盘中围成一圈，将巴西菇装入西兰花之中即可。

要点： 将西兰花下锅与巴西菇一起烧制，可以让香菇的鲜味透入西兰花中。

巴西菇烧豆笋

原料： 巴西菇 100 克，水发豆笋 250 克。

调料： 猪油、盐、味精、水淀粉、胡椒粉、香油、姜片、鲜汤。

做法：

① 将巴西菇去蒂，清洗干净，沥干水；将豆笋切成 6 厘米长的段。

② 净锅置旺火上，放猪油，烧热后下入姜片、巴西菇与豆笋，放盐、味精、胡椒粉一起合炒，入味后倒入鲜汤，勾水淀粉，淋香油，出锅装入盘中。

香辣滑子菇

原料： 滑子菇 500 克，鲜猪肉 150 克。

调料： 植物油、盐、味精、鸡精、豆瓣酱、辣妹子辣酱、蚝油、料酒、胡椒粉、红油、干椒段、葱段、姜末、蒜蓉、鲜汤。

做法：

① 将滑子菇择洗干净，鲜猪肉切片。

② 锅内放水，用旺火烧开，下入滑子菇焯水，捞出沥干水分。

③ 锅置旺火上，放植物油烧热，下入姜末、蒜蓉煸香后，下入肉片，炒散后放豆瓣酱、辣妹子辣酱，反复翻炒，然后下入滑子菇、干椒段，放盐、味精、鸡精、蚝油，烹入料酒，反复翻炒后倒入鲜汤，改用小火煨至汤汁稠浓，撒入胡椒粉、葱段，淋入红油，装盘即成。

罐子滑子菇煨汤

原料： 滑子菇 400 克，鲜猪肉 250 克。

调料： 猪油、盐、味精、鸡精、料酒、胡椒粉、葱花、姜片。

做法：

① 将滑子菇摘洗干净，放入罐中。

② 将鲜猪肉切成 3 厘米见方、0.5 厘米厚的片，放入冷水锅中，用旺火将肉片煮至断生后捞出，漂洗干净，放入装有滑子菇的罐中。

③ 在罐中放入清水 750 毫升，下入姜片、料酒，在旺火上烧开，撇去浮沫，改用小火慢慢煨炖 30 分钟，放盐、味精、鸡精调味，淋猪油，撒胡椒粉、葱花即可。

要点： 焯制肉片要将肉片连同冷水一起烧开，焯水后一定要漂洗，汤汁才会清爽。

凉拌脆耳

原料： 水发脆耳（黄山木耳）400 克，香菜 100 克。

调料： 盐、味精、鸡精、蚝油、陈醋、香油、红油、姜末、蒜蓉。

做法：

① 将水发好的脆耳仔细清洗干净，将大片的撕开；将香菜摘洗干净。

② 锅内放水，烧开后下脆耳焯水，捞出沥干。

③ 将沥干水的脆耳挤干水分后，放入碗中，放入姜末、蒜蓉、盐、味精、鸡精、陈醋、蚝油和红油，用筷子反复拌匀。

④ 将香菜放在瓷盘上，再将拌好的脆耳码放在香菜上，淋上香油即可。

要点： 脆耳一定要清洗干净。

✳ **养生堂** **巴西菇**

◆ 原产于巴西、秘鲁等地，所以名为巴西菇。日本又称其为姬松茸，属于食药兼用菇类。

◆ 含有丰富的蛋白质、糖类物质、氨基酸和维生素，具有抗癌、降血压、美容养颜、滋阴壮阳和调节人体免疫功能等功效，其抗癌效果为食用菌之首。

✳ **养生堂** **滑子菇**

我们在市场上可见到新鲜滑子菇，但因季节限制，所以一般是买包装好的。在选购时要买信誉好的厂家生产的，买来的滑子菇要放到水里焯一焯，如果闻到很浓的酸味，或焯了几遍还有苦味，就说明添加了大量的防腐剂，最好还是不要食用。

青椒炒脆耳

原料： 水发黄山脆耳400克，青椒100克。

调料： 植物油、盐、味精、鸡精、蒜蓉香辣酱、蚝油、陈醋、水淀粉、红油、姜片、蒜片、鲜汤。

做法：

① 将水发脆耳摘洗干净，将大片的撕成小片，挤干水分备用；将青椒切成马蹄片。

② 锅置旺火上，放油烧热后下入姜片、蒜片煸香，放入青椒片，放盐翻炒几下后下入脆耳一同翻炒，烹陈醋，放味精、鸡精、蚝油、蒜蓉香辣酱，在锅中反复翻炒后倒入鲜汤，略焖一下收干汤汁，勾芡，淋红油，装盘即成。

要点： 脆耳翻炒，收干水汽后方可倒入鲜汤。

开胃木耳

原料： 鲜木耳200克，鲜朝天椒40克，红葱头10克，青椒、红椒各6克，洋葱8克，小米椒15克，花生仁5克。

调料： 精盐、味精、白糖、詹王鸡粉、姜、蒜子、生抽王、老抽、陈醋、红油。

做法：

① 将鲜木耳洗净，下入沸水锅中焯水，捞出后放入冰水中过凉。

② 将姜拍破，鲜朝天椒切段，青椒、红椒、洋葱均切圈，红葱头切片，蒜子切米待用。

③ 把鲜朝天椒、红葱头、姜、青椒、红椒、洋葱、小米椒放入一容器中，加入生抽王、陈醋、精盐、味精、白糖、詹王鸡粉和500毫升凉开水腌制半小时，然后加入老抽调色，待色呈酱红色时即可下入鲜木耳，浸泡3~4小时后捞出装盘，淋红油，撒上花生仁、蒜米即成。

相宜相克 **木耳**

易引起中毒、身体不适
田螺 ✕

可补肾、润肺、生津
银耳 ✓

木耳

豆角 ✓
可防治高血压、高血脂、糖尿病

黄瓜 ✓
可抑制脂肪生成，有减肥的功效

养生堂 **木耳**

◆ 鲜木耳含有一种光感物质，人食用未经正确处理的鲜木耳后经太阳照射可引起皮肤瘙痒、水肿，严重的可致皮肤坏死。干木耳是经暴晒处理的成品，在暴晒过程中会分解大部分光感物质，而在食用前干木耳又经水浸泡，其中含有的剩余光感物质会溶于水，因而水发的干木耳可安全食用。

◆ 有出血性疾病的人不宜食用木耳，孕妇不宜多吃木耳。

原料：泡发云耳 150 克。

调料：精盐、味精、白糖、陈醋、生抽王、葱、姜、蒜子、整干椒皮、香油、红油。

做法：

❶ 将泡发的云耳撕成大片，入沸水锅内焯水，捞出沥干水；将姜放入榨汁机内榨成汁（去渣留汁），葱切花，蒜子切米。

❷ 将上述调料与云耳拌匀，装盘即可。

酸辣云耳

原料：水发银耳 100 克，净雪梨肉 250 克，枸杞 2 克，白冰糖 100 克。

做法：

❶ 将水发银耳摘洗干净，入沸水中浸泡 3 分钟后捞出，沥干水；将雪梨去皮去核，切成小块。

❷ 将锅洗净（不能有油）后置于旺火上，放水 500 毫升，下入冰糖，待水烧开、冰糖熔化后，用细筛将冰糖水过滤、去掉杂质后，再将冰糖水倒入净锅中，下入梨块煮熟，放入银耳、枸杞，烧开出锅盛入大汤碗中。

要点：冰糖水要过滤、去杂质。本品含糖量高，睡前不宜食用，以免血黏度增高。炖好的甜品放入冰箱冰镇后饮用，味道更佳。

冰糖雪梨银耳

原料：芦荟 300 克，水发银耳 150 克，木瓜 1 个（约 150 克）。

调料：冰糖、枸杞。

做法：

❶ 将芦荟去皮取肉，切成 1.5 厘米大的菱形块，泡入清水中；将木瓜去皮取肉，切成与芦荟同样大小的菱形块。

❷ 将水发银耳择洗干净，入沸水中浸泡 3 分钟后捞出，沥干水，切成小块；将枸杞用水泡发。

❸ 将锅洗净（不能有油）后置于旺火上，放水 500 毫升，下入冰糖，待水烧开、冰糖熔化后，用细筛将冰糖水过滤、去掉杂质，再将冰糖水倒入净锅中，烧开后关小火，下入木瓜、芦荟、银耳，撇去浮沫，撒入枸杞，出锅装入汤碗中。

芦荟木瓜炖银耳

剁辣椒蒸寒菌

原料：寒菌 300 克，剁辣椒 75 克（自制方法见第 77 面"厨艺分享"）。

调料：猪油、盐、味精、白糖、香油、葱花、姜末、蒜蓉。

做法：

❶ 将寒菌去蒂，泡入清水中 10 分钟后，用手在水中顺同一方向搅动，用水的旋力将寒菌的泥沙洗净（反复清洗 3~4 次，直到泥沙洗净为止），捞出沥干水，待用。

❷ 净锅置灶上，放猪油烧热，下姜末、蒜蓉、剁辣椒炒香，随后放入寒菌一起煸炒，放盐、味精、白糖调味，入味后出锅盛入扣碗中，封上保鲜膜，入笼蒸 15 分钟，熟后取出，去掉保鲜膜，扣入盘中，撒葱花、淋香油即可。

开胃寒菌钵

原料：寒菌 500 克，小米椒 75 克。

调料：植物油、盐、味精、鸡精、蒸鱼豉油、白糖、香油、姜末、蒜蓉、鲜汤。

做法：

❶ 将寒菌去蒂，泡入清水中 10 分钟后，用手在水中顺同一方向搅动，用水的旋力将寒菌的泥沙洗净（反复清洗 3~4 次，直到泥沙洗净为止），捞出沥干水，待用；将小米椒洗净后剁碎，挤干水待用。

❷ 净锅置灶上，放植物油，烧热后下入姜末、蒜蓉、小米椒拌炒，随即下入寒菌一起煸炒，放盐、味精、鸡精、白糖、蒸鱼豉油调味，拌炒入味后倒入鲜汤略焖一下，淋香油后出锅盛入钵中，再上火烧开，即可上桌。

要点：盛入钵后一定要再次上火烧开。

🥄 厨艺分享　　　　　　　**木耳**

◆ 干木耳在烹调前宜用温水泡发，泡发后仍紧缩在一起的部分不宜吃。

◆ 清洗方法：在温水中放入木耳，再放入盐，浸泡半小时可以让木耳快速变软；或在温水中放入木耳，然后再加入两勺淀粉，之后再搅拌，即可以去除木耳细小的杂质和残留的沙粒。

🥄 厨艺分享　　　　　　　**寒菌**

◆ 寒菌即松乳菇，味道柔和，后味稍辛辣，是一种美味的山珍菌。湘西著名土特产菌油就是用寒菌制作的。

◆ 清洗寒菌时，要将寒菌放入水中顺一个方向搅拌，将沙子、泥土迅速洗出。

原料：新鲜寒菌 500 克，肉片 50 克。

调料：猪油、盐、味精、蚝油、水淀粉、姜片、鲜汤。

做法：

❶ 将寒菌摘去泥巴，放入水中清洗干净（洗时，注意将寒菌放入水中顺一个方向搅拌，将沙子、泥土迅速洗出）。

❷ 锅内放猪油，下姜片炒香，放入肉片炒散，倒入鲜汤，下寒菌，用小火将寒菌煨烂、煨出香味，放盐、味精、蚝油，待汤汁浓稠时勾水淀粉、淋尾油即可。

要点：一定要掌握寒菌的清洗方法，才不会有泥沙。

煨寒菌

原料：水发灰树菇 400 克，猪五花肉 200 克。

调料：猪油、盐、味精、鸡精、酱油、豆瓣酱、蒜蓉香辣酱、蚝油、红油、干椒段、葱段、姜片、鲜汤。

做法：

❶ 锅内放水烧开，将泡发的灰树菇清洗干净，撕成适口大小后下入锅中焯水，捞出后沥干水分。

❷ 将猪五花肉洗净，切成长 3 厘米、宽 2 厘米、厚 0.8 厘米的片。

❸ 净锅置旺火上，放猪油烧热，下入姜片、干椒段煸香，下入肉片煸至回油后，放入灰树菇一同翻炒，同时放盐、味精、鸡精、蚝油、酱油、豆瓣酱、蒜蓉香辣酱，翻炒均匀后放鲜汤煨焖，将灰树菇煨入味后淋红油，即可出锅装入沙煲，撒葱段，上桌。

灰树菇煲

湘辣红油草菇

原料： 草菇 250 克。

调料： 植物油、盐、味精、永丰辣酱、辣妹子辣酱、水淀粉、香油、红油、干椒段、葱花、姜末、蒜蓉、鲜汤。

做法：

① 将草菇去蒂，清洗干净，沥干水，切成四等份。

② 净锅置旺火上，放植物油 500 克，烧至六成热，下入草菇过油，待草菇酥软后即倒入漏勺中，沥尽油。

③ 锅内留底油，下入干椒段、姜末、蒜蓉，煸香后下入草菇，放盐、味精、永丰辣酱、辣妹子辣酱拌炒入味，放入鲜汤煨焖，待汤汁浓郁时即勾水淀粉，淋入红油、香油，撒上葱花，出锅装入盘中。

要点： 草菇之所以切成四等份，是为了便于烹调时入味。

草菇烧花菜

原料： 草菇 250 克，花菜 200 克，红泡椒 5 克。

调料： 植物油、盐、味精、永丰辣酱、辣妹子辣酱、蚝油、水淀粉、香油、红油、葱花、姜末、蒜蓉、鲜汤。

做法：

① 将草菇去蒂，清洗干净，沥干水，切成四等份；将花菜洗净后顺枝切成小块；将红泡椒去蒂、去籽，洗净后切成末。

② 锅内放水烧开，下入花菜焯水，捞出后沥干水。

③ 净锅置旺火上，放植物油 500 克烧至六成热，下入草菇过油，待草菇酥软后即倒入漏勺中，沥尽油。

④ 锅内留底油，下入姜末、蒜蓉，煸香后下入花菜、草菇，放盐、味精、蚝油、永丰辣酱、辣妹子辣酱拌炒入味，放入鲜汤煨焖至花菜和草菇松软、汤汁浓郁时，勾水淀粉，淋入红油、香油，撒上红椒末、葱花，出锅装入盘中。

要点： 花菜不易熟，故切成小块后焯水。花菜也可用茭白替代。

凉拌金针菇

原料： 金针菇 200 克，鲜红椒 10 克，水发粉丝 30 克。

调料： 植物油、盐、味精、永丰辣酱、辣妹子辣酱、蚝油、白糖、香油、葱花、姜末、蒜蓉、鲜汤。

做法：

① 将金针菇去蒂，去掉老的部分，放入清水中清洗干净；将鲜红椒洗净，切丝；将水发粉丝剪成 6 厘米长的段。

② 净锅置旺火上，倒入鲜汤煮沸，放入金针菇，下少许油、盐，将金针菇焯熟入味后倒入漏勺中，沥干水。

③ 将金针菇、粉丝、红椒丝、姜末、蒜蓉、葱花一起放入碗中，将盐、味精、永丰辣酱、辣妹子辣酱、蚝油、白糖、香油一起调匀，倒入碗中拌匀，入味后装入盘中即可。

原料：贡梨 1 个（约 200 克），银针菇 150 克，鲜红椒 15 克，香菜梗 10 克。

调料：冰花酸梅酱、精盐。

做法：

❶ 将贡梨去皮切丝；鲜红椒去蒂、去籽后切丝。

❷ 锅将银针菇去掉两头，入沸水锅内焯水，捞出入冷水中过凉，再加入精盐稍腌。

❸ 将贡梨丝、红椒丝、香菜梗、冰花酸梅酱和银针菇一起拌匀，装盘即可。

凉拌双脆

原料：鸡腿菌 400 克，猪五花肉 50 克。

调料：植物油、精盐、味精、白糖、鸡精粉、葱、鲜汤。

做法：

❶ 将鸡腿菌洗净，猪五花肉切成丝，葱切段。

❷ 锅置旺火上，放入鲜汤、鸡腿菌，旺火烧开后撇去浮沫，加入精盐、味精、白糖、鸡精粉，转用小火焖 30 分钟后盛出待用。

❸ 锅置旺火上，放入植物油，下入猪五花肉炒香，再倒入鸡腿菌、鲜汤，烧沸后撒上葱段，出锅倒入干锅，带酒精炉上桌即可。

干锅鸡腿菌

原料：鸡腿菌 300 克，帝王菌 300 克，小牛肝菌 300 克，里脊肉 200 克，尖青椒、尖红椒各 20 克。

调料：猪油、精盐、味精、白糖、嫩肉粉、鸡精粉、蚝油、姜、红油、水淀粉、鲜汤。

做法：

❶ 将鸡腿菌、牛肝菌、帝王菌用水浸泡 5 分钟，洗净泥沙，再入沸水锅内焯水，捞出沥干水分；尖青椒、尖红椒切成 0.2 厘米厚的圈，姜切小片；里脊肉切丝，放盐、嫩肉粉、水淀粉上浆入味。

❷ 锅置旺火上，放入熟猪油，下入姜片、肉丝炒香，再放入尖青椒、尖红椒翻炒均匀，加入上述主料、精盐、味精、白糖、鸡精粉和蚝油，炒拌入味，倒入鲜汤稍焖，淋上红油，出锅装入干锅即可。

干锅一品菌

香煎豆腐

原料：水豆腐 300 克，鲜红椒圈 50 克，肉末 50 克。

调料：油、盐、味精、鸡精、蚝油、葱段、姜米、蒜蓉、鲜汤。

做法：

❶ 将豆腐切成 0.5 厘米厚，4 厘米长，3 厘米宽的骨排块。

❷ 锅内放油，烧至九成热，将豆腐整齐地摆放至锅内，煎至两面金黄出锅备用。锅留底油，然后下肉末、红椒圈、蒜蓉、姜米、盐、味精、鸡精、蚝油，略炒，再下已煎好的豆腐，轻轻颠炒均匀，加鲜汤，焖至汤汁收干，下葱段，轻轻翻炒几下，淋尾油，出锅装盘即可。

要点：锅要干净，油一定要烧至九成热再下豆腐，才不会粘锅。要买干硬一点的豆腐，推炒、颠炒要轻，以免豆腐散碎。

桂花豆腐

原料：水豆腐 4 片，鸡蛋 3 个（取蛋黄）。

调料：植物油、盐、味精、酱油、葱花。

做法：

❶ 在沸水锅中放少许盐和酱油，将豆腐切成 1.5 厘米见方的丁，放入沸水锅中焯水入味后捞出，沥干水。

❷ 将鸡蛋去蛋清，留蛋黄入碗中，放少许盐、味精，搅散。

❸ 净锅置旺火上，放植物油烧热后倒入蛋黄，用手勺不停拌炒成桂花形，随即放入豆腐，放盐、味精一起拌炒入味后，出锅装入盘中，撒上葱花即可。

要点：蛋黄要炒散，成桂花形。

村姑乡里豆腐

原料：水豆腐 8 片。

调料：植物油、盐、味精、干椒段、葱段、鲜汤、豆豉。

做法：

❶ 将豆腐切成大片，平放入盘中，撒少许盐，腌 5 分钟后，沥干水。

❷ 净锅置旺火上，放植物油烧至七成热时下入豆腐，连煎带炸至两面呈金黄色后，捞沥尽油。

❸ 锅内留少许油，下入干椒段、豆豉，豆腐，放盐、味精和鲜汤推炒入味，待汤汁收干时撒上葱段，出锅装入盘中。

原料：豆腐 4 块，云耳 25 克，洋葱 50 克。

调料：植物油、盐、味精、酱油、蒜蓉香辣酱、水淀粉、香油、葱花、姜末、鲜汤、全蛋糊。

做法：

❶ 将洋葱洗净后切成米；在沸水锅中放少许盐、酱油，将豆腐切成 1.5 厘米见方的丁，放入锅中焯水后捞出，沥干水。

❷ 锅置旺火上，放植物油烧至六成热，将豆腐丁均匀地裹上全蛋糊，逐个放入油锅内通炸至色泽金黄、外脆内嫩后，捞出沥尽油，码入盘中。

❸ 锅内留底油，下入洋葱米、姜末炒香，放入云耳、盐、味精、蒜蓉香辣酱和鲜汤，烧开后勾少许水淀粉，淋热尾油、香油，出锅烧盖在豆腐上，撒上葱花即成。

要点：豆腐一定要炸焦。在第 3 步调香辣汁时，动作一定要快，这样才不失本菜的风味。

香辣爆豆腐

原料：豆腐 4 片，西兰花 200 克，鲜红椒 3 克，鲜猪肉 50 克。

调料：植物油、盐、味精、酱油、蒜蓉香辣酱、水淀粉、白糖、香油、红油、葱花、姜末、蒜蓉、鲜汤。

做法：

❶ 将鲜猪肉洗净后剁成肉末；将鲜红椒去蒂去籽，洗净后切成米粒状；在沸水锅中放少许油、盐，将西兰花切成小朵，放入沸水锅中焯水入味后捞出，围入盘边。

❷ 在沸水锅中放少许盐和酱油，将豆腐切成 2 厘米见方的块，放入锅中焯水入味后捞出，沥干水。

❸ 净锅上旺火，放油烧热后下入姜末、蒜蓉、肉末拌炒，随后倒入鲜汤，放盐、味精、白糖、蒜蓉香辣酱调味，汤开后下入豆腐，用小火稍煨制后，勾水淀粉，撒葱花、鲜红椒米，淋香油、红油，出锅装入盘中央。

要点：煨豆腐的时候要用小火，煨的时间越长，豆腐的味道越好。

西兰花烧豆腐

原料：水豆腐 12 片（约重 500 克），红椒 5 克。

调料：植物油、盐、味精、鸡精、酱油、蒸鱼豉油、蚝油、料酒、香油、红油、葱花、蒜粒、鲜汤。

做法：

❶ 将红椒切成圈。

❷ 锅内放油烧至七成热，将水豆腐切块，下入锅中煎至两面黄色，烹料酒、蒸鱼豉油，放盐、味精、鸡精、少许酱油、蚝油，待上色入味后放少许鲜汤，焖至豆腐入味、油亮，下入红椒、蒜粒，撒上葱花，淋红油、香油，出锅盛入钵中。

渔家丁豆腐

金菊鸡汁豆腐

原料： 鲜豆腐600克，蒜苗10克，猪肉10克，火腿肠10克，香菇5克，红椒10克。

调料： 植物油、盐、味精、水淀粉、上好鸡汤。

做法：

① 将豆腐用模具切成小蛋糕形，上笼蒸3分钟取出，待用。

② 锅内放油烧热，把蒜苗、猪肉、香菇、红椒、火腿肠切丁后，下入锅中炒散，放盐、味精调味，勾少许水淀粉，翻炒均匀后出锅盛在豆腐上。

③ 锅内倒入鸡汤，放少许盐、味精，烧开后勾水淀粉，淋少许热尾油，出锅浇盖在豆腐上。

老汤农家豆腐

原料： 手工豆腐750克，鸡肉、牛肉、排骨各50克，青尖椒圈10克。

调料： 菜油、盐、味精。

做法：

① 将鸡肉、牛肉、排骨分别焯水，一起放入高压锅，加水用小火压制成老汤。

② 锅内放油烧至七成热，将豆腐切片后下入锅中煎至两面色黄，倒入压好的老汤（以淹过豆腐为度），放盐、味精、青尖椒圈，用小火收汁即可。

鱼子烧豆腐

原料： 鱼子200克，豆腐6片，青、红辣椒米10克，香菇米3克。

调料： 植物油、盐、味精、鸡精、香辣酱、陈醋、蒸鱼豉油、水淀粉、蒜蓉、葱花、姜末、鲜汤、红油。

做法：

① 鱼子用冷水淋洗干净，拌少许盐，上笼蒸熟后切成厚块。

② 将豆腐切成约4厘米见方的坨，焯水后沥干。

③ 净锅上旺火，放油烧热后，下姜末、蒜蓉，炒香后，放鱼子，放香辣酱、陈醋，烹蒸鱼豉油略炒，随即下豆腐、香菇米，放盐、味精、鸡精、陈醋，拌炒入味后，下青、红椒米，放鲜汤烧开后，勾水淀粉，撒葱花，淋红油，出锅装盘。

要点： 豆腐要焯水。鱼子下锅炒即会散。

原料：水豆腐 4 片，熟五花肉 100 克，鲜青红椒米 10 克。

调料：油、盐、味精、鸡精、香辣豆瓣酱、鲜汤、红油、香油、姜片、葱花。

做法：

❶　将豆腐切成长方形的厚片，下入七成热油锅内过油至金黄色，倒入漏勺中沥油。

❷　净锅置灶上，放油烧热后下入五花肉煸炒，肉吐油时放盐、味精、鸡精、姜片、香辣豆瓣酱一起拌炒，随后下入豆腐，加鲜汤焖烧，然后连汤装入沙锅中，撒青红椒米、葱花，淋红油、香油，即可上桌。

要点：豆腐要炸成金黄色，外焦脆内嫩。

沙锅五花豆腐

原料：水豆腐 4 片，鲜红椒 3 克。

调料：植物油、盐、水淀粉、白糖、鲜汤、葱段、姜丝、全蛋糊（制法见本书前面的"烹饪基础"）。

做法：

❶　将鲜红椒洗净后切丝；在沸水锅中放少许盐，将豆腐切成 1.5 厘米见方的丁后放入锅中焯水后捞出，沥干水。

❷　净锅置灶上，放入植物油烧至六成热，将豆腐丁均匀地裹上全蛋糊，逐个下入油锅内通炸至色泽金黄、外脆香时捞出，沥干油，码入盘中。

❸　锅中放少许植物油，下入姜丝、红椒丝、盐（少许）、放白糖，倒入鲜汤，烧开后勾少许水淀粉，待芡糊化后淋热猪油，撒葱段，出锅均匀地浇盖在豆腐上即成。

要点：挂全蛋糊适用于制作炸制菜，成品色泽金黄、外脆内嫩；上浆则适用于滑炒，色泽微黄、口味滑嫩。

抓炒豆腐

相宜相克　　　　　　　　　豆腐

破坏营养价值，产生结石

竹笋　×

同食易导致腹泻

蜂蜜　×

豆腐

鱼　✓
增强人体对钙的吸收

羊肉　✓
可清热泻火

厨艺分享　　　　　　　　　豆腐

中国豆腐的八大系列：

◆水豆腐，包括质地粗硬的北豆腐和细嫩的南豆腐。

◆半脱水制品，主要有百叶、千张等。

◆油炸制品，主要有油豆腐、炸豆腐泡、炸金丝。

◆卤制品，主要有五香豆腐干和五香豆腐丝。

◆熏制品，比如熏素肠、熏素肚。

◆冷冻制品，即冻豆腐。

◆干燥制品，比如豆腐皮、油皮。

◆发酵制品，包括人们熟悉的豆腐乳。

京葱烧豆腐

原料：水豆腐 8 片，京葱 300 克，青椒、红椒各 25 克。

调料：植物油、盐、味精、酱油、辣妹子辣酱、水淀粉、香油、姜片。

做法：

❶ 在沸水锅中放少许盐和酱油，将豆腐切成小骨牌块，放入沸水锅中焯水入味后捞出，沥干水；将青椒、红椒去蒂、去籽后洗净，切成菱形片。

❷ 将京葱切成 5 厘米长的段，入油锅内爆炒，放少许盐、味精调味，熟香后出锅，将一半围在盘边（另一半备用）。

❸ 净锅置灶上，放植物油烧热后下入姜片、青椒片、红椒片，随即倒入豆腐和另一半京葱，放盐、味精、辣妹子辣酱一起拌炒入味，勾少许水淀粉，淋香油，出锅装入盘中。

要点：京葱不要烧得太焦，有八成熟即可，且味道更佳。

萝卜丝豆腐球

原料：水豆腐 6 片，白萝卜 150 克，鸡蛋 2 个。

调料：植物油、盐、味精、面粉、水淀粉、干淀粉、胡椒粉、香油、葱花、姜末、蒜蓉、鲜汤。

做法：

❶ 将白萝卜洗净、去皮，切成细丝，放少许盐腌 5 分钟后，挤干水抓散。

❷ 把豆腐用刀碾成豆腐泥，放入箩筛中滤去部分水分，倒入盆内，打入 2 个鸡蛋，加入面粉、干淀粉、盐（少许）、味精（少许）、胡椒粉拌匀，随后加萝卜丝再次拌匀后待用。

❸ 锅内放植物油烧至六成热后，迅速将萝卜丝豆腐料挤成直径 2.5 厘米的萝卜丝豆腐丸，下入油锅中，通炸至金黄色并浮于油面后捞出，沥干油。

❹ 锅内留底油，烧热后下入姜末、蒜蓉拌炒，下入豆腐丸，倒入鲜汤，放盐、味精，略焖软，勾少许水淀粉，淋香油、撒葱花，出锅装入盘中。

腊八豆红油豆腐丁

原料：水豆腐 6 片，腊八豆 150 克，鲜红椒 3 克。

调料：植物油、盐、味精、酱油、香油、红油、葱花。

做法：

❶ 将鲜红椒洗净后切成末；将豆腐切成 1.5 厘米见方的丁。

❷ 在沸水锅中放盐（少许）、酱油，将豆腐丁放入锅中焯水入味后捞出，沥干水。

❸ 净锅置灶上，放植物油、红油烧热后下入腊八豆，炒香后倒入豆腐丁，放红椒末、盐、味精一起拌炒，入味后撒葱花，淋香油，出锅装入盘中。

原料： 水豆腐 4 片，鸡蛋 4 个，红椒末 3 克。

调料： 油、盐、味精、鸡精、香辣酱、水淀粉、红油、香油、姜片、葱花、鲜汤。

做法：

❶ 将鸡蛋打入油锅中煎成 4 个荷包蛋，水豆腐切成三角形的片。

❷ 净锅置旺火上，放油烧热后，下入豆腐炸至两面金黄，捞出沥干油。

❸ 锅内留底油，放姜片煸香，放入鲜汤、荷包蛋、豆腐，用小火将豆腐焖软，放盐、味精、鸡精、香辣酱调好味，待汤汁收浓、豆腐焖软时，勾水淀粉，淋红油、香油，撒葱花、红椒末出锅。

要点： 鸡蛋是增鲜的，与豆腐一同焖煨，要使蛋的鲜味渗入豆腐中。煎荷包蛋时，最好是煎成夹心蛋。

煎鸡蛋焖豆腐

原料： 水豆腐 4 块，水发香菇 25 克，水发笋子 50 克，熟火腿 25 克，鲜红椒 25 克。

调料： 植物油、盐、味精、酱油、蚝油、水淀粉、胡椒粉、香油、葱花、姜丝、鲜汤。

做法：

❶ 将香菇泡发后去蒂、洗净，切成细丝；将水发笋子、鲜红椒洗净后切成细丝，熟火腿切成细丝。

❷ 在沸水锅中放少许盐和酱油，将豆腐切成细丝后放入锅中焯水入味后，捞出扣入钵中，放少许的植物油、盐、味精和胡椒粉、鲜汤 30 克，入笼蒸 8 分钟后取出，沥出蒸汁留用，将豆腐反扣入盘中。

❸ 净锅置旺火上，放植物油烧热后下入姜丝、笋丝、香菇丝、火腿丝，放盐、味精、蚝油一起拌炒入味后，倒入蒸汁（如蒸汁不够，可加鲜汤），勾水淀粉，淋香油，撒鲜红椒丝、葱花，出锅浇盖在豆腐丝上。

要点： 豆腐不能蒸得太久，否则会蒸老。

文思三扣

原料： 水豆腐 500 克，猪五花肉 50 克，水发香菇 20 克。

调料： 植物油、精盐、味精、酱油、豆瓣酱、辣酱、葱、红油、鲜汤。

做法：

❶ 将白豆腐切成 3 厘米长、2 厘米宽、1 厘米厚的片，下锅煎至两面金黄待用；猪五花肉切片，香菇切片，葱切段。

❷ 锅置旺火上，放入植物油，将猪五花肉片入锅煸香，再下入煎好的豆腐、香菇，加入鲜汤、精盐、味精、酱油、辣酱、豆瓣酱，转用小火烧焖入味，用旺火收浓汤汁，装入干锅内淋入红油、撒上葱段即可边煮边吃。

干锅煎豆腐

松仁豆腐粒

原料： 水豆腐 2 片，糯米粉 20 克，吉士粉 5 克，松子 5 克，鲜青辣椒、鲜红辣椒各 2 克。

调料： 植物油、精盐、味精、白糖。

做法：

① 将糯米粉、吉士粉、精盐、味精、白糖拌匀待用，将鲜青辣椒、鲜红辣椒切成小粒，松子炒香备用。

② 将鲜豆腐切成 1 厘米见方的小丁，拍上调匀的糯米粉，入六成热油锅内炸至金黄色，倒入漏勺，沥干油分。

③ 锅内留底油，将豆腐丁和松子、青辣椒米、红辣椒米炒拌均匀，出锅装盘即可。

奶汤菠菜豆腐

原料： 水豆腐 2 大片，菠菜 250 克。

调料： 猪油、盐、味精、鸡精、鸡油、姜末、奶汤。

做法：

① 将菠菜摘洗干净，放入沸水锅中焯水后捞出，垫入汤碗的碗底。

② 将豆腐平放入盘中，上笼蒸 8 分钟取出，沥干水分，切成长 3 厘米、宽 2 厘米、厚 0.5 厘米的片。

③ 在净锅内放入熟猪油，开中火烧至五成热，加入姜末，炸出香味，放入奶汤、盐、味精、鸡精、豆腐烧开后，撇去浮沫，淋鸡油，出锅倒入垫有菠菜的汤碗中。

要点： 蒸豆腐时间不宜过长，否则豆腐不滑嫩。奶汤是鲜汤的一种，是白色的浓鲜汤。其原料与鲜汤同，也是将鸡骨架、鸭骨架、猪脚爪、猪骨等放入冷水锅内，用旺火烧沸，撇去浮沫，加入葱、姜、料酒，改中小火继续煮至汤呈乳白色，熬制时间比鲜汤要久。

鸡油冻豆腐

原料： 水豆腐 4 片，熟火腿 25 克，青椒、红椒各 25 克，菜胆 10 个。

调料： 植物油、盐、味精、鸡精、蚝油、水淀粉、胡椒粉、鸡油、鲜汤。

做法：

① 将鲜青椒、鲜红椒洗净后切成片，熟火腿切成片。

② 将豆腐放入冰箱速冻 8 小时，冻透后取出，切成小骨牌块，放入沸水锅中焯水后捞出，沥干水；在沸水锅中放少许盐、油，将菜胆放入锅中焯水入味后捞出，围入盘边。

③ 净锅置旺火上，放植物油烧热后下入姜片、冻豆腐、火腿片、青椒片、红椒片，放盐、味精、鸡精、蚝油，拌炒入味后倒入鲜汤微焖一下，勾少许水淀粉，淋鸡油，撒胡椒粉，出锅装入盘中。

要点： 豆腐要速冻 4 小时以上，时间长一些冻豆腐更好吃。

原料：水豆腐 8 片，干贝 5 克，鸡蛋 2 个（取蛋清），菜胆 12 个，枸杞 12 粒。

调料：猪油、盐、味精、水淀粉、干淀粉、胡椒粉、鸡油、鲜汤。

做法：

① 将豆腐去皮，擂成茸，加鸡蛋清、干淀粉和匀，放盐、味精和胡椒粉调味，做成直径 2 厘米的珍珠豆腐丸，整齐地码入底部抹油的盘中，上笼蒸熟后取出。

② 将枸杞放入清水中泡发、洗净；在沸水锅中放少许盐、油，下入菜胆焯水入味后捞出，切开根部，在根部夹上枸杞后，围入盘边。

③ 将干贝用温水泡发后放入汤碗中，倒入鲜汤，入笼用旺火蒸至熟烂，用刀将其碾散成丝，蒸汁留下待用。

④ 锅内放猪油烧热，下入干贝，放盐、味精、少许干贝蒸汁烧开，勾少许水淀粉，淋鸡油，出锅浇盖在珍珠豆腐上。

要点：干贝一定要放鲜汤上笼蒸发，蒸汁也要用上。

干贝珍珠豆腐

原料：水豆腐 4 片，菜胆 12 个，香菇 12 个（约 75 克）。

调料：植物油、盐、味精、蚝油、水淀粉、香油、姜末、鲜汤、全蛋糊（制法见本书前面的"烹饪基础"）。

做法：

① 将水发香菇去蒂，放入加盐的沸水锅中焯水后捞出；在沸水锅中放少许盐、植物油，将菜胆放入锅中焯水后捞出，沥干水。

② 将香菇和菜胆拼摆在盘边。

③ 锅置旺火上，放植物油烧至六成热，将豆腐切成小骨牌块后均匀地裹上全蛋糊，逐个下入油锅里通炸至色泽金黄外脆内嫩后用漏勺捞出，整齐地码入盘中。

④ 净锅置旺火上，放油烧热后下入姜末、鲜汤，放盐、味精、蚝油，烧开后勾少许水淀粉，淋热尾油、香油，出锅浇盖在豆腐上。

熊掌豆腐

✳ 养生堂　　　　　豆腐

豆腐所含的大豆蛋白缺少一种必需氨基酸——蛋氨酸，若单独食用，蛋白质利用率低，如搭配一些别的食物，使大豆蛋白中所缺的蛋氨酸得到补充，使整个氨基酸的配比趋于平衡，人体就能充分吸收利用豆腐中的蛋白质。豆腐应与蛋类、肉类混合食用，如豆腐炒鸡蛋、肉末豆腐、肉片烧豆腐等，以提高豆腐中蛋白质的利用率。

♪ 厨艺分享　　　　　内酯豆腐

◆内酯豆腐是 20 世纪 60 年代日本开发的新型酸凝固豆腐，保质期较长，便于运输，是豆腐的一个新品种，目前市场销售日增。

◆内酯豆腐由于强度不足，不适合强烈翻动的烹炒，且缺少豆香味，还略有酸味，因此不可能取代用盐卤、石膏制作的传统豆腐。

波动豆腐

原料： 内酯豆腐 1 盒，猪肉 25 克，木耳 25 克，红椒 10 克。

调料： 植物油、盐、味精、蒜蓉香辣酱、蒸鱼豉油、蚝油、水淀粉、胡椒粉、姜丝、鲜汤。

做法：

① 将木耳泡发、去蒂、洗净，切成细丝；将猪肉、红椒洗净后切成细丝；将内酯豆腐切成长块，装入盘中，撒上少许盐，上笼蒸熟，取出待用。

② 净锅置灶上，放植物油烧热后下入姜丝、肉丝、木耳丝、红椒丝拌炒，放盐、味精、蚝油、蒜蓉香辣酱、蒸鱼豉油、胡椒粉、鲜汤，烧开后勾少许水淀粉，淋少许热植物油，出锅浇淋在内酯豆腐上。

要点： 豆腐不能蒸得太老，芡汁不能过浓，上桌要快。本菜正是根据内酯豆腐强度不足这一特点而制作的，故取名"波动豆腐"。

鸿运豆腐

原料： 内酯豆腐 1 盒，猪肉 50 克。

调料： 猪油、精盐、味精、酱油、胡椒粉、剁辣椒、香油、红油、葱、水淀粉、鲜汤。

做法：

① 将内酯豆腐切成 0.8 厘米厚的片，整齐地摆放在汤盘里，撒上精盐，入笼用旺火蒸 4 分钟后取出，倒去汤盘里的水分。

② 猪肉剁成泥，葱切花。

③ 锅置旺火上，放入猪油，烧至五成热，下肉泥炒散，加入精盐、味精、酱油、剁辣椒炒拌均匀，倒入鲜汤烧开，撇去浮沫，勾芡，淋上热香油、红油，撒上胡椒粉，出锅浇在蒸好的豆腐上，撒上葱花即可。

山水豆腐

原料： 内酯豆腐 1 盒，净鱼肉 150 克，红椒丝、大葱丝、姜丝各 1 克（称为"三丝"）。

调料： 油、盐、味精、蒸鱼豉油、料酒、水淀粉。

做法：

① 将鱼肉斜切成鱼片，用盐、味精、料酒、水淀粉腌制上浆。

② 将内酯豆腐从盒中取出，倒入盘中，撒上盐、味精，上笼蒸 10 分钟，取出。

③ 将鱼片码放在蒸过的豆腐上，再次上笼蒸 5 分钟。

④ 取出蒸好的鱼片，在边上淋上蒸鱼豉油，中间撒上三丝，冲大油即可。

要点： 豆腐一定要先蒸透，以免豆腐进不了盐味。最后一道工序是冲油，就是将热油淋在成品菜表面，其目的是使菜品发亮。

原料：内酯豆腐2盒，蟹黄20克。

调料：鸡油、精盐、味精、鸡精粉、橙汁、姜、葱、水淀粉、鲜汤。

做法：

❶ 将内酯豆腐切成长6厘米、宽4厘米、厚0.3厘米的片，入沸水锅内焯水，捞出后沥干水分；蟹黄剁细，葱切花，姜取汁。

❷ 锅置旺火上，放入鲜汤、蟹黄、精盐、味精、鸡精粉、橙汁，烧沸后撇去浮沫，加入姜汁、豆腐片，勾芡，淋鸡油，撒上葱花，出锅装盘即可。

蟹黄豆腐

原料：豆花（豆腐脑）500克，干酸菜3克，剁辣椒3克。

调料：猪油、盐、味精、鸡精、酱油、白醋、香油、葱花、鲜汤。

做法：

❶ 将干酸菜洗干净、切碎。

❷ 净锅置旺火上，放猪油烧热后下入干酸菜、剁辣椒拌炒出香味，放入鲜汤，放盐、味精、鸡精、白醋，烧开后倒入豆花，再次烧开后撇去浮沫，放少许酱油，转色后淋香油、撒葱花，出锅盛入汤碗中。

要点：干酸菜、剁辣椒不能炒煳。剁辣椒可在超市购买，也可自制，自制方法见"烹饪基础"。

酸辣豆花汤

原料：豆花250克，腊八豆50克。

调料：猪油、盐、味精、鸡精、酱油、水淀粉、香油、葱花、鲜汤。

做法：

❶ 净锅置旺火上，放油烧热后下入腊八豆，炒香后倒入鲜汤，用小火熬制一下，放盐、味精、鸡精调味，勾水淀粉，烧开。

❷ 撇去锅中浮沫，倒入豆花，放少许酱油，转色后淋香油、撒葱花，出锅盛入汤碗中。

腊八豆豆花汤

油条豆花汤

原料： 豆花 150 克，油条 2 根。

调料： 猪油、盐、味精、鸡精、酱油、水淀粉、香油、葱花、鲜汤。

做法：

❶ 将油条切成小段，装入汤碗中。

❷ 锅置旺火上，倒入鲜汤烧开，放盐、味精、鸡精，放少许酱油转色，勾水淀粉，撇去浮沫，下入豆花，放猪油，汤微开后撒葱花、淋香油，出锅倒入放有油条的汤碗中即可。

要点： 油条不要下锅，直接用制好的汤冲泡即可。

白沙油豆腐

原料： 油豆腐 400 克，猪肉 50 克。

调料： 植物油、盐、味精、鸡精、料酒、水淀粉、胡椒粉、白糖、小红椒圈、葱段、鲜汤。

做法：

❶ 将油豆腐下入沸水锅中焯水，猪肉切片。

❷ 锅内放油，下入猪肉片煸炒，再下入油豆腐，放盐、料酒、白糖、味精、鸡精，拌炒入味后放鲜汤焖煮，待油豆腐软烂时勾水淀粉拌匀，撒入葱段、小红椒圈、胡椒粉，即可出锅。

宁远酿豆腐

原料： 大油豆腐 10 个，肉蓉 100 克，香菇末 10 克，笋末 15 克。

调料： 植物油、盐、味精、鸡精、水淀粉、白糖、香油。

做法：

❶ 将肉蓉、香菇末、笋末放盐、味精、鸡精、白糖、香油，拌成馅心。

❷ 将油豆腐切一小口，灌入馅心，用水淀粉封口。下入六成热油锅中，通炸至色泽金黄、外焦内熟后捞出，整齐地拼摆于盘中。

原料： 油豆腐泡 10 块，肉蓉料 150 克，琼脂蛋 10 个，白萝卜花 10 朵，韭菜 15 克。

调料： 植物油、盐、味精、鸡精、蒸鱼豉油、香油、鲜汤。

做法：

① 将油豆腐泡去顶，灌入肉蓉料，用韭菜捆扎好，整齐地摆入盘中，放少许盐、味精、鸡精、蒸鱼豉油、植物油和鲜汤调味，入笼蒸 8 分钟至熟后取出，淋少许香油。

② 将琼脂蛋、白萝卜花围入盘边，呈田园秋色。

田园秋色

原料： 油豆腐 250 克，青椒 150 克。

调料： 植物油、盐、味精、豆瓣酱、辣妹子辣酱、蚝油、水淀粉、红油、蒜片、鲜汤。

做法：

① 将青椒洗净，改切成马蹄片；将油豆腐洗净，切成 1 厘米粗的丝。

② 将锅内放植物油烧至八成热，放入青椒、蒜片炒热，放盐、味精略炒后，下入油豆腐一同翻炒，放豆瓣酱、辣妹子辣酱、蚝油，待油豆腐回软后倒入鲜汤，稍焖一下，勾水淀粉、淋红油即可。

要点： 鲜辣清香，民间土菜。油豆腐回软后，不宜久炒，以免将油豆腐炒烂。

青椒炒油豆腐丝

🥄 厨艺分享　　　　　　　　　　**油豆腐**

◆油豆腐是豆腐的炸制食品，色泽金黄，易吸收汤汁，常被用做入汤的原料。

◆油豆腐因经油炸，因此容易氧化，导致腐败变质，所以如果不能及时食用应尽快冷冻保存。

◆油豆腐相对于其他豆制品而言不易消化，经常消化不良、胃肠功能较弱的人宜少食。

🥄 厨艺分享　　　　　　　　　　**日本豆腐**

◆日本豆腐又称鸡蛋豆腐、玉子豆腐、蛋玉晶，以鸡蛋为主要原料，不含豆类成分。

◆日本豆腐具有环保健康、口味好、制作方便等众多特点，具有豆腐的爽滑鲜嫩和鸡蛋的美味清香，可以选择不同口味的调料，做出麻、辣、酸、甜等多种风味。

瓦烧日本豆腐

原料： 日本豆腐 4 根，皮蛋 2 个。

调料： 植物油、盐、味精、鸡精、蒜蓉香辣酱、辣妹子辣酱、蚝油、干淀粉、水淀粉、香油、红油、姜末、蒜蓉、鲜汤。

做法：

① 将日本豆腐横切成 1 厘米厚的片，拍上干淀粉，待用。

② 将皮蛋上笼蒸熟，剥去壳，改切成小颗粒。

③ 锅置旺火上，放植物油烧至八成热，逐片下入日本豆腐炸至金黄色，捞出沥干油。

④ 锅内留底油，放入姜末、蒜蓉煸香，再放入蒜蓉香辣酱、辣妹子辣酱，倒入鲜汤，下皮蛋颗粒烧开后放盐、味精、鸡精，勾水淀粉，放入炸好的日本豆腐，轻轻推动，淋上红油、香油，装入烧红的瓦盘中即可。

要点： 炸日本豆腐时，手法一定要轻，防止日本豆腐散烂。

剁椒肉末蒸日本豆腐

原料： 日本豆腐 4 根，鲜猪肉 100 克，剁辣椒（自制方法见第 77 面 "厨艺分享"）25 克。

调料： 植物油、盐、味精、蚝油、红油、葱花、姜末、蒜蓉。

做法：

① 将日本豆腐横向改成 1 厘米厚的片，整齐地码在盘中。

② 将鲜猪肉洗净后剁成肉末，与剁辣椒一起放入碗中，再放入姜末、蒜蓉、盐、味精、蚝油、红油拌均匀，均匀地撒在日本豆腐上。

③ 将日本豆腐上笼蒸 10 分钟，取出后浇沸油，撒上葱花即可。

双味日本豆腐

原料： 日本豆腐 6 根，虾仁 50 克，脆糊 200 克（制法见本书前面 "烹饪基础"）。

调料： 植物油、盐、味精、蚝油、水淀粉、干淀粉、白糖、姜末、蒜蓉、鲜汤、番茄酱。

做法：

① 将日本豆腐切成 1 厘米厚的片；将虾仁用蛋清、盐、味精、干淀粉拌匀腌制一下，下入六成热油锅内过油，沥出。

② 植物油仍留在锅中，继续加热至八成热，取一半日本豆腐逐片沾上脆糊，下油锅中炸成脆皮豆腐；在开水中放入少许盐，将另一半日本豆腐放入开水中焯水，连开水一起倒入碗中备用。

③ 锅内放植物油 30 克，下姜末、蒜蓉、番茄酱、白糖，倒入清水 50 克，烧开后勾水淀粉，制成茄汁，下入炸好的脆皮豆腐翻匀后，盛在盘子的一边。

④ 锅内放少许植物油，下入姜末、蒜蓉煸香，下入虾仁，倒入鲜汤，放盐、味精、蚝油、鲜汤，烧开后勾水淀粉，待糊化后，将泡在水中的日本豆腐沥干，下入锅中，推炒几下，出锅盛在盘子的另一半中，即成。

原料：日本豆腐4根，蟹黄粉30克，青椒末、红椒末各3克，肉泥40克。

调料：油、盐、味精、鸡精、鲜汤、胡椒粉、香油、水淀粉、葱花。

做法：

❶ 日本豆腐切成2厘米厚的圆片，用开水余过，沥干水。

❷ 旺火，净锅，放油，烧热后下蟹黄粉炒香，下肉泥炒散，放鲜汤，放盐、味精、鸡精、胡椒粉，汤开后勾水淀粉，汁成稠状，下入日本豆腐，用勺推动入味后，下青椒末、红椒末、葱花，淋少许香油出锅。

要点：蟹黄粉可用盐蛋黄代替。本菜汤汁不能过多，下日本豆腐后只能推动，不能拌炒，以免炒碎。

蟹黄日本豆腐

原料：日本豆腐4支，皮蛋2个，猪五花肉40克。

调料：植物油、精盐、味精、鸡精粉、葱、水淀粉、鲜汤。

做法：

❶ 将日本豆腐切成0.5厘米厚的片，整齐地摆在盘内；皮蛋去壳，每个切成8瓣，依次摆在豆腐两侧；猪五花肉剁成泥，葱切花。

❷ 将豆腐入笼用旺火蒸2分钟取出，倒掉盘中多余的汤汁。

❸ 锅置旺火上，放入植物油，将肉泥下锅炒散，再加入精盐、味精、鸡精粉炒拌入味，倒入鲜汤，烧开后撇去浮沫，勾芡，淋在蒸好的豆腐上，撒上葱花即可。

双色豆腐

原料：日本豆腐2根，水豆腐4片，豆腐脑100克，肉泥75克，鸡蛋4个，鲜红椒末3克。

调料：油、盐、味精、鸡精、蚝油、蒸鱼豉油、鸡油、水淀粉、葱花、姜末、蒜蓉、鲜汤。

做法：

❶ 将肉泥放盐、味精、鸡精、蛋清拌匀，打发成肉茸料，将肉茸料均匀地抹放在蒸盘中间。

❷ 把水豆腐切成片，整齐地码入蒸盘的两边，把豆腐脑覆盖在肉茸料上，再把日本豆腐切成1厘米厚的圆片码在盘的四周，最后把4个鸡蛋黄打放在日本豆腐上，上笼蒸15分钟至熟取出。

❸ 净锅置旺火上，放油烧热，下入姜末、蒜蓉，放盐、味精、蚝油、蒸鱼豉油、鲜汤，烧开后勾水淀粉，淋鸡油，最后撒葱花、红椒末，出锅浇盖在四喜豆腐上。

要点：肉泥入味后要打发，蒸时要掌握火候和时间。

四喜豆腐

糖醋棱皮豆腐

原料： 棱皮豆腐 250 克，鸡蛋 1 个，鲜红椒 3 克。

调料： 植物油、盐、番茄酱、陈醋、水淀粉、干淀粉、白糖、葱段、姜丝、面粉、泡打粉、吉士粉。

做法：

❶ 将棱皮豆腐洗净后切成长 2.5 厘米、宽 2 厘米、厚 0.5 厘米的片，鲜红椒洗净后切成丝。

❷ 将鸡蛋、面粉、泡打粉、植物油 10 克、干淀粉、吉士粉、清水调成脆浆。

❸ 锅置旺火上，放植物油烧至八成热时，用筷子夹住棱皮豆腐裹上脆浆，逐块下锅炸成脆皮豆腐。

❹ 锅内留底油，放入姜丝、番茄酱、白糖、陈醋、盐，倒入清水 75 毫升，烧开后勾水淀粉，待水淀粉糊化后淋热植物油，浇在炸好的棱皮豆腐上，撒上葱段、红椒丝，即成。

要点： 炸制脆皮豆腐时，一定要逐块炸，使颜色保持一致。

鲊椒魔芋豆腐煲

原料： 魔芋豆腐 500 克，鲜猪肉 50 克，鲊辣椒 100 克。

调料： 植物油、盐、味精、豆瓣酱、辣妹子辣酱、蚝油、水淀粉、白糖、干椒段、葱段、姜末、蒜片、鲜汤。

做法：

❶ 将魔芋豆腐切成 0.3 厘米见方的小块，下入沸水锅中焯一下捞出；洗净锅，倒入鲜汤，放入魔芋豆腐煨 10 分钟；将鲜猪肉洗净后剁成肉末。

❷ 锅内放植物油烧至八成热，将已煨过的魔芋豆腐捞出沥干（鲜汤待用），下油锅炸至金黄色，沥干油。

❸ 锅内留底油，将鲊辣椒下锅煸成黄色并煸出香味，加入肉末、姜末、蒜片、干椒段煸炒，放入豆瓣酱、辣妹子辣酱稍炒后下入魔芋豆腐，放盐、味精、蚝油、白糖、鲜汤，烧开后改用小火煨制，待汤汁收浓后勾水淀粉，装入沙煲内，上火烧开后撒入葱段，即可上桌。

要点： 魔芋豆腐一定要先用鲜汤煨进味，炸时油温一定要高，不然会粘连。鲊辣椒制法见第 80 面"厨艺分享"。

红烧魔芋豆腐

原料： 魔芋豆腐 400 克，鲜猪肉 100 克。

调料： 植物油、盐、味精、鸡精、酱油、豆瓣酱、辣妹子辣酱、蚝油、水淀粉、红油、干椒段、葱花、姜末、蒜蓉、鲜汤。

做法：

❶ 将魔芋豆腐洗净后改切成 2 厘米见方、0.5 厘米厚的块，鲜猪肉洗净后剁成肉末。

❷ 在锅中放水烧开，放入少许酱油、盐、味精、鸡精，将魔芋豆腐下入锅中焯水，捞出沥干水。

❸ 锅置旺火上，放植物油烧热后下入姜末、蒜蓉、干椒段煸香，放入肉泥炒散，再放入豆瓣酱、辣妹子辣酱、蚝油、鲜汤，将焯好的魔芋豆腐一同下入，煨烧至汤汁稠浓时勾水淀粉、淋红油，撒上葱花即可。

原料： 净魔芋 300 克，肉末 5 克，泡小米椒 40 克，尖红椒圈 1 克。

调料： 油、盐、味精、鸡精、蚝油、鲜汤、红油、香油、水淀粉、料酒、姜片。

做法：

❶ 将魔芋切成 6 厘米长、2 厘米宽的厚块，入沸水内焯水，开后捞出沥干。小米椒切碎。

❷ 净锅置旺火上，放油烧热后下入姜片、泡小米椒、红椒圈、肉末炒香，随后下入魔芋，放盐、味精、鸡精、蚝油，烹料酒，一起拌炒入味，加鲜汤，烧开后勾水淀粉，淋红油、香油，一起拌炒均匀后，出锅装入浅汤盘中。

要点： 魔芋要焯水除异味，泡小米椒一定要油炸，才会出香辣味。

泡椒烧魔芋

原料： 脆皮豆腐 400 克，猪五花肉片 200 克，洋葱片 100 克，鲜青椒片 50 克，鲜红椒片 50 克。

调料： 植物油、盐、味精、鸡精、酱油、蒜蓉香辣酱、辣妹子辣酱、蒸鱼豉油、蚝油、料酒、水淀粉、白糖、香油、干椒段、姜末、蒜蓉。

做法：

❶ 锅内放清水烧开，放酱油、盐、味精，将脆皮豆腐改切成 3 厘米见方的菱形块后下入锅内焯水，捞出沥干水。

❷ 将猪五花肉片用料酒、盐、味精、蚝油腌制入味。

❸ 将洋葱片、青椒片、红椒片垫入干锅中。

❹ 锅内放植物油烧至八成热，下姜末、蒜蓉、干椒段煸香，再下入肉片煸炒出油后，放入脆皮豆腐，倒入鲜汤，放盐、味精、鸡精、蒸鱼豉油、蒜蓉香辣酱、辣妹子辣酱、蚝油、白糖，烧开后改用小火煨焖 3 分钟，勾薄欠，淋香油，即可倒入干锅中，带火上桌。

要点： 脆皮豆腐焯水是为了去掉豆腐的生味。另外，脆皮豆腐一定要和肉一起烧焖一下，让肉油和肉香浸入脆皮豆腐中。

干锅脆皮豆腐

原料： 米豆腐 250 克，火腿肠 250 克，鲜红椒 5 克。

调料： 植物油、盐、味精、水淀粉、鸡油、葱花、姜末、蒜蓉、鲜汤。

做法：

❶ 将米豆腐和火腿肠分别改切成长 4 厘米、宽 2 厘米、厚 0.5 厘米的骨牌片；将鲜红椒去蒂、去籽后洗净，切成末。

❷ 取瓷盘一个，在内部抹上油，将一片米豆腐夹一片火腿肠，整齐地码入盘中，撒盐、味精，淋蚝油，加入鲜汤，上笼蒸 20 分钟后取出。

❸ 锅内放植物油，下入姜末、蒜蓉炒香，倒入鲜汤，放盐、味精，汤汁烧开后勾水淀粉，淋鸡油，出锅浇在蒸好的麒麟米豆腐上，撒上葱花、红椒末即可。

开胃麒麟米豆腐

皮蛋烧米豆腐

原料： 米豆腐 6 片（约 300 克），去壳皮蛋 2 个，青椒末、红椒末各 3 克。

调料： 油、盐、味精、鸡精、辣妹子辣酱、香辣酱、水淀粉、红油、香油、姜末、蒜蓉、葱花、鲜汤。

做法：

① 将皮蛋、米豆腐均切成 1 厘米见方的丁，米豆腐丁入沸水焯水后捞出，沥干水。

② 净锅置灶上，放油，烧热后下入姜末、蒜蓉、香辣酱、辣妹子辣酱拌炒，随后下米豆腐，放盐、味精、鸡精，拌炒入味后，加点鲜汤，下入皮蛋丁一起烧焖，勾水淀粉，撒青红椒米、葱花、淋红油、香油，一起拌炒均匀后出锅，装入盘中。

要点： 豆腐先炒入味，然后下皮蛋丁。要轻炒，以免豆腐散碎。

豆豉辣椒蒸米豆腐

原料： 米豆腐 250 克，豆豉辣椒料（制法见第 181 面"厨艺分享"）30 克。

调料： 油、盐、味精、酱油、蚝油、蒜蓉、姜末、葱花。

做法：

① 将米豆腐切成 1.5 厘米见方的小块（也可切成厚片），然后加入油、盐、味精、酱油、蚝油、姜末、蒜蓉拌匀，扣入蒸钵中。

② 将豆豉辣椒料放在米豆腐上，入笼蒸 10 分钟，出笼倒入盘中，撒上葱花即可。

要点： 米豆腐要蒸制成功，全靠盐味放准，不可太咸，否则无法体味米豆腐的碱香味。

透味红烧豆笋

原料： 干豆笋（腐竹）400 克，尖红椒 50 克。

调料： 植物油、盐、味精、鸡精、酱油、蒜蓉香辣酱、辣妹子辣酱、蚝油、水淀粉、白糖、香油、红油、葱花、姜末、蒜蓉、鲜汤。

做法：

① 锅置旺火上，放植物油烧至七成热，将干豆笋下锅炸成金黄色后捞出。泡入开水中，待泡软后取出，改切成 5 厘米的条。

② 将尖红椒去蒂、洗净，切成小圈。

③ 锅内放底油，下入尖椒圈、姜末、蒜蓉炒香后，再将豆笋下入，放盐、味精、鸡精、蚝油、酱油、白糖、蒜蓉香辣酱、辣妹子辣酱、鲜汤，烧开后改用小火焖制入味，勾水淀粉，淋香油、红油，撒葱花即可。

要点： 此菜一定要用小火煨制，才能入味。

原料：腊香干 200 克，芝麻仁 3 克。

调料：香油、红油、葱香油（制法见第 61 面"拍黄瓜"）、精盐、味精、白糖、香葱。

做法：

❶ 将腊香干切薄片，入沸水锅内焯水，捞出沥干水分；香葱切花。

❷ 将香油、红油、葱香油、精盐、味精、白糖、芝麻仁逐一拌入晾凉后的香干中，拌匀后撒上葱花即可装盘。

腊味香干

原料：香干 4 片，五花肉片 75 克，香菇 10 克，青椒圈、红椒圈各 3 克。

调料：油、盐、味精、鸡精、香辣豆瓣酱、辣妹子辣酱、蚝油、八角、桂皮、鲜汤、水淀粉、蒸鱼豉油、干椒段、蒜片、姜片、蒜段。

做法：

❶ 香干切三角形片。

❷ 净锅，旺火，放油 500 克，烧至六成热时下香干，炸至金黄色，捞出沥油。

❸ 锅内留底油，下姜片、八角、桂皮、肉片、干椒段、青红椒圈、蒜片拌炒，放辣妹子辣酱、香辣豆瓣酱、蚝油、蒸鱼豉油，加鲜汤，下香干、香菇，用小火焖煮，待香干煮软时放盐、味精、鸡精，勾少许水淀粉，撒蒜段，淋少许热尾油出锅。

水煮香干

红油香干煲

原料： 香干 2 片，五花肉 200 克。

调料： 植物油、盐、味精、鸡精、酱油、豆瓣酱、蚝油、干椒段、葱花、姜片、姜末、蒜蓉、八角、桂皮、花椒。

做法：

❶ 将每块香干切成 6 片三角片；将五花肉放入水中，加入姜片、料酒煮至八成熟后捞出（汤留下待用），改切成 0.4 厘米厚的片，待用。

❷ 锅置旺火上，放植物油烧至八成热，放入三角香干炸成金黄色，捞出沥干油。

❸ 锅内留底油，放入姜末、蒜蓉、豆瓣酱煸香，下五花肉煸出油后捞出待用，将煮五花肉的汤倒入锅内，放入八角、桂皮、盐、味精、鸡精、酱油、白糖、蚝油、干椒段，烧开后下入炸好的香干，改用小火将香干焖入味后，再下入五花肉一同煨，上桌时撒上葱花。

要点： 香干煨得越久，味越好，所以只能等香干煨入味后再下五花肉。在煨制时汤可多放一点，原汁一定不能烧干。在煨制时，五花肉、干椒段、豆瓣酱等会出红油，所以不需另加红油。

青椒蒸香干

原料： 香干 4 片，青椒圈 50 克。

调料： 油、盐、味精、蚝油、生抽、蒸鱼豉油、红油、香油、姜末、蒜蓉。

做法：

❶ 将香干用水洗干净，切成斜片，拌入生抽、油 10 克、味精，扣入碗中。

❷ 将青椒圈、姜末、蒜蓉、油 10 克、盐、味精、蚝油、蒸鱼豉油、红油一起拌匀，放在香干上，入笼蒸 15 分钟，熟后取出，淋香油即可。

要点： 香干要稍切厚片，并且要拌生抽入味。

五彩香干丝

原料： 香干 2 片，猪里脊肉丝 100 克，榨菜丝 50 克，青椒丝、红椒丝各 50 克。

调料： 植物油、盐、味精、鸡精、酱油、蚝油、料酒、水淀粉、红油、姜末、蒜蓉、大蒜叶、鲜汤。

做法：

❶ 将香干切成 0.5 厘米粗的丝；在里脊肉丝中拌入料酒、盐、味精、稠水淀粉调味，再下入六成热油锅中，用筷子拨散，捞出沥干油。

❷ 锅内留油，烧至七成热，下入香干丝炸至金黄色，捞出。

❸ 将榨菜焯水，再放入净锅内炒干水汽，盛出。

❹ 将净锅烧红，放底油烧至八成热，放入姜末、蒜蓉、青椒丝、红椒丝、盐翻炒几下，下入香干、里脊肉丝、榨菜一同翻炒，放盐、鸡精、味精、蚝油、酱油炒匀后，倒入鲜汤稍焖，下大蒜叶，勾水淀粉，淋红油即可装盘。

要点： 榨菜一定要焯水并炒干水汽，才不会影响整个菜的油芡。

原料：香干 3 片，韭白 150 克，老干妈酱 50 克。

调料：猪油、盐、味精、酱油、辣妹子辣酱、水淀粉、姜末、蒜蓉、鲜汤。

做法：

❶ 将香干洗净后切成 0.4 厘米厚的片，将韭白摘洗干净，切成 5 厘米长的段。

❷ 锅内放油，烧至八成热，放入姜末、蒜蓉、老干妈酱、辣妹子辣酱煸香，下入香干，放入酱油、盐、味精，轻轻翻炒至调料翻匀后，倒入鲜汤，改用小火煨焖，再下入韭白，待汤汁浓郁时轻轻翻动，勾水淀粉，淋少许热猪油，装盘即成。

要点：加入韭白，风味更加特别。香干不要走油，要炒嫩香干。酱油用量稍大，其目的是为了体现酱香。所选用的香干以"德"字香干为佳。

老干妈韭白炒香干

原料：柴火腊干子 250 克，腊牛肉 150 克，尖红椒 5 克。

调料：植物油、盐、味精、鸡精、酱油、辣妹子辣酱、蚝油、水淀粉、香油、红油、大蒜叶、鲜汤。

做法：

❶ 将腊干子切成 5 厘米长的薄片，腊牛肉也切成薄片，大蒜叶洗净后切成 3 厘米长的段，尖红椒洗净后切圈。

❷ 锅内放水烧开，将腊干子和腊牛肉分别焯水，捞出沥干水分。

❸ 锅内放植物油，下入尖红椒圈煸炒，放盐，然后下入腊干子、腊牛肉，放辣妹子辣酱、酱油反复翻炒后，倒入鲜汤，放味精、鸡精、蚝油，改用小火煨焖并下入大蒜叶，待腊干子焖软、热后勾水淀粉，淋红油、香油，出锅装盘。

要点：腊干子一定要焖发。

双腊柴火干

原料：千张皮 400 克，绿豆芽 100 克，鲜红椒 2 克。

调料：盐、味精、鸡精、白醋、香油、姜丝、蒜蓉、食用纯碱。

做法：

❶ 将鲜红椒去蒂、去籽，洗净后切成细丝；在开水中加入食用纯碱，将千张皮切成细丝后泡入开水中，捞出后在活水中漂洗干净，去尽碱味，沥干水待用；将绿豆芽摘出头、须，成银芽，放入开水锅中迅速焯一下，捞出过凉，待用。

❷ 将千张丝放入碗中，拌入盐、味精、鸡精、白醋、姜丝、蒜蓉，同时将银芽一并拌入，拌均匀后装入盘中，撒上红椒丝、淋上香油即成。

要点：放食用纯碱的目的是使千张皮回软，但需漂洗干净、去尽碱味。

凉拌干丝

香菜千张皮

原料：千张皮250克，香菜50克，红尖椒5克。

调料：植物油、花椒油、精盐、味粉、詹王鸡粉、白糖、胡椒粉、香油、蚝油、陈醋、姜、蒜子。

做法：

❶ 将千张皮切丝，入沸水锅内焯水，捞出沥干水分；香菜切段，姜、蒜子切米，红尖椒切丝。

❷ 锅内放底油，烧至五成热时，放入红尖椒丝、姜米、蒜米爆香，出锅倒入千张皮中，再加入香菜、红尖椒、调料拌匀，出锅装盘即可。

要点：如要味道更佳，可用整干椒代替红尖椒。

白辣椒蒸千张皮

原料：千张皮250克，白辣椒100克。

调料：油、盐、味精、酱油、蚝油、食用纯碱、蒜蓉、姜末、葱花。

做法：

❶ 锅内放水，加入食用纯碱烧开，将千张皮切成粗丝后下入沸水锅中焯水，捞出洗净、沥干水，拌入蒜蓉、姜末、油、味精、蚝油以及盐、酱油，扣入蒸钵中。

❷ 将白辣椒切碎，泡入开水中洗净，同样拌入蒜蓉、姜末、油、味精、蚝油，然后码放在千张皮上，上笼蒸10分钟即可装盘，撒葱花上桌。

要点：同第153面"凉拌干丝"。白辣椒制法见第80面"厨艺分享"。

※ 养生堂　　　**千张皮**

◆千张皮即干豆腐，又称百叶、百页、千张、皮子、豆片、豆腐皮等。

◆千张皮一般人均可食用，尤其适宜以下人群：身体虚弱，营养不良，气血双亏，年老羸瘦之人；高血脂、高胆固醇、肥胖及血管硬化等症患者；糖尿病人；产后乳汁不足的妇女；青少年、儿童；痰火、咳嗽、哮喘（包括急性支气管炎咳喘）之人；癌症患者。千张皮最宜老人食用。

※ 养生堂　　　**腊八豆**

◆腊八豆是湖南民间的传统风味食品，民间多在每年立冬后开始腌制，至腊月八日后食用，故称为"腊八豆"。腊八豆可炒可蒸，风味独特。

◆腊八豆是黄豆加工后的产品，含有丰富的营养成分，如氨基酸、维生素、功能性短肽、大豆异黄酮等生理活性物质，是营养价值较高的保健发酵食品。

原料： 腊八豆 150 克，鲜红泡椒 150 克，鲜红尖椒 50 克。

调料： 盐、味精、鸡精、料酒、陈醋、香油、姜片、蒜蓉。

做法：

❶ 自制剁辣椒：将鲜红泡椒和鲜红尖椒洗净后剁碎，放入姜片、蒜蓉、盐、味精、鸡精、料酒、陈醋、少许香油拌匀，腌制 30 分钟后即可食用。

❷ 将制好的剁辣椒浇盖在腊八豆上，淋上香油即可。

要点： 自制剁辣椒（见第 77 面"厨艺分享"）时调入料酒、陈醋，味道比普通剁辣椒更佳。本菜中，选用普通腊八豆即可。

剁椒凉拌腊八豆

原料： 腊八豆 300 克，大蒜 150 克，鲜猪肉 50 克。

调料： 植物油、味精、酱油、干椒末、姜末。

做法：

❶ 将鲜猪肉洗净，剁成肉末；将大蒜择洗干净后切段。

❷ 锅内放植物油 300 克，下入腊八豆炸至焦香，倒入漏勺中沥尽油。

❸ 锅内留底油，放入姜末、肉末炒散，随即放干椒末、酱油拌炒入味，再下入腊八豆，放入味精、大蒜，翻炒至大蒜熟时放入一点点水焖一下即可出锅。

要点： 因腊八豆太咸，故本菜中不另放盐。

大蒜爆炒腊八豆

原料： 腊八豆 300 克，青椒 150 克。

调料： 植物油、精盐、味精、干椒粉、姜、红油、香油。

做法：

❶ 将青椒洗净后去蒂、去籽，切成 0.8 厘米见方的片，姜切末。

❷ 锅置旺火上，放入植物油，烧至六成热时，将腊八豆下油锅炸至外皮焦脆、色泽金黄，倒入漏勺沥干油。

❸ 锅内留底油，下入青椒片、姜末炒香，再放精盐、干椒粉炒至青椒八成熟时，倒入腊八豆，加入味精、红油翻炒入味，淋上香油，出锅装盘即可。

青椒炒腊八豆

红油粉丝

原料： 粉丝150克。

调料： 红油、精盐、味精、鸡精粉、鱼露、芝麻酱、花生酱、姜、蒜子、葱、香油、鲜汤。

做法：

❶ 将粉丝放入清水中浸泡10分钟，再入沸水锅内烫熟，倒入凉开水中凉透，放入碗内。

❷ 将蒜子、姜切末，葱切花。

❸ 锅置旺火上，放入红油，烧至四成热时，下姜末、蒜末炒香，放入精盐、味精、鸡精粉、鱼露、芝麻酱、花生酱、鲜汤调匀，淋入香油，盖在粉丝上，撒上葱花即可。

铁板粉丝

原料： 干粉丝150克，洋葱50克，鲜红椒5克。

调料： 植物油、盐、味精、永丰辣酱、蒸鱼豉油、香油、红油、葱花。

做法：

❶ 将干粉丝放在冷水中泡软，用剪刀在水中剪成6厘米长的段；将洋葱洗净后切丝，鲜红椒去蒂、去籽、洗净后切丝。

❷ 净锅置旺火上，放植物油，下入永丰辣酱、洋葱煸香，随后下入粉丝，放盐、味精、蒸鱼豉油拌炒入味后，撒入红椒丝、葱段，淋香油、红油，出锅装入盘中，上桌时将菜倒入烧红的铁板上，撒上葱花即可。

要点： 粉丝不宜久炒，以防结成团。

包菜炒粉丝

原料： 水泡粉丝200克，包菜丝250克，鲜红椒丝2克。

调料： 油、辣妹子辣酱、盐、味精、鸡精、蒸鱼豉油、干辣段、姜米、蒜蓉。

做法：

❶ 将包菜切成丝，鲜红椒切成丝。

❷ 粉丝用冷水泡软，捞出沥干水，切断。

❸ 粉将炒锅放旺火上，放油烧红，下入姜米、蒜蓉、干椒段、红椒丝炒香，下入粉丝煸炒，然后放辣妹子辣酱、盐、味精、鸡精调味，下入包菜丝煸炒，再烹蒸鱼豉油，炒至包菜回软后即成。

要点： 粉丝必须用冷水泡软。千万不能用热水泡，以免泡得太发，吃时粉丝太烂，口感不好，同时也不便于翻炒。

原料：干粉丝 150 克，高山娃娃菜 350 克，熟火腿 50 克。

调料：植物油、盐、味精、蒸鱼豉油、姜末、蒜蓉。

做法：

① 锅内放水烧开，放植物油、盐、味精，将高山娃娃菜洗净后切成长条形，放入沸水锅中焯至断生入味，捞出沥干水，放入盘中。

② 将熟火腿切成 0.2 厘米厚的丝；将干粉丝用开水泡软，捞出沥干水，与火腿丝一起放入碗中，放入盐、味精、蒸鱼豉油拌匀，摆放在高山娃娃菜上，入笼蒸 10 分钟即可出笼，淋蒸鱼豉油，浇沸油（热植物油），撒蒜蓉、姜末拌匀即可。

粉丝高山娃娃菜

原料：水发粉丝 200 克，鲜猪肉 50 克，水发香菇 25 克，鲜红椒 25 克。

调料：植物油、盐、味精、蒸鱼豉油、胡椒粉、香油、葱花、姜末、蒜蓉。

做法：

① 将水发粉丝用剪刀剪成 6 厘米长，沥干水；将鲜猪肉洗净，剁成肉泥；将鲜红椒去蒂、去籽后洗净，切成米；将香菇切成米。

② 净锅置旺火上，放植物油烧热后下入姜末、蒜蓉煸香，再下入肉泥、香菇米，放盐、味精炒熟后，下入粉丝，放蒸鱼豉油、胡椒粉，合炒入味后淋香油，撒红椒米、葱花，出锅装盘。

要点：粉丝用冷水泡发，至粉丝变软即可捞出，改短。此菜用油较多，加水不能多，加水烹炒时间不要太长，以免粉丝结团。

蚂蚁上树

※ 养生堂　　　粉丝

◆粉丝是淀粉的线状制品，分干、湿两种。干粉丝经水发后食用，多用作凉拌或做汤，荤素皆宜。

◆粉丝一次不宜食用过多。摄入过量的粉丝会影响脑细胞的功能，从而影响和干扰人的意识和记忆功能，造成老年痴呆症，还可引起胆汁郁积性肝病，导致骨骼软化，引起卵巢萎缩等病症。

◆食用粉丝后，不要再食油炸的松脆食品，如油条之类。

🥄 厨艺分享　　　臭豆腐卤水制法

无油铁锅上中火，倒入清水 15 毫升，加豆豉 2500 克，烧开后再煮 30 分钟，冷却后倒入瓦缸内，加入纯碱 100 克、冬笋肉切片 2500 克、香菇 1500 克、精盐 1500 克、60 度曲酒 850 毫升、豆腐脑 1500 克、桂皮 50 克、丁香 250 克、小首 0.25 克及部分老卤水浸泡 15 天，每天须搅匀一次，发酵后水变黑色即成浸臭豆腐卤水。臭豆腐卤水忌进生水，并要求盖严盖子，始终保持卤水清洁卫生。

蛋饺粉丝汤

原料： 蛋饺 10 个（超市有买），粉丝 100 克。

调料： 盐、味精、鸡精、蚝油、熟猪油、胡椒粉、姜丝、葱花、鲜汤。

做法：

❶ 将粉丝用冷水浸泡发软后捞出备用。

❷ 净锅置旺火上，放鲜汤烧开后下蛋饺，煮至蛋饺浮上水再下粉丝、姜丝，放盐、味精、鸡精、蚝油、熟猪油、胡椒粉，试好味后煮开，撒上葱花即可。

要点： 蛋饺要煮熟再下粉丝，汤要多一点，粉丝不要煮太久，以免稠汤。

油炸臭豆腐

原料： 精制水豆腐 8 片（切成 32 小块）。

调料： 卤水、酱油、青矾（硫酸亚铁）、鲜汤、干红椒末、香油、精盐、味精、植物油。

做法：

❶ 将青矾放入桶内，倒入沸水，用木棍搅动，然后将水豆腐压干水分放入，浸泡 2 小时，捞出平放晾凉沥去水，再放入卤水中浸泡（春秋季浸泡 3~5 小时，夏季浸泡 1~2 小时，冬季浸泡 6~10 小时）；待变成黑色的臭豆腐块，取出用冷开水稍冲洗一遍，平放在竹板上沥去水分。

❷ 把干红椒末放入盆内，放精盐、酱油拌匀，淋入烧热的香油，然后放入鲜汤、味精对成汁备用。

❸ 锅内放植物油烧至六成热，逐片下入臭豆腐块，炸至豆腐呈膨空焦脆即可捞出，沥去油，装入盘内；再用筷子在每块熟豆腐中间扎一个眼，将对成的汁装入小碗一同上桌即可。

青椒炒臭豆腐

原料： 臭豆腐 5 块，青椒 100 克。

调料： 植物油、精盐、味精、生抽、香油、水淀粉、鲜汤。

做法：

❶ 把臭豆腐切成 4 小块，青椒切成小片。

❷ 锅置旺火上，放入植物油，烧至五成热时下入臭豆腐炸至酥脆，倒入漏勺沥干油。

❸ 锅内留底油，下入青椒片炒至断生，再放入臭豆腐块、精盐、味精、生抽、鲜汤，炒拌均匀，勾芡，淋香油，出锅装盘即可。

原料： 腊八豆 50 克，臭干子 6 片。

调料： 油、味精、生抽、红油、香油、蒜蓉、干椒末、葱花、冷鲜汤。

做法：

① 净锅置旺火上，放油烧至六成热，下入臭干子，通炸至外焦香、内酥软后捞出，在每片臭干子中间划一刀口，整齐地码入扣碗中。

② 将腊八豆与干椒末、蒜蓉、盐、味精、红油、生抽一起拌匀，加入冷鲜汤，然后将此汤料均匀浇洒在炸好的臭干子上，入笼蒸 15 分钟，取出淋香油，撒葱花即可。

要点： 臭干子要炸至外焦香、内酥软；腊八豆的盐味重一点，才利于味渗入臭干子中。

腊八豆蒸臭干子

原料： 水发红薯粉 400 克，肉泥 75 克，腊八豆 5 克。

调料： 油、盐、味精、辣妹子辣酱、豆瓣酱、蚝油、香油、姜末、蒜蓉、干椒段、葱花、鲜汤。

做法：

锅内放油，烧至八成热，下入姜末、蒜蓉、干椒段、肉泥，放盐、腊八豆、辣妹子辣酱、豆瓣酱煸炒至肉泥回油，下入已泡好的红薯粉，一同翻炒几分钟后稍加鲜汤，放蚝油、味精，将红薯粉炒糯即可出锅装盘，撒上葱花、淋上香油即成。

要点： 红薯粉容易粘锅。此菜放油比一般菜略多，就是为防止红薯粉粘锅。红薯粉下锅后不能炒太久，尽量使红薯粉不粘锅。

家常红薯粉

原料： 豆渣 300 克，内酯豆腐 150 克，皮蛋 2 个，全蛋液 150 克，蛋清液 200 克。

调料： 虾酱、香葱、料酒、香油。

做法：

① 将豆渣、内酯豆腐剁碎；皮蛋切成小丁；香葱切花。

② 将豆渣、内酯豆腐、皮蛋、虾酱拌匀，加入全蛋液、料酒和匀，倒入底部抹有香油的窝盘中，放入蒸笼内用小火蒸 15 分钟，在没有完全凝固前取出。

③ 把蛋清液均匀地倒在豆腐上，再用小火蒸 10~12 分钟至完全凝固，取出待凉后，改刀装盘即可。

风味豆渣

第 2 篇

畜肉类

辣酱坛子肉

原料：带皮五花肉 2500 克。

调料：精盐、味粉、白糖、细辣椒面、剁辣椒、辣妹子辣酱、五香粉、姜、蒜子、葱。

做法：

① 将带皮五花肉煮熟，切成四方丁；姜、蒜子切末。

② 将剁辣椒、蒜末、姜末拌匀后用打碎机打碎，沥干水分，加入辣妹子辣酱、精盐、味精、白糖、细辣椒面、五香粉拌匀，再放入肉丁搅拌均匀，放入坛子内 6 小时以上。食用时取出放上葱，上笼蒸 1 个小时，上桌时去掉葱即可。

蒜泥白肉

原料：去皮猪后腿肉 400 克，红葱头 10 克，洋葱 10 克。

调料：植物油、精盐、味精、白糖、葱、姜、蒜子、香醋、红油、芥末辣、干椒面、生抽、花生酱、芝麻酱、花椒粉、白卤水（制法见"烹饪基础"）。

做法：

① 将洋葱切丝，取部分姜切丝，取部分姜切末，取部分蒜子切茸。

② 将红葱头、蒜子、香葱、洋葱丝、姜丝与植物油一起入油锅中，用小火烧至沸腾，飘出香味时沥油（成葱香油）备用。

③ 将精盐、味精、白糖、蒜蓉、干椒面、生抽、香醋、红油、芥末辣、花生酱、芝麻酱和花椒粉调匀成蒜泥汁。

④ 将去皮猪后腿肉放入沸水锅内焯水，再放入白卤水中煮熟，捞出待凉后，切成 3 厘米长、2 厘米宽的薄片，整齐地码放在盘中，再撒上姜末、淋上葱香油和蒜泥汁即可食用。

原料：青椒 300 克，五花肉 350 克。

调料：油、龙牌酱油、盐、味精、蚝油、香肉酱、蒜片。

做法：

❶ 将青椒切成滚刀片。

❷ 五花肉切成薄片，然后用少许盐、味精、香肉酱、酱油和油腌制。

❸ 锅内放水，烧开，放点盐和油，将青椒焯水，沥干。

❹ 锅内放油，下蒜片略煸，然后下入肉片炒至肉散开，倒入盘中。

❺ 锅内放油，下青椒，放盐略炒，下入肉片，加酱油翻炒，下味精、蚝油，反复炒，炒至肉回油后，加少量水，稍炒一下装盘即可。

要点：一定要用质量好的酿制酱油，如龙牌酱油、加加酱油等，炒出的农家小炒肉才会有黄豆清香。调料放齐后，肉要炒至回油，但不要炒得太干太硬，这时青椒中才会进肉香、油香，而肉不至干老。青椒焯水时放油的目的，是使青椒不泛黄。

农家小炒肉

原料：白菜梗 300 克，鲜猪肉 100 克，鲜红椒 5 克。

调料：猪油、盐、酱油、味精、蒜蓉香辣酱、水淀粉、葱段。

做法：

❶ 将白菜梗清洗干净，切成 5 厘米长的粗丝；将鲜红椒去蒂、洗净，切成丝；将鲜猪肉洗净后切成丝，抓盐、酱油、水淀粉上浆入味。

❷ 净锅置旺火上，放猪油烧热后下入肉丝拌炒熟后，扒至锅边，下入鲜红椒丝、白菜梗丝，放盐、味精、蒜蓉香辣酱一起拌炒，随后将肉丝推入锅中，合炒入味后勾少许水淀粉，撒葱段，出锅装入盘中。

要点：用淡盐水可清除蔬菜表皮残留的农药。用淡醋水可使发蔫的蔬菜鲜亮如初。

白菜梗炒肉丝

🍲 相宜相克　　　　　　　　　　**猪肉**

互相抵触，降低营养价值

可治疗腹胀、便秘

豆类 ✕ — 猪肉 — ✓ 萝卜

白菜 ✓ — 猪肉 — ✕ 虾

可治疗贫血、头晕、大便干燥　　　互相抵触，降低营养价值

🍴 厨艺分享　　　　　　　　　　**猪肉**

◆猪肉要斜切，应剔除猪颈等处灰色、黄色或暗红色的肉疙瘩。

◆猪肉不宜长时间泡水，烹调前勿用热水清洗。

◆切肥肉时，可先将肥肉蘸一下凉水，然后放到案板上，一边切一边洒点凉水，既省力，肥肉也不会滑动且不易粘案板。

◆将猪肉切成片，放入塑料盒里，喷上一层料酒，盖上盖，放入冰箱的冷藏室可保存 1 天不变味。

韭黄熘里脊丝

原料：韭黄 400 克，猪里脊肉 150 克，红泡椒 50 克，鸡蛋 1 个。

调料：植物油、猪油、盐、味精、料酒、水淀粉、干淀粉、鲜汤。

① 将韭黄摘洗干净，改切成 6 厘米长的段；将红泡椒去蒂去籽后洗净，改切成丝。

② 将猪里脊肉洗净后改切成长 6 厘米、粗 0.3 厘米的丝，放入碗中，打入蛋清，放盐、味精、干淀粉、料酒腌制入味。

③ 锅置旺火上，放植物油烧至六成热，下入肉丝，用筷子拨散，出锅倒入漏勺中，沥干油。

④ 锅内留底油，下入韭黄、红椒丝翻炒几下后，放盐、味精，再翻炒几下，倒入鲜汤，勾水淀粉，下入肉丝，淋热猪油，即可出锅装盘。

要点：韭黄不能炒蔫，所以在锅里的时间千万不要太久。炒久了，韭黄出水，成菜不漂亮，味道也差了。滑肉时用筷子拨散，其目的是使肉丝不碎，因为里脊肉太嫩易碎。韭黄不可久炒，炒此菜动作要快。

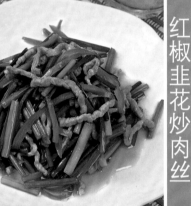

红椒韭花炒肉丝

原料：韭花 200 克，猪里脊肉 150 克，红泡椒 50 克。

调料：猪油、盐、味精、鸡精、酱油、料酒、蚝油、水淀粉、蒜片、鲜汤。

① 将韭花摘洗干净，摆整齐，切去老的部分，再切成 3 厘米左右长的段；将红泡椒去蒂去籽后洗净，切成丝。

② 将猪里脊肉洗净后切成丝，并放料酒、盐少许、味精少许拌匀，腌制一下。

③ 锅内放猪油 20 克，将肉丝下锅炒散，盛出待用。

④ 锅洗干净，放猪油 20 克烧至八成热，下入蒜片，炒香后放入红椒丝、韭花翻炒，放盐、味精、鸡精、蚝油炒至韭花转色时，下入肉丝，略放酱油翻炒，放鲜汤略焖一下，勾水淀粉、淋热猪油即成。

要点：韭花和红椒都容易熟，所以此菜炒制一定要迅速。

蒜苗炒肉丝

原料：蒜苗 200 克，猪里脊肉 150 克，鲜红泡椒 50 克。

调料：猪油、盐、味精、酱油、料酒、水淀粉、鲜汤。

做法：

① 将蒜苗摘去花苞、老筋，洗净后切成 3 厘米长的段；将鲜红泡椒去蒂、去籽，洗净后切成 0.4 厘米宽、3 厘米长的条。

② 将猪里脊肉洗净，切成 0.3 厘米宽的粗丝，用料酒、盐、味精、酱油、稠水淀粉拌匀，腌制一下。

③ 锅内放猪油，下入蒜苗煸炒，放盐，炒至蒜苗表皮起泡时下入肉丝一同翻炒，同时略放酱油，待肉丝炒熟、蒜苗转色时下入红椒条，放鲜汤焖一下，勾水淀粉，即可起锅。

要点：此菜肉不走大油，而是和蒜苗一起炒熟，是为了让肉香和蒜苗香互相掺和，达到家常本味的效果。炒时如太干，可略放鲜汤。

原料：苦瓜 200 克，猪里脊肉 150 克，红泡椒 50 克。

调料：盐、味精、鸡精、白酱油、料酒、稠水淀粉、香油、姜末、蒜蓉。

做法：

❶ 将苦瓜切去蒂，顺直剖开，用刀柄蹭去瓤和籽，洗净后顺直条切成苦瓜丝；将红泡椒去蒂、去籽后洗净，切成丝。

❷ 将猪里脊肉洗净，拉切成肉丝，放料酒、盐、味精、稠水淀粉抓匀腌制。

❸ 锅内放水烧开，先将肉丝下锅焯水后捞出，再将锅内水烧开，撇去泡沫，将苦瓜下入锅中焯水至熟，捞出后用凉开水过凉，沥干水，挤干水分。

❹ 将苦瓜、肉丝、红椒丝放入大碗内，放入姜末、蒜蓉、盐、味精、鸡精、白酱油，用筷子拌匀，倒入盘中，淋上香油即成。

要点：制作凉菜，一定要注意手的卫生。

苦瓜拌肉丝

原料：四季豆 150 克，鲜猪肉 100 克。

调料：猪油、盐、味精、酱油、蒸鱼豉油、水淀粉、香油、干椒末、蒜片、鲜汤。

做法：

❶ 将鲜猪肉洗净后切成薄片，用少许的盐、酱油、水淀粉抓匀，上浆入味。

❷ 锅内放水烧开，放少许猪油、盐，将四季豆去蒂去筋、洗净后用手摘成 3 厘米长的段，放入锅中焯水至熟，捞出沥干。

❸ 净锅置旺火上，放猪油烧热后下入蒜片和肉片，拌炒至熟后下入四季豆，放盐、味精、蒸鱼豉油、干椒末一起拌炒入味，倒入鲜汤微焖一下，勾水淀粉、淋香油，出锅装入盘中。

要点：四季豆摘段后要焯水至熟，以免下锅时难以炒熟。焯水时放油是为使四季豆不变色，保持鲜绿色。焯水时放盐则是为了使盐味透入四季豆内。

四季豆炒肉

原料：花菜 400 克，新鲜猪肉 150 克。

调料：猪油、盐、味精、鸡精、酱油、豆瓣酱、蒜蓉香辣酱、料酒、蚝油、干椒段、姜末、蒜蓉、大蒜叶、鲜汤。

做法：

❶ 将花菜顺枝切成小朵，洗干净。

❷ 将猪肉洗净后切成薄片，用料酒、盐少许、味精少许、酱油少许拌匀，腌一下。

❸ 锅内放油，下入姜末、蒜蓉煸香，再下入豆瓣酱、蒜蓉香辣酱、干椒段炒香，然后下入肉片，炒至肉片回油时下入花菜一同翻炒，并放盐、味精、鸡精、酱油、蚝油，炒上色后略放鲜汤，一同翻炒至花菜九成熟，放大蒜叶炒熟后，即可出锅。

要点：注意花菜只能炒到九成熟。

花菜炒肉

子姜剁椒嫩肉片

原料： 猪里脊肉 200 克，子姜 100 克，青蒜 25 克。

调料： 植物油、精盐、味精、料酒、嫩肉粉、胡椒粉、剁辣椒（自制方法见第 77 面 "厨艺分享"）、香油、水淀粉、鲜汤。

做法：

❶ 将猪里脊肉剔去筋膜，切成 5 厘米长、2.5 厘米宽、0.2 厘米厚的片；姜切小片，青蒜切斜段。

❷ 将肉片用精盐、嫩肉粉、浓水淀粉、植物油 2 克上浆。

❸ 将精盐、味精、料酒、胡椒粉、鲜汤、香油、水淀粉调对成汁。

❹ 锅置旺火上，放入植物油，烧至四成热时下入浆好的肉片滑油，用筷子拨散断生，倒入漏勺沥油。

❺ 锅内留底油，下姜片煸香，再放剁辣椒、肉片，倒入对汁芡，放入青蒜炒拌均匀，淋上香油，出锅装盘即成。

胡萝卜片炒肉

原料： 鲜猪肉 200 克，胡萝卜 150 克。

调料： 植物油、盐、味精、鸡精、酱油、料酒、水淀粉、干椒末、姜末、蒜蓉、大蒜叶、鲜汤。

做法：

❶ 将鲜猪肉洗净后切成薄片，用料酒、盐、酱油、稠水淀粉抓匀，腌制一下。

❷ 将胡萝卜刨皮后洗净，斜切成薄片。

❸ 锅内放植物油 20 克，下入姜末、蒜蓉煸香，下入肉片炒散，当肉片开始回油时即盛入盘中待用。

❹ 锅内放植物油 30 克，下入红萝卜片翻炒至开始发软时，即倒入肉片一起翻炒，并放盐、味精、鸡精、酱油、干椒末，炒匀后略放鲜汤，胡萝卜片炒熟时下入大蒜叶，翻炒几下后即可装盘。

芹菜腊干炒肉丝

原料： 芹菜 200 克，腊干子 150 克，猪里脊肉丝 150 克，鲜红椒丝 50 克。

调料： 植物油、盐、味精、鸡精、酱油、辣妹子辣酱、蚝油、料酒、水淀粉、香油、姜末、蒜蓉、鲜汤。

做法：

❶ 将芹菜去叶，摘洗干净后切成段；将腊干子改切成丝，将猪里脊肉丝拌入少许的盐、味精、稠水淀粉以及料酒腌一下。

❷ 锅置旺火上，放植物油 500 克烧至六成热，下入肉丝，用筷子拨散，捞出沥干油。

❸ 锅内留底油，下入姜末、蒜蓉煸香，再放腊干子炒热，放入芹菜、肉丝一同翻炒，放盐、味精、鸡精、酱油、辣妹子辣酱、蚝油翻炒发热后，倒入鲜汤稍焖，放入红椒丝，勾水淀粉、淋香油即可。

要点： 操作时，一定要掌握好火候，保持芹菜的碧绿色。

原料：鲜猪肉 300 克，鲜红椒 75 克，剁辣椒 10 克，芹菜段 5 克。

调料：植物油、盐、味精、鸡精、辣妹子辣酱、蒸鱼豉油、香油、红油。

做法：

❶ 将猪肉切成片，用少许盐、味精、蒸鱼豉油抓匀，腌 5 分钟，待用。

❷ 锅内放油烧热，下入红椒、剁辣椒，炒香后下入肉片拌炒，放盐、味精、鸡精、辣妹子辣酱，待肉片炒熟、入辣味后，放芹菜段，淋红油、香油，出锅盛入碗中。

醴陵小炒肉

原料：带皮五花肉 500 克。

调料：植物油、盐、味精、鸡精、酱油、甜面酱、蒸鱼豉油、蚝油、料酒、白糖、香油、干椒段、葱段、鲜汤、香料（八角、桂皮）。

做法：

❶ 将五花肉在火上燎去绒毛，于温水中刮洗干净，切成 5 厘米长、1 厘米厚的片。

❷ 锅内放油，下入肉片爆炒，待肉吐油后烹料酒、蒸鱼豉油、酱油、甜面酱，放盐、味精、鸡精、蚝油、白糖，下入香料，待上色入味后倒入鲜汤（以淹没肉为度），煨至肉酥烂、色泽红亮、肉汁收干，下入干椒段、葱段一起拌匀，淋香油，出锅盛入钵中。

湘西土匪酱汁肉

原料：带皮猪五花肉 500 克，鲜黄椒 20 克，白菜心 10 棵。

调料：植物油、猪油、盐、味精、鸡精、酱油、蒸鱼豉油、料酒、白糖、葱花。

做法：

❶ 将五花肉在火上燎去绒毛，于温水中刮洗干净，下入沸水锅中煮至七成烂，取出后在瘦肉的一面交叉剞十字花刀，皮朝下，扣入钵中，放盐、味精、鸡精、酱油、料酒、蒸鱼豉油、白糖，入笼蒸 30 分钟，熟烂后取出，反扣于盘中。

❷ 锅内放少许猪油，下入黄椒拌炒，放盐、味精，炒熟后撒上葱花，浇盖在五花肉上。

❸ 将白菜心下入沸水锅中，放油、盐焯熟后，出锅围入盘边。

南岳长生肉

远东干萝卜炖肉片

原料： 猪肉250克，干萝卜片150克，黄尖椒圈、红椒丝各15克。

调料： 植物油、盐、味精、鸡精、酱油、蒸鱼豉油、料酒、白糖、香油、红油、葱段、葱丝、鲜汤。

做法：

❶ 将猪肉切成片。

❷ 锅内放油，下入肉片煸炒至吐油，下入干萝卜片，烹料酒、蒸鱼豉油，放酱油、盐、味精、鸡精、白糖，入味上色后倒入鲜汤，焖至汤汁油亮时下入黄尖椒圈、红椒丝、葱段，淋红油、香油，出锅盛入钵中，撒上葱丝即可。

墨鱼炖肉

原料： 干墨鱼150克，猪肉300克（肥瘦各半）。

调料： 熟猪油、盐、味精、鸡精、料酒、胡椒粉、食用纯碱、葱结、葱花、姜片、鲜汤。

做法：

❶ 在温水中放入食用纯碱，将墨鱼在火上烧一下，泡入温水中（水中加一点碱，是为了让墨鱼容易软化，便于炖烂），捞出去骨，洗净后切成小条。

❷ 将猪肉切成片，放入沸水中焯水，捞出沥干。

❸ 沙罐置旺火上，放入鲜汤、葱结1个、姜片、墨鱼、料酒，用大火烧开，再用小火炖15分钟，让墨鱼的香气充分发挥出来且将墨鱼炖烂，再倒入沥干水的肉片，用小火炖15分钟（将肉炖烂），放熟猪油、盐、味精、鸡精，汤味浓郁时盛入汤碗中，放胡椒粉，撒葱花即可。

要点： 墨鱼要炖至酥烂。墨鱼在火上煨后香味更佳。

凤尾菇肉丸汤

原料： 凤尾菇200克，鲜猪肉150克。

调料： 植物油、盐、味精、鸡精、干淀粉、胡椒粉、葱花、鲜汤。

做法：

❶ 将鲜猪肉剁成肉泥，放入大汤碗中，放少许盐、味精和适量清水，用手顺一个方向充分搅匀，再加入干淀粉一起和匀，用手挤成肉丸下入汤锅中煮熟。

❷ 将凤尾菇去蒂，清洗干净，沥干水分。

❸ 净锅置旺火上，倒入鲜汤，烧开后放盐、味精、鸡精、胡椒粉，下入煮熟的肉丸与凤尾菇，待凤尾菇煮熟后撇去汤中的浮沫，放植物油，撒葱花，出锅盛入大汤碗中。

要点： 打肉泥时加水不能过多，要顺着一个方向搅拌和匀。

原料：五花肉 750 克，白萝卜 1000 克，盐菜 50 克，菜心 150 克。

调料：盐、鸡精、鸡粉、鸡汁、红曲米、水淀粉、鸡油、清鸡汤。

做法：

❶ 将五花肉剁成泥，放盐、鸡精、鸡粉、红曲米拌匀，改刀成锥形，备用。

❷ 将白萝卜切成圆形，中间掏空，用清鸡汤煨入味；盐菜下入油锅中，放少许盐、鸡精炒入味；将菜心下入沸水锅焯熟。

❸ 将盐菜填入锥形五花肉中，再将五花肉镶入白萝卜中，装盘后上笼蒸熟，取出后拼上菜心。

❹ 锅内放清鸡汤烧开，放盐、鸡精、鸡粉、鸡汁调好味，勾芡、淋鸡油，出锅浇入盘中。

苗家盐菜肉

原料：带皮猪五花肉 750 克，腊瘦肉 150 克，白菜心 10 棵。

调料：植物油、盐、味精、料酒、酱油、辣酱、蒜末、豆豉、葱花、姜、干椒粉、红油、香油、水淀粉、鲜汤。

做法：

❶ 将猪五花肉切成大的夹心片，加入盐、味精、酱油和葱、姜、料酒拌匀，腌渍 30 分钟。

❷ 锅置旺火上，放入植物油，烧热后放入豆豉、蒜末、干椒粉、辣酱、盐、味精炒香，再倒入肉内拌匀，腌渍 10 分钟。

❸ 腊肉洗净，上笼蒸熟，晾凉后切成同五花肉长短一致的片，入底油锅内煸香，再逐片夹入五花肉中，整齐地码入（夹口朝上，皮朝下）蒸钵内，加入鲜汤、酱油，放入高压锅内上火蒸至软烂取出。

❹ 将菜肴反扣于窝盘内，撒上葱花，原汁倒回锅内，勾芡，淋红油、香油，浇在肉上；将白菜心放入沸水中，加入盐、味精，焯熟后摆入盘中。

楚湘鸳鸯肉

原料：带皮猪五花肉 1000 克，西兰花 50 克。

调料：植物油、啤酒、盐、味精、鸡精粉、胡椒粉、白糖、酱油、姜、葱结、香油、桂皮、八角、整干椒、甜酒汁。

做法：

❶ 将猪五花肉烙尽余毛，入热水中刮洗干净，切成大块，用啤酒、甜酒汁、酱油腌渍。

❷ 姜拍破，西兰花洗净。

❸ 锅置旺火上，放入植物油，烧至七成热时下入五花肉炸成金黄色捞出，沥干油。

❹ 锅内留底油，下入白糖炒出糖色后加入啤酒、酱油、桂皮、整干椒、八角、姜块、葱结、清水、盐、味精、鸡精粉，烧开后倒入高压锅内，再放入炸好的五花肉（汤汁以平齐原料为准），盖好锅盖，用旺火烧沸上汽后压 17 分钟取出。

❺ 锅内放油，下入西兰花、盐，炒至断生入味后围入盘中，摆入五花肉，淋上原汁即成。

啤酒高压肉

锅巴里脊肉

原料： 猪里脊肉片 400 克，干锅巴 100 克，水发香菇 30 克，菜心 10 个。

调料： 植物油、盐、味精、鸡精、蒸鱼豉油、料酒、葱段、姜片、水淀粉、香油、鲜汤。

做法：

❶ 将猪里脊肉片用盐、味精、鸡精、蒸鱼豉油、水淀粉上浆入味，待用；将菜心下入沸水锅焯水，捞出后拌入盐、味精、植物油，围入盘边。

❷ 锅内放油烧至六成热，下入里脊肉片过油至熟，捞出沥尽油；锅内留底油，下入姜片、水发香菇、里脊肉片，放少许盐、味精、鸡精、蒸鱼豉油，烹料酒，拌炒入味后倒入鲜汤，烧开后淋香油，出锅盛入汤碗中。

❸ 净锅内放油烧至六成热，下入干锅巴炸至酥脆，捞出放入盘中，浇热尾油，上桌时将里脊肉片浇盖在锅巴上。

要点： 锅巴超市有售，煮饭时的锅巴也可。

柴房生态肉

原料： 带皮猪五花肉 600 克，青椒片、红椒片各 10 克。

调料： 植物油、盐、味精、鸡精、酱油、料酒、白糖、整干椒、姜片、蒜粒、鲜汤。

做法：

❶ 将五花肉于火上燎去绒毛，于温水中刮洗干净，解切成宽条状。

❷ 锅置柴火灶上，放油烧热，下入整干椒、姜片炒香，下入猪肉爆炒待肉熟吐油，烹料酒，放酱油上色后，放盐、味精、鸡精、白糖调味，待肉入味酥软时倒入鲜汤焖煮至肉红亮酥烂，下入青椒、红椒、蒜粒一起拌匀，出锅装入锅中，带火上桌。

乡村滑肉

原料： 猪五花肉 500 克，红椒 5 克，鸡蛋 5 个。

调料： 植物油、盐、味精、干淀粉、面粉、葱花、鲜汤。

做法：

❶ 将猪五花肉切成片，用盐、味精腌入味；红椒切成米。

❷ 将鸡蛋、干淀粉、面粉加适量清水调成全蛋糊。

❸ 锅内放植物油烧至七成热，将五花肉放入全蛋糊中拌匀后下入油锅炸至色泽金黄、内熟、成滑肉，捞出沥油，放凉后切成块。

❹ 锅内倒鲜汤，下入滑肉块，放盐、味精调味，待汤汁收干撒入红椒米、葱花，即可出锅。

原料：净春笋 200 克，鲜猪肉 100 克，鱿鱼 25 克。

调料：猪油、盐、味精、酱油、水淀粉、胡椒粉、香油、葱段、鲜汤。

做法：

❶ 将鱿鱼切成丝后放入水中泡 15 分钟，泡软后洗净，捞出沥干水；将鲜猪肉洗净后切成丝；锅内放水烧开，将净春笋切成丝后放入锅中焯水，捞出沥干，放入热锅内炒干水汽，待用。

❷ 净锅置旺火上，放油烧热后下入肉丝，炒熟后扒在锅边，下入笋丝煸炒，放盐、味精、酱油调味，随后下入鱿鱼合炒，入味后倒入鲜汤焖一下，勾水淀粉，撒胡椒粉、葱段一起拌炒，淋香油，出锅装入盘中。

要点：春笋必须焯水，否则会涩口。

鱿鱼春笋肉丝

原料：净里脊肉 250 克，脆笋 200 克，红椒丝 3 克。

调料：油、盐、味精、鸡精、料酒、蚝油、水淀粉、姜丝、葱段、鲜汤。

做法：

❶ 将里脊肉切成丝状，用盐、味精、鸡精、水淀粉和少许油腌制待用。

❷ 将脆笋切丝焯水，沥干。然后不放油，把脆笋在锅中炒干水汽。

❸ 锅内放油，油烧热，将肉丝煸散，倒入盘中待用。

❹ 锅内放油，油烧热，下入姜丝略煸，再下入脆笋，放盐煸炒片刻，再下入肉丝煸炒至香，烹料酒，放蚝油略炒，再下入鲜汤，焖至肉丝酥烂，放入红椒丝、葱段出锅。

要点：此菜调好味后可多下入鲜汤，久焖至汤将干，这样肉丝的鲜味都透入脆笋中。鲜汤：指筒子骨汤或鸡汤、肉汤。

脆笋炒肉丝

原料：净冬笋 200 克，鲜猪肉 150 克。

调料：植物油、盐、味精、酱油、水淀粉、香油、干椒段、葱段、姜片、鲜汤。

做法：

❶ 锅内放水烧开，放入净冬笋，煮熟后切成象牙片；将鲜猪肉洗净后切成片，放少许盐、酱油、水淀粉抓匀，上浆入味。

❷ 锅置旺火上，放植物油，烧至七成热，倒入肉片滑油，熟后捞出沥油。

❸ 锅内留底油，烧热后下入姜片、干椒段、冬笋片煸炒，随即下入肉片，放盐、味精、酱油拌炒均匀，入味后倒入鲜汤略焖一下，勾水淀粉、淋香油、撒下葱段，出锅装盘。

冬笋熘肉片

辣酱麻茸里脊

原料： 净里脊肉 150 克，香菜 20 克，熟芝麻 15 克。

调料： 植物油、精盐、味精、鸡精、蒜子、嫩肉粉、辣酱、水淀粉、香油、红油。

做法：

1. 将里脊肉改切成 0.2 厘米厚的薄片，用精盐、嫩肉粉、水淀粉上浆，下入五成热油锅内滑油至熟，倒入漏勺沥油；蒜子剁成茸，将香菜洗净后放精盐、味精、香油、蒜蓉拌匀，垫在盘底。

2. 锅置旺火上，留少许底油，下入辣酱炒香，随即下入里脊肉片，加精盐、味精、鸡精、香油、红油拌炒入味，再撒上熟芝麻，翻拌均匀，出锅盖在香菜上。

茶树菇熘里脊

原料： 干茶树菇 150 克，猪里脊肉 100 克，青椒、红椒各 5 克。

调料： 植物油、盐、味精、水淀粉、料酒、胡椒粉、白糖、香油、葱段、姜丝、鲜汤。

做法：

1. 将干茶树菇去蒂，用清水泡发后清洗干净，挤干水分，切成 8 厘米长的段（粗的切细），待用；将猪里脊肉、青椒、红椒洗净后切成丝。

2. 锅置旺火上，放植物油烧至五成热，将里脊肉丝抓少许盐与水淀粉上浆，下入油锅内滑油至熟，捞出沥干。

3. 锅内留底油，下入姜丝与茶树菇煸炒，烹料酒，放盐、味精、白糖、胡椒粉拌炒入味后，随即下入里脊肉丝、青椒丝、红椒丝一起翻炒，放入鲜汤，勾芡，下入葱段，淋香油一起拌炒均匀，出锅装入盘中。

要点： 里脊肉丝滑油时油温不能过高，否则肉质会老。

雪里红炒肉泥

原料： 雪里红 500 克，肉泥 75 克，鲜红椒圈 15 克。

调料： 油、盐、味精、蚝油、红油、香油、蒜蓉。

做法：

1. 将雪里红洗净，切碎，挤干水，抓散。然后在锅中不放油，炒干水汽。

2. 净锅置灶上放油，烧热后下入红椒圈炒香，再下肉泥炒散，调入盐、味精、蚝油，拌炒匀后下入雪里红，反复拌炒，略加水微焖一下，入味后，下蒜蓉，淋红油、香油，炒匀后，出锅装盘。

要点： 雪里红要挤干水和炒干水汽。

焦香糖醋里脊肉

原料： 里脊肉 150 克，鲜红椒丝 5 克，鸡蛋 1 个，面粉 40 克。

调料： 油、盐、白糖、米醋、酱油、水淀粉、姜丝、葱段、清汤。

做法：

❶ 将里脊肉切成片，加盐入味；鸡蛋打入碗中，搅散，加入面粉、水淀粉和适量水，调成糊；将肉上糊，逐片下入五成热油锅内，通炸至色泽金黄、外焦内熟，倒入漏勺中沥净油。

❷ 将白糖、米醋、酱油、盐、姜丝、水淀粉放入小碗中，加适量清汤成糖醋汁（这种方法叫"对汁"）。

❸ 净锅置灶上，放底油，倒糖醋汁，用手勺推炒至芡汁糊化（浓汁）后，淋尾油（这时淋尾油可使成菜油亮），随即下炸好的肉片，迅速拌匀，使每块肉粘满糖汁，撒上红椒丝、葱段，出锅装盘即可。

要点： 肉片要通炸至色泽金黄、外焦内熟。勾芡也是此菜关键。

白辣椒炒肉泥

原料： 白辣椒 300 克，鲜猪肉 100 克，红椒末 2 克。

调料： 猪油、味精、葱花、蒜片。

做法：

❶ 将白辣椒切碎，在锅中炒干水汽；将鲜猪肉洗净，剁成肉末。

❷ 锅置火上，放猪油烧至八成热，下入蒜片炒香，再下入肉末炒散，然后下入白辣椒，放味精、红椒末一同翻炒，炒香即可撒葱花，出锅装盘。

要点： 下饭佳肴。白辣椒有两种，一种有盐，一种无盐，在制作本菜时可先试白辣椒的咸淡。白辣椒的自制方法见第 80 面"厨艺分享"。

酸豆角炒肉泥

原料： 酸豆角 150 克，鲜猪肉 75 克。

调料： 植物油、盐、味精、香油、红油、干椒末、葱花、鲜汤。

做法：

❶ 将酸豆角清洗干净，放入沸水中焯一下，捞出后切成米粒状，将水挤干，抓散，放入锅中（不放油）炒干水汽；将鲜猪肉洗净，剁成泥。

❷ 将净锅置旺火上，放植物油烧热后下入肉泥炒散，再下入干椒末、酸豆角，放盐、味精拌炒入味后，略放鲜汤焖一下，淋红油、香油，撒葱花，出锅装入盘中。

要点： 酸豆角在超市或农贸市场有售，自制方法见第 113 面"厨艺分享"。

黄瓜皮炒肉末

原料： 黄瓜皮 250 克，鲜猪肉 50 克。

调料： 猪油、盐、味精、豆瓣酱、辣妹子辣酱、红油、干椒段、蒜蓉。

做法：

① 将黄瓜皮切成小片，鲜猪肉洗净后切成末。

② 锅置旺火上，下豆瓣酱、辣妹子辣酱，炒香后下入肉末炒散，出锅装入盘中。

③ 净锅置旺火上，放猪油，烧热后下入干椒段、蒜蓉煸香，随后下入黄瓜皮拌炒，倒入肉末，放盐、味精合炒，入味后淋少许红油，出锅装入盘中。

要点： 黄瓜皮如有水时，一定要挤干水，调味时要注意黄瓜皮是否有盐味。

卜豆角炒肉

原料： 卜豆角 150 克，鲜猪肉 100 克。

调料： 植物油、盐、味精、酱油、蒸鱼豉油、料酒、水淀粉、香油、红油、干椒末、葱花、蒜蓉。

做法：

① 将卜豆角切碎；将鲜猪肉洗净后切成小片，抓盐少许，放酱油、料酒、水淀粉上浆入味。

② 净锅置旺火上，放植物油烧热，下入干椒末、蒜蓉煸香，随即下入肉片炒散，倒入卜豆角，放盐、味精、蒸鱼豉油拌炒入味后，淋香油、红油，撒葱花，拌匀，出锅装入盘中。

要点： 卜豆角在超市或农贸市场有售，自制方法见第 111 面"厨艺分享"。

老姜木耳炒肉片

原料： 水发木耳 300 克，老姜片 100 克，鲜肉 150 克。

调料： 植物油、盐、味精、鸡精、蚝油、料酒、水淀粉、胡椒粉、香油、葱段、鲜汤。

做法：

① 将水发木耳摘洗干净，大片撕开，挤干水分。

② 将鲜肉切片，放料酒、盐、味精、稠水淀粉调味，然后放少许植物油抓匀。

③ 锅内放植物油烧至八成热，下入肉片，用筷子拨散即捞出。

④ 锅内留底油，下入老姜片煸香，然后下入木耳，炒干水汽后再下入肉片一同翻炒，放盐、味精、鸡精、蚝油，倒入鲜汤略焖，收干汤汁，撒胡椒粉，勾芡，淋香油，下葱段，装盘即成。

要点： 此为传统民间菜肴，增加新调料蚝油，使之味道更加鲜美，更具防暑、祛寒之功效。老姜一定要煸炒出姜汁香味后，再放入木耳、肉片。

原料：青椒 300 克，拆骨肉 250 克。

调料：油、盐、味精、蚝油、姜米、蒜片、鲜汤。

做法：

❶ 将青椒切成 5 厘米长的段，用刀拍松。

❷ 拆骨肉大块略切小。

❸ 锅内不放油，下入青椒，将其擂至七成熟，倒入盘中。

❹ 锅内放油，下入蒜片、姜米煸香，下青椒、拆骨肉，调入盐、味精、蚝油，一同翻炒，入味后略加鲜汤，至收汁即可。

要点：拆骨肉最好用煮烂的筒子骨上的肉，才会使成菜香糯。

擂辣椒炒拆骨肉

原料：水发木耳 100 克，猪肉 100 克，水发黄花菜 50 克，鸡蛋 2 个，青椒、红椒各 25 克。

调料：植物油、盐、味精、蒜蓉香辣酱、辣妹子辣酱、香油、红油、葱段、姜丝。

做法：

❶ 将黄花菜摘去根，一切两段；将水发木耳摘洗干净，切成粗丝；将青椒、红椒切成丝，猪肉切成丝；将鸡蛋打入碗中，加少许盐搅匀，倒入热油锅内炒散炒熟。

❷ 净锅置旺火上，放植物油烧热，下入姜丝、肉丝拌炒，随后下入木耳、黄花菜、青椒丝、红椒丝合炒，放盐、味精、蒜蓉香辣酱、辣妹子辣酱调味，待入味后下入炒熟的鸡蛋合炒均匀，撒下葱段，淋香油、红油，出锅装入盘中。

要点：先要把鸡蛋炒熟。

湘味木须肉

原料：带皮五花肉 500 克，鲜尖椒 2 个。

调料：油、盐、味精、香料（八角、桂皮、草果、波扣、良姜、砂仁、香叶）、糖色（1 小汤勺）、酱油、料酒、白糖、红干椒、姜片、葱结、鲜汤。

做法：

❶ 将五花肉放在水中煮至断生（水中可放八角、桂皮、姜片、料酒）取出，切成块。

❷ 锅内放油，下入姜片、香料煸香，下入肉块。煸炒至水分收干快要吐油时，再烹料酒，放入糖色、盐、酱油、味精、白糖、鲜尖椒、葱结、鲜汤、波扣、良姜，用小火将肉煨熟，将香料夹出，下入大蒜子、红干椒略微烧制，装盘即成。

要点：注意掌握火候，不能让汤汁烧干，鲜汤要一次放足，淹没菜料。肉质酥烂、色泽红亮、汤汁浓都是成菜标准。若不用小火煨制，也可用高压锅压约 5 分钟即可。本菜中所用的糖色可自制，见"烹饪基础"。糖色起上色作用，带苦味，因此还需要另放白糖压住苦味。

红烧肉

豆笋烧肉

原料： 带皮五花肉 300 克，水发豆笋 150 克，鲜红椒 5 克。

调料： 油、盐、味精、八角、桂皮、草果、波扣、良姜、砂仁、香叶、酱油、糖色、料酒、干红椒、姜片、葱结。

做法：

① 肉的烧制方法与红烧肉相同，从略不述，但烧制时留汤比红烧肉多一些，应在烧肉汤汁未收浓时下入豆笋，以使豆笋有足够的汤汁吸收。

② 将豆笋切成 5 厘米长的条。

③ 将煨制好的红烧肉与豆笋同时下锅，放在小火上烧制，让红烧肉汤汁的盐味渗透到豆笋中，若淡，可再加点盐。至汤汁浓郁试准盐味后即可装盘。

要点： ①豆笋宜用冷水泡软，不可用开水泡。②也将豆笋 150 克改为土豆 150 克或油豆腐 150 克，做土豆烧肉或油豆腐烧肉。③若做土豆烧肉，先把土豆切成菱形块，煮熟或用油炸熟，再放到红烧肉中烧至入味。

土豆烧肉

原料： 土豆 300 克，猪五花肉 300 克。

调料： 植物油、盐、味精、酱油、料酒、水淀粉、白糖、香油、整干椒、葱结、葱花、姜片、红椒末、鲜汤、八角、桂皮、草果。

做法：

① 将猪五花肉刮洗干净，土豆去皮，均切成 3 厘米见方的块。

② 锅内放水烧开，将土豆块放入锅中煮至七成熟后捞出待用。

③ 净锅置旺火上，放植物油烧热，放姜片、整干椒、葱结煸香，随后下入肉块，放盐、味精、料酒、酱油、白糖一起拌炒，待入味上色后倒入鲜汤（以没过肉块略高一点为度），放八角、桂皮、草果，煨至肉色红亮、汤汁浓郁时下入土豆一起烧，当土豆熟烂入味后用筷子夹去香料、整干椒、葱结，勾水淀粉、淋香油、撒葱花、红椒末，出锅装入盘中。

口蘑红烧肉

原料： 鲜口蘑 250 克，五花肉 500 克。

调料： 植物油、盐、味精、鸡精、酱油、豆瓣酱、辣妹子辣酱、蚝油、料酒、白糖、整干椒、葱结、姜片、鲜汤、八角、桂皮、草果、波扣、香叶、花椒。

做法：

① 锅内放冷水、五花肉、姜片、料酒，开大火将五花肉煮至断生后取出，切成块；将口蘑去蒂、洗净，大的切小。

② 锅内放植物油，下入姜片、八角、桂皮、草果、波扣、香叶、花椒、整干椒、葱结煸香，再下入切好的肉块，用大火煸炒至出油后，调入料酒、豆瓣酱、辣妹子辣酱、酱油、鲜汤，烧开后改用小火煨至肉质快烂时，下入口蘑一同煨烧，至汤汁收浓时放盐、味精、鸡精、蚝油、白糖，煨至肉质酥烂即可。

要点： 要在肉烧到快烂时再放入口蘑。将口蘑煨制足够的时间，才能使口蘑的鲜味透到肉中去，也才能不失此菜的特点。

原料： 鲜寒菌500克，鲜五花肉250克。

调料： 植物油、盐、味精、鸡精、酱油、胡椒粉、白糖、香油、葱段、葱结、姜片、鲜汤。

做法：

① 将寒菌去蒂，泡入清水中10分钟后，用手在水中顺一方向搅动，用水的旋力将寒菌的泥沙洗净（反复清洗3~4次，直到泥沙洗净为止），捞出沥干水，待用。

② 将五花肉刮洗干净，切成0.5厘米厚的大片。

③ 净锅置旺火上，放植物油，烧热后下入葱结、姜片，煸炒出香味，随即下入肉片煸炒，待肉片吐油时下入寒菌一起煸炒，放盐、味精、鸡精、酱油、白糖调味，倒入鲜汤，用大火烧开后改用中小火煨至汤汁浓郁、肉片寒菌酥烂，夹去葱结，撒胡椒粉与葱段，淋香油，出锅装盘。

要点： 洗寒菌时一定要用手顺一方向搅动，利用水的旋力将寒菌洗净泥沙。水要沥干。

寒菌烧肉

原料： 肉泥400克，虾肉10克，香菇10克，荸荠100克，冬笋50克，鸡蛋2个。

调料： 油、盐、味精、鸡精、酱油、鲜汤、胡椒粉、干淀粉、香油、水淀粉、姜末。

做法：

① 将虾肉、香菇、荸荠、冬笋切成米粒状。

② 将鸡蛋打入盆内，搅散，加放肉泥、盐、味精、鸡精、胡椒粉，顺一个方向搅拌成稠状后，加入干淀粉拌匀，再加入虾肉、香菇、荸荠、冬笋、姜末拌匀，做成4个大小均匀的椭圆球（即称狮子头）。

③ 将油500克烧至七成热，逐一下狮子头通炸至金黄色起锅，沥净油，扣入碗中，放入鲜汤，放少许盐和少许酱油，上笼蒸透，取出扣入窝盘中。

④ 锅内留底油，倒入蒸好的狮子头的汤汁，待锅中汤汁略微收浓，勾薄芡，淋尾油、香油，出锅浇在狮子头上即成。

要点： 炸制时，一定要掌握好火候。狮子头的颜色不能炸得太深，颜色必须一致。

红烧狮子头

🥄 厨艺分享　　**巧炖猪肉**

◆ 猪肉经长时间炖煮后，脂肪会减少30%~50%，不饱和脂肪酸增加，而胆固醇含量会大大降低。

◆ 炖猪肉时宜切大块，勿用旺火，否则肉不易烂。放些萝卜或山楂，肉更易炖烂。

◆ 炖肉的过程中勿加水，盐要迟放。要汤鲜，用冷水炖；要肉鲜，用热水煮。

🥄 厨艺分享　　**猪五花肉**

五花肉为猪肋条部位肘骨的肉，是一层肥肉、一层瘦肉夹起的，俗称"五花三层肉"，营养丰富、易于吸收，有补充皮肤养分、美容的功效，宜做扣肉、粉蒸肉、红烧肉等。

水晶狮子头

原料： 去皮猪五花肉500克，荸荠150克，鸡蛋8个。

调料： 精盐、味精、胡椒粉、鸡精粉、干淀粉、鸡清汤、嫩肉粉。

做法：

① 将肉洗净剁成泥，荸荠去皮剁成末，和肉泥一起放入盆中，加入精盐、味精、鸡精粉、胡椒粉、嫩肉粉搅拌均匀，做成直径为5厘米的丸子。

② 鸡蛋取蛋清，加入干淀粉拌匀成糊。

③ 锅置旺火上，放入清水1000毫升，烧至80℃时改用小火，保持温度，将肉丸子逐个粘上蛋清糊下入锅中，待丸子浮上水面时捞出，放入炖盅。

④ 锅置旺火上，放入鸡清汤，加精盐、味精、鸡精粉，调好滋味，烧开后倒入每个炖盅内，用保鲜膜封好，入笼用旺火蒸30分钟，取出撤去保鲜膜，即可上桌。

豆豉辣椒五花肉

原料： 猪五花肉750克。

调料： 植物油、精盐、味精、酱油、白糖、豆豉、干椒粉、姜、葱、啤酒、鲜汤。

做法：

① 将猪五花肉洗净切成6厘米长、4厘米宽、2厘米厚的片；葱挽结，姜拍破。

② 锅置旺火上，放入底油，下入五花肉片翻炒出油，滗去部分油，再放入酱油、精盐、豆豉、干椒粉、啤酒、白糖、味精，炒香后加入鲜汤、葱结、姜块，烧开后撇去浮沫，装入碗内，入蒸笼内用旺火蒸至软烂（肉也可放入高压锅内，上汽后压17~18分钟），即可成菜。食用时去掉葱结、姜块，装盘即成。

要点： 如果食用时将白菜心入调好味的鲜汤烫至断生，围边装盘效果更佳。

常德钵子肉

原料： 带皮猪五花肉400克，青辣椒150克。

调料： 猪油、精盐、味精、酱油、桂皮、八角、葱、香油。

做法：

① 将带皮猪五花肉切成5厘米长、3厘米宽、0.5厘米厚的片；青椒切成滚刀块，葱切段。

② 锅置旺火上，放入猪油烧热，下入八角、桂皮煸香，再放入切好的肉煸炒至断生，加入酱油炒香后盛出。

③ 锅置旺火上，放入猪油，下入青椒，加入精盐炒拌入味，再放入煸香的肉，加精盐、味精炒拌均匀，放入葱段，淋上香油，出锅装入钵子即可。

原料： 带皮猪五花肉 1000 克。

调料： 植物油、精盐、味精、蚝油、白糖、酱油、整干椒、豆豉、葱、甜酒汁。

做法：

❶ 将猪五花肉烙去余毛，刮洗干净，切成 2.4 厘米见方的块，肉皮不断，用精盐、味精、白糖、甜酒汁、酱油、蚝油腌制 10 分钟，装入汤盘内。

❷ 将整干椒切成 1 厘米长的段，葱切花。

❸ 锅置旺火上，放入植物油，烧至四成热时下豆豉、干椒段炒香，盖在腌好的五花肉上，入笼用旺火蒸 2 小时至肉质软烂后取出，撒上葱花即可。

酱香四方肉

原料： 去皮猪五花肉 150 克，面粉 150 克，鸡蛋 1 个，红椒 1 个。

调料： 植物油、精盐、味精、胡椒粉、姜、葱、干淀粉、辣酱、白醋、香油、水淀粉、鲜汤。

做法：

❶ 将猪五花肉煮熟，切成 4 厘米长的丝；姜切丝，葱切段。

❷ 将鸡蛋、面粉、干淀粉、清水调匀成糊，再拌入五花肉丝、精盐、味精、胡椒粉搅成糊状，摊在抹有油的圆盘内。

❸ 锅置旺火上，放入植物油，烧至六成热时，将热油轻轻淋在糊上，待表面定型后将肉糊滑入锅内，浸炸至色泽金黄、肉糊成熟时倒入漏勺沥干油，取出切成条，整齐地摆入盘内即可。

❹ 锅内留底油，下入姜丝煸香，再加入精盐、味精、辣酱、白醋、鲜汤调匀，勾芡，淋香油，撒葱段，浇在肉条上即可。

九味焦酥肉块

原料： 香干 2 片，五花肉 250 克。

调料： 植物油、盐、味精、鸡精、酱油、豆瓣酱、蚝油、料酒、水淀粉、干椒末、姜片、大蒜叶、鲜汤。

做法：

❶ 锅内放水，下入五花肉，放姜片、料酒，将五花肉煮至八成熟，捞出放凉。

❷ 将香干按大小横刀切成 0.4 厘米厚的片，五花肉也切成香干大小的片。

❸ 锅置旺火上，放植物油，下豆瓣酱炸香，下入五花肉，放盐、味精煸至回油后，扒在锅的一边，让锅内的油烧热，下入香干轻轻翻动，放入酱油、盐、味精、鸡精、蚝油、干椒末，待香干热透后再连同五花肉一起翻炒，倒入鲜汤，改用小火煨焖，下入大蒜叶，待汤汁收浓时勾水淀粉即可出锅。

要点： 香干不要过油，要炒嫩香干，但注意翻炒时手法要轻，不要把香干翻碎。所用香干以"德"字香干为佳。

香干回锅肉

肉淋烘蛋粉松

原料： 鸡蛋 6 个，鲜猪肉 150 克，干粉丝 20 克，红椒末 3 克。

调料： 植物油、盐、味精、水淀粉、胡椒粉、香油、葱花、鲜汤。

做法：

① 将鲜猪肉剁成肉茸，打入 2 个鸡蛋的蛋清，加盐、味精、冷鲜汤、少许水淀粉搅匀，待用。

② 将 4 个鸡蛋打入碗中，搅散，放少许盐、味精和浓水淀粉制成烘蛋液。

③ 将干粉丝剪成 6 厘米长的段。

④ 锅内放植物油 40 克烧至六成热，倒入第 1 步做好的肉汁，烧成稀的肉淋汁，淋少许香油，撒胡椒粉，出锅装入汤碗中。

⑤ 锅内放植物油 450 克，烧至七成热，下入粉丝炸成粉松，捞出围入盘边；将油温再次上升到七成热，倒入烘蛋液，将蛋烘起，捞出装入盘中，迅速端上桌，将肉淋汁浇淋在烘蛋与粉松上，撒红椒末与葱花，淋香油即可。

要点： 上菜时，在烘蛋底放 15 克沸油将发出"吱吱"响声。

臭干子酿肉

原料： 长沙臭干子（即臭豆腐）10 片，肉泥 150 克，鸡蛋 1 个。

调料： 油、盐、味精、酱油、蚝油、辣妹子酱、红油、香油、鲜汤、姜米、葱花、干椒末、蒜蓉。

做法：

① 在肉泥中放一个鸡蛋，加盐、味精、姜米、蚝油和水，搅匀成馅心。

② 用刀在臭干子的中间划十字刀，留底（不能划穿底），把馅心灌入臭干子内，抹平，下入七成热油锅内通炸至外焦内酥后捞出，沥净油。

③ 净锅置旺火上，放少许底油，下入干椒末，炒香后迅速下入姜米、蒜蓉、酱油、辣妹子酱、鲜汤，将臭干子焖入味，待汤汁快干时淋红油、香油，撒葱花，出锅即可。

要点： 臭干子不能挖穿，肉馅不能灌得太多，一定要通炸至外焦内酥。

🥄 厨艺分享　　**猪里脊肉**

◆猪里脊肉紧贴大排骨，每边一长条，又称扁担肉，筋小肉嫩，质佳，切丝、切片、切丁均可，宜滑炒、熘炒、软炸。

◆处理里脊肉时，一定要先除去连在肉上的筋和膜，否则不但不好切，还会影响口感。

🥄 厨艺分享　　**猪腿肉**

◆猪后腿肉较为瘦嫩，筋膜比前腿肉少，分为臀尖肉、弹子肉、座板肉、抹裆肉，前两种较嫩，可代替里脊肉；后两种较老，宜做回锅肉。

◆猪前腿肉又称夹缝肉，上部肉质嫩，可切片汆汤；下部肉质较老，筋膜多，宜制馅或炸肉丸。

原料：大鲜红椒 12 个，肉料（制法见第 180 面"清蒸肉饼"）100 克。

调料：油、盐、味精、水淀粉、香油、鲜汤。

做法：

① 将大鲜红椒去掉蒂，挖去籽，将肉料逐个地填入红椒中。

② 锅置旺火上，放油烧至八成热，下入填好了肉料的红椒，即炸即出锅扣入碗中，入笼蒸熟取出。

③ 锅内加入鲜汤，放盐、味精，汤开后勾薄芡，淋尾油、香油，将芡汁淋浇在红椒上即可。

要点：此菜必须掌握火候。炸与蒸都不能太久，时间长了辣椒肉体会化掉，只剩下皮。

红椒酿肉

原料：苦瓜 1 根（约 250 克），肉料（制法见第 180 面"清蒸肉饼"）100 克，红椒米 1 克，金钩 10 克，香菇米 10 克。

调料：油、盐、味精、水淀粉、鲜汤。

做法：

① 将苦瓜切去两端，切成 4 厘米长的段，共 12 筒。去掉中间的子，放入冷水中上火煮开即捞出沥干（其目的是除去苦味），然后将苦瓜套在手指上，轻轻挤干水分。

② 在肉料中加入金钩、香菇米拌匀，然后逐个地填入挖去籽、挤干了水的苦瓜中，两端用水淀粉封口。

③ 炒锅置旺火上，放油烧至七成热，将苦瓜下入油中炸至淡黄色捞起，整齐地摆放在盘子上，用红椒米点缀后上笼蒸 10 分钟，取出。

④ 锅内放入鲜汤，放盐、味精调好味，汤开后勾薄芡、淋尾油，将芡汁淋浇在苦瓜上即可。

要点：选用的苦瓜直径以 3 厘米左右为宜。炸制时，必须轻推炒匀，以免肉茸脱落。

苦瓜酿肉

原料：肉料（制法见第 180 面"清蒸肉饼"）250 克，葱花 3 克，糯米 150 克。

做法：

① 糯米洗净，用温水浸泡 30 分钟后，捞出沥干水。

② 把糯米在盘子中摊开，将肉料挤成肉丸，放在糯米上滚动，使整个丸子都粘上糯米，然后摆放在抹了油的盘子上。

③ 将做好的丸子上笼蒸 15 分钟，取出装盘、码放好，撒上葱花即可。

要点：糯米一定要浸泡透，肉丸才软糯鲜美。也可以用玻璃芡汁浇盖在珍珠肉丸上。玻璃芡汁即在鲜汤中加入盐、味精、少量水淀粉勾成的薄芡。

珍珠肉丸

粉蒸肉

原料： 五花肉 250 克，五香蒸肉粉 75 克。

调料： 油、盐、味精、酱油、白糖、料酒、姜末、葱结、鲜汤。

做法：

❶ 将五花肉切成长 5 厘米、厚 0.5 厘米的片，然后用姜末、葱结、盐、味精、酱油、白糖、料酒腌制约 30 分钟。

❷ 把蒸肉粉放在平盘内，摊开，用筷子逐片将五花肉两边粘上蒸肉粉，均匀地码放在钵子中。

❸ 将盘子中的剩余蒸肉粉放入一碗中，兑上鲜汤、油，调准盐味，然后倒在码好的五花肉上，上笼蒸 20 分钟即可。

要点： 蒸肉粉与鲜汤的比例要掌握好，鲜汤多了，粉蒸肉会稀软，鲜汤少了，粉蒸肉会太硬。

清蒸肉饼

原料： 肉泥 250 克，鸡蛋 1 个。

调料： 盐、味精、鸡精、蚝油、胡椒粉、香油、干淀粉、姜末、葱花、冷鲜汤。

做法：

在肉泥中加入鸡蛋液、姜末、盐、味精、鸡精、蚝油、胡椒粉，用手顺一个方向搅打，加冷鲜汤再搅打，起劲后下入干淀粉，搅匀后放香油（即成肉料），然后放入蒸钵中，上笼蒸 15 分钟，待肉饼挤紧、已熟、吐汤出来即可取出，撒葱花，即可上桌。

要点： 打制肉泥时一定要顺一个方向打起劲（即打至肉泥呈稠状，光滑且粘手），不能反向搅，否则加入的冷鲜汤会吐出来。打起劲，是指将加工成茸泥末的动物性原料加精盐、水、淀粉及其他辅料后反复搅拌，使之达到色泽发亮、肉质细嫩和入水不沉、不散状态的一种加工方法。

鸡蛋蒸肉饼

原料： 肉料（制法见第 180 面"清蒸肉饼"）250 克，鸡蛋 1 个，葱花 3 克。

做法：

将肉料盛入一蒸钵内，在肉料上稍挖凹一些，把蛋打在肉料上，入笼蒸 15 分钟，熟后取出，撒葱花即可。

要点： 肉饼的料与清蒸肉饼的料相同，因此制作要点见"清蒸肉饼"。打肉料要顺一个方向，加鲜汤不能过多。鸡蛋在肉饼上蒸好后是一个个的荷包蛋。

原料： 五花肉 250 克，开胃酱（制法见第 212 面"蒸开胃猪脚"）50 克。

调料： 油、盐、味精、料酒、葱花。

做法：

将五花肉洗干净，切成 3 厘米见方的坨，加入盐、味精、料酒腌制，扣入蒸钵中，码上开胃酱，淋上油，上笼蒸 15 分钟，待肉吐油酥烂即可出笼，撒葱花上桌。

要点： 此菜必须选用五花三层的五花肉。肉切坨后不焯水，其目的是为了保持肉的原汁原味，因此切肉前必须清洗干净。"扣入蒸钵中"即摆入蒸钵中，"扣"含有摆整齐的意思，不是随便乱放。

开胃五花肉

原料： 五花肉 250 克，梅干菜 100 克。

调料： 油、盐、味精、白糖、料酒、蚝油、龙牌酱油、红油、香油、干椒末、葱花、豆豉、鲜汤。

做法：

❶ 将五花肉切成 3 厘米见方的坨，放入锅中，加入盐、味精、料酒、白糖、蚝油、酱油、豆豉，拌匀后装入蒸钵中。

❷ 净锅置旺火上，放油烧热后下入干椒末、梅干菜、盐、味精，一起拌炒入味后倒在五花肉上，略加鲜汤，即上笼蒸 15 分钟，待肉熟吐油后取出，淋红油、香油，撒葱花即可。

要点： 要选用五花三层的五花肉。直接用生肉拌料，目的是保持原汁原味的肉香。五花肉要蒸至酥烂，梅干菜必须下锅炒。本菜中，也可用"豆豉辣椒料"代替梅干菜。

梅干菜蒸五花肉

♪ **厨艺分享**　　**制作豆豉辣椒料**

豆豉辣椒料在制作蒸菜时经常使用。制法：将豆豉 50 克洗干净，沥干水，盛入碗中，放干椒末 50 克、盐 10 克、味精 5 克、蚝油 4 克、姜末 10 克、蒜蓉 5 克拌匀；锅内放油 40 克，烧至九成热，随即将油倒入豆豉碗中，使豆豉风味更浓，即成"豆豉辣椒料"。

豆豉辣椒料可一次多做些，剩下的存入冰箱，随用随取。

♪ **厨艺分享**　　**冲油**

冲油就是将植物油或猪油烧热，冲淋在出锅的蒸菜表面。一般冲一小勺即可。蒸菜由于蒸汽所致，一般表面不亮丽、不漂亮，全靠冲油这一工序来弥补，使菜肴表面亮丽。

梅干菜蒸扣肉

原料：五花肉 500 克，梅干菜 5 克。

调料：油、盐、味精、酱油、桂皮、八角、红油、葱花、姜末、干椒末、鲜汤。

做法：

① 将五花肉炸成虎皮样，然后放入开水中略煮 2 分钟（方法见第 176 面"湘辣霸王肘"）。

② 将炸好的肉切成 1 厘米厚的片（肉底不切断，肉熟后才能摆成圆形），皮朝下，扣在蒸钵中，然后在肉上放上盐 2 克、味精 2 克、姜末、酱油 1.5 克、干椒末。

③ 将梅干菜洗净，在火上炒去水汽，然后加入油、味精、干椒末炒匀，码放在扣肉上；将八角、桂皮放在梅干菜上。

④ 用碗装入鲜汤，放入酱油、盐、味精、红油搅匀后，淋在蒸钵内，上笼蒸 20 分钟即可出笼，反扣于盘中（皮朝上），撒上葱花即成。

要点：炸扣肉胚时，一定要炸起虎皮样。蒸时，一定要蒸至酥烂。见第 187 面"厨艺分享"。

干豆角蒸肉

原料：猪五花肉 150 克，干豆角 100 克。

调料：植物油、盐、味精、酱油、蚝油、料酒、白糖、香油、红油、干椒末、葱花、鲜汤。

做法：

① 将干豆角用温水泡发，洗干净后切碎，挤干水。

② 将五花肉切成 3 厘米见方的块，放入锅中，加盐、味精、料酒、白糖、蚝油、酱油、干椒末少许拌匀，装入蒸钵中。

③ 净锅置旺火上，放植物油烧热后下入干豆角，放盐、味精、干椒末一起拌炒入味后，出锅放在五花肉上，倒入鲜汤，入笼蒸，上气后蒸 18 分钟，待肉吐油酥烂后取出，淋红油、香油，撒葱花即成。

要点：选用五花三层的五花肉，直接用生肉拌料，目的是保持原汁原味的肉香。五花肉要蒸至酥烂，干豆角先入锅拌炒入味才会更香、更美味。

肉泥青菜钵

原料：鲜猪肉 150 克，青菜（芥菜）500 克。

调料：猪油、盐、味精、鸡精、姜末、鲜汤。

做法：

① 将青菜摘洗干净，切碎；将鲜猪肉洗干净，剁成肉泥。

② 锅内放猪油烧热，下入姜末炒香后，放入肉泥炒散，再下入青菜炒蔫后，放盐、味精、鸡精炒匀，倒入鲜汤，等鲜汤大开后改用小火煮几分钟，淋入热猪油即可。

原料：猪瘦肉 250 克，黄芪 50 克，党参 10 克，红枣 10 克，水发香菇 8 克。

调料：精盐、味精、鸡精粉、料酒、姜、葱、鲜汤。

做法：

❶ 将猪瘦肉洗净切成 2.5 厘米长、1 厘米宽、0.3 厘米厚的片，黄芪洗干净后切成与瘦肉大小相近的长方形，党参、红枣洗干净，香菇去蒂，姜去皮切成 0.5 厘米厚的片，葱挽结。

❷ 将肉片放入沸水锅内，加入料酒焯水，捞出沥干水分，再与黄芪、香菇、党参、红枣一起放入罐内，加入精盐、味精、鸡精粉、姜片、葱结、鲜汤，盖上盖，用锡纸封好，放入大罐中，生上炭火，煨制 2 小时即可。

黄芪炖猪瘦肉

原料：鲜猪五花肉 200 克，黄豆芽 150 克。

调料：猪油、盐、味精、鸡精、姜片、鲜汤。

做法：

❶ 将黄豆芽摘净根须，清洗干净，沥干水。

❷ 锅内放水烧开，将猪五花肉刮洗干净后切成 0.3 厘米厚的片，放入锅中焯水，捞出沥干水。

❸ 将肉片与黄豆芽、姜片一起放入大沙罐中，倒入鲜汤，用大火上烧开后改用中小火煨炖 20 分钟，待汤味醇香、肉烂时撇去浮沫，放盐、味精、鸡精调味，淋熟猪油，原罐上桌。

要点：黄豆芽可与肉一起炖，因黄豆芽越炖越入味。

黄豆芽炖肉

原料：鲜寒菌 250 克，五花肉片 150 克，干墨鱼 250 克。

调料：猪油、盐、味精、鸡精、酱油、胡椒粉、葱花、姜片、鲜汤。

做法：

❶ 将墨鱼在火上烤出香味，浸入温水中泡软后去骨、洗净，切成条，焯水后沥干。

❷ 将猪五花肉片焯水、沥干。

❸ 将寒菌去蒂，泡入清水中 10 分钟后，用手搅动水洗净泥沙。

❹ 锅内放猪油烧热后下入姜片、寒菌煸炒，下入肉片、墨鱼煸炒，放盐、味精、酱油、鸡精，倒入鲜汤，用大火烧开后再改用中小火煨炖 20 分钟，熟烂后撒上胡椒粉、葱花即可出锅。

要点：如汤汁过多可倒入漏勺中稍沥干，再装入盘中（因寒菌所含水分比较多）。墨鱼要炖至酥烂。墨鱼在火上烤后香味更佳。

寒菌墨鱼炖肉

海带炖肉

原料： 五花肉 250 克，水发海带 150 克。

调料： 熟猪油、盐、味精、胡椒粉、料酒、姜片、葱花、鲜汤。

做法：

① 将五花肉切成宽 3 厘米、厚 0.5 厘米的片。

② 海带洗干净，切成 4 厘米见方的片。

③ 将肉块、海带分别入沸水锅中焯水。

④ 将海带、肉片放入沙锅中，倒入鲜汤，放姜片、料酒，用大火烧开后，转用小火炖至肉烂、汤色乳白即可放盐、味精出锅，装入碗中，撒葱花、胡椒粉，淋熟猪油即可。

要点： 肉片、海带要分别焯水，炖时用大火烧开后改中小火，炖至汤味浓郁才能达到成菜要求。炖汤时，放鲜汤的量要合适，以淹没原料后稍多一点为度。水太多时，汤味不浓。

玉竹猪瘦肉汤

原料： 猪瘦肉 100 克，玉竹 15 克，红枣 10 克。

调料： 精盐、味精、鸡精粉、料酒、姜、葱、鲜汤。

做法：

① 将猪瘦肉洗净后切成 2.5 厘米宽、0.7 厘米厚的薄片；玉竹洗净后切成与瘦肉大小相等的薄片，红枣洗净，生姜切成 0.2 厘米厚的片，葱挽结。

② 将肉片放入沸水锅内，加料酒焯水后捞出，沥干水分，再与玉竹、红枣、生姜片、葱结一起放入罐子中，加精盐、味精、鸡精粉、鲜汤，盖上盖，用锡纸封好，放入大瓦罐内，生上炭火，煨 1 小时即可。

酸辣肉丝汤

原料： 猪肉 20 克，猪血 10 克，豆腐 10 克，笋丝 10 克，梅干菜 8 克，鸡蛋 1 个，鲜红椒丝 6 克，香菇丝 10 克。

调料： 香油（或熟猪油）、盐、味精、鸡精、酱油、陈醋、水淀粉、干椒末、葱段、鲜汤。

做法：

① 把主料全部切成丝，鸡蛋打散。

② 净锅置旺火上，放入鲜汤，下入肉丝、豆腐丝、猪血丝、笋丝、香菇丝、干椒末、梅干菜，用勺轻轻推散，汤开后撇去泡沫，放盐、熟猪油、味精、鸡精、陈醋、酱油一起调味，勾水淀粉，再次烧开后将鸡蛋均匀淋入汤中，用勺推动，使其成丝状，撒上鲜红椒丝、葱段，淋香油出锅。

要点： 原材料要切得细、均匀，也可将肉丝、笋丝、香菇丝、梅干菜丝先下锅略炒香（要特别掌握好火候，避免炒煳），再放鲜汤，然后下豆腐、猪血、干椒

原料：蘑菇150克，肉片100克。

调料：猪油、盐、味精、鸡精、胡椒粉、姜片、葱花、鲜汤。

做法：

❶ 将蘑菇去蒂，清洗干净，切成片。

❷ 将锅置旺火上，放猪油，烧热后放入姜片、蘑菇、肉片一起拌炒，放盐、味精、鸡精调味，加鲜汤稍煮一会，待蘑菇软香熟、汤鲜味美时撇去油泡沫，撒胡椒粉和葱花出锅，盛入汤碗中。

要点：蘑菇与肉片拌炒一定要入味、炒香、炒熟。此菜以喝汤为主，因此以求汤味鲜美为主。选用口蘑来炖肉也是不错的选择。

蘑菇肉片汤

原料：猪瘦肉500克，姜片15克，水泡云耳30克。

调料：熟猪油、精盐、味精、鸡精、酱油、白酒、葱花、鲜汤。

做法：

❶ 将猪瘦肉切成薄片。

❷ 净锅置旺火上，放熟猪油，烧热后下入姜片煸香，然后下肉片煸炒至香，再烹入白酒炒香，随后下云耳，放盐、味精一起合炒，放入鲜汤煮至汤开后撇去泡沫，放鸡精、酱油转色，撒葱花，出锅盛入汤碗中。

要点：俗语称"冷水泡云耳"，说的是用冷水将云耳充分胀发，再烹煮。

老姜云耳肉片汤

原料：精瘦肉100克，水泡黄花菜150克。

调料：熟猪油、盐、味精、鸡精、胡椒粉、水淀粉、葱花、鲜汤。

做法：

❶ 将瘦猪肉切成丝，用盐、味精、水淀粉上浆。

❷ 黄花菜用冷水泡发，摘掉蒂，洗净挤去水，一切两段。

❸ 净锅置旺火上，倒入鲜汤烧开后下入肉丝迅速拨散，余熟后下入黄花菜，放盐，汤再次烧开后撇去泡沫，放味精、鸡精和熟猪油出锅，装入汤碗中，撒胡椒粉和葱花即可。

要点：汤开后撇去泡沫。黄花菜一定要煮熟，以防中毒。猪肉也可切片。

黄花肉丝汤

雪梨百合肉丸汤

原料: 雪梨 2 个,鲜百合 1 个,氽汤丸 200 克(制法见第 39 面"上汤瓦罐汤"),枸杞 2 克。

调料: 盐、味精、冰糖。

做法:

① 将雪梨削皮,切去梨心和梨核,切成 8 块橘瓣形。

② 将百合剥散,洗去泥沙;将枸杞用水泡发。

③ 将"氽汤丸"的原汤连同肉丸调正盐味,放味精、冰糖,下入雪梨、百合,用小火微开炖制,至雪梨熟透撒上枸杞即可。

要点: 用小火炖制时,一定要保持汤微开。

湘辣霸王肘

原料: 肘子 1 个(约 1250 克),鲜红椒 10 克,香菜 10 克,灯笼泡椒 15 克。

调料: 油、八角、桂皮、草果、波扣、花椒、海鲜酱、白糖、糖色、排骨酱、花雕酒、干红椒、姜、大葱、鲜汤。

做法:

① 将肘子放在火上烧去短毛,泡在热水中刮洗干净,放入沸水中加糖色 3 克煮至皮面松软,捞出沥干。

② 锅内放油烧至九成热,将收干了热汽但没有冷却的肘子皮朝下,炸至红色并起皱纹(即称虎皮),然后将肘子放入开水中略微煮 2 分钟(如果不用热水泡煮,虎皮效果出不来,皮是硬的,会蒸不烂)。

③ 锅内放油,下入葱、姜、八角、桂皮、草果、波扣、花椒、海鲜酱、排骨酱、鲜红椒、干红椒、白糖炒香,倒入煮肘子的鲜汤约 2000 毫升,烧开后倒入底部放有竹篾垫的沙罐中,再放入肘子,另加入花雕酒、糖色 2 克,试准盐味,用小火将肘子煨烂即可。

④ 出锅时,将肘子扣在大盘子中,将灯笼泡椒放入油锅内炒香后围边,最后用香菜点缀。

芽白梗炒油渣

原料: 芽白梗 150 克,油渣 75 克。

调料: 猪油、盐、味精、香油、干椒段、大蒜叶。

做法:

① 将芽白梗洗净后切成菱形片。

② 净锅置旺火上,放猪油烧热,放入油渣,用中小火拌炒至焦香时将油渣扒至锅边,下入干椒段炒出香辣味,放入芽白梗,放盐、味精,将油渣推入锅中合炒,拌匀入味时放入大蒜叶,淋香油,出锅装入盘中。

要点: 油渣要先用中小火炒至香、焦、脆时才能放芽白梗。

原料：腊八豆 200 克，油渣 200 克。

调料：猪油、植物油、盐、味精、干椒段、姜末、蒜蓉、大蒜叶。

做法：

❶　选取焦脆的油渣（如果油渣回软，就将锅置火上，放猪油 200 克，下入油渣，让油渣与油一同升温，待油渣焦脆后即用漏勺捞出，沥干油即可）。

❷　锅置旺火上，放植物油烧热，下入姜末、蒜蓉炒香，放入腊八豆炒至焦香，扒至锅边，再下油渣，放盐、味精、干椒段、大蒜叶，一起拌炒，将大蒜叶炒熟即可起锅。

要点：炒此菜不必放水，目的是使此菜保持焦香。

油渣炒腊八豆

原料：油渣 250 克，豆豉辣椒料（制法见第 181 面"厨艺分享"）50 克。

做法：

❶　将油渣放在蒸钵中。

❷　将豆豉辣椒料拌入油渣中，上笼蒸 10 分钟，至豆豉辣椒料的味进入油渣中即可。

要点：选用的油渣最好是挤炸干净了的油渣，不然蒸出后会有大量的油吐出来。

豆豉辣椒蒸油渣

🥄 厨艺分享　　　　　　**炸虎皮**

　　扣肉、肘子炸起虎皮的方法：一般都将五花肉、肘子先煮熟至肉面发软，然后取出，抹干皮上的水分，趁热抹甜酒、饴糖、料酒、蜂蜜、糖色 5 种原料中的一种，然后炸制。这种传统方法的不足之处在于：甜酒等着色料抹得不均匀或肉皮热冷程度不一致时，都会导致炸出来的虎皮颜色发花、深浅不一。如果采取本书中"湘辣霸王肘"中所介绍的方法，则这些缺点都将克服。

🥄 厨艺分享　　　　　　**腊肉**

◆ 腊肉是指将肉经腌制后再经过烘烤（或在日光下曝晒）的过程所成的加工品。

◆ 应选购皮色金黄、有光泽，瘦肉红润，肥肉淡黄，有腊制品的特殊香味的腊肉。

◆ 腊肉蒸、煮、炒均可，但不宜高温油炸。烹调之前应将其浸泡洗净，以降低有害物质的含量。

◆ 一般人均可食用，但不宜食用过多。高血脂、高血糖、高血压等慢性疾病的患者和老年人忌食；胃溃疡患者和十二指肠溃疡患者禁食。

油菜薹炒腊肉

原料： 油菜薹 300 克，腊肉 100 克。

调料： 猪油、盐、味精、香油、干椒段、姜片。

做法：

❶ 将腊肉蒸熟，取出放凉后切成薄片；将油菜薹洗净，撕去筋膜摘断成适口大小。

❷ 净锅置旺火上，放猪油烧热后下入姜片、干椒段煸香，随后下入腊肉煸炒，待出焦香味时将腊肉扒至锅边，随即下入油菜薹，放盐、味精拌炒至七成熟时，将腊肉推入锅中合炒，入味后淋少许香油，出锅装入盘中。

要点： 腊肉要煸炒至略卷曲、出油。腊肉较咸，故此菜放盐较少。也可用红菜薹替代油菜薹。

蒜苗炒腊肉

原料： 蒜苗 150 克，腊肉 200 克，鲜红泡椒 50 克。

调料： 植物油、盐、味精、鸡精、水淀粉。

做法：

❶ 将蒜苗摘去花苞、老筋，洗净后切成 3 厘米长的段；将鲜红泡椒去蒂、去籽，洗净后切成 3 厘米长的丝。

❷ 将腊肉放入开水锅中煮熟，捞出后切成长 3 厘米、宽 2 厘米、厚 0.3 厘米的片。

❸ 锅内放植物油 20 克，下入腊肉片煸炒，当腊肉回油时，即盛入盘中待用。

❹ 锅内放植物油 30 克，下入蒜苗，放盐一同翻炒，炒至蒜苗表皮起泡时倒入腊肉同炒，放味精、鸡精、红椒丝，炒至蒜苗熟透时勾薄芡，即可出锅。

要点： 腊肉较咸，故此菜用盐一定要注意。第 3 步炒腊肉时，可放一点酱油。腊肉一定要炒至回油，让腊肉油香浸入蒜苗。第 4 步炒蒜苗时要注意同时放盐，放晚了蒜苗不进盐味。下入腊肉后，可放一点鲜汤炒。

芽白梗炒腊肉

原料： 芽白梗 150 克，腊肉 100 克，鲜青椒、鲜红椒各 1 个。

调料： 猪油、盐、味精、水淀粉、香油。

做法：

❶ 将腊肉泡入温水中洗净，入笼蒸熟，取出放凉后切成薄片。

❷ 将芽白梗洗净，切成菱形片；将鲜青椒、鲜红椒去蒂、去籽后洗净，均切成菱形片。

❸ 净锅置旺火上，放猪油烧热后下入腊肉煸炒，出油时扒至锅边，放入芽白梗、青椒片、红椒片，放盐、味精拌炒入味，随后将腊肉推入锅中合炒，勾少许水淀粉，淋香油，出锅装盘。

原料： 冬寒菜梗 400 克，腊肉 100 克，尖红椒 50 克。

调料： 猪油、盐、味精、鸡精、姜末、蒜蓉、豆豉。

做法：

❶ 将冬寒菜梗摘去老筋，洗净后切成 1 厘米长的段。

❷ 锅内放水，放入腊肉煮熟，捞出后改切成小颗粒；将尖红椒去蒂、洗净，切成圈。

❸ 锅内放猪油烧热，放入豆豉、姜末、蒜蓉，炒香后下入腊肉粒和尖椒圈，炒至回油时，下入冬寒菜梗，放盐、味精、鸡精煸炒至冬寒菜梗熟透即可。

要点： 此菜一般为干炒，不必加鲜汤和水。

腊肉炒冬寒菜梗

原料： 腊肉 250 克，冬笋 750 克，红椒片 10 克。

调料： 油、盐、味精、蚝油、白糖、香辣酱、水淀粉、大蒜、干椒。

做法：

❶ 将腊肉煮熟，切成片。

❷ 冬笋刨去笋外壳，入水煮约 15 分钟，修饰干净后，切成象牙片，干椒切成段，红椒切片。

❸ 净锅旺火，放油热后下腊肉，煸炒至腊肉快吐油时扒到锅边（或铲出），下入冬笋、干椒、大蒜，放香辣酱、盐、蚝油、味精、白糖，红椒片与腊肉一起合炒，放少许汤，微焖，勾水淀粉，出锅装盘。

要点： 冬笋先煮熟再改切，才不会有涩味。

冬笋大蒜炒腊肉

原料： 腊肉 300 克，卜豆角 100 克。

调料： 油、味精、酱油、蚝油、鲜汤、大蒜叶、干椒段。

做法：

❶ 将腊肉煮熟，切成 0.5 厘米厚的片。

❷ 将卜豆角切成长 1 厘米左右的段。

❸ 将腊肉煸香后捞出，锅内留底油，下入干椒节煸香，后下卜豆角翻炒，同时加入味精、酱油、蚝油，再下腊肉一同炒香，加鲜汤，下大蒜叶略焖，勾薄芡，淋尾油即可起锅。

要点： 一定要让腊肉和卜豆角焖一下。卜豆角的制法见第 111 面"厨艺分享"。

卜豆角炒腊肉

蚕豆炒腊肉

原料：新鲜蚕豆 300 克，腊肉 150 克，排冬菜 25 克。

调料：植物油、盐、味精、蚝油、水淀粉、红油、干椒段、蒜片、鲜汤。

做法：

① 将新鲜蚕豆除去外皮，排冬菜洗净剁碎。

② 锅内放水烧开，放入腊肉煮熟后捞出，切成 1.5 厘米见方的片。

③ 锅置旺火上，放植物油烧至八成热，下入蚕豆过大油，蚕豆表皮起泡时，用漏勺捞出，沥干油。

④ 锅内留底油，下入蒜片、干椒段煸香，再下入腊肉煸至回油后下入蚕豆、排冬菜一同煸炒后再放盐、味精、蚝油翻炒，倒入鲜汤，焖干水分后勾薄芡、淋红油，出锅装盘即成。

要点：鲜汤放一点点即可，下锅即可收干水汽。

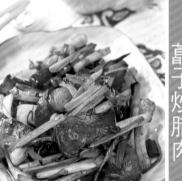

藠子炒腊肉

原料：新鲜藠子 300 克，腊肉 150 克。

调料：植物油、盐、味精、鸡精、酱油、干椒段、姜末、蒜蓉、蚝油、香油、鲜汤。

做法：

① 将新鲜藠子摘洗干净，改切成 3 厘米长的段，只要一刀藠叶。

② 锅内放水烧开，下入腊肉煮熟，捞出后切片。

③ 锅内放少许植物油，下入姜末、蒜蓉、干椒段煸香，再下入腊肉煸炒至回软后，盛入盘中待用。

④ 锅内放植物油，烧热后下入藠头，放盐煸炒至五成熟时，下入煸好的腊肉，放味精、鸡精、蚝油、酱油，倒入鲜汤，炒至藠头熟后淋香油，出锅装盘。

要点：此菜不必勾水淀粉，因为藠子本身会有黏液。

荷兰豆炒腊肉

原料：荷兰豆 250 克，腊肉 150 克，鲜红椒 3 克。

调料：猪油、盐、味精、鸡精、白醋、水淀粉、白糖、香油、姜片、鲜汤。

做法：

① 鲜红椒去蒂、去籽后洗净，切成片；锅内放水烧开，将荷兰豆撕去筋膜，大的撕成两片，再放入锅中焯水，捞出沥干。

② 将腊肉放入沸水锅中煮熟，取出后切成长 3 厘米、宽 2 厘米、厚 0.3 厘米的片。

③ 锅内放猪油烧热，先下入姜片、红椒片煸香，再下入荷兰豆翻炒几下，放盐、味精、鸡精、白糖、白醋炒匀，下入腊肉翻炒，倒入鲜汤焖一下，勾薄芡、淋香油即可。

要点：此菜要注意保持荷兰豆的色泽，所以操作手法要快。

原料：花生苗 300 克，腊肉 150 克。

调料：猪油、盐、味精、鸡精、豆瓣酱、辣妹子辣酱、蚝油、红油、干椒段、姜末、蒜蓉、鲜汤。

做法：

❶　将花生苗择去头和根须，洗干净；锅内放水，将腊肉洗干净后放入锅中煮至六成熟，捞出后切成 0.2 厘米厚的薄片。

❷　锅内放猪油，下入姜末、蒜蓉和干椒段煸香，再下入腊肉煸至回油，然后下入花生苗煸炒，并放豆瓣酱和辣妹子辣酱，同时放盐、味精、鸡精、蚝油、煸炒均匀后，放鲜汤，烧开后改用小火煨炖 5 分钟，即可装入烧红的砂煲中，淋上红油，即可上桌。

花生苗腊肉煲

原料：五花腊肉、鸡婆笋、菜心各 100 克。

调料：植物油、盐、味精、豆豉、干椒粉。

做法：

❶　将五花腊肉洗净后切成薄片，入笼蒸熟；将鸡婆笋解切成段，放入锅中，放水、油、盐、味精煨好；沸水中放盐，下入菜心焯熟。

❷　将腊肉片与鸡婆笋一同卷紧，扣入蒸钵，放入豆豉、干椒粉等调味，入笼蒸烂后取出，反扣入盘内，将菜心围边即可。

螺旋腊肉

原料：腌肉（又名培根）200 克，蒜苗（切段）40 克，胡萝卜（切细条）30 克，鱼胶 100 克，洋葱丝 50 克。

调料：色拉油、姜（切大片）、干淀粉、烧汁酱。

做法：

❶　将腌肉切成长 5 厘米、厚 0.3 厘米的片，用鱼胶均匀地抹在腌肉上，包上蒜苗段、胡萝卜条卷成卷，并用鱼胶封口。

❷　将姜片放在卷好的肉卷上，一起入蒸笼中用大火蒸 8 分钟至熟，取出去掉姜片，待凉 5 分钟后，拍干淀粉，入六成热的油锅中炸 1 分钟，待上色、微焦后出锅。

❸　上菜时，将炸好的腌肉卷摆盘，整齐地码在铺有洋葱丝的盘中，淋烧汁酱即可。

烧汁腌肉卷

宝庆丸子炒腊肉

原料：腊肉 300 克，猪血丸子 200 克，剁辣椒 100 克，大蒜叶 10 克。

调料：植物油、味精、鸡精、料酒、白糖、红油、香油、鲜汤。

做法：

① 将腊肉蒸熟，和猪血丸子一起切成片。

② 锅内放油烧热，下入腊肉煸炒，待腊肉出油后放入猪血丸子、剁红椒段拌炒，烹入料酒、味精、鸡精、白糖，入味后加鲜汤，待汤汁收干时撒入大蒜叶，淋上香油、红油，装盘即可。

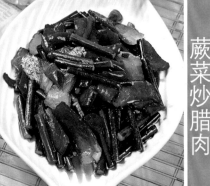

蕨菜炒腊肉

原料：蕨菜 200 克，（煮熟的）腊肉 100 克。

调料：植物油、盐、味精、香油、红油、干椒段。

做法：

① 将蕨菜择去花蕊和老根，洗净后切成 3 厘米长的段；将熟腊肉切成薄片。

② 锅内放水烧开，将蕨菜下入锅中焯水，捞出沥干水分。

③ 净锅置旺火上，放植物油，烧热后下入腊肉煸炒，待腊肉回油后将其扒在锅边，下入蕨菜、干椒段，放盐、味精拌炒，随后将腊肉推入锅中合炒，待入味后淋少许香油、红油，出锅装盘即可。

茶油腊味拼盘

原料：熟腊肉 150 克，熟腊鱼、熟腊鸡、熟腊鸭、熟香肠（可煮熟或蒸熟）各 100 克。

调料：茶油、味精、鸡精、白糖、香油、鲜汤。

做法：

① 将腊肉解切成厚片，腊鱼、腊鸡、腊鸭均解切成条，香肠切成花状，拼摆于盘中。

② 取调味碗一个，将茶油、鲜汤、味精、鸡精、白糖放在碗中调匀，浇盖在腊味拼盘上。

③ 将盘入笼蒸 8 分钟，待香熟后取出，淋上香油即可。

萝卜干炒腊肉

原料： 萝卜干 150 克，腊肉 200 克。

调料： 植物油、盐、味精、鸡精、酱油、干椒段、干椒末、姜末、蒜蓉、大蒜、鲜汤。

做法：

❶ 锅内放水烧开，将萝卜干切成 1.5 厘米长的段后放入锅中焯水，即刻捞出沥干。

❷ 将腊肉放入开水锅中煮熟，捞出后切成长 3 厘米、宽 2 厘米、厚 0.3 厘米的片。

❸ 锅置旺火上，放植物油 30 克，将腊肉下锅，再放干椒段、酱油（少许），煸至腊肉回油即盛出待用。

❹ 锅内放植物油 20 克，放姜末、蒜蓉煸香后下入萝卜干，放盐、味精、鸡精、干椒末、酱油、干椒段一同炒匀后，下入腊肉炒到腊肉的油完全渗入萝卜干中，放大蒜，略放鲜汤，炒几下即可出锅。

要点： 湖南名菜。萝卜干一定不能泡软，否则它不吸收调料，这道菜就会乏味。

白辣椒炒腊肉

原料： 白辣椒 300 克，腊肉 150 克。

调料： 植物油、盐、味精、鸡精、白糖、蒜片、大蒜叶。

做法：

❶ 锅内放水烧开，将白辣椒切碎（但不要切得太细）后，放入锅中焯一下，立即捞出沥干水分。

❷ 将腊肉放入开水锅中煮熟，捞出后切成 2.5 厘米长、2 厘米宽、0.3 厘米厚的片。

❸ 锅内放植物油 20 克，将腊肉下锅煸香，捞出盛入盘内。

❹ 锅内放植物油 30 克，下入蒜片炒香，再下入白辣椒反复炒，放入腊肉，放盐、味精、鸡精、白糖，略放一点水焖一下，入味后即放大蒜叶，炒熟后淋热植物油，即可出锅。

要点： 湖南名菜。一定要使腊肉的油透入到白辣椒中去，此菜才算成功。白辣椒也分有盐和无盐两种，制作时，要先试咸淡。白辣椒自制方法见第 80 面"厨艺分享"。

腊肉香干煲

原料： 腊肉 100 克，香干 3 片，青椒圈、红椒圈各 3 克。

调料： 油、盐、味精、白糖、八角、桂皮、豆瓣酱、老抽、辣妹子辣酱、干椒段、姜片、蒜子、鲜汤。

做法：

❶ 将香干切成 0.5 厘米厚的三角片，逐片下入八成热油锅炸成金黄色，出锅备用；腊肉切成 3 厘米见方的片，过水汆一下。

❷ 锅内放油 50 克，下姜片、八角、干椒段、桂皮、蒜子、豆瓣酱煸香，下腊肉略煸一下，下鲜汤，放盐、味精、老抽，放白糖和辣妹子辣酱调正色，汤烧开后下香干，用小火将香干煨至表面松软、汤汁浓郁，再下青红椒圈，稍煮一下，即可装入沙煲中。

要点： 香干不要炸得太老、太枯，否则难以入味。香干一定要煨至表皮松软，才能入味。

腊肉冬瓜煲

原料：冬瓜 400 克，腊肉 150 克，红泡椒 10 克。

调料：猪油、盐、味精、鸡精、永丰辣酱、蚝油、白糖、红油、葱段、姜片、蒜片、鲜汤。

做法：

① 锅中放水，下入腊肉煮熟，捞出切薄片；将鲜红椒去蒂、去籽后洗净，切成片。

② 锅内放水烧开，将冬瓜去皮、去瓤后洗净，切成 4 厘米长、3 厘米宽、0.5 厘米厚的片，下入锅中焯水至五成熟，捞出沥干水。

③ 净锅置旺火上，放猪油，烧热后下入姜片、蒜片煸香，再下入腊肉煸至出油，即下入冬瓜片，放盐、味精、永丰辣酱、鸡精、白糖、蚝油翻炒，入味后放鲜汤、红椒片，改用小火将冬瓜焖烂，撒上葱段，淋入红油，带火上桌。

青椒香干蒸腊肉

原料：香干 2 片，腊肉 150 克，青椒 50 克。

调料：植物油、盐、味精、鸡精、酱油、蚝油、红油、葱花、鲜汤、豆豉。

做法：

① 将香干洗净后切成 0.5 厘米厚的片，放入碗中，拌入盐、味精、蚝油、酱油，待用。

② 将腊肉切成 0.5 厘米厚的片，放入开水中焯一下，捞出沥干水。

③ 将青椒去蒂洗净后切成 1 厘米厚的圈，放入豆豉、盐、味精、鸡精、蚝油、酱油拌均匀待用。

④ 取一蒸钵，按一片香干一片腊肉的顺序，将香干和腊肉码放在蒸钵中，倒入鲜汤，上面盖上青椒豆豉，淋上植物油、红油，上笼蒸 30 分钟，取出扣入盘中，撒葱花即成。

要点：香干、青椒必须先入味。所用香干以"德"字香干为佳，也可选用腊香干。腊肉最好选用前腿的肉，肥瘦各半最好。

腊肉烩干丝

原料：千张皮 300 克，腊肉丝 150 克，鲜红椒丝 2 克。

调料：猪油、盐、味精、鸡精、酱油、辣妹子辣酱、蚝油、白糖、葱段、姜丝、鲜汤、食用纯碱。

做法：

① 在开水中加入食用纯碱，将千张皮切成细丝后泡入开水中，捞出后在活水中漂洗干净，去尽碱味。

② 锅置旺火上，放猪油烧热，下入姜丝煸香，然后倒入鲜汤，下入腊肉，待鲜汤烧开后改用小火保持微开，放入盐、味精、鸡精、酱油、蚝油、辣妹子辣酱、白糖，下入千张皮一同煮，让腊肉的香味和油都透到千张皮中。

③ 待千张回软时，出锅装入碗中，撒上红椒丝、葱段即可。

要点：湖南风味特色菜，可带火上桌，也可不带火。千张皮中放食用纯碱的目的，是使千张皮软糯，但一定要漂洗干净、去尽碱味。

原料：腊肉 150 克，油豆腐 250 克。

调料：植物油、盐、味精、鸡精、酱油、豆瓣酱、辣妹子辣酱、蚝油、白糖、红油、干椒段、葱段、姜片、蒜粒、鲜汤。

做法：

❶ 锅中放水，放入腊肉煮熟，捞出后改切成 3 厘米见方、0.5 厘米厚的片。

❷ 将油豆腐洗干净，在每块油豆腐上划一个小口，以便于入味。

❸ 锅内放植物油，烧热后下姜片、干椒段煸香，放入腊肉煸出油，放入豆瓣酱、辣妹子辣酱、味精、鸡精、酱油、白糖，倒入鲜汤，烧开后改用小火将腊肉煨烧出香味，并放盐调正盐味。

❹ 将油豆腐放入钵子中，将煨制好的腊肉盖在油豆腐上，放入蒜粒、蚝油，用小火煨至腊肉的油汤使油豆腐入味，淋红油、撒葱段即可。

要点：油豆腐不宜一分为二切开，否则煨制时油豆腐容易烂。

腊肉烧油豆腐

原料：槟榔芋 250 克，腊肉 150 克。

调料：植物油、盐、味精、永丰辣酱、葱花、鲜汤。

做法：

❶ 将槟榔芋去皮、洗净后切成块。

❷ 锅置旺火上，放植物油烧至六成热，下入槟榔芋过油至熟，捞出沥尽油。

❸ 将腊肉用温水洗净，切成 0.5 厘米厚的片，整齐地码入蒸钵内，上面放炸好的芋块，放盐、味精、永丰辣酱，倒入少许植物油和鲜汤，入笼蒸 15 分钟，熟后取出反扣入盘中，撒上葱花即可。

槟榔芋扣腊肉

原料：熟腊肉丝 100 克，香芋丝 250 克。

调料：油、盐、味精、鸡精、红油、豆豉、干椒末、姜末、蒜蓉、葱花。

做法：

❶ 将香芋丝下入六成热油锅里，炸至金黄脆酥后捞出，沥尽油，拌入盐、味精、干椒末，扣入蒸钵中。

❷ 净锅置旺火上，放油烧热后下入干椒末、豆豉、姜末、蒜蓉，放味精、鸡精、红油一起拌炒均匀，再放入腊肉丝，拌匀后出锅盖在香芋丝上，入笼蒸 15 分钟，熟后取出，撒葱花即可。

要点：腊肉亦可选用稍肥一点的，使油渗入香芋丝中。

腊肉蒸香芋丝

干豆角蒸腊肉

原料： 干豆角100克，腊肉400克。

调料： 植物油、盐、味精、酱油、红油、干椒末、姜末、蒜蓉、鲜汤。

做法：

① 将干豆角用开水泡软，改切成1.5厘米长的段，挤干水分。

② 锅内放植物油烧热，放干豆角煸炒，放盐、味精、干椒末拌炒入味后，盛出待用。

③ 锅内烧水，放入腊肉煮熟，捞出后切成厚0.5厘米的大片，整齐地扣在蒸钵中，放入干椒末、味精、姜末、蒜蓉、酱油、红油、鲜汤，再将已入味的干豆角放在腊肉上面，上笼蒸制30分钟，出笼反扣于盘中，干豆角在下，腊肉在上。

要点： 湖南风味蒸菜。一定要将腊肉蒸至回油，才能达到入口即融的效果。

腊八豆蒸双腊

原料： 腊八豆100克，腊鱼100克，腊肉150克。

调料： 味精、鸡精、酱油、红油、干椒末、葱花、姜末、蒜蓉、豆豉。

做法：

① 将腊鱼改切成2.5厘米长、1厘米宽的条，腊肉切成0.5厘米厚的片。

② 锅内放水烧开，将腊鱼、腊肉分别放入锅中焯水，捞出沥干水。

③ 将腊鱼整齐地扣在蒸钵中间，两边整齐地扣入腊肉。

④ 在碗内放入豆豉、姜末、蒜蓉、干椒末、味精、鸡精、酱油、红油，调匀后均匀地淋在腊鱼、腊肉上，再将腊八豆放在上面，加少许水，上笼蒸30分钟，出笼反扣于盘中，使腊八豆在下，撒上葱花即可（不撒也行）。

要点： 腊八豆因咸味太重，故扣在调味品上面。第一次上笼蒸30分钟即可食用。如果待其冷却后再蒸15分钟，则此菜味道更佳。原因是腊肉在第二次蒸时开始回油。本菜选用普通腊八豆即可。

柴火干蒸腊肉

原料： 柴火干300克，腊肉150克，豆豉辣椒料（制法见第181面"厨艺分享"）20克。

调料： 盐、味精、蚝油、干椒末、葱花。

做法：

① 将柴火干斜切成片，拌入盐、味精、蚝油、干椒末；腊肉切成片后用开水氽一下。

② 将柴火干扣入蒸钵中，将腊肉码放在柴火干上（以便于腊肉的油和烟熏香渗入柴火干中）。

③ 把豆豉辣椒料码放在腊肉上，上笼蒸15分钟，即可出笼上盘，撒葱花上桌。

要点： 柴火干一定注意不要选用太干的。

原料：腊肉 150 克，腊鸡 150 克，腊鱼 150 克，豆豉辣椒料（制法见第 181 面"厨艺分享"）30 克，葱花 3 克。

做法：

① 将腊肉、腊鸡、腊鱼放入开水中煮 10 分钟后取出，待凉备用。

② 将腊肉切成片，腊鱼切成长条，腊鸡去骨切成长条。

③ 将腊鱼整齐地扣在钵中央，两边分别扣上腊鸡和腊肉。

④ 将豆豉辣椒料码在腊肉上，上笼蒸 30 分钟，熟后取出，撒上葱花即可。

要点：扣在钵中的 3 种原料，如何造型可以随意，但必须整齐美观。

腊味合蒸

原料：白辣椒 150 克，风吹肉 250 克。

调料：油、味精、蚝油、大蒜、姜米、鲜汤。

做法：

① 将风吹肉煮熟，然后切成约 2.5 厘米见方的片。

② 白辣椒（用开水泡软，沥干后）切碎，大蒜切段。

③ 净锅置旺锅内放油，下姜米煸香，下风吹肉片煸至回油，倒入盘中。

④ 锅内放油，下白辣椒炒香，下风吹肉，加味精、蚝油翻炒，加鲜汤，放大蒜，收干汁装盘即可。

要点：此菜注意盐的用量，应少用或者不用，因为白辣椒和风吹肉都咸。白辣椒的制法见第 80 面"厨艺分享"。

白辣椒炒风吹肉

原料：白萝卜 750 克，腊肉 100 克，香菇丝 10 克，红椒丝 1 克。

调料：猪油、盐、味精、白糖、胡椒粉、葱段、姜丝、鲜汤。

做法：

① 将萝卜去皮，切成细丝；腊肉洗净，同样切成细丝。

② 锅内放油，下姜丝煸香，下腊肉丝略炒即放鲜汤，煮开后下入萝卜丝、香菇丝，煮至汤汁呈白色，放盐、味精、白糖调好味，出锅装入汤碗中，撒上红椒丝、葱段、胡椒粉即成。

要点：萝卜越煮越鲜。制作方法中，所述汤汁呈白色只是最起码的要求，其实还可以继续煮，只是要注意火不能大，只能使汤微开，这样才会保持汤色洁白。

萝卜丝煮腊肉

凉薯炒火腿肠

原料： 凉薯200克，火腿肠2根，红泡椒5克。

调料： 植物油、盐、味精、酱油、水淀粉、香油、大蒜。

做法：

❶ 将凉薯撕去外皮，洗净后切成小薄片；将火腿肠切成片；将鲜红椒去蒂、去籽后洗净，切成片。

❷ 净锅置旺火上，放植物油烧热，下入凉薯片，放盐、酱油拌炒，待凉薯入味、六成熟时下入火腿肠，放味精、红椒片、大蒜合炒，勾水淀粉、淋香油，出锅装入盘中。

冬笋炒火腿肠

原料： 净冬笋200克，火腿肠150克，鲜红椒5克。

调料： 猪油、盐、味精、水淀粉、香油、葱段、姜片、蒜片、鲜汤。

做法：

❶ 将冬笋剥壳、砍去老兜，即成净冬笋。

❷ 锅内放水烧开，放入净冬笋，煮熟后捞出，切成象牙片；将火腿肠从中剖开，切成片，鲜红椒去蒂、去籽、洗净后切成片。

❸ 净锅置旺火上，放猪油，烧热后下入姜片、蒜片煸香，随后放入冬笋片，放盐、味精拌炒，入味后下入火腿肠片、红椒片合炒，倒入鲜汤，勾水淀粉、淋香油、撒下葱段，拌匀即可出锅装盘。

要点： 冬笋要先煮熟。

西芹炒火腿片

原料： 西芹150克，火腿肠1根。

调料： 植物油、盐、味精、香油、姜片、鲜汤。

做法：

❶ 将西芹撕去老筋，洗净后切成菱形片；将火腿肠也切成同样的菱形片。

❷ 净锅置旺火上，放植物油，烧热后下入姜片、西芹片、火腿片拌炒，同时放盐、味精和少许鲜汤，待熟后淋香油即可出锅。

原料： 四季豆 200 克，火腿肠 1 根，鲜红椒 5 克。

调料： 植物油、盐、味精、水淀粉、香油、干椒末、蒜片、鲜汤。

做法：

① 锅内放水烧开，放少许植物油、盐，将四季豆去蒂去筋、洗净后用手摘成 3 厘米长的段，放入锅中焯水至熟，捞出沥干。

② 将火腿肠切成菱形片，鲜红椒去蒂、去籽、洗净后切成菱形片。

③ 净锅置旺火上，放植物油烧热后下入蒜片、四季豆，放盐、味精拌炒，随即下入火腿片、鲜红椒片，放干椒末一起合炒入味后倒入鲜汤微焖一下，勾水淀粉、淋香油，出锅装入盘中。

四季豆炒火腿肠

原料： 荷兰豆 250 克，火腿肠 150 克，鲜红椒 2 克。

调料： 猪油、盐、味精、鸡精、白醋、水淀粉、白糖、香油、姜片、鲜汤。

做法：

① 将鲜红椒去蒂、去籽后洗净，切成片；锅内放水烧开，将荷兰豆撕去筋膜，大的撕成两块，再放入锅中焯水，迅速捞出沥干。

② 将火腿肠切成菱形片。

③ 锅置旺火上，放猪油烧热，下姜片、红椒片煵香后，放入荷兰豆，放盐、味精、鸡精迅速翻炒，再下入火腿肠、白糖、白醋，炒匀后倒入鲜汤，勾薄芡、淋香油即成。

要点： 此菜操作要迅速，才能使色泽不失真。

荷兰豆炒火腿肠

原料： 豆角 200 克，火腿肠 1 根。

调料： 植物油、盐、味精、蒸鱼豉油、香油、红油、干椒末、姜末、蒜蓉。

做法：

① 将豆角摘去两头，清洗干净，切成米粒状；将火腿肠切成米粒状。

② 净锅置旺火上，放植物油烧热后下入干椒末、姜末、蒜蓉煵香，随后下豆角米，放盐、味精、蒸鱼豉油拌炒，然后下火腿肠一起拌炒，入味后淋香油、红油，出锅装入盘中。

火腿肠炒豆角米

火腿肠炒蚕豆

原料：新鲜蚕豆200克，火腿肠1根。

调料：植物油、盐、味精、姜末、蒜蓉、鲜汤。

做法：

① 将新鲜蚕豆剥去外皮，洗净；将火腿肠改切成斜片。

② 锅置旺火上，放植物油500克烧至八成热，下入蚕豆过大油，待蚕豆表皮起泡时，用漏勺捞出，沥干油。

③ 锅内留底油，下入姜末、蒜蓉煸香，再下入蚕豆煸炒，放盐、味精翻炒，放入火腿肠，倒入鲜汤，焖一下即可出锅装盘。

要点：蚕豆很难入味，而且本菜中没有放酸菜，因此一定要将蚕豆煸炒入盐味，才能保持本菜的味美、鲜香。

菜头炒香肠

原料：菜头500克，香肠150克，红泡椒50克。

调料：猪油、盐、味精、鸡精、蚝油、水淀粉、香油、姜片、大蒜。

做法：

① 将菜头剥去粗皮，修净筋膜，切成0.3厘米厚的菱形片，放少许盐抓匀，待出水后挤干水分；将红泡椒去蒂、去籽后洗净，也切成同样的菱形片。

② 将香肠斜切成马蹄片，放入锅内煸炒至出油，盛入盘中待用。

③ 锅内放猪油，下入姜片煸香，再下入菜头、红椒片翻炒几下，放盐、味精、鸡精、蚝油炒匀后，下入煸好的香肠、大蒜，炒至菜头刚好转色时即勾水淀粉、淋香油，出锅装入盘中。

四季豆炒香肠

原料：四季豆150克，香肠150克，鲜红椒5克。

调料：植物油、盐、味精、水淀粉、香油、红油、蒜片。

做法：

① 锅内放水烧开，放少许植物油、盐，将四季豆去蒂去筋、洗净后用手摘成3厘米长的段，放入锅中焯水至熟，捞出沥干。

② 将香肠装入盘中，入笼蒸熟，取出放凉后切成薄片（蒸汁留用）；将鲜红椒去蒂、去籽，洗净后切成小菱形片。

③ 净锅置旺火上，放植物油烧热后下入蒜片、四季豆，放盐、味精拌炒入味，随后下入香肠、红椒片，倒入蒸香肠的原汁，拌炒入味后勾水淀粉，淋香油、红油，出锅装入盘中。

原料：洋葱 200 克，瘦肉条 100 克。

调料：植物油、盐、味精、酱油、水淀粉、香油、干椒段。

做法：

❶ 将洋葱去根，剥去外皮，洗净后切成片。

❷ 锅内放水烧开，将瘦肉条切成薄片后放入锅中焯水，捞出沥干水。

❸ 净锅置旺火上，放植物油，烧热后下入洋葱、干椒段煸炒，放盐、味精、酱油，随后下入瘦肉条合炒，入味后勾水淀粉、淋香油，出锅装入盘中。

洋葱炒瘦肉条

原料：豌豆 150 克，瘦肉条 100 克，排冬菜 25 克。

调料：植物油、盐、味精、香油、红油、干椒段、鲜汤。

做法：

❶ 将豌豆清洗干净，沥干水；排冬菜洗净、切碎、挤干水。

❷ 将瘦肉条用温水洗净，放入盘中，入笼蒸 8 分钟，蒸熟后取出切成片。

❸ 净锅置旺火上，放植物油烧热后下入干椒段煸炒，随即下入豌豆拌炒，下入排冬菜，放盐、味精和瘦肉条，炒入味后倒入鲜汤略焖一下，汤汁收干时淋香油、红油，出锅装入盘中。

冬菜豌豆瘦肉条

原料：猪子排 150 克，红椒丝 5 克。

调料：油、盐、白糖、米醋、酱油、料酒、水淀粉、姜丝、葱段、全蛋糊（制法见"烹饪基础"）、清汤。

做法：

❶ 将猪子排剁成段，加料酒、盐腌入味，裹上全蛋糊后逐个下入五成热油锅内通炸至金黄色、外焦内熟嫩，捞出沥油。

❷ 将白糖、米醋、酱油、盐、姜丝、水淀粉、清汤调匀成糖醋汁。

❸ 净锅置灶上，放底油，倒入糖醋汁，推炒至芡汁糊化（汁浓）时淋尾油，下炸好的子排，迅速拌匀，使每块子排粘满糖汁，撒上红椒丝、葱段，出锅装盘即可。

要点：炸排骨是关键，选料一定要是子排骨。子排骨用五成热油炸至八成热（油刚刚冒青烟时）将火关灭，油温下降后再开火又炸至冒青烟，如此两个来回，油温把子排骨通炸至熟。如果一开始就用大火炸，可能会炸糊外表而里面不熟。

糖醋排骨

冰梅酱排骨

原料： 猪子排骨 550 克。

调料： 植物油、冰梅酱、精盐、味精、白糖、胡椒粉、罂粟粉、吉士粉、辣酱、嫩肉粉、水淀粉。

做法：

① 将排骨洗净，剁成 4.5 厘米长的段，用清水浸泡、漂净血水后沥干水分，加精盐、味精、白糖、罂粟粉、吉士粉、胡椒粉、嫩肉粉、水淀粉拌匀，腌 6 小时后，入笼用旺火蒸 15 分钟至断生后取出。

② 锅置旺火上，放油烧至五成热，倒入排骨炸至金黄色时捞出，沥干油；锅内留底油，下入冰梅酱、辣酱炒香，再倒入炸好的排骨翻拌均匀，整齐地摆入盘中即可。

苦瓜排骨煲

原料： 猪中排 500 克，苦瓜 300 克。

调料： 猪油、盐、味精、蒜蓉、香辣酱、料酒、蚝油、香油、红油、整干椒、葱段、姜片、鲜汤、八角、桂皮、草果。

做法：

① 锅内放水烧开，将猪中排剁成小块后放入锅中焯水，捞出后洗去血沫。

② 将苦瓜切去蒂，顺直剖开，用刀柄蹭去瓤和籽，洗净后切成小块，放入沸水锅中焯水，捞出待用。

③ 净锅置旺火上，放猪油，烧热后下入姜片、整干椒、八角、桂皮、草果煸香，下入排骨，烹入料酒，放盐、味精、蚝油、蒜蓉香辣酱一起调味，入味后放鲜汤，将排骨煨至酥烂时下入苦瓜，一起推炒入味后淋香油、红油，夹出整干椒、八角、桂皮、草果，撒葱段，出锅盛入沙煲中。

❋ 养生堂　　　猪排骨

◆含有人体生理活动必需的优质蛋白质、脂肪，尤其是丰富的钙质可维护骨骼健康，具有滋阴润燥、益精补血的功效。

◆一般人都可食用，适宜于气血不足，阴虚纳差者；但湿热内蕴者慎服，肥胖者、血脂较高者不宜多食。

🥄 厨艺分享　　　卤药包制法

小茴香 30 克，桂皮 20 克，八角 30 克，母丁香 20 克，草果 20 克，香叶 5 克，肉蔻 30 克，山楂 25 克，白蔻 30 克，花椒 15 克，沙姜 10 克，整干椒 15 克，地龙 20 克，红曲米 40 克，全部用干净的白纱布包起，投入锅中即可。

原料：猪排骨 750 克，花菜 400 克。

调料：猪油、盐、味精、鸡精、酱油、豆瓣酱、蒜蓉香辣酱、料酒、白糖、蚝油、整干椒、干椒段、姜末、蒜蓉、大蒜叶、鲜汤、八角、桂皮。

做法：

❶ 锅内放水烧开，将猪排骨砍成 5 厘米大的块后放入锅中焯水，捞出沥干；将花菜顺枝切成小朵，洗干净。

❷ 锅内放清水 500 毫升，放入酱油、料酒、盐、味精、白糖、八角、桂皮、整干椒、猪排骨，用大火烧开后转用小火将猪排骨煨烂（煨汤留用）。

❸ 锅内放猪油，下入姜末、蒜蓉、干椒段，放豆瓣酱、蒜蓉香辣酱，下入花菜翻炒，放盐、味精、鸡精、酱油、蚝油，待上色后放入煨好的猪排骨，略放鲜汤，用小火收浓汤汁并将花菜烧熟，撒上大蒜叶，翻炒几下即成。

要点：花菜、西兰花焯水后，应放入凉开水内过凉，捞出沥尽水再用。猪排骨必须煨烂，并要保留原汤，才会不失此菜的风味。

花菜烧排骨

原料：猪中排 300 克，奶油玉米 1 根，青椒、红椒各 2 个。

调料：油、盐、味精、桂皮、八角、炼乳或三花淡奶、料酒、鲜汤、白糖、香油、姜片、大蒜子、葱花。

做法：

❶ 将排骨砍成 3 厘米见方的块，下开水氽至断生；将玉米横向切成 1.5 厘米的块，备用。

❷ 锅内放油，下入八角、桂皮、鲜红椒、姜片煸香，然后下入排骨煸炒至水分干，排骨开始要吐油后烹料酒，这时料酒才能透进排骨。然后下鲜汤，放盐、白糖、味精，汤烧开后，下入玉米块，放入高压锅中上汽煮 8 分钟。

❸ 将煮好的玉米排骨倒入锅中，用文火烧制，下入炼乳、大蒜子，待汤汁收浓即装入干锅中，撒上葱花、淋香油，带火上桌。

要点：一定要放入炼乳或三花淡奶，才能体现奶油玉米的风味。料酒的作用是提香味、助肉烂软。

干锅玉米烧排骨

原料：猪中排 500 克，皮蛋 3 个，鲜红椒 1 个。

调料：油、盐、味精、八角、桂皮、料酒、白糖、酱油、糖色、大蒜子、葱结、姜片、干椒段、鲜汤。

做法：

❶ 排骨切成 3 厘米见方的块，用开水氽过，沥干备用。皮蛋切菊瓣形，用油炸过备用。

❷ 锅内放油烧热，下姜片、八角、桂皮煸香，下排骨一同煸炒至排骨水干、快出油时，烹料酒再炒，再下鲜汤 500 克，将排骨煨烂至九成熟，然后放盐、味精、酱油、糖色、白糖，再下入皮蛋、葱结、大蒜子、辣椒一同煨制，至汤汁浓郁即可出锅装盘。

要点：排骨一定要先煨烂，再下皮蛋。糖色的制作见"烹饪基础"。

皮蛋烧排骨

臭豆腐烧排骨

原料：猪中排骨 500 克，臭豆腐 150 克，青椒、红椒各 25 克。

调料：植物油、精盐、味精、鸡精粉、白糖、蚝油、料酒、酱油、辣酱、豆瓣酱、葱段、姜片、蒜子、红油、香油、水淀粉、鲜汤。

做法：

① 将排骨洗净，剁成 5 厘米长的段；青椒、红椒切滚刀块；蒜子去蒂，入六成热油锅内稍炸后捞出备用。

② 锅内放植物油烧至六成热，下入臭豆腐，炸至外皮酥脆、内部熟透时，倒入漏勺沥干油。

③ 锅内留底油，下入姜片炒香，再放入排骨，烹入料酒，反复煸炒至表面呈红黄色，加入精盐、味精、酱油、蚝油、鸡精粉、白糖、豆瓣酱、辣酱、鲜汤，用旺火烧开后撇去浮沫，转用小火烧至排骨八成烂时，放入青椒块、红椒块、臭豆腐、蒜子烧焖入味，用旺火收浓汤汁，勾芡，淋香油、红油，撒上葱段，出锅装盘即可。

咖喱焖排骨

原料：猪子排骨 500 克，鲜红椒 5 克。

调料：植物油、精盐、味精、白糖、咖喱粉、姜、香葱、水淀粉、鲜汤。

做法：

① 将猪子排骨剁成 5 厘米长的段，用精盐、味精、水淀粉上浆入味后，下入六成热油锅内炸至酥香，倒入漏勺，沥干油。

② 将鲜红椒去蒂、去籽后切片；姜切片，香葱切段。

③ 锅内留底油，烧热后下入姜片、排骨，再放入味精、白糖、咖喱粉拌炒入味，倒入鲜汤，用旺水烧开后撇去浮沫，转用中火焖至汤汁浓香，再放入鲜红椒片、葱段，勾芡，淋少许尾油，出锅装入盘中。

茄汁红梅排柳

原料：猪柳排 150 克，黄瓜 1 根，鲜红椒 1 根。

调料：植物油、精盐、番茄酱、白糖、水淀粉、雪花蛋泡糊（制法见"烹饪基础"）、鲜汤。

做法：

① 将猪排两骨中间的肉解切成 3 厘米见方的丁，加入少许精盐腌渍入味；鲜红椒去蒂、去籽，切成菱形片；黄瓜切菱形片。

② 将番茄酱、白糖、鲜汤、水淀粉放入碗中对成番茄汁。

③ 锅置旺火上，放入植物油，烧至五成热时将排骨肉丁裹上雪花蛋泡糊下入油锅内浸炸至熟，色泽呈金黄时倒入漏勺，沥干油。

④ 锅内留底油，下入鲜红椒片、黄瓜片，加入番茄酱拌炒，待汁沸腾起泡时倒入炸好的排骨肉丁一起拌匀出锅装盘即可。

原料：排骨 500 克，口蘑 100 克。

调料：植物油、花生酱、芝麻酱、南乳、桂皮、香叶、八角、盐、味精、鸡精粉、鲜汤。

做法：

❶ 将排骨剁成 4 厘米长的段，入沸水锅内焯水，捞出沥干水分；口蘑洗净，也放入沸水锅内汆水，捞出沥干水分。

❷ 将桂皮、香叶、八角加水煮，取汁，盛碗内备用。

❸ 锅置旺火上，放入植物油，烧至五成热时下入排骨炒香，再放入香料汁、花生酱、芝麻酱、南乳炒拌均匀，加入精盐、味精、鸡精粉、鲜汤，用旺火烧开后撇去浮沫，转用小火烧透入味，盛入钵内，盖上口蘑，上蒸笼蒸 1 小时即可。

口蘑红烧排骨

原料：猪子排 10 根（约 600 克），红椒米 3 克，锡纸 1 张。

调料：植物油、黄油、盐、味精、嫩肉粉、蒜蓉、蒜蓉水、香炸粉、面粉。

做法：

❶ 将猪子排剁成 5 厘米长的段，冲净血水，放入嫩肉粉、蒜蓉水、盐、味精腌制 1 小时。

❷ 锅内放油烧至六成热，将猪子排裹上香炸粉、面粉，下锅温炸至金泽色黄，捞出沥油。

❸ 锅内放黄油、蒜蓉，炒香后放入炸好的猪子排翻炒，放入红椒米，略炒即可出锅，用锡纸包好，摆盘即可。

纸包香辣排骨

原料：龙骨肉 250 克，青椒 100 克。

调料：植物油、盐、味精、鸡精、香油、鲜汤。

做法：

❶ 将龙骨肉投入汤锅内，煮至六成熟，取骨待用；将青椒切成圈。

❷ 锅内放油烧热，下入龙骨肉拌炒，放盐、味精、鸡精，入味后烹少许鲜汤，随即下入青椒拌炒入味，熟后淋香油，出锅盛入盘中。

青椒龙骨

鲊辣椒焖排骨

原料：排骨 1000 克，鲊辣椒 250 克。

调料：植物油、盐、味精、料酒、香油、葱花、八角、桂皮、生姜、高汤。

做法：

❶ 将排骨剁成长段，焯水后捞出待用。

❷ 锅内放油烧热，下入鲊辣椒，放味精炒熟待用。

❸ 锅内放少许底油，下入八角、桂皮、生姜和排骨，烹入料酒，炒至排骨呈金黄色再加入高汤和部分鲊辣椒，放盐、味精焖熟。

❹ 将另一部分鲊辣椒均匀地铺在盘底，再整齐地摆上排骨，淋入香油、撒上葱花即可。

荷叶小笼排骨

原料：猪排骨 500 克，糯米 150 克，鲜荷叶 1 张。

调料：猪油、盐、味精、胡椒粉、料酒、蒜子、姜、葱、嫩肉粉。

做法：

❶ 将糯米淘洗干净，用热水浸泡 1~2 小时，略为涨发后沥水；排骨剁成 5 厘米长的段，洗净后放入葱结、姜块、料酒、盐、味精拌匀，腌渍 30 分钟后去掉葱、姜备用。

❷ 取 5 克姜切末，蒜剁成蓉，5 克葱切花，荷叶洗净修齐，垫入蒸笼内。

❸ 将糯米、猪油、胡椒粉、蒜蓉、姜末、嫩肉粉拌匀，放入排骨滚匀，使排骨均匀地裹上糯米；将排骨装入荷叶中，上旺火蒸至排骨软烂（1 小时左右），撒上葱花，装盘即成。

筒子骨炖萝卜

原料：筒子骨 750 克，白萝卜 1000 克，胡萝卜 100 克。

调料：盐、味精、姜片。

做法：

❶ 将筒子骨砍成段，放入沸水锅中焯水后用清水洗净；将胡萝卜、白萝卜去皮，切成厚块。

❷ 将筒子骨放入大沙罐中，放入姜片和清水（淹过筒子骨 3 厘米），用大火烧开后改用小火煨炖至汤呈奶白色，下入胡萝卜、白萝卜，放盐、味精再炖 20 分钟出锅。

原料：猪中排骨 500 克，尖青椒、尖红椒各 50 克，熟芝麻 15 克。

调料：植物油、精盐、味精、鸡精、香辣酱、葱、红干椒、水淀粉、花椒油、香油。

做法：

❶ 将排骨剁成 5 厘米长的段，用精盐、味精、水淀粉上浆入味后，下入六成热油锅内炸至肉质酥香，倒入漏勺，沥干油。

❷ 将尖青椒、尖红椒去蒂、去籽后切米，红干椒切末，葱切花。

❸ 锅置旺火上，放入少许底油，烧热后下入红干椒末、红尖椒米、青尖椒米炒香，再放精盐、味精、鸡精、香辣酱调味，随即下入炸好的排骨一起拌炒，勾芡，淋花椒油、香油，撒上葱花、熟芝麻，出锅装盘即可。

麻茸椒盐排骨

原料：猪排骨 500 克，小米 100 克，糯米粉 50 克。

调料：猪油、精盐、味精、鸡精粉、白糖、料酒、十三香粉、辣酱、豆瓣酱、蒜子、红油、葱、姜、山胡椒油。

做法：

❶ 将排骨剁成 4 厘米长的段，洗净沥水，用葱结（10 克）、姜块（10 克）、料酒、精盐腌渍 30 分钟后去掉葱结、姜块。

❷ 将小米洗净，姜切末，蒜剁茸，葱切花，豆瓣酱剁碎。

❸ 将小米、糯米粉、猪油、十三香粉、辣酱、豆瓣酱、蒜蓉、姜末、山胡椒油、白糖、味精、鸡精粉、清水拌匀，均匀地裹在排骨上，淋上红油，装入竹筒内，上旺火蒸至排骨软烂（1 小时左右），从竹筒中取出，装入长盘内即可上桌。

竹筒小米排骨

原料：猪中排 500 克，糯米 100 克，荷叶 1 张，蒸笼 1 个。

调料：植物油、精盐、味精、胡椒粉、料酒、葱、蒜子。

做法：

❶ 将排骨洗净，剁成 5 厘米长的段；糯米洗净，入温水中稍泡后取出，沥干水分；蒜子洗净，放入果汁机中打成茸；葱切花。

❷ 在排骨内拌入精盐、味精、料酒、蒜汁、胡椒粉，腌制 30 分钟。

❸ 取蒸笼 1 个，垫上荷叶，再将腌好的排骨裹上糯米，整齐地摆入笼内，淋上植物油，放入蒸柜内，用旺火蒸 30 分钟至排骨软烂时取出，撒上葱花，上桌即可。

蒜香糯米排骨

豆豉辣椒蒸排骨

原料：中肉排250克，豆豉辣椒料（制法见第181面"厨艺分享"）10克。

调料：盐、味精、酱油、蚝油、料酒、蒜蓉、姜末、葱花。

做法：

将排骨洗干净，砍成3厘米见方的块，用料酒、盐、味精、姜末、蒜蓉、蚝油、酱油腌入味，然后扣入蒸钵中，再将豆豉辣椒料码放在排骨上，上笼蒸20分钟至排骨出油酥烂，取出装盘，撒葱花即可。

要点：排骨不焯水，直接用新鲜排骨蒸，这样才能保持原汁原味和肉的清香。

小米蒸排骨

原料：肉排250克，小米100克。

调料：油、盐、味精、料酒、排骨酱、姜末、鲜汤。

做法：

① 将肉排洗净，砍成3厘米见方的块。

② 小米洗干净，在水中浸泡20分钟，捞出沥干水。

③ 用盐、味精、姜末、排骨酱、料酒将排骨腌制10分钟，然后放入小米拌匀，再扣入蒸钵中，加入鲜汤和油，上芡蒸30分钟即可。

要点：蒸小米如同煮饭时放水一样，鲜汤一定要放准。

苦瓜炖排骨

原料：苦瓜300克，排骨300克。

调料：精盐、味精、鸡精粉、白糖、胡椒粉、葱。

做法：

① 苦瓜去籽，切成3厘米长的菱形块，入沸水锅内焯水，捞出沥干水分；排骨剁成与苦瓜相同大小的块，入沸水锅内焯水，去除血污后捞出，沥干水分；葱切末。

② 高压锅内加入清水，放入排骨，上火压8分钟（上汽）后倒入锅中，加入苦瓜、精盐、味精、鸡精粉、白糖，略烧入味后撒上胡椒粉、葱花，出锅装入汤碗即可。

排骨冬瓜汤

原料：猪排骨 250 克，冬瓜 500 克。

调料：盐、味精、鸡精、胡椒粉、葱花、姜（拍松）、鲜汤。

做法：

❶ 将冬瓜削去皮，切成 4 厘米见方的坨。

❷ 将猪排骨砍成小块，入沸水中焯水，用水清洗干净后放入沙罐中，加鲜汤、姜，用大火烧开后改用小火，炖至排骨七成熟时下冬瓜，放盐、味精、鸡精调正口味，用大火煮开后改用中小火将排骨、冬瓜炖至排骨酥烂、冬瓜熟透，出罐倒入大汤碗中，撒胡椒粉、葱花即可。

要点：排骨要先炖好，再下冬瓜调味。

排骨炖莲藕花生米

原料：猪排骨 300 克，花生米 75 克，莲藕 150 克。

调料：油、盐、味精、鸡精、胡椒粉、料酒、白糖、姜片、八角、整干椒、葱结、葱花、鲜汤。

做法：

❶ 将猪排骨剁成块，用水清洗干净，入沸水中焯水后捞出，沥干。

❷ 花生米用水洗净，莲藕去藕节，刨去皮，用滚刀法切成块，用水清洗干净。

❸ 沙罐中加鲜汤，用大火烧开，下入排骨、莲藕、花生米，放油，加八角、料酒、姜片、整干椒、葱结，改用小火炖至莲藕酥烂时，放盐、味精、鸡精、白糖、胡椒粉调正口味，盛入大汤碗中，撒葱花即可。

要点：三种主料都较难炖烂，只有一起炖，才能使三者的味道互相渗透，达到与菜名相符的效果。

黄豆炖排骨

原料：猪排骨 500 克，黄豆 150 克。

调料：猪油、盐、味精、鸡精、胡椒粉、葱花、姜片、鲜汤。

做法：

❶ 将猪排骨剁成块，用清水洗干净，放入冷水锅中上火煮开，捞出用清水洗尽，沥干水。

❷ 将黄豆用清水清洗干净。

❸ 在大沙罐中倒入鲜汤，放入排骨、黄豆、姜片，用大火烧开后改用中小火炖至排骨酥烂、黄豆熟软、汤色乳白后，放盐、味精、鸡精和熟猪油，撒下胡椒粉、葱花，连罐上桌。

要点：用小火炖时，一定要使汤保持微开，汤色才清亮，起锅才放盐则是为了使排骨、黄豆更易炖烂。

湖藕炖排骨

原料： 猪中排 500 克，湖藕 250 克。

调料： 猪油、盐、味精、鸡精、料酒、胡椒粉、白糖、葱花、姜片、八角、桂皮。

做法：

① 将湖藕去藕节、刨去皮，切成 4 厘米见方的菱形块。

② 锅内放水烧开，将猪中排砍成 3 厘米见方的块，下入锅中焯水后捞出。

③ 将湖藕、排骨放在高压锅内，加入清水，放姜片、八角、桂皮、料酒上火烧开，上汽后煮 10 分钟，揭开盖后夹去八角、桂皮，放盐、味精、鸡精、白糖、猪油、胡椒粉调味，盛入汤碗中，撒葱花即可。

要点： 湖藕一定要炖烂，否则要再用高压锅炖。湖藕南方较多，口感粉嫩，适合炖汤。如果北方买不到，也可用白莲藕代替。

玉米炖筒子骨

原料： 筒子骨 750 克，奶油玉米 2 根，三花淡奶 20 克（也可用炼乳）。

调料： 盐、味精、胡椒粉、料酒、白糖、姜片、葱结。

做法：

① 将筒子骨敲断，下开水锅焯水，捞出洗净。

② 将玉米棒横切成 1.5 厘米厚的筒状（亦可砍成长 5 厘米的条状，或顺直四分剖开）。

③ 沙锅内放水，下姜片，放入筒子骨、玉米、料酒、葱结，用大火烧开后，改用小火将筒子骨炖烂（以附着在筒子骨上的肉可以用筷子夹取为度），放盐、味精、三花淡奶、白糖、胡椒粉，略炖片刻即可。

要点： 此汤必须带有玉米奶香，所以要使用三花淡奶或炼乳，使口感中略有甜味。

天富猪脚

原料： 猪脚 500 克。

调料： 植物油、精盐、味精、芝麻酱、白糖、蒜子、干红椒、腐乳汁、水淀粉、鲜汤、红油、香油。

做法：

① 将猪脚洗净，剁成块，入冷水锅内烧开后焯水，捞出沥干水分，再下入六成热的油锅内炸至皮面发干，倒入漏勺沥油。

② 锅内留底油，加入白糖炒出糖色，放入猪脚拌匀，再将其皮面向下放入碗内，加入调料（红油、香油稍后放），用旺火蒸 1 小时至猪脚软烂，再将猪脚反扣于盘中，原汁倒入锅内，勾芡，将红油、香油淋在菜上即可。

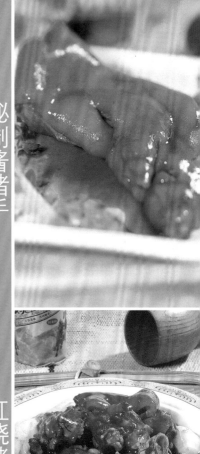

秘制酱猪手

原料：猪手 10 只（约重 1500 克）。

调料：精盐、味精、白糖、料酒、白醋、生抽、酱油、干朝天椒、香油、辣椒汁、卤药包。

做法：

❶ 将猪手去净毛，入沸水锅内焯水，放入垫有竹筛的砂钵内，加入精盐、味精、料酒、白醋、生抽、酱油、白糖、干朝天椒、清水（3000 毫升）和卤药包，用旺火烧开后撇去浮沫，转用小火煨 2 小时至猪手软烂入味，取出晾凉，去掉粗骨，再刷上香油备用。

❷ 将生抽、辣椒汁调成味碟。

❸ 食用时将猪手摆入盘内，淋香油，配味碟上桌即可。

要点：卤药包配方见第 202 面"厨艺分享"。

红烧猪脚

原料：猪脚 500 克，鲜红尖椒 2 个。

调料：油、盐、味精、八角、桂皮、草果、波扣、良姜、砂仁、香叶、糖色、料酒、大蒜子、干红椒、姜片、葱结、白糖。

做法：

❶ 将猪脚放在火上烧去毛，去除爪壳，在热水中浸泡一下，用刀刮洗干净，砍成 3 厘米见方的块。

❷ 烧制方法与"红烧肉"相同。

要点：猪脚要煨至用筷子一戳就到骨头，肉快要离骨但又没离骨为好。

 养生堂　　　　　猪蹄

◆适宜血虚者、年老体弱者、产后缺奶者、腰脚软弱无力者、痈疽疮毒久溃不敛者食用。

◆胃肠消化功能减弱的老年人每次不可食用过多；肝炎、胆囊炎、胆结石、动脉硬化、高血压等病症患者应少食或不食；凡外感发热和一切热证、实证期间不宜多食；胃肠消化功能较弱的儿童一次不能食用过多。

 厨艺分享　　　　　猪蹄

◆猪蹄初加工：猪蹄要放在火上烧去余毛，放入温水中用刀刮去煳壳，使其呈现白色，再剥去爪壳，清洗干净后，从中劈成两半，剁成小块。

◆烧、煮猪蹄时加点醋，可使骨头中的胶质分解出钙和磷，增加营养价值，蛋白质也更易被人体吸收。

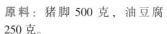

油豆腐烧猪脚

原料：猪脚 500 克，油豆腐 250 克。

调料：植物油、盐、味精、鸡精、酱油、豆瓣酱、辣妹子辣酱、料酒、白糖、红油、干椒段、葱结、葱花、姜片、鲜汤、八角、桂皮、草果、菠扣、香叶、花椒。

做法：

① 将猪脚放在火上烧去毛，放入开水中浸泡后，捞出刮洗干净，剁成 4 厘米见方的块。

② 在锅中倒入冷水，放入猪脚，用大火烧开，将猪脚焯水后捞出，用清水漂洗干净。

③ 锅内放植物油，下入八角、桂皮、草果、菠扣、香叶、花椒、姜片煸炒出香味后，放入猪脚一同翻炒，再放入豆瓣酱、辣妹子辣酱、料酒、白糖、干椒段、葱结、姜片，放盐、味精、鸡精、酱油，倒入鲜汤，烧开后一起倒入高压锅中，上大气压制 20 分钟后，揭开锅夹出香辛料，倒入油豆腐，用小火将油豆腐煨烂，淋入红油、撒上葱花，即可出锅。

要点：猪脚要煨烂后才能下油豆腐。

麻花烧猪脚

原料：猪脚 500 克，麻花 5~6 根，鲜红椒 2 个。

调料：油、盐、味精、料酒、香油、八角、桂皮、草果、菠扣、香叶、糖色、白糖、干红椒、蒜子、姜片、葱结、大蒜。

做法：

① 将猪脚在火上烧去毛和去掉爪壳，放到热水中浸泡一下，用刀刮洗干净，砍成 3 厘米见方的块。鲜红椒切成菱形块，大蒜切段。

② 猪脚的烧制可参照第 173 面"红烧肉"的烧制方法。

③ 将麻花放在碗底，将烧制好的猪脚带汤汁浇到麻花上，撒上大蒜段、淋香油即成。

要点：麻花不要下锅，让猪脚的汤汁自然浸泡，麻花才不会疲软，保持松脆。

蒸开胃猪脚

原料：猪脚 750 克，酱辣椒 10 克（自制方法见第 80 面"厨艺分享"），小米椒 8 克。

调料：油、盐、味精、蚝油、黄灯笼辣酱、蒸鱼豉油、广东米酒、葱花、蒜蓉、姜末。

做法：

① 将猪脚处理干净，砍去脚爪后再剁成 5 厘米见方的块，放入沸水中焯水，沥干水后拌入盐、味精，扣在蒸钵中。

② 将酱辣椒、小米椒剁成细米粒状，加入蒜蓉、姜末、黄灯笼辣酱、味精 3 克、蚝油、蒸鱼豉油、广东米酒、油拌匀，即成开胃酱（一次可以多制作一点，用时只要取用一些）

③ 用汤匙将开胃酱浇在猪脚上，上笼蒸 30 分钟即可出锅，装盘时撒葱花即可。

要点：蒸制猪脚时火功一定要足，必须蒸烂。猪脚用筷子夹，刚好离骨即可。

原料：净猪脚 600 克，黄豆 100 克。

调料：盐、味精、鸡精、胡椒粉、白糖、桂皮、整干椒、姜片、鲜汤。

做法：

① 将猪脚放在火上烧去余毛，放入温水中用刀刮去烟壳，使其呈现白色，再剥去爪壳，清洗干净后从中劈成两半，剁成小块，在沸水中煮开，除去杂味。

② 黄豆用水清洗干净。

③ 将猪脚放入沙罐中，倒入鲜汤，放桂皮、整干椒、姜片，用大火烧开后改小火炖至猪脚六成烂时下入黄豆，放盐、味精、鸡精、白糖，续用小火微炖至猪脚完全酥烂、黄豆熟烂、汤成乳白浓郁时，出锅倒入大汤碗中，去掉整干椒、桂皮、姜片，撒胡椒粉即可。

要点：猪脚要用火烧去余毛，刮洗干净，去其杂味。猪脚要炖至肉没有离骨，但用筷子一夹就离骨时为最佳。黄豆与猪脚的搭配是丰胸的黄金组合，而且并不会因猪脚的脂肪高而造成肥胖。

黄豆炖猪脚

原料：猪血 400 克，韭菜 300 克，尖红椒 50 克。

调料：猪油、盐、味精、鸡精、酱油、蒜蓉香辣酱、蚝油、胡椒粉、香油、葱花、姜末、蒜蓉、鲜汤。

做法：

① 将韭菜择洗干净后切成 3 厘米长的段，尖红椒去蒂、洗净后切成圈。

② 将猪血改切成 1.5 厘米见方的小块。

③ 锅内放水烧开，下入猪血，放酱油、盐焯一下，出锅倒入漏勺中，沥干水。

④ 锅内放猪油烧热，下入姜末、蒜蓉、尖椒圈煸香，再放入蒜蓉香辣酱，炒香后下入猪血，放盐、味精、鸡精、蚝油，同时倒入鲜汤，待汤开后略煨制入味，即下入韭菜炒匀，装入烧红的沙钵中，撒上胡椒粉、葱花，淋上香油即可。

要点：韭菜下入即可出锅。

韭菜猪血钵

☯ 相宜相克　　　　　　**猪血**

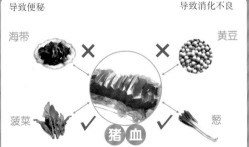

导致便秘　　　　　　导致消化不良

海带　　　　　　　　黄豆

菠菜　　　　　　　　葱

猪　血

养血、润燥、敛阴，适合血虚肠燥、贫血等患者

净血利身

♪ 厨艺分享　　　　　　**猪血**

◆ 买回猪血后注意不要让凝块破碎，先除去少数黏附着的猪毛及杂质，然后用开水焯一下，切块后可以炒、烧或作为做汤的主料和副料。

◆ 烹调最好用辣椒、葱、姜等佐料压味，不宜只用猪血单独烹饪。

◆ 病猪的血千万勿食。

猪血焖鸡杂

原料：猪血200克，鸡杂250克（包括鸡胗、鸡肝、鸡肠），尖青椒、尖红椒各50克。

调料：油、盐、味精、辣妹子辣酱、豆瓣酱、蚝油、鲜汤、水淀粉、姜米、蒜蓉。

做法：

① 将猪血切成小方垞，焯水，入凉水后捞出备用。

② 鸡胗去筋膜，切成片，鸡肠过水，切成1厘米长的段，鸡肝切片，尖青椒、尖红椒均切圈。

③ 锅内放油，烧至八成热，将鸡杂放点盐、味精、水淀粉上浆腌制后，迅速过油，沥干。

④ 锅内留底油，下姜米、蒜蓉煸香，下豆瓣酱、辣妹子辣酱、尖青椒、尖红椒、蚝油，倒入鲜汤，烧开后调准盐味，再下入猪血、鸡杂、烧开，勾芡，装盘即可（也可用煲装）。

要点：此菜必须先将汤汁调味，猪血、鸡杂不宜久炒，汤汁的多少必须掌握，多了是"汤"不是"焖"，少了达不到出品要求。

米豆腐烧猪血

原料：米豆腐250克，猪血250克，小米椒50克。

调料：植物油、盐、味精、鸡精、酱油、豆瓣酱、辣妹子辣酱、蚝油、水淀粉、红油、葱花、姜末、蒜蓉、鲜汤。

做法：

① 将米豆腐和猪血洗净，均改切成1.5厘米见方的小块，分别放入开水中焯透（焯制时可在开水中加入一点盐和酱油），捞出沥干水。

② 将小米辣椒剁成辣椒茸。

③ 锅内放植物油烧热，下入姜末、蒜蓉煸香后，放豆瓣酱、辣妹子辣酱、辣椒茸、鲜汤、放盐、味精、鸡精、蚝油，待汤烧开后放入米豆腐和猪血，用小火煨制入味后勾水淀粉，淋红油，出锅装盘，撒葱花即可。

要点：米豆腐和猪血一定要用小火煨进味。

水芹菜炒猪血丸

原料：猪血丸2个（约250克），水芹菜（即野芹菜）100克，鲜红尖椒圈3克。

调料：油、盐、味精、蚝油、干椒段、蒜蓉、姜米、鲜汤。

做法：

① 将猪血丸切成片。（大小3厘米见方，或依猪血丸大小而定。）

② 将水芹菜洗净，切成3厘米长的段。

③ 锅内放油，下蒜蓉、姜米、干椒段、鲜红尖椒圈煸香，下猪血丸煸炒至焦香，下水芹菜，加入盐、味精、蚝油，加鲜汤，收干汤汁装盘即可。

要点：猪血丸一定要煸香。

辣酱云耳炒腰花

原料：猪腰 1 对，水发云耳 30 克，尖红椒 70 克。

调料：植物油、精盐、味精、鸡精粉、蚝油、料酒、辣酱、红油、香油、葱、姜、蒜子、水淀粉。

做法：

❶ 将腰花剔去肾臊，切成凤尾状，先在清水中浸泡 15 分钟，沥干水分后用精盐、味精、水淀粉上浆。

❷ 将云耳洗净泥沙后改切成小块，尖红椒切成 0.5 厘米宽的圈，葱切段，姜切成菱形片，蒜子去蒂切成片。

❸ 锅置旺火上，放入植物油，烧至五成热时，下入腰花滑油至八成熟，倒入漏勺沥油。

❹ 锅内留底油，下入姜片、蒜片炒香，再放入尖红椒、云耳、辣酱翻炒均匀，放入精盐、味精、鸡精粉调好滋味，倒入腰花，加入蚝油、料酒翻炒至熟透，勾薄芡，淋香油、红油，放葱段拌匀，出锅装盘即可。

老干妈炒腰花

原料：猪腰 1 对（约 250 克），老干妈酱 40 克。

调料：油、盐、味精、鸡精、水淀粉、香油、干椒段、蒜片、葱花。

做法：

❶ 将猪腰用刀剔去臊心，洗净，交叉剖十字花刀，切成荔枝形状，用盐、味精、水淀粉上浆入味，下入七成热油锅过油至熟，倒入漏勺沥净油。

❷ 锅内留底油，下入干椒段、蒜片、老干妈酱炒香，随后下入腰花，放鸡精，拌炒入味，勾水淀粉，淋香油，撒葱花，翻炒均匀，出锅装盘即可。

黄瓜红椒熘腰花

原料：猪腰 1 对（约 250 克），黄瓜片 20 克，红椒 20 克。

调料：油、盐、味精、鸡精、生抽、蒜蓉香辣酱、料酒、水淀粉、香油、蒜片。

做法：

❶ 将猪腰剖开，去臊心，剖荔枝花刀，用盐、味精、水淀粉上浆腌制一下，下入七成热油锅（油快冒烟时），滑油至熟后倒入漏勺，将油沥净。

❷ 锅置旺火上，下蒜片、黄瓜片、红椒片，放盐拌炒，随后下腰花，烹料酒，下味精、鸡精、生抽、蒜蓉香辣酱，翻炒入味后勾少许水淀粉，淋香油，出锅装盘即可。

要点：①熘炒时动作要快，需放的调料最好事先放在一个碗内，调味时一次倒入锅中。莴笋、芥蓝头、花菜等均可熘腰花。②熘：油宽，温高，动作快，食物在油中时间短，但又必须熟，这是熘的高水平。

青椒炝腰片

原料： 猪腰1对（约250克），青椒150克。

调料： 油、盐、味精、鸡精、蚝油、水淀粉、料酒、姜片、蒜片。

做法：

① 将猪腰去臊心，洗净后斜切成腰片，放盐、料酒、味精、水淀粉上浆腌制。

② 青椒切菱角片，去籽。

③ 锅内放油烧至八成热，下入腰片过油，沥净油。

④ 锅内留底油少许，下姜片煸香，再下青椒片，略炒后放蒜片、盐、味精，随后下腰片，烹料酒，放鸡精、蚝油，一起翻炒，勾水淀粉，淋香油，出锅装盘。

香菜麻茸腰片

原料： 猪腰500克，香菜50克，花生米10克，榨菜5克，熟芝麻5克。

调料： 植物油、精盐、味精、白糖、料酒、酱油、白醋、辣酱、红腐乳、葱、姜、蒜子、花椒油、香油、红油、水淀粉。

做法：

① 将猪腰撕去外膜，平刀从中间片开，剔去肾膜，再斜片成3厘米长、2.5厘米宽、0.2厘米厚的大片，用精盐、味精、料酒、水淀粉上浆。

② 将花生米去皮后放入油锅内炸脆，切成米粒状；榨菜切成小粒，芝麻炒香，腐乳压成泥，蒜子剁成茸，葱挽结，姜拍破。

③ 将腐乳泥、红油、花椒油、香油、白糖、白醋、酱油、葱姜汁、蒜蓉、辣酱调匀成味汁。

④ 锅置旺火上，放入清水烧沸，加入精盐、味精、葱结、姜块，再下入腰片汆熟，捞出沥干水分，放在盘内，倒入味汁拌匀，再将香菜盖在腰片上，撒上熟花生米、榨菜粒、熟芝麻，淋上烧热的红油、香油即成。

🥄 **厨艺分享**   **猪腰**

◆ 猪腰即猪肾，俗称"猪腰子"。在烧猪腰时加入适量的黄酒，同时再放少许醋，就可以全部清除猪腰的腥味，而且味道比不放醋的猪腰好吃。

◆ 由于腰花本身含有大量的水分，因此炒腰花应尽量少加鲜汤，以免水分太多、成菜不佳。炒腰花时，勾芡也要勾浓芡。这叫做"大油大芡"，也是湘菜的特点之一。

⬤ **相宜相克**   **猪肝**

易引起中毒，身体不适   可养肝明目

豆类 ✕   ✓ 菠菜

竹笋 ✕   ✕ 辣椒

猪肝

易引起中毒，身体不适   破坏维生素C的吸收

原料：腰花 200 克，青辣椒、红辣椒各 10 克。

调料：植物油、精盐、味精、鸡精、白醋、红油、嫩肉粉、水淀粉。

做法：

❶　将腰花从中间剖开，剔去腰心后，交叉剞十字花刀，成荔枝形状，用精盐、嫩肉粉、水淀粉上浆，下入五成热油锅内滑油至熟，倒入漏勺沥干油。

❷　将青辣椒、红辣椒去蒂、去籽后切米。

❸　锅置旺火上，留少许底油，下入青辣椒米、红辣椒米，放入精盐、味精、鸡精，随即下入腰花，一起拌炒入味，烹入白醋，勾芡，淋红油，出锅装盘即可。

荔枝腰花

原料：腰花 200 克，干百合 10 克，鲜红椒 10 克。

调料：植物油、精盐、味精、鸡精、嫩肉粉、葱、姜、水淀粉。

做法：

❶　将腰花从中间剖开，剔去腰心后，交叉剞十字花刀，成荔枝形状，用精盐、嫩肉粉、水淀粉上浆，下入五成热油锅内滑油至熟，倒入漏勺沥油。

❷　将干百合泡发，鲜红椒去蒂、去籽后切片，姜切片，葱切段。

❸　锅置旺火上，放入底油，下入姜片、百合、红椒片略炒，放精盐、味精、鸡精，随即下入腰花，一起拌炒入味，勾芡，撒上葱段，出锅装入盘中即可。

百合腰花

原料：猪腰子、黄喉、熟猪肚（七成熟）各 150 克，鲜红椒段 100 克，洋葱 150 克。

调料：油、盐、味精、料酒、蚝油、香料（八角、桂皮、草果、香叶、波扣）、胡椒粉、干红椒、姜片、大蒜叶、鲜汤。

做法：

❶　将七成熟猪肚切条，黄喉切菱形块，腰子去臊心切成片；洋葱切成片，垫放在干锅内。

❷　将黄喉、腰片分别焯水；锅内放油煸干腰片、黄喉。

❸　锅内放油，将姜片、干红椒煸香，下入肚片、黄喉煸炒，加鲜汤，放盐、味精略焖，下入腰片，放料酒、蚝油、香料一同煨烧，至汤汁收浓时关火，将三种主料夹入干锅中，撒上鲜红椒、大蒜叶、胡椒粉，带火上桌即可。

要点：注意火候。火候不足，猪肚、黄喉咬不动；火候过了，又成一锅糊。干锅中都放洋葱垫底，在烧吃过程中，菜味会越来越香。

干锅三脆

归参山药猪腰

原料：猪腰500克，当归、党参、山药各10克。

调料：精盐、味精、鸡精粉、白醋、料酒、香菇油、姜、葱、鲜汤。

做法：

① 将猪腰剔去筋膜、肾臊，洗净后切成3厘米长、2厘米宽、0.2厘米厚的片，加入白醋、料酒、葱姜汁抓匀，去除臊味；当归、党参、山药清洗干净；姜切片，葱挽结。

② 将腰片放入沸水锅内，加入料酒焯水后，捞出沥干水分，再与当归、党参、山药、姜片、葱结、精盐、味精、鸡精粉、香菇油、鲜汤一起放入罐子内，盖上盖，用锡纸封毕，放入大瓦罐中，生上炭火煨制1~2小时即可。

黄瓜红椒熘猪肝

原料：猪肝300克，黄瓜片20克，红椒片20克。

调料：油、盐、味精、鸡精、料酒、生抽、辣酱、水淀粉、红油、蒜片、葱段。

做法：

① 将猪肝切成0.2厘米厚的片，用盐、味精、生抽、水淀粉上浆腌制。

② 将猪肝下入七成热油锅过油至熟，倒入漏勺，沥净油。

③ 锅中留少许底油，下入蒜片、黄瓜片、红椒片拌炒，放盐、味精、鸡精，随后下入猪肝，放辣酱，烹料酒，淋生抽，一起拌炒入味，勾水淀粉，撒葱段，淋红油，出锅装盘。

要点：熘猪肝也同熘腰花一样，少加汤、勾浓芡。因为猪肝和黄瓜都带水分。

木耳熘嫩猪肝

原料：水发木耳300克，猪肝200克，红椒片20克。

调料：植物油、盐、味精、鸡精、酱油、蚝油、水淀粉、胡椒粉、香油、葱段、姜片、蒜片、鲜汤。

做法：

① 将水发木耳洗净、撕小片。

② 将猪肝切成薄片，放盐、酱油、味精、稠水淀粉拌匀调味，下入八成热油锅内过油，用筷子拨散，捞出沥油。

③ 锅内留底油，下入姜片、蒜片煸香，下入木耳炒干水汽后，放盐、味精、鸡精、蚝油、胡椒粉调味，炒熟后下入猪肝，放酱油翻炒，将菜肴扒在锅边，倒入鲜汤，在汤中勾浓芡、淋香油，再将猪肝推入锅中，放红椒片一起拌炒，撒葱段即可。

要点：将猪肝走大油时动作要快，勾芡时要将猪肝扒在一边，才能使猪肝鲜嫩。猪肝含有水分，因此鲜汤不宜放得太多，并且一定要用浓芡勾汁，这样才不会使猪肝中的水分溢出。

原料：生猪肚尖 150 克，水发香菇 50 克，小白菜胆 10 个。

调料：盐、味精、鸡精、料酒、鸡油、胡椒粉、鲜汤。

做法：

① 将生猪肚尖洗净，剔去内外表面油筋，用花刀法切成鱼鳃形小片。

② 净锅置旺火上，放鲜汤，汤开后撇去汤面上的泡沫，随即下香菇、小白菜胆，放盐、味精、鸡精，烧开后捞出香菇、小白菜胆，盛入汤碗中。

③ 锅内留汤，烧开后迅速将肚尖用料酒、盐抓匀，投入烧开的汤中（不能久煮，以保持肚尖脆嫩），淋入鸡油、撒上胡椒粉，倒在装有香菇、小白菜胆的汤碗中，即成。

要点：此菜的制作关键是要保持肚尖脆嫩。菜胆是比一般菜心更小的菜心。

汤泡肚

原料：猪肚尖、猪腰各 250 克，黄尖椒 20 克。

调料：植物油、盐、味精、鸡精、蒜蓉香辣酱、辣妹子辣酱、蒸鱼豉油、料酒、白醋、水淀粉、香油、红油、葱段。

做法：

① 将猪腰去腰臊，清理干净；将猪腰、猪肚剞花刀，用少许盐、料酒抓入味，挤干水分，抓少许水淀粉。

② 锅内放油，下入猪腰、肚尖拌炒，再下入黄尖椒，放盐、味精、鸡精、白醋、蒜蓉香辣酱、辣妹子辣酱、蒸鱼豉油翻炒，入味后撒上葱段，淋红油、香油，出锅盛入盘中。

鸳鸯双脆

原料：熟猪肚 50 克，鸡脯肉 25 克，猪瘦肉 25 克，水发墨鱼 5 克，小白菜心 100 克（10 个），水泡香菇 20 克。

调料：盐、味精、鸡精、胡椒粉、鸡油、水淀粉、鲜汤。

做法：

① 将鸡脯肉、猪瘦肉均切成薄片，分别用盐、味精、水淀粉腌制上浆，熟猪肚、墨鱼切成片，均放入沸水中焯水，捞出沥干。

② 净锅置旺火上，放鲜汤烧开，下入香菇、菜心和其他原料，放盐，烧开后撇去泡沫，放味精、鸡精调味，推匀出锅，盛入大汤碗中，淋鸡油、撒胡椒粉即可。

要点：主料均先焯水，制汤时改用鲜汤，以保证汤清味美。

三鲜汤

下饭脆肚

原料：脆肚丝300克，红椒末30克，芹菜段20克。

调料：植物油、盐、味精、鸡精、蒜蓉香辣酱、辣妹子辣酱、料酒、香油、红油、蒜蓉。

做法：

① 将脆肚丝下入沸水锅内，放少许料酒焯水，捞出挤干水分。

② 净锅内放油，下入脆肚爆炒，烹料酒，放蒜蓉香辣酱、辣妹子辣酱、盐、味精、鸡精拌炒入味，下入红椒末、芹菜段、蒜蓉一起拌炒均匀，淋红油、香油，出锅盛入盘中。

沙罐肚子

原料：熟猪肚500克，木耳、香菇各100克。

调料：熟猪油、盐、味精、料酒、姜片、整干椒、鲜汤。

做法：

① 将熟猪肚解切成条，焯水后洗净；木耳、香菇泡发后去蒂。

② 锅内放熟猪油烧热，下入姜片、整干椒、猪肚煸炒，下入香菇，烹入料酒，放盐、味精，倒入鲜汤，用大火烧开后改用小火将猪肚煨烂，下入木耳，烧开后调好味，带沙罐上桌。

黄豆炖肚条

原料：净猪肚300克，黄豆100克，鲜红尖椒1个。

调料：猪油、盐、味精、胡椒粉、料酒、香油、葱花、姜片、八角。

做法：

① 将净猪肚改切成长5厘米、宽1厘米的长条，黄豆洗干净。

② 将黄豆和肚条放入沙罐中，放入姜片、胡椒粉、料酒、八角、鲜红尖椒以及清水1000毫升，上大火烧开后改用小火炖30分钟，拣去八角、鲜红尖椒，放盐、味精、猪油、香油，出锅装入汤盅，撒上葱花即可。

要点：用小火炖时，只要保持汤微开即可，这样炖出来的汤才会清亮。

原料：猪肝 100 克，猪五花肉 50 克，尖红椒 40 克。

调料：植物油、精盐、味精、辣酱、料酒、蚝油、红油、水淀粉。

做法：

❶ 将猪肝切成 0.2 厘米厚的片，猪五花肉也切成 0.2 厘米厚的片，尖红椒切圈。

❷ 锅置旺火上，放入清水烧沸，烹入料酒，下猪肝焯水后捞出，沥干水分。

❸ 锅置旺火上，加入植物油，下五花肉、尖红椒炒香，再放入精盐、味精、辣酱、蚝油、猪肝炒拌入味，勾芡，淋红油，出锅装盘即可。

乡村猪肝

原料：猪肝 150 克，干百合 10 克，红辣椒 10 克。

调料：植物油、精盐、味精、鸡精、香葱、姜、水淀粉。

做法：

❶ 将猪肝改切成 0.2 厘米厚的薄片，用精盐、水淀粉上浆，待用；红辣椒去蒂、去籽后切片，干百合泡发，姜切片，葱切段。

❷ 锅置旺火上，放入植物油，烧至五成热时下入猪肝滑油断生，再倒入漏勺沥干油。

❸ 锅内留底油，下入姜片、百合、红辣椒片，放入精盐、味精、鸡精略炒，随即下入猪肝片，一起拌炒入味，勾芡，撒上葱段，出锅装入盘中。

百合猪肝

原料：猪肝 400 克，水发云耳 25 克，菜心 10 个。

调料：熟猪油、盐、味精、酱油、胡椒粉、香油、鲜汤。

做法：

❶ 将猪肝切成薄片，用盐、酱油、味精腌制。

❷ 将水发云耳洗净；菜心洗净，根部用刀剖开，用开水氽透，装入汤碗中。

❸ 锅内放入鲜汤，烧开后调正盐味，放味精，下入云耳，等汤再次烧开后下入猪肝，用筷子拨散，汤再次烧开后撇去泡沫，淋入熟猪油，出锅倒入装有菜心的汤碗中，撒上胡椒粉，淋上香油即可。

要点：宜用旺火，汤沸后氽制猪肝，才会使猪肝鲜嫩。

猪肝菜心汤

酸萝卜炒脆肚

原料： 猪肚 350 克，泡萝卜（甜酸味）160 克，红椒 5 克，食用纯碱 50 克。

调料： 植物油、精盐、味精、鸡精粉、料酒、白醋、辣酱、红油、香油、葱、蒜子、水淀粉。

做法：

❶ 将猪肚刮洗干净，加料酒揉搓，去除腥臭味，洗净后切成条，加食用纯碱拌匀，腌制 3.5 小时；另取锅置于小火上，倒入碱水，放入肚条，待水烧开后捞出猪肚，放在自来水龙头下把肚条的碱味彻底漂洗干净，即成脆肚。

❷ 将泡萝卜切成条，红椒切成丝，葱切段，蒜子切成指甲片。

❸ 锅置旺火上，放入植物油烧至四成热，将脆肚下锅滑油，断生后倒入漏勺沥油。

❹ 锅内留底油，下蒜片炒香，再下入泡萝卜条翻炒至七成熟，加入精盐、味精、鸡精粉、辣酱、白醋、红椒丝、脆肚翻炒入味，勾芡，淋红油、香油，放上葱段，出锅装盘即可。

芹菜炒小肚

原料： 芹菜 150 克，熟猪小肚 100 克，鲜红椒 10 克。

调料： 植物油、盐、味精、香油、红油、干椒丝、姜丝。

做法：

❶ 将芹菜择洗干净，切成 3 厘米长的段；鲜红椒去蒂去籽，切成丝；熟小肚切丝。

❷ 净锅置旺火上，放植物油，烧热后下入干椒丝、姜丝煸香，随即下入小肚丝、芹菜、鲜红椒丝，放盐、味精翻炒入味后，淋香油、红油，出锅装入盘中。

🥄 **相宜相克**　　　　　**猪肚**

冷湿与温热功能相反，不利身体健康

豆腐　✕

清火与温补相反，不利于营养吸收

芦荟

豆芽　✓　**猪肚**　✓　糯米

可增白皮肤，增强免疫功能，还可抗癌

强胃健脾、温中理气

🍴 **厨艺分享**　　　　　**肚肠初加工**

◆猪肚：先用刀刮去猪肚内外的油污、黏液，冲洗干净后，用醋、盐抓揉，再放在热水中清洗干净，最后用沸水焯水以排除异味。

◆猪肠：先用剪刀将肠子顺直剪开，洗净后随冷水下锅煮开，取出后用盐、醋抓洗，再用冷水洗净。

原料：肚仁（肚尖）2个，老干妈酱50克，红尖椒圈10克。

调料：油、盐、味精、鸡精、白醋、水淀粉、嫩肉粉、料酒、香油、姜米、蒜米、大蒜叶。

做法：

❶ 将肚尖两面油筋修干净，在肉面剞花刀，然后切成凤尾条形（约1厘米宽）。

❷ 将嫩肉粉、料酒、盐、味精、鸡精、水淀粉放入肚尖条中上浆腌制备用。

❸ 锅内放油500克，烧至九成热，迅速将肚尖倒入油中，用筷子拨散，出锅沥净油。

❹ 锅内留底油，将姜米、蒜米、鲜红尖椒圈、老干妈酱放入油中煸香，下入肚尖，烹白醋，放大蒜叶迅速翻炒，加汤，勾水淀粉，淋香油，然后起锅。

要点：操作动作要快，否则肚尖会老韧，因此要做好准备工作才动手。

老干妈爆肚尖

原料：熟猪肚300克（七成熟），冬笋肉100克，香菇10克，红泡椒10克。

调料：油、盐、味精、鸡精、蚝油、胡椒粉、鲜汤、料酒、大蒜子、姜、葱段。

做法：

❶ 熟猪肚、冬笋切条，香菇切丝，红泡椒切丝，葱切段，姜切片。

❷ 锅内放油，烧热后下入姜、蒜，煸香后下肚条爆炒，至肚条干热时烹料酒，略炒，下冬笋，放盐、味精、鸡精、蚝油，拌炒入味后，放鲜汤，小火微焖至肚条酥烂汁浓时，撒胡椒粉，下入鲜红椒丝、香菇丝、葱段，淋少许尾油，出锅装入干锅内。

❸ 干锅肚条带浓汤，带火上桌。边吃边拌，越煮味越香浓。

要点：用七成熟的猪肚，烹时能更快酥烂。

干锅肚条

原料：蒜苗150克，卤小肚250克，鲜红泡椒50克。

调料：猪油、盐、味精、酱油、辣妹子辣酱、蚝油、水淀粉、鲜汤。

做法：

❶ 将蒜苗摘去花苞和老筋，洗净后切成3厘米长的段。

❷ 将卤小肚切成0.3厘米粗的条，将鲜红泡椒去蒂、去籽，洗净后也切成同样粗的丝。

❸ 锅内放猪油，下入蒜苗煸炒，放盐少许，待蒜苗外皮起泡时下入卤小肚、红椒丝一起煸炒，随后放盐、味精、酱油、辣妹子辣酱，放鲜汤略烹一下，再放入蚝油翻炒几下，勾芡粉，淋热猪油，即可出锅。

要点：此菜中卤小肚会回油，所以用油量要少些。放鲜汤烹一下，汤不要太多，否则会变成焖，蒜苗会泛黄。

蒜苗炒卤小肚

芸豆炖肚条

原料: 净生猪肚 500 克,芸豆 100 克。

调料: 猪油、盐、味精、胡椒粉、白糖、姜片、葱花、鲜汤。

做法:

① 将处理干净的生猪肚在沸水中焯过,放入高压锅中煮至半熟,捞出切成条状;芸豆洗净。

② 锅内放油,下姜片略煸,倒入鲜汤,下入肚条、芸豆,用大火烧开后改用小火将肚条炖烂,放入盐、味精、白糖,装碗,撒胡椒粉、葱花即成。

要点: 用小火炖时要保持汤水微开,炖出来的汤才会清亮。因芸豆吸收油,所以用油量略大。

猪肚炖红枣

原料: 净生猪肚 500 克,红枣 100 克。

调料: 熟猪油、盐、味精、胡椒粉、料酒、白糖、姜片、葱花、葱结、鲜汤。

做法:

① 将处理干净的生猪肚在沸水中焯过后,放入高压锅中煮至半熟,捞出后切成条状。

② 红枣用开水浸泡。

③ 沙罐中放入鲜汤,下入猪肚条、姜片、葱结、料酒,用大火烧开后改用小火,直至将肚条炖烂,再下入红枣,炖至红枣光亮熟糯即放盐、味精、白糖,试正味后装入汤碗中,撒胡椒粉、葱花,淋熟猪油即可。

要点: 一定不要先放盐。凡制作炖的菜品,若先放盐,会使原料难以炖烂,致使炖的时间过长,从而影响菜品质量。

墨鱼炖肚条

原料: 净生猪肚 500 克,墨鱼 150 克。

调料: 熟猪油、盐、味精、胡椒粉、料酒、食用纯碱、姜片、葱结、葱花、鲜汤。

做法:

① 将处理干净的生猪肚在沸水中焯过,放入高压锅中煮至半熟,捞出切成条。

② 墨鱼用温水(水中放食用纯碱)浸泡 30 分钟,然后清洗干净,切成粗丝。

③ 将肚条、墨鱼一同装入沙锅中,下入鲜汤,放姜片、葱结、料酒,用大火烧开后改用小火将猪肚条、墨鱼炖烂,然后放盐、味精调整味,撒胡椒粉、葱花,淋熟猪油即可。

要点: 墨鱼涨发方法见第 366 面"厨艺分享"。

原料： 豆腐干 3 片（约重 100 克），熏腊猪肠 150 克，芹菜 5 克，红椒圈 5 克。

调料： 植物油、盐、味精、鸡精、蒸鱼豉油、香油、红油。

做法：

❶ 将腊肠于温水中清洗干净，入笼蒸熟取出，放冷后切成丝，放蒸鱼豉油、味精、鸡精、香油、红油、芹菜、红椒圈拌匀。

❷ 将豆腐干切成片，整齐地码入盘边，淋少许油、盐、味精、鸡精，入笼蒸 8 分钟后取出，将拌后的腊肠丝放入盘中即可。

千页熏肠丝

原料： 熟肥肠 750 克，鲜红椒 30 克。

调料： 植物油、盐、味精、鸡精、酱油、辣妹子辣酱、蒸鱼豉油、料酒、白糖、香油、红油、整干椒、姜片、大蒜叶、鲜汤、香料（八角、桂皮、草果）。

做法：

❶ 将猪肥肠解切成条状，下入沸汤内，放料酒焯水去味，捞出沥尽水分。

❷ 锅内放油烧热，放整干椒、香料、姜片炒香后捞出，随即下入肥肠爆炒，烹料酒，放辣妹子辣酱、盐、味精、鸡精、白糖、酱油、蒸鱼豉油，上色入味后烹鲜汤，汤汁浓郁时下鲜红椒、大蒜叶，淋香油、红油，出锅盛入钵中。

锅白肥肠

原料： 鲜大肠 1500 克（净料 500 克），红椒圈 100 克。

调料： 植物油、盐、味精、鸡粉、料酒、醋、葱、姜、香料（胡椒、桂皮、八角、香叶、草果、整干椒）、蜜糖、石粉。

做法：

❶ 将大肠剪开，剔去肥油，刮去内外黏液，用盐、醋揉搓，用温水洗去污物，洗净后下入冷水锅，放料酒、葱、姜焯水，去除异味，放石粉抓匀腌制，再用清水洗净；蜜糖加水调匀。

❷ 用香料做好卤水，放盐、味精、鸡粉调好味后放入大肠煮透，再将煮好的熟大肠抹上蜜糖水，挂在风扇下吹干水分。

❸ 锅内放油烧至五六成热，放入大肠炸成金黄色，捞出沥油后切斜刀，在盘中摆成珊瑚状，将红椒圈放油、盐、味精、鸡粉炒入味后放入大肠中即可。

特点： 口味肥美，焦香适口。

九转大肠

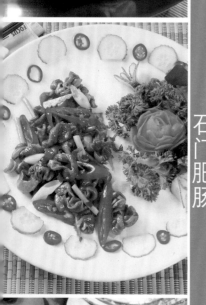

酸辣猪大肠

原料： 卤猪大肠 250 克，衡山米辣椒 100 克。

调料： 植物油、盐、味精、鸡精、辣妹子辣酱、白醋、白糖、香油、红油、大蒜叶。

做法：

① 将卤猪大肠切成丝。

② 净锅内放油，下入米辣椒炒熟，下入大肠，烹白醋，放盐、味精、鸡精、白糖、辣妹子辣酱拌炒入味后，淋香油、红油，放入大蒜叶，出锅盛入盘中。

石门肥肠

原料： 大肠 500 克，蒜苗 30 克，红椒 100 克，青蒜头 5 克。

调料： 植物油、盐、味精、料酒、豆瓣酱、花椒油、姜片、桂皮、八角。

做法：

① 将大肠刮洗干净，放入锅中，加水、料酒煮开，去异味；将蒜苗切段，红椒切片，青蒜头切段。

② 锅中换水烧开，下入大肠、桂皮、八角，将大肠煮至七成熟后捞出，放凉后解刀。

③ 锅内放油烧至七成热，下入大肠过油。

④ 锅内留少许底油，下入蒜苗、红椒、姜片煸炒，再下入大肠，放盐、味精、豆瓣酱拌炒入味，下入青蒜头拌匀，淋少许花椒油即可出锅。

臭豆腐干锅大肠头

原料： 臭豆腐 4 片，卤大肠头 250 克，洋葱片 50 克，红泡椒 50 克，青椒 50 克。

调料： 植物油、盐、味精、豆瓣酱、辣妹子辣酱、蚝油、料酒、红油、干椒段、姜片、大蒜叶（切段）、鲜汤。

做法：

① 将臭豆腐下入油锅中，炸至表皮起泡，捞出切成三角形。

② 将卤大肠斜切成片；将红泡椒、青椒切成滚刀块；将洋葱片垫在干锅内。

③ 锅内放油烧热，下入姜片、豆瓣酱、辣妹子辣酱和干椒段煸香，下入卤大肠煸炒至回油，放料酒、盐、味精、蚝油拌匀，倒鲜汤，烧开后下入臭豆腐，煮至回软时整锅倒入干锅中，淋红油，撒上青椒块、红椒块和大蒜叶即可。

要点： 肥肠的油浸入臭干子中，使之软糯。干锅菜都要垫洋葱，原因有三：一是带火上桌时不沾锅，二是香味四溢，三是洋葱本身的甜味使干锅菜更具特色。

原料：猪肥肠 500 克，青椒、红椒各 10 克，洋葱 10 克，大葱 5 克，白菜梗 10 克。

调料：植物油、精盐、味精、鸡精、辣酱、生姜、八角、草果、茴香、桂皮、红油、鲜汤。

做法：

❶ 将肥肠用面粉反复抓洗干净，除去臭味后，放入冷水锅内焯水，断生后捞出，晾凉后切成菱形片。将青椒、红椒、洋葱、大葱、生姜、白菜梗均切成片。

❷ 锅内放底油，烧热后下入肥肠、姜片，转用中火炒干水分，再下入香料（八角、草果、茴香、桂皮）炒香，加入青椒、红椒、洋葱、大葱、白菜梗，加入精盐、味精、鸡精、辣酱拌炒均匀，倒入鲜汤煨至肥肠入味、汤汁浓稠时，淋红油，出锅装入沙煲中，再移小火上烧开即可。

沙煲肥肠

原料：净肥肠 300 克（七成熟），鲜红椒 3 克，香芋 150 克。

调料：油、盐、味精、料酒、香料（八角、桂皮、草果、香叶、波扣）、白糖、香辣酱、红油、香油、鲜汤、水淀粉、干红椒段、姜片、葱结、葱段。

做法：

❶ 将净肥肠（超市有买）用沸水放料酒、葱结、姜片焯水除异味，洗净后用高压锅煮 5 分钟至七成熟。

❷ 将净肥肠切成条状，香芋切成与大肠同样大小的长形片，鲜红椒切成马蹄片。

❸ 锅内放油加热后下入姜片、干红椒段、葱结、香料炒香，下大肠爆炒，至大肠水干快出油时烹料酒，下入香芋一起拌炒，放盐、味精、白糖、料酒、香辣酱合炒，入味后放鲜汤 3 勺，焖至汤汁浓郁时去掉香料、葱结，勾水淀粉，淋红油、香油，撒鲜红椒、葱段，出锅装入钵中，移小火烧开即可。

要点：异味要去除干净，大肠要煨制烂软。

香芋肥肠钵

原料：净大肠 300 克（七成熟），红椒片 5 克。

调料：油、盐、味精、料酒、酱油、香料（八角、桂皮、山奈、草果、香叶、波扣）、白糖、鲜汤、红油、香油、水淀粉、红椒干、大蒜子、姜片、葱结、大蒜段。

做法：

❶ 将大肠切成斜刀大片，用沸水放料酒、葱结焯水除异味。

❷ 锅置旺火上，放油，热后下入姜片、干椒段、大蒜子及上述香料，炒出香味后，下入大肠，炒至大肠干时烹料酒拌炒，放盐、味精、白糖与酱油，上色入味后，放鲜汤稍焖 2 分钟，待大肠软烂、汁浓郁时去掉干椒、葱结、香料，勾水淀粉，放入红椒片，放红油、香油，撒大蒜段，出锅装盘。

要点：大肠加工方法见第 222 面"厨艺分享"。七成熟的大肠更易烧烂。

红烧猪大肠

老干妈蒸腊肠

原料：腊肠250克。

调料：味精、蚝油、蒜蓉、姜末、葱花、老干妈酱。

做法：

① 将腊肠洗干净，切成菱形块，放入蒸钵中。

② 取老干妈酱，放入蒜蓉、姜末、蚝油，拌匀后码放在腊肠上，上笼蒸15分钟即可出笼装盘，撒葱花上桌。

要点：腊肠一定要选用不含肠油的那一种，并且要去掉肠内的油络。

红油猪耳

原料：白猪耳尖250克（水发）。

调料：红油、精盐、味粉、鸡精、白糖、胡椒粉、蚝油、姜、香油。

做法：

① 将猪耳尖切薄片，用清水漂洗净，入沸水锅内焯水，再入冷水中过凉，捞出后沥干水，用干纱布吸干水分待用；姜切米。

② 将上述调料调匀，再拌入过凉后的猪耳尖，搅拌均匀即可装盘。

湘式爆猪舌

原料：猪舌400克，芹菜梗、红椒、青椒、香菜梗各10克。

调料：植物油、精盐、味精、鸡精粉、生抽、胡椒粉、香油、豆豉、蒜子、姜、水淀粉。

做法：

① 将猪舌洗净，入沸水锅内稍烫，刮去舌苔洗净，切成薄片，用精盐、味精、水淀粉上浆。

② 青椒、红椒、蒜子均切片，芹菜梗切段，姜切末。

③ 锅置旺火上，放入植物油，烧至五成热时下入猪舌，滑散断生后倒入漏勺沥油。

④ 锅内留底油，放入芹菜梗、青椒片、红椒片、蒜片、姜末炒香，再下入精盐、味精、鸡精粉、豆豉，翻炒至原料八成熟时，放入猪舌，加入生抽，炒拌均匀，再放入香菜梗、胡椒粉、香油，出锅装盘即可。

原料： 肉皮 250 克，青椒 150 克。

调料： 油、盐、味精、鸡精、鲜汤、香油、豆豉、姜米、蒜蓉。

做法：

❶ 肉皮煮烂（煮至筷子可插入），切成 3 厘米长的丝，青椒切圈。

❷ 锅内放油烧至八成热，下豆豉、姜米、蒜蓉煸香，下青椒，略炒，下肉皮同青椒一起翻炒，放盐、味精、鸡精，炒至青椒与肉皮发软，略加鲜汤，微焖，收干汤汁淋香油，出锅装盘。

要点： 肉皮一定要煮烂，汤一定要收干，肉皮才油糯。

青椒炒肉皮

原料： 肉皮 250 克，豆豉辣椒料（制法见第 181 面"厨艺分享"）50 克。

调料： 八角、料酒、葱结、姜片。

做法：

❶ 先将肉皮放入开水中（水中加入料酒、姜片、八角、葱结）煮至七分烂，捞出沥干水，冷却后切成约 3 厘米长的粗丝，放入蒸钵中。

❷ 将豆豉辣椒料码在肉皮上，上笼蒸 15 分钟，将豆豉辣椒料的味蒸入肉皮中即可。

要点： 不要选用猪背上的肉皮，这种肉皮老而不糯。肉皮蒸烂才口感软糯。

豆豉辣椒蒸肉皮

原料： 牛柳 150 克，苹果 2 个。

调料： 精盐、味精、酱油、蚝油、果酱、干淀粉。

做法：

❶ 将牛柳切成均匀的小丁，加入精盐、干淀粉上浆待用；苹果用雕刀雕成容器（苹果盅）；苹果肉切小丁。

❷ 锅置旺火上，放入植物油，烧至五成热时，放入牛柳和苹果丁滑油断生，倒入漏勺沥干油。

❸ 在牛柳、苹果丁中加入味精、酱油、蚝油和果酱拌匀入味，装入苹果盅中即可。

果酱牛柳盅

农家小炒黄牛肉

原料： 黄牛后腿肉250克，香菜150克，红尖椒100克。

调料： 油、盐、味精、嫩肉粉、劲霸牛肉汁、蚝油、水淀粉、鲜汤、红油、蒜蓉、姜米。

做法：

① 将黄牛肉去净筋膜，剁成粗颗粒，放盐、味精、嫩肉粉、牛肉汁、水淀粉、油腌制。

② 香菜洗净，切成2厘米长的段，红尖椒切圈。

③ 锅内放油500克，烧至八成热，下牛肉过油，沥净油。

④ 锅内留底油，下蒜蓉、姜米、红尖椒圈，放一点盐煸炒，然后下入牛肉、一半的香菜，放蚝油迅速翻炒，加鲜汤，勾芡，淋红油。

⑤ 盘底放留下的一半香菜，将成品装入盘中即可。

要点： 此菜为创新民间土菜，特点是牛肉不切片，而是剁成小颗粒，其目的是便于入味。劲霸牛肉汁如无，可不用。最好能用，以使牛肉香味浓郁。

金针菇炒牛肉丝

原料： 金针菇150克，牛里脊肉150克，鲜红椒10克。

调料： 植物油、盐、味精、蒜蓉香辣酱、永丰辣酱、水淀粉、嫩肉粉、香油、红油、葱段、姜丝。

做法：

① 将金针菇去蒂，去掉老的部分，清洗干净待用；将鲜红椒去蒂、去籽后洗净，切成丝。

② 将牛里脊肉切成丝，抓盐、嫩肉粉、水淀粉上浆入味，下入五成热油锅里滑油至熟，捞出沥油。

③ 锅内留少许底油，下入姜丝炒香，随后下入金针菇煸炒，放盐、味精、蒜蓉香辣酱、永丰辣酱调味，随即下入牛肉丝、红椒丝合炒，入味后淋香油、红油，撒葱段，出锅装入盘中。

🔵 相宜相克　　　牛肉

易使人体发燥上火　　　　　　　可保护胃黏膜

韭菜　✕　　土豆　✓

姜　✕　　洋葱　✓

牛肉

同食易上火　　　　　可延年益寿，强壮身体

🥄 厨艺分享　　　牛肉

◆ 要挑选有光泽、红色均匀且脂肪呈洁白或淡黄色的牛肉。冷冻起来存放是最合适的。

◆ 煮牛肉要等水烧热后再放入，不能直接放入冷水中煮，且水要一次加足，盐要迟放。烹调时放山楂、橘皮或茶叶可使牛肉易烂。

原料：牛肉 350 克，香菜 20 克，青椒、红椒各 15 克，鸡蛋 1 个。

调料：植物油、精盐、味精、蚝油、酱油、辣酱、红油、香油、姜、蒜子、嫩肉粉、水淀粉。

做法：

❶ 将牛肉剔去筋膜，切成 0.3 厘米见方的丁，用精盐、味精、酱油、嫩肉粉、鸡蛋清、水淀粉抓匀上浆；香菜洗净切末；

青椒、红椒洗净，去蒂、去籽后切米；蒜子、姜均切末。

❷ 锅置旺火上，放入植物油，烧至四成热时下入牛肉滑油，滑至八成熟时倒入漏勺沥油。

❸ 锅内留底油，下姜末、蒜末炒香，放（青、红）椒米，加精盐、味精煸炒至七成熟时，加入牛肉、蚝油、辣酱、红油继续煸炒至熟，勾芡，淋香油，撒上香菜末，出锅装盘即可。

香辣牛肉米

原料：黄牛后腿肉（去筋）300 克，芹菜梗 200 克。

调料：植物油、精盐、味精、鸡精粉、豆瓣酱、辣酱、料酒、红油、香油、姜、蒜子、葱、干椒粉、嫩肉粉、水淀粉、鲜汤。

做法：

❶ 将牛肉切成长 4 厘米、宽 2.5 厘米、厚 0.2 厘米的片，用精盐、料酒、浓水淀粉、嫩肉粉抓匀上浆，放植物油 2 克调匀。

❷ 芹菜梗洗净后切成长约 4 厘米的段，入锅内加精盐炒拌

断生，装入汤盘内垫底；姜、蒜均切成末，豆瓣酱剁细，葱切花。

❸ 锅置于旺火上，放入植物油，烧至五成热时下入牛肉片滑散断生，倒入漏勺沥油，再盖在芹菜梗上。

❹ 锅内留底油，下姜末、蒜末、干椒粉、豆瓣酱、辣酱炒香，加入适量精盐、味精、鸡精粉、鲜汤，鲜汤烧沸后撇去浮沫，用水淀粉勾芡，浇在牛肉片上，撒上葱花，再淋上烧热的香油、红油即可。

富菜嫩牛肉片

原料：牛里脊肉 300 克，苦瓜 250 克，尖红椒 25 克。

调料：植物油、精盐、味精、酱油、香油、红油、蒜子、葱、嫩肉粉、水淀粉。

做法：

❶ 将牛肉剔去筋膜，切成 4 厘米长、3 厘米宽、0.2 厘米厚的片，用精盐、酱油、嫩肉粉、浓水淀粉上浆，放油 2 克调匀。

❷ 苦瓜去籽后切片，在沸水中

烫至断生后捞出，沥干水分；尖红椒切圈，蒜子切片，葱切段。

❸ 锅置旺火上，放入植物油，烧至四成热时下入牛肉滑散至断生，倒入漏勺沥油。

❹ 锅内留底油，下尖红椒、蒜片炒香，再放入苦瓜、精盐、味精炒匀，加入牛肉、红油，勾芡，撒葱段，淋香油，出锅装盘即可。

苦瓜炒牛肉

冬菜豌豆牛肉米

原料：豌豆150克，排冬菜25克，牛肉泥50克。

调料：植物油、盐、味精、辣妹子辣酱、香油、红油。

做法：

① 将豌豆清洗干净，沥干水；将排冬菜洗净切碎，挤干水；将牛肉洗净后剁成泥。

② 净锅置旺火上，放少许植物油烧热，下入豌豆爆炒，放少许盐，待豌豆皮起泡、入味后下入排冬菜，拌炒入味后出锅盛入碗中。

③ 锅内放油烧热，下入牛肉末拌炒至熟后放辣妹子辣酱、盐、味精，随即倒入豌豆与排冬菜一起合炒入味，淋香油、红油，拌匀后出锅装入盘中。

茭瓜牛肉丝

原料：茭瓜150克，牛肉100克，红椒1个。

调料：猪油、盐、味精、酱油、料酒、水淀粉、葱段、香油、红油、嫩肉粉。

做法：

① 将茭瓜去蒂、去皮，切成韭菜叶形；将红椒去蒂、去籽后洗净，切成丝；将牛肉切成0.5厘米厚的片，再切成3厘米长的丝，用料酒、盐、味精、嫩肉粉和水淀粉抓匀、上浆入味，再淋入少许植物油抓匀。

② 锅置旺火上，放猪油，烧至六成热，倒入牛肉丝滑油至熟，倒入漏勺中沥尽油。

③ 锅内留底油，下入茭瓜丝拌炒，放盐、味精、酱油调味，下入牛肉丝翻炒，入味后放入红椒丝、葱段，淋香油、红油，出锅装盘。

要点：茭瓜如果切丝，则四方同样厚，不易透油入味；而切成韭菜叶形，则易于入味。

香菜熘牛柳

原料：香菜200克，牛里脊肉150克，鲜青椒、鲜红椒各25克。

调料：植物油、盐、味精、辣妹子辣酱、蚝油、料酒、水淀粉、香油、姜丝、蒜蓉。

做法：

① 将香菜择洗干净，切成2厘米长的段；将鲜青椒、鲜红椒去蒂、去籽后洗净，切成丝；将牛里脊切成0.2厘米厚、3厘米长的丝，用盐、料酒、水淀粉上浆入味，放少许油抓匀。

② 锅置旺火上，放油烧至六成热，将牛里脊肉丝倒入锅中滑油至熟，捞出沥尽油。

③ 锅内留底油，烧热后下入姜丝、蒜蓉、青椒丝、红椒丝、牛里脊肉丝，放盐、味精、蚝油、辣妹子辣酱拌炒入味后，下入香菜翻炒均匀，淋香油，出锅装入盘中。

原料：花菜 400 克，新鲜牛肉 150 克。

调料：猪油、盐、味精、鸡精、酱油、豆瓣酱、蒜蓉香辣酱、料酒、蚝油、干椒段、姜末、蒜蓉、大蒜叶、鲜汤。

做法：

❶ 将花菜顺枝切成小朵，洗干净。

❷ 将牛肉洗净后剁碎，放料酒、盐少许、味精少许、酱油少许拌匀，腌制一下。

❸ 锅内放猪油，下入姜末、蒜蓉煸香，再放入干椒段、豆瓣酱、蒜蓉香辣酱炒香，下入牛肉末炒散后下入花菜一同炒，放盐、味精、鸡精、酱油、蚝油一同翻炒，同时放鲜汤适量，翻炒至花菜九成熟时放入大蒜叶，炒熟后即可出锅装盘。

要点：花菜炒至九成熟即可，花菜太熟就会软绵绵的，没有嚼劲。

花菜烧牛肉末

原料：净牛肉 300 克，孜然 10 克。

调料：油、盐、味精、料酒、白糖、嫩肉粉、水淀粉、红油、香油、姜米、蒜蓉、干椒段、葱花。

做法：

❶ 将牛肉切成片，放盐、味精、料酒、嫩肉粉、水淀粉上浆，入味后拌少许清油（过油时不会粘连，容易散开，保持牛肉鲜嫩），然后下入七成热油锅里过油至熟，捞出沥净油。

❷ 锅内留底油，下入姜米、蒜蓉、干椒段、孜然，再将盐、味精、白糖炒香后下入牛肉翻炒均匀，淋香油、红油，撒葱花，出锅装盘。

要点：牛肉上浆后要放少许油，才不会粘连，且容易散开；烹调时要使孜然、姜米、蒜蓉裹在牛肉上。炒此菜动作要快，以免牛肉炒老。

孜然牛肉

原料：瘦牛肉 150 克，鲜青椒、鲜红椒各 5 克，熟芝麻 10 克，牙签 20 根。

调料：植物油、精盐、味精、白糖、孜然粉、蒜米、姜米、水淀粉、红油、香油。

做法：

❶ 将牛肉切成 0.2 厘米厚的薄片，用精盐、味精、水淀粉上浆，再串在牙签上。

❷ 将鲜青椒、鲜红椒去蒂、去籽后切粒。

❸ 锅置旺火上，放油烧至六成热，下入牛肉过油至熟，倒入漏勺中沥油。

❹ 锅内留底油，下入蒜米、姜米、孜然粉、青椒、红椒炒香，随即下入牛肉，放入精盐、味精、白糖调好味，拌炒均匀入味后勾芡，撒上熟芝麻，淋上红油、香油，出锅装入盘中。

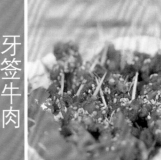

牙签牛肉

湘式牛肉排

原料： 瘦牛肉250克，面包糠200克（实用100克），鸡蛋1个。

调料： 植物油、精盐、味精、十三香、番茄酱、油辣酱、水淀粉。

做法：

① 将牛肉切成0.2厘米厚的薄片，用精盐、味精、十三香、水淀粉上浆入味，腌制15分钟。

② 将鸡蛋磕入碗中，加入少量水淀粉一起搅匀。

③ 将牛肉片均匀地裹上蛋液，再沾上面包糠，下入五成热油锅内浸炸至色泽金黄、肉质酥香时，捞出沥干油，再切成1.5厘米宽的条，整齐地摆入盘中。

④ 分别将番茄酱、油辣酱放在两个味碟内，随牛肉一起上桌，食牛肉时蘸酱即可。

洋葱咖喱牛肉

原料： 瘦牛肉150克，洋葱20克，红辣椒10克。

调料： 植物油、精盐、味精、咖喱粉、白糖、姜、香葱、水淀粉。

做法：

① 将牛肉切成0.2厘米厚的薄片，用精盐、水淀粉上浆。

② 将洋葱、红辣椒、姜均改切成菱形片，香葱切段。

③ 锅置旺火上，放油烧至五成热，下入牛肉片滑油断生，倒入漏勺中沥油。

④ 锅内留底油，下入姜片、洋葱片、红椒片略炒，随即下入牛肉，放入精盐、味精、白糖、咖喱粉调好味，翻炒均匀入味后勾芡，撒上葱段，出锅装入盘中。

三湘泡焖牛肉

原料： 瘦牛肉400克，泡菜、泡姜、泡辣椒各30克，鸡蛋1个。

调料： 植物油、野山椒汁、精盐、味精、鸡精粉、白糖、胡椒粉、料酒、牛肉酱、酱油、蒜末、葱段、姜、红油、香油、水淀粉、嫩肉粉、鲜汤。

做法：

① 将牛肉剔去筋膜，切成薄片，用葱、姜、料酒汁腌渍10分钟，加精盐、蛋清、水淀粉、嫩肉粉、酱油、野山椒汁抓匀上浆，放油2克调匀；泡菜、泡姜、泡辣椒切成小丁。

② 锅内放植物油烧至五成热，下入牛肉滑油，断生后捞出。

③ 锅内留底油，下蒜末炒香，放泡菜、泡姜、泡辣椒丁煸炒，再加入精盐、味精、鸡精粉、白糖、牛肉酱炒拌均匀，倒入鲜汤烧开，撇去浮沫，放入牛肉，转用小火煨至汤汁浓稠，淋上红油、香油，撒上葱段、胡椒粉，装入汤盘即可。

原料：卤牛肉300克，香菜20克，熟芝麻30克。

调料：油、盐、味精、香辣酱、香油、红油、蒜蓉、葱花、干椒段、姜米、鲜汤。

做法：

❶ 将卤牛肉切成片，入六成热油锅，炸酥后倒入漏勺沥净油。

❷ 香菜择洗干净切成段，放入盘中。

❸ 锅内放少许底油，下入干椒段、姜米、蒜蓉炒香，放盐、味精、香辣酱、红油拌炒，加鲜汤调匀后速下入炸好的牛肉一起拌炒均匀，撒下熟芝麻、葱花，淋香油，出锅装盘。

要点：切牛肉厚薄要均匀，入油锅要炸酥。

香辣卤牛肉

原料：卤牛肉400克，茶树菇50克。

调料：植物油、精盐、味精、蚝油、辣酱、酱油、整干椒、姜、葱、胡椒粉、红油、香油、鲜汤。

做法：

❶ 将卤牛肉沿纹路撕成细丝；茶树菇去蒂取梗，洗净泡发，下锅炒干水汽；整干椒切丝，姜切丝，葱切段。

❷ 锅置旺火上，放入植物油，下入姜丝煸香，再放入牛肉丝、干椒丝炒拌均匀，加入精盐、味精、酱油、蚝油、辣酱、鲜汤，用旺火烧沸后撇去浮沫，加入茶树菇，转用小火烧透入味，淋上香油、红油，撒上胡椒粉、葱段，出锅装入钵内即可。

手撕牛肉

原料：牛肉500克，土豆250克。

调料：盐、味精、鸡精、整干椒、葱花、葱结、姜片、鲜汤、八角、桂皮、草果。

做法：

❶ 将牛肉切成2厘米厚的块，土豆刨皮、洗净后切成4厘米大小的块。

❷ 锅内放水烧开，将牛肉放入锅中焯水，捞出后用清水洗去血沫。

❸ 将土豆放入沸水锅中煮至七成熟，捞出沥干水。

❹ 将牛肉放入大沙罐中，再放入姜片、葱结、八角、桂皮、草果、整干椒，倒入鲜汤（以没过牛肉略高一点为度），上大火烧开后改用中小火煨炖至牛肉酥烂、汤味浓郁，用筷子夹出香料，下入土豆，放盐、味精、鸡精再次煨炖至土豆入味，撒葱花，装盘上桌。

要点：也可用牛腩代替牛肉。

土豆烧牛肉

牛肝菌煨牛肉

原料：牛肝菌 150 克，牛肉 250 克，尖青椒 20 克，尖红椒 20 克，青蒜 20 克。

调料：植物油、精盐、味精、白糖、鸡精粉、胡椒粉、整干椒、蒜子、桂皮、鲜汤。

做法：

❶ 将牛肉切成 5 厘米长、3 厘米宽、0.2 厘米厚的片，牛肝菌清洗干净，青蒜切成 3 厘米长的斜段，尖青椒、尖红椒切成圈，蒜子切成片。

❷ 锅置旺火上，放入植物油，烧至五成熟时加入桂皮、整干椒、蒜片炒出香味，再下入青椒圈、红椒圈、牛肉片炒散，倒入鲜汤，用小火煨至软烂，加入牛肝菌、精盐、味精、白糖、鸡精粉、胡椒粉，继续用小火煨至入味，再旺火收浓汤汁，放入青蒜叶，出锅装盘即成。

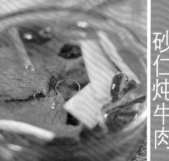

砂仁炖牛肉

原料：牛里脊肉 600 克，砂仁 10 克。

调料：精盐、味精、鸡精粉、胡椒粉、料酒、姜、葱、桂皮、陈皮、甘草、鲜汤。

做法：

❶ 将牛肉块入冷水锅内煮熟，去除血污后捞出，沥干水分；砂仁拍破，陈皮、桂皮掰成 2 厘米见方的小块，甘草洗净，姜切片；10 克葱挽结，5 克葱切段。

❷ 将煮熟的牛肉块切成 3 厘米长、2 厘米宽、0.2 厘米厚的片，与砂仁、调料（除胡椒粉）一起放入罐内，盖好盖，封好锡纸，放入大罐中，生上炭火煨制 2 小时，取出后去掉葱结，撒上胡椒粉、葱段即可。

要点：砂仁是中医常用的一味芳香性药材，主要作用于人体的胃、肾和脾，能够行气调味、和胃醒脾。

芋头炖牛肉

原料：牛肉 200 克，芋头 250 克。

调料：猪油、盐、味精、鸡精、整干椒、葱花、姜片、鲜汤、八角、桂皮。

做法：

❶ 戴上一次性手套，将芋头清洗干净，放入沙罐中，倒入清水，上火煮熟后捞出剥皮，切成块。

❷ 将牛肉洗净后切成 2 厘米厚的块，放入开水锅中焯水后捞出，用水洗去血沫，沥干水。

❸ 将牛肉放入大沙罐中，放入姜片、八角、桂皮、整干椒，倒入鲜汤（以淹没牛肉为度），用大火烧开，再用中小火煨炖至牛肉酥烂时下入芋头一起煨炖，煨至汤汁浓郁时夹去姜片、八角、桂皮、整干椒，放盐、味精、鸡精调味，淋少许熟猪油，撒葱花，原罐上桌。

要点：洗芋头的注意事项见第 93 面"厨艺分享"。

原料：牛肝菌200克，牛肉250克。

调料：植物油、盐、味精、蒜蓉香辣酱、永丰辣酱、蚝油、料酒、白糖、香油、红油、整干椒、葱结、姜片、蒜粒、鲜汤、香料（八角、桂皮、草果、波扣、香叶、花椒）。

做法：

① 将牛肝菌用温水泡发，去蒂、洗净，挤干水分。

② 锅内放水烧开，将牛肉洗净后切成0.5厘米厚的块，放入锅中焯水后捞出，沥干水分。

③ 锅置旺火上，放植物油烧至六成热，下入姜片、整干椒、葱结、蒜粒、香料，煸炒出香味时，随即下入牛肉，放蒜蓉香辣酱、永丰辣酱，烹料酒，放盐、味精、蚝油、白糖煸炒入味后，放鲜汤，煨至牛肉七成烂时放入牛肝菌一起拌炒，待汤汁浓郁时去掉香料与整干椒，淋红油、香油，出锅盛入大盆中。

湘辣双牛

原料：西红柿250克，番茄沙司10克，牛腿肉150克，鸡蛋1个（取蛋清），水发香菇50克。

调料：植物油、盐、味精、鸡精、蒸鱼豉油、白醋、水淀粉、白糖、葱段、姜末、蒜蓉、鲜汤。

做法：

① 将西红柿洗净，切成橘瓣形；将水发香菇去蒂，洗净。

② 将牛肉切成薄片，漂去血水，挤干水分，用鸡蛋清、盐、味精、稠水淀粉抓匀，上浆。

③ 锅内放植物油烧至六成热，下入浆好的牛肉，用筷子拨散，倒入漏勺沥干油。

④ 锅内留底油，下入姜末、蒜蓉煸香，再下入西红柿和水发香菇，炒热后放入鲜汤，烧开后倒入番茄沙司，放盐、味精、鸡精、白糖、白醋、蒸鱼豉油，然后下入牛肉，试好味后出锅倒入窝盘，撒上葱段即可。

要点：牛肉切的片可大一点。

西红柿烩牛柳

原料：干腊牛肉300克，鲜红椒100克。

调料：植物油、盐、味精、鸡精、料酒、白糖、香油、红油、大蒜叶、鲜汤。

做法：

① 将腊牛肉于笼内蒸20分钟，熟后取出后切成片；鲜红椒切圈。

② 锅内放油，下入牛肉煸炒，随即下入鲜红椒，烹料酒，放盐、味精、鸡精、白糖一起拌炒，入味后放鲜汤稍焖一下，放大蒜叶，淋红油、香油，出锅装盘。

腊牛肉

麻辣牛肉干

原料：卤牛肉 500 克，芝麻仁 3 克。

调料：植物油、盐、味精、詹王鸡粉、白糖、料酒、蒜末、姜末、葱花、整干椒、花椒油、花椒粉、胡椒粉、香油、红油、蚝油。

做法：

① 将卤牛肉切成薄片，整干椒切节。

② 锅置旺火上，放油烧至六成热，下入牛肉片炸至微焦，倒入漏勺沥干油。

③ 锅内留底油，将干椒节下锅煸香，然后放入盐、味精、詹王鸡粉、白糖、蒜末、姜末、花椒粉、胡椒粉、红油、蚝油，炒匀后将牛肉干放入锅内翻炒均匀，再烹入料酒，收干汤汁，撒上芝麻仁、葱花，淋上花椒油、香油，出锅装盘即可。

巴掌牛肉钵子

原料：牛五花肉 1500 克，青尖椒圈、红尖椒圈各 10 克。

调料：茶油、盐、味精、料酒、豆瓣酱、大蒜叶段、老姜、桂皮、白芷、鲜汤。

做法：

① 将牛五花肉加水煮至八成熟，捞出放凉后切成大片。

② 锅内放茶油烧热，放老姜、桂皮、白芷煸香后下入牛肉，烹入料酒，放盐、味精、豆瓣酱拌炒入味，倒入鲜汤（以略淹过牛肉为度），用大火烧开后改用小火煨炖，待牛肉酥烂、汤汁浓稠时夹出桂皮、白芷，下入青尖椒圈、红尖椒圈、大蒜叶段即可出锅。

藕香牛肉丸

原料：牛里脊肉 300 克，白莲藕 150 克，西兰花 250 克，米花 20 克，鸡蛋 2 个，红椒片 3 克。

调料：植物油、盐、味精、干淀粉、葱花、姜片、鲜汤。

做法：

① 将牛里脊肉用刀背剁成泥，藕切成小米粒状。

② 将肉泥、藕粒放入大碗中，拌入米花，打入鸡蛋，倒入干淀粉，搅匀后放盐、味精调味，打发后挤成肉丸。

③ 锅中放油烧至六成热，下入牛肉丸炸熟，捞出沥尽油。

④ 锅内倒入鲜汤，烧开后下入牛肉丸、红椒片、姜片，煨焖至汤汁收干，装盘后撒上葱花。

⑤ 将西兰花解刀，放入沸水锅中，放少许油、盐，焯水后捞出围入盘边。

原料：新鲜牛百叶 500 克，黄瓜皮 100 克，香菜 3 克。

调料：香辣酱、陈醋、精盐、味精、白糖、香油。

做法：

① 将新鲜牛百叶洗净，放入热水中焯 3 分钟，捞出后切成长丝；黄瓜皮切丝，备用。

② 将精盐、味精、白糖、香油同牛百叶一起拌匀入味。

③ 在盘中倒入香辣酱、陈醋，在盘中央放上黄瓜丝，再盖上入好味的牛百叶，用香菜点缀装盘，食用时拌匀即可。

辣酱生百叶

原料：净牛百叶 300 克，酸包菜丝 100 克，辣椒丝 50 克。

调料：油、盐、味精、鸡精、香油、红油。

做法：

① 牛百叶切成细丝。

② 锅内放油，烧至八成热后，下牛百叶爆炒，放盐、味精、鸡精，拌炒入味后出锅。

③ 锅内留底油，下酸包菜丝、辣椒丝，稍微放点盐拌炒，再下牛百叶一起合炒，入味后淋上红油、香油，出锅装盘。

要点：牛百叶不能炒得过老。酸包菜的自制方法见第 41 面"厨艺分享"。

酸包菜炒牛百叶

养生堂　牛百叶

牛百叶含蛋白质、脂肪、钙、磷、铁、硫胺素、核黄素、烟酸等，具有补益脾胃、补气养血、补虚益精、消渴、治风眩之功效，适宜于病后虚羸、气血不足、营养不良、脾胃薄弱之人。

厨艺分享　炖菜要迟调味

◆ 炖牛肉、牛腩、牛肚时，未炖烂时不要调味，否则会延长牛腩炖烂的时间，且成品不好看。炖烂的标准是既能用筷子整块夹起，又能用筷子戳入。

◆ 凡制作炖的菜品，若先放盐，会使原料难以炖烂，致使炖的时间过长，从而影响菜品质量。

泰汁白玉肚

原料： 金钱肚 200 克，西生菜 20 克。

调料： 冷式泰汁、香葱、姜。

做法：

❶ 将香葱挽结，姜拍破；将金钱肚洗净，放入清水锅中，加入葱结、姜块煮至熟软后捞出，晾凉后切成条。

❷ 将西生菜切丝，入盘中垫底。

❸ 在金钱肚条中加入冷式泰汁拌匀后，摆入垫有西生菜丝的盘中即可。

红焖牛肚

原料： 牛大肚 500 克，红尖椒圈 100 克。

调料： 油、盐、味精、蚝油、酱油、辣妹子酱、料酒、八角、桂皮、整干椒、姜片、葱花、鲜汤。

做法：

❶ 将牛大肚在水中煮至八成烂（水中下八角、桂皮、整干椒、料酒），捞出后用斜刀切成 7 厘米长的片。

❷ 锅内放油，烧至八成热，下姜片煸香，下入红尖椒圈、牛肚煸炒，放盐、味精、蚝油、酱油、辣妹子酱，同时烹入料酒，然后下入鲜汤，用小火将牛肚焖烂。待汤汁浓郁时，即可撒葱花出锅装盘。

要点： 先煮牛肚时，一定要煮到八九成烂，再去烹制才容易焖烂入味。

牛腩煲

原料： 牛腩 500 克，香菇 30 克（泡发），青椒、红椒各 25 克。

调料： 植物油、精盐、味精、豆瓣酱、酱油、料酒、姜块、葱、蒜子、八角、桂皮、整干椒、红油、香油、鲜汤。

做法：

❶ 将牛腩洗净，入冷水锅内焯水后捞出，沥干水分，切成块；香菇去蒂，切成两半；青椒、红椒去蒂、去籽，切成菱形片；蒜子去蒂，入五成热油锅内稍炸后捞出，沥干油；取 15 克葱挽结，5 克葱切段。

❷ 锅置旺火上，放入植物油，下入姜块、豆瓣酱、八角、桂皮炒香，再下入牛腩、料酒，炒干水汽后加入精盐、味精、酱油、整干椒、鲜汤，用旺火烧开后撇去浮沫，放入葱结，转用小火煨至牛腩八成烂时夹出八角、桂皮、姜块、葱结，加入香菇、青椒、红椒、蒜子烧透入味，再转用旺火收浓汤汁，淋香油、红油，撒上葱段，装入煲内烧热即可。

原料： 牛腩 400 克，米豆腐 150 克，香菇 3 克，红尖椒 3 个。

调料： 油、盐、味精、料酒、八角、桂皮、草果、良姜、波扣、香叶、豆瓣酱、辣妹子酱、白糖、姜片、葱结、干椒段、鲜汤。

做法：

❶ 将牛腩煮透，煮时，加入上述香辛料，然后切成 1.5 厘米见方的坨。米豆腐切成同样大小的坨，焯水后备用。

❷ 锅内放油，下姜片、干椒段、香料煸香，下入豆瓣酱、辣妹子酱煸香，再下入牛腩一同煸炒，至水分收干，烹料酒，下白糖、葱结，下鲜汤，用小火将牛腩煨烂，放盐、味精，下入米豆腐、香菇米一同煨至汤汁收浓即可。

要点： 一定要先将牛腩煨烂后才能下米豆腐。

米豆腐烧牛腩

原料： 黄牛牛腩 750 克，鲜尖椒 1 个。

调料： 油、盐、味精、白糖、八角、桂皮、料酒、胡椒粉、整干椒、姜片、葱花。

做法：

❶ 将牛腩先焯水，然后加水煮熟（水中放八角、桂皮、整干椒 2 个、料酒 2 毫升），捞出切成骨牌块（煮牛腩的汤水留下沉清，备用；八角、桂皮捞出待用）。

❷ 锅内放油，下姜片、八角、桂皮、整干椒 3 个煸香，再下牛腩块一同煸炒，等水分收干即烹入料酒 2 毫升，下入沉清的牛肉汤（沉渣千万不要），放入鲜尖椒，用小火将牛腩炖烂，放盐、味精、白糖调味，略炖后即可撒胡椒粉、葱花出锅。

要点： 清炖牛腩既少油又不硬。炖牛腩不可先放盐，否则不容易炖烂。煮牛腩的汤留下，是为了使炖出的牛肉汤保持原汁原味。

清炖牛腩

原料： 黄牛牛腩 750 克，花生米 100 克，鲜尖椒 1 个。

调料： 油、盐、味精、八角、桂皮、料酒、白糖、整干椒、姜片、葱结。

做法：

❶ 先将牛腩焯水捞出，炖烂（牛腩炖烂的方法见"清炖牛腩"），捞出切成骨牌块。

❷ 锅内放油，下入姜片、八角、桂皮、整干椒 3 个煸香，再下牛腩一同煸炒，等收干水分后，烹入料酒 2 毫升，然后倒入沉清的牛腩汤，放花生米、鲜尖椒、葱结，用小火煨炖至牛腩熟烂时捞出八角、桂皮、整干椒，再放盐、味精、白糖调味，用中火略微烧开即可。

花生米炖牛腩

红烧牛蹄筋

原料： 牛蹄筋 500 克，鲜红椒 3 克，冬笋 10 克，香菇 5 克。

调料： 油、盐、味精、料酒、八角、桂皮、良姜、草果、波扣、香叶、糖色、酱油、鲜汤、水淀粉、姜片、干红椒、葱结、葱段、大蒜子。

做法：

❶ 将牛蹄筋放入水中，下入盐、所有香料、糖色、酱油、料酒、干红椒、葱结，煮烂牛蹄筋，然后按牛筋自然的筋路切成长 5 厘米、粗 1 厘米的条。

❷ 将冬笋、香菇、鲜红椒切成与牛蹄筋相匹配的条。

❸ 锅内放油，下入姜片煸香，再下入冬笋、鲜红椒、香菇，调准盐、味精，下牛蹄筋一同翻炒，下蒜子，加鲜汤烧焖，使汤汁收浓，勾芡，撒葱段淋尾油即成。

要点： 牛蹄筋一定要先煮烂。煮牛蹄筋时就可调味，此种方法也可叫卤制。

乾隆枕前御膳汤

原料： 黄牛鞭 4 根，猪肘肉 300 克（或猪脚 1 只），土母鸡肉 500 克，枸杞 3 克。

调料： 盐、料酒、胡椒粉、冰糖、白醋、葱结、姜、整干椒、花椒、人参、肉苁蓉、巴戟天、菟丝子。

做法：

❶ 将肉苁蓉、巴戟天、菟丝子洗净，用纱布包好，放入碗中；人参洗净，与姜片一起放入另一碗中。在 2 个碗中加水，上笼蒸至出药味，取出待用。

❷ 在大沙锅内放入竹底垫；将猪肘肉刮洗干净，与鸡肉一起砍成大块，焯水后洗净血沫，放在沙锅内的竹底垫上，加入料酒、葱、姜、整干椒和清水 1500 克，烧开后撇去泡沫，煮成浓汤，过滤汤汁待用。

❸ 将牛鞭用温水清洗干净，横切成段，再纵切成长条，剖开时刮去白膜及杂质，加盐与醋揉搓，用清水冲洗干净后，放入冷水中烧开煮过，再洗去膻腥气味，然后放入绿釉钵内加料酒、葱结、姜、猪肘、盐、冰糖和花椒，上笼蒸至八成烂后取出，去掉葱姜，再放入蒸好的药汤与人参的原汁，改用小火煨炖至牛鞭酥烂，撒枸杞和胡椒粉即成。

葱爆羊肉

原料： 羊后腿瘦肉 250 克，大葱 250 克，鸡蛋 1 个。

调料： 植物油、盐、味精、鸡精、蚝油、料酒、干淀粉、红油、姜片、嫩肉粉、甜面酱。

做法：

❶ 将羊肉洗净后切成薄片，用料酒、鸡蛋清、嫩肉粉、盐、味精、干淀粉抓匀腌制，待用。

❷ 将大葱剥洗干净，剖开切成 6 厘米长的段。

❸ 锅置旺火上，放植物油烧至六成热，下入腌制好的羊肉，用筷子拨散后，出锅倒入漏勺沥干油。

❹ 锅内留底油，下姜片煸香，下入大葱，放盐、味精、鸡精、蚝油、甜面酱翻炒，再下羊肉合炒，淋红油，即可出锅装盘。

要点： 大葱炒到八成熟时即可出锅，不要炒至颜色发黑。此菜中的羊肉也可换成牛肉来制作。

原料：嫩黑山羊肉 300 克（7千克以下的仔羊），香菜 20 克，红尖椒圈 10 克。

调料：油、盐、味精、料酒、生抽、辣妹子辣酱、嫩肉粉、水淀粉、红油、香油、姜米、蒜蓉。

做法：

❶ 将羊肉切成薄片，放盐、味精、料酒、嫩肉粉、水淀粉上浆，入味后下入八成热油锅过油至熟，倒入漏勺沥净油。

❷ 锅内留少许底油，下入姜米、蒜蓉、红尖椒圈拌炒，放盐、味精、辣酱、辣妹子辣酱、生抽炒匀，然后下入羊肉一起合炒，入味后勾水淀粉，淋红油、香油，出锅装入垫有香菜的盘中。

要点：热油、旺火、快炒。

小炒黑山羊

原料：嫩羊肉 150 克，干茶树菇 200 克，青椒、红椒各 5 克。

调料：植物油、盐、味精、蒜蓉香辣酱、辣妹子辣酱、蚝油、料酒、水淀粉、白糖、香油、红油、干椒段、葱段、姜片、蒜片、鲜汤。

做法：

❶ 将干茶树菇去蒂，用清水泡发后再挤干水分，切成 6 厘米长的段待用。

❷ 将羊肉、青椒、红椒洗净后切成菱形片。

❸ 净锅置旺火上，放植物油烧至五成热，下入姜片、干椒段、蒜片煸香，随即下羊肉片、茶树菇一起煸炒，放盐、味精、白糖，烹料酒，放蚝油、蒜蓉香辣酱、辣妹子辣酱，拌炒入味后放鲜汤略焖一下，待汤汁浓郁时放入青椒片、红椒片、葱段，拌炒均匀后，淋红油、香油，勾水淀粉，出锅装入盘中。

要点：茶树菇先用温水泡软，易嚼动。

小片羊肉烧茶树菇

🖤 相宜相克　　　　　　　　羊肉

易引起胸闷　　　　　　　互相冲突、降低营养价值

梅干菜　✕　　　　　✕　牛肉

羊肉

白醋　✕　　　　　✕　田螺

互相抵触，降低营养价值　　易引起肠胃不适、腹痛腹胀

✳ 养生堂　　　　　　　　羊肉

◆ 可促进血液循环、增强御寒能力、帮助消化，可辅助治疗产后贫血、肺结核等。

◆ 吃羊肉时不宜吃醋；不可与荞面、西瓜同食，以免伤元气；忌田螺。

◆ 患有肝病、高血压、急性肠炎或其他感染性疾病的人士以及孕妇不宜吃。

小笼黑山羊

原料： 嫩黑山羊肉750克，荷叶1张。

调料： 植物油、精盐、味精、白糖、酱油、鸡精粉、胡椒粉、辣酱、剁椒、蒜子、花椒粉、豆豉、葱、姜、料酒、红油、香油、嫩肉粉、水淀粉。

做法：

① 将荷叶去蒂，修成与蒸笼大小相等的圆形垫于笼内；10克葱挽结，姜拍破，与料酒对成汁；5克葱切花，蒜剁成茸。

② 将羊肉剔去筋膜，切成4厘米长、3厘米宽、0.2厘米厚的片，用精盐、味精、鸡精粉、花椒粉、蒜蓉、豆豉、剁椒、白糖、酱油、红油、辣酱和葱姜料酒汁腌制25分钟，然后用水淀粉、嫩肉粉上浆。

③ 将黑山羊肉整齐地码放入蒸笼内，用旺火蒸20分钟，然后将蒸笼置于盘上，淋上烧热的植物油、香油，撒上葱花、胡椒粉即可。

要点： 浏阳黑山羊在中国香港、中国澳门以及东南亚等国家和地区被称作"补羊"，深受消费者喜爱。

芙蓉羊排

原料： 羊肉150克，鸡蛋1个，芝麻10克。

调料： 植物油、精盐、味精、鸡精、白糖、料酒、胡椒粉、五香粉、面粉、干淀粉、八角、花椒、整干椒、香油、雪花蛋泡糊（制法见"烹饪基础"）。

做法：

① 锅内倒入清水，放入羊肉、八角、花椒、整干椒、精盐、味精、鸡精、白糖、料酒、五香粉，煮至羊肉八成熟后将其捞出，改切成羊肉丝。

② 在碗内打入鸡蛋，加入适量面粉、干淀粉搅匀，放入精盐、味精、胡椒粉调味，再放入羊肉丝一起拌匀。

③ 在盘底抹油，将羊肉丝均匀地摆放在盘中，使之呈圆形，再下入六成热油锅内，炸至色泽金黄、外焦内酥后捞出。

④ 将雪花蛋泡糊均匀地抹在炸好的羊肉饼上，撒上芝麻，再下入六成热油锅内浸炸至熟，捞出后沥干油，切成1厘米宽的条，整齐地摆入盘内。

⑤ 将香油烧热，淋在羊肉上即可。

小米辣烧羊肉

原料： 羊肉600克，胡萝卜1个，小米椒15克，鲜红椒5克。

调料： 油、盐、味精、料酒、八角、桂皮、草果、香叶、山奈、劲霸调料、水淀粉、蒜子、姜片、葱结、大蒜叶。

做法：

① 将羊肉烫毛，刮洗干净。在锅中放入胡萝卜、山奈、八角、桂皮、鲜红椒、料酒、清水，将羊肉煮至断生，然后切成块。

② 小米椒剁碎，备用。

③ 锅内放油，下入姜片、山奈、八角、桂皮及其他香辛料煸香，下入羊肉块，煸炒至水分收干时烹料酒，再加清水500毫升，下葱结、劲霸调料，用小火煨至羊肉酥烂后下入蒜子、小米椒、大蒜叶，放盐、味精，略煮，勾芡，淋尾油即成。

要点： 煮羊肉时一定要放胡萝卜、山奈去腥味。

原料：净羊肉 500 克，当归 80 克。

调料：精盐、味精、鸡精粉、胡椒粉、桂皮、茴香、葱、姜、鲜汤。

做法：

❶ 将羊肉洗净后剁成 2.5 厘米长的块，入冷水锅内焯水，去除血污后捞出，用冷水洗净，放入罐子内。

❷ 姜切成 2 厘米长、1 厘米宽、0.1 厘米厚的片，葱挽结。

❸ 将姜片、葱结一起放入盛羊肉的罐中，倒入鲜汤，加入当归、精盐、味精、鸡精粉、桂皮、茴香，盖上盖，用锡纸封好，放入大罐内，生上炭火，煨制 2 小时至羊肉熟烂后取出，撒上胡椒粉即可。

要点：羊肉软烂，汤汁鲜香。当归的首要功效就是补血，因血虚引起的头昏、眼花、心慌、疲倦、面少血色、脉细无力最宜使用当归。

当归羊肉汤

原料：净羊肉 500 克，水发粉皮 250 克，胡萝卜 1 个。

调料：油、盐、味精、鸡精、料酒、桂皮、八角、草果、山柰、胡椒粉、姜片、葱结、葱花、干椒、鲜汤。

做法：

❶ 将羊肉放入清水中煮至五成熟捞出（水中放胡萝卜、八角、桂皮、山柰、料酒 4 毫升，以去膻味），切成条；八角、桂皮、山柰捞出待用。

❷ 净锅内放油烧热后下入姜片、葱结、干椒、桂皮、八角、山柰、草果，炒出香味后，下入羊肉煸炒，烹入料酒，继续煸炒，放鲜汤，用大火烧开后改用小火煨烂，去掉葱结、桂皮、八角、草果、山柰，下入粉皮，放盐、味精、鸡精煨炖至粉皮完全软化，撒胡椒粉、葱花即成。

要点：粉皮要选用质量好的，才能既炖熟又保持形状。

粉皮炖羊肉

原料：羊肉 250 克，乌龟肉 250 克，胡萝卜 1 个。

调料：油、盐、味精、八角、桂皮、山柰、鸡精、料酒、胡椒粉、白糖、天麻、黄芪、枸杞、姜片、干椒。

做法：

❶ 将羊肉放在锅中加水煮至断生（水中放胡萝卜、八角、桂皮、山柰、料酒等以去除膻味），捞出切成骨牌块；八角、桂皮、山柰捞出待用。

❷ 将乌龟肉用沸水氽过，剥去白膜，洗干净，砍成小块，肠子用牙签剖开洗干净。

❸ 锅内放油烧至八成热，下姜片、八角、桂皮、干椒略煸香，下入羊肉、龟肉煸炒，水分收干时烹入料酒，下山柰、天麻、黄芪、枸杞，加清水烧开后改用小火炖烂，放盐、味精、鸡精、白糖调好味，撒胡椒粉即可。

要点：炖时火要小，只能让汤水微开，这样炖出的汤才会呈乳白色。用沙锅煨效果最好。

天麻龟羊汤

百叶豆腐干炒驴肉

原料：驴肉 300 克，百叶 200 克，芹菜 15 克，鲜红椒 10 克，鲜黄椒 10 克。

调料：植物油、盐、味精、鸡精、水淀粉、香油、鲜汤。

做法：

① 驴肉、百叶、红椒、黄椒洗净后切丝，芹菜洗净。

② 将驴肉切丝，用盐、水淀粉、味精上浆入味，下入七成热油锅内滑油至熟，捞出沥尽油。

③ 锅内放少许油，下入百叶丝，放盐、味精、鸡精拌炒入味，下入驴肉丝、红椒丝、黄椒丝、芹菜，煸炒均匀后放鲜汤，稍焖酥软后，勾水淀粉，淋上香油，拌匀出锅即可。

回锅带皮驴肉

原料：带皮驴肉 500 克，红椒片 30 克。

调料：植物油、盐、味精、鸡精、酱油、辣妹子辣酱、蒸鱼豉油、蚝油、料酒、白糖、香油、红油、整干椒、姜片、蒜片、鲜汤、香料（八角、桂皮）。

做法：

① 将驴肉于火上燎去绒毛，于温水中刮洗干净，投入沸水锅中煮熟后捞出，切成厚片。

② 锅内放油，下入整干椒、香料、姜片炒香，下入驴肉煸炒，烹料酒，放酱油、辣妹子辣酱、蒸鱼豉油、盐、味精、鸡精、白糖、蚝油，入味上色后，倒入鲜汤（以淹没驴肉为度），用大火烧开后转小火煨至驴肉熟烂，下入红椒片、蒜片拌炒均匀，淋香油、红油，出锅装盘。

扣驴肉

原料：带皮驴肉 750 克，黄尖椒圈、红尖椒圈各 10 克。

调料：植物油、盐、味精、鸡精、蒸鱼豉油、料酒、白糖、香油、红油、整干椒、葱花、蒜蓉、鲜汤、香料（八角、桂皮、草果）。

做法：

① 将驴肉于火上燎去绒毛，在温水中刮洗干净，下入锅中加水煮至六成烂，捞出切成条（锅内原汤留用），整齐地码入扣钵内，放盐、味精、鸡精、料酒、白糖、蒸鱼豉油、植物油、香料、整干椒和少许鲜汤，入笼蒸 30 分钟，熟烂后取出。

② 拣去香料，将原汤倒入锅内，下入黄尖椒圈、红尖椒圈、蒜蓉，待汤汁开后，放盐、味精调味，汤汁浓郁时撒上葱花，淋香油、红油，出锅浇盖在驴肉上。

原料：带皮驴肉 500 克，红尖椒、黄尖椒各 15 克。

调料：植物油、盐、味精、鸡精、酱油、料酒、白糖、香油、红油、整干椒、姜片、大蒜叶、鲜汤、香料（八角、桂皮）。

做法：

① 将驴肉于火上燎去绒毛，于温水中刮洗干净，下入汤锅，加水，放香料、整干椒煮至七成酥烂时捞出，解切成条。

② 锅内放油烧热，下入姜片、驴肉煸炒，烹料酒、酱油拌炒上色，放盐、味精、鸡精、白糖调味，倒入鲜汤（以淹没驴肉为度），焖至驴肉酥烂、汤汁浓郁，放红尖椒、黄尖椒、大蒜叶一起拌匀，淋香油、红油，出锅装入锅中。

带皮驴肉

原料：驴肉 300 克，蕨菜 100 克。

调料：植物油、盐、味精、鸡精、酱油、蒸鱼豉油、料酒、白糖、香油、红油、干椒段、姜片、蒜片。

做法：

① 将驴肉于火上燎去绒毛，刮洗干净，投入沸水锅中断生，捞出后下入卤锅（桂皮、八角、草果、香叶、公丁香、母丁香、花椒、整干椒各 10 克，制成香料卤锅），加少许盐、料酒、酱油煮至七成熟，捞出切成片。

② 锅内放油，下入干椒段、蒜片、姜片煸香，下入驴肉，烹料酒、蒸鱼豉油，放盐、味精、鸡精、白糖拌炒入味后，淋香油、红油，出锅盛入盘中。

煨驴肉炒蕨菜

相宜相克　　　　　　　　　　**驴肉**

三者同食，辅助治疗支气管炎

大蒜 + 杏仁　✓

黄花菜　✗

可引发心痛，严重的甚至致命

引起心绞痛，甚至诱发心肌梗死

金针菇　✗

驴肉

猪肉　✗

导致腹泻

厨艺分享　　　　　　**驴肉巧选购**

◆挑选熟驴肉先要看包装，包装应密封、无破损、无胀袋，注意熟肉制品的色泽，尽量不要挑选色泽太艳的食品，因为色泽太艳可能是人为加入的合成色素或发色剂亚硝酸盐造成的。

◆新鲜驴肉，如果肌肉部分呈暗褐色、无光泽，则质量较差。

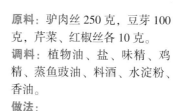

银芽炒驴肉

原料： 驴肉丝 250 克，豆芽 100 克，芹菜、红椒丝各 10 克。

调料： 植物油、盐、味精、鸡精、蒸鱼豉油、料酒、水淀粉、香油。

做法：

❶ 将驴肉丝用料酒、蒸鱼豉油、盐、水淀粉上浆入味。

❷ 锅内放油烧热，下入驴肉丝拌炒至熟，再下入豆芽、红椒丝、芹菜，放盐、味精、鸡精翻炒，熟后淋香油，出锅盛入盘中。

黄沙鱼煮带皮驴肉

原料： 小黄沙鱼 250 克，带皮驴肉 300 克，黄尖椒圈、红尖椒圈各 20 克。

调料： 植物油、盐、味精、鸡精、蒸鱼豉油、料酒、白醋、白糖、香油、整干椒、葱段、姜片、鲜汤、香料（八角、桂皮）。

做法：

❶ 将小黄沙鱼剖杀，清洗干净，用盐、料酒腌制 10 分钟；将驴肉于火上燎去绒毛，于温水刮洗干净，切成厚块。

❷ 锅内放油烧至七成热，下入小黄鱼，煎至两面呈黄色，出锅盛入盘中，待用。

❸ 净锅内放油，下入香料、整干椒、姜片煸炒出香味，下入驴肉，烹料酒，放盐、味精、鸡精、蒸鱼豉油、白醋、白糖调味，待驴肉熟时倒入鲜汤，用大火烧开后转小火煨至驴肉熟烂，下入小沙鱼、黄尖椒圈、红尖椒圈，煮焖至汤汁浓郁，淋香油、撒葱段，出锅盛入汤锅中，带火上桌。

黄焖驴肉

原料： 驴肉 750 克，红椒、黄椒各 10 克。

调料： 植物油、盐、味精、鸡精、料酒、白糖、鸡油、姜片、大蒜叶、鲜汤。

做法：

❶ 将驴肉于火上燎去绒毛，于温水中刮洗干净，切成条状。

❷ 炒锅内放油烧热，下入姜片，倒入驴肉，烹料酒，放盐、味精、鸡精、白糖，待驴肉酥烂，倒入鲜汤，用大火烧开后转小火焖至驴肉入味、汤汁浓郁，放红椒、黄椒、大蒜叶，淋鸡油，出锅盛入碗中。

原料：去骨带皮土狗肉 500 克。

调料：盐、料酒、生姜、大葱、整干椒、砂仁、沙姜、桂皮、花椒、八角、鲜汤。

做法：

❶　将狗肉置火上燎去绒毛，刮洗干净。

❷　将狗肉滚成圆筒，用干净的布包紧，再用绳子捆紧。

❸　锅内倒入鲜汤，放盐、料酒、生姜、大葱、整干椒、砂仁、沙姜、桂皮、花椒、八角，烧开后下入狗肉，用大火烧开后改用小火煨卤 1 小时，待狗肉入味酥烂后捞出，放凉后解开布，解切成片即可装盘上桌。

秘制狗肉

原料：净土狗肉 750 克，鲜红椒段 30 克。

调料：茶油、盐、味精、鸡精、酱油、蒸鱼豉油、白糖、香油、料酒、干椒、姜、香料（八角、桂皮、草、波扣、香叶、花椒）、鲜汤。

做法：

❶　将狗肉在火上燎去绒毛，在温水中刮洗干净，解切成条状，于沸水锅中焯熟后捞出。

❷　锅内放茶油烧热，下入上述香料和干椒、姜，煸香后倒入狗肉，烹料酒、酱油，放盐、味精、鸡精、蒸鱼豉油、白糖，待狗肉入味酥烂后倒入鲜汤，用大火烧开后转小火，煨焖至狗肉飘香、汤汁浓郁后，放入鲜红椒一起拌匀，淋香油出锅，拼摆入碗中。

茶油焖土狗

原料：腊狗肉 300 克，干黄椒段 30 克。

调料：植物油、盐、味精、鸡精、蒸鱼豉油、料酒、白糖、香油、红油、大蒜叶、鲜汤。

做法：

❶　将腊狗肉入笼蒸熟，剁成小块。

❷　锅内放油，下入干黄椒段，炒香后下入狗肉，烹料酒爆炒，放盐、味精、鸡精、蒸鱼豉油、白糖调味，待狗肉入味后烹少许鲜汤，略焖一下，淋红油、香油，撒大蒜叶一起拌匀，出锅盛入盘中。

农家腊狗肉

熘五香狗肉片

原料： 净去骨狗肉 250 克，青椒圈、红椒圈各 50 克。

调料： 油、盐、味精、鸡精、嫩肉粉、料酒、五香粉、白糖、香辣酱、水淀粉、红油、香油、姜米、蒜蓉、大蒜。

做法：

① 将狗肉切成薄片，用嫩肉粉、盐、味精、料酒、水淀粉上浆，入味后下入八成热油锅内滑油至熟，倒入漏勺沥净油。

② 锅内留少许底油，下入姜米、蒜蓉、青椒圈、红椒圈，放盐、味精、鸡精拌炒，随后下入狗肉，烹料酒，放香辣酱、五香粉、白糖、大蒜一起拌炒，入味后勾水淀粉，淋红油、香油，拌炒均匀后出锅装盘。

要点： 最好选择子狗后腿肉，瘦肉多，筋络少。狗肉要上浆，滑油不能过久，否则肉质会老。

红烧狗肉

原料： 狗肉 750 克，尖红椒圈 10 克。

调料： 油、盐、味精、八角、桂皮、草果、波扣、香叶、橘皮、甘草、料酒、糖色、酱油、白糖、辣妹子辣酱、香油、干红椒、姜、蒜子、葱花。

做法：

① 将狗肉烧去余毛，刮洗干净。锅内放水，加入八角、桂皮、干红椒、料酒，将狗肉煮至断生、去除腥味，切成块。

② 锅置旺火上，放油，下姜片、八角等香料煸香，下入狗肉，煸至水分完全收干时烹料酒，下糖色、酱油、白糖等，煸至上色后加水，用小火将狗肉煨烂（也可用高压锅，上汽后 10 分钟）后，下蒜子略烧。选出香料，放盐、味精，略加辣妹子辣酱，加尖红椒圈，撒葱花，淋香油即成。

要点： 必须将狗肉的水分煸干，再另加水煨烧，才不会有狗肉的腥味。糖色、酱油都带苦味，要下白糖压苦味，叫作用糖不带甜。糖色的制法见"烹饪基础"。

相宜相克　　　　　　　　狗肉

易助火伤阴　　　　　　　易引起中毒、身体不适

葱、姜、蒜　✕　　　✕　鲤鱼

鳝鱼　✕　　　　　✕　茶

狗肉

易助火伤阴　　　不利于肠蠕动，毒素不易排出

相宜相克　　　　　　　　兔肉

易引起腹泻　　　　　　　可治腰酸背痛、糖尿病

鸡肉　✕　　　✓　枸杞

芥末　✕　　　　　✕　姜

兔肉

互相抵触，降低营养价值　　　易引起腹泻

原料：狗肉 750 克，泡萝卜、胡萝卜、香菇、泡椒、鲜红椒、笋子各 1 克。

调料：油、盐、味精、八角、桂皮、料酒、辣妹子辣酱、陈醋、糖色、酱油、白糖、水淀粉、蒜蓉、姜米、葱花、干椒粉、干椒壳。

做法：

❶ 将狗肉烧烂（烧制方法见 240 面"红烧狗肉"）。

❷ 将除狗肉外的所有原料均切成小颗粒（行业中称之为"酸辣配料"）。

❸ 锅内放油，下入酸辣配料，略煸炒，下入烧烂的狗肉，调整盐味，烹陈酸，勾芡，淋尾油，装盘即成。

要点：必须将狗肉的水分煸干，再另加水煨烧，才不会有狗肉的腥味。

酸辣狗肉

原料：仔兔肉 300 克，糯米 150 克，西芹、洋葱、尖红椒各 20 克。

调料：植物油、精盐、味精、鸡粉、泡椒、红椒面、鲜花椒、玫瑰露酒、料酒、嫩肉粉、蒜香粉、糯米粉。

做法：

❶ 将兔肉去筋皮，切成丁，用清水漂去血水，再加入嫩肉粉、蒜香粉、糯米粉拌匀。

❷ 西芹切丝，洋葱切丝，尖红椒切圈；糯米用水泡发 4 小时。

❸ 将西芹丝、洋葱丝、红椒圈、鲜花椒、精盐、味精、鸡粉、红椒面、料酒、玫瑰露酒调成味汁，放入兔肉腌制 3.5 小时。

❹ 将腌制好的兔丁裹上泡发的糯米，入六成热油锅中炸熟，捞出沥干油，再拌上泡椒即可。

米香嫩兔丁

原料：鲜兔脊肉 400 克，红泡椒 2 个。

调料：植物油、盐、味精、料酒、白糖、香醋、姜片、蒜片、葱姜料酒汁、豆瓣酱。

做法：

❶ 将兔脊肉洗净后切十字花刀，用盐、味精、葱姜料酒汁腌制入味；红泡椒切碎。

❷ 锅上火，放少许植物油烧至七成热，下入兔肉，放盐、味精、料酒、白糖、香醋、豆瓣酱炒匀，入味上酱后下入热油锅中过油 2 次，沥油。

❸ 锅内放少许油烧热，加入姜片、蒜片、红泡椒煸香，倒入兔肉翻炒，出锅装盘。

鱼香兔肉花

第 3 篇

禽蛋类

香汤鸡

原料：三黄鸡 1 只（约重 650 克），水发蕨菜 100 克，熟芝麻 5 克，花生仁 15 克，黄栀子 8 克。

调料：精盐、味精、鸡精、白糖、红油、美极鲜味汁、生抽、陈醋、芝麻酱、料酒、老姜、香葱、鲜汤。

做法：

❶ 将 20 克香葱挽结，姜拍破；将三黄鸡放入沸水锅中，加入黄栀子、精盐、料酒、姜块、葱结煮 5 分钟，离火焖约25 分钟，捞出后入冰水中漂冷备用。

❷ 将水发蕨菜改刀成节，入沸水锅中焯水后，垫入碗底；剩余的香葱切花。

❸ 用红油、美极鲜味汁、芝麻酱、味精、鸡精、生抽、白糖、陈醋和鲜汤调成味汁。

❹ 将三黄鸡斩成条，码在碗内蕨菜上，淋上美极鲜味汁，撒上熟芝麻、花生仁和葱花即可。

湘岳辣子鸡

原料：嫩子鸡 1 只（约重 750 克），白芝麻 10 克。

调料：红油、精盐、味精、料酒、酱油、白糖、辣酱、花椒粉、整干椒、蒜子、葱、姜、香油。

做法：

❶ 将鸡宰杀后去毛、去内脏，洗净后去骨取肉，切成 2.5 厘米见方的块，用料酒、精盐、酱油腌渍入味；整干椒切段，姜、蒜子切末，葱切花。

❷ 锅置旺火上，放入红油，下入鸡块，烹入料酒，炒干水汽，再放入花椒粉、干椒段、辣酱、白芝麻、姜末、蒜末，炒出香味后加入精盐、味精、白糖炒拌均匀，淋上香油、加入葱花，出锅装盘即成。

原料： 嫩子鸡 1 只（约重 750 克），青椒 160 克。

调料： 植物油、精盐、味精、白糖、白酒、生抽、姜、蒜子、葱、香油、鲜汤。

做法：

❶ 将鸡宰杀后去毛、去内脏，洗净后切成 1.5 厘米见方的丁；青椒切成 2 厘米长的菱形片，姜切小片，蒜切成指甲片，葱切 1.5 厘米长的段。

❷ 锅置旺火上，放入植物油，下入姜片炒香，下入鸡丁，烹入白酒，反复煸炒至鸡肉干松酥软，放入青椒片、蒜片、精盐、味精、白糖、生抽，转用中火翻炒均匀，再加入鲜汤烧焖入味，旺火收干汤汁，淋香油，撒上葱段，出锅装盘即成。

青椒炒子鸡

原料： 鸡腿 250 克，茄子 150 克。

调料： 植物油、精盐、味精、料酒、白醋、白糖、豆瓣酱、辣酱、嫩肉粉、葱、姜、蒜子、香油、鲜汤。

做法：

❶ 将鸡腿剁成 2 厘米见方的块，用精盐、味精、嫩肉粉和葱、姜、料酒汁腌渍 10 分钟；茄子切成 3 厘米见方的块，另取葱切末，姜切末，蒜切末。

❷ 锅置旺火上，放入植物油，烧至六成热时下入鸡块炸至金黄色捞出，再放入茄子块炸透，倒入漏勺沥油。

❸ 锅内留底油，下入豆瓣酱、辣酱、姜末、蒜末炒香，再放入鸡块炒拌均匀，烹入鲜汤，放入茄子块、精盐、味精、白糖，用中火烧焖入味，再用旺火收干汤汁，淋香油、白醋，撒葱花，出锅装盘即可。

鱼香鸡茄煲

🌓 **相宜相克**　　　　　**鸡肉**

易伤人体元气　　　　　易引起消化不良

芹菜　✕　🐓鸡肉　✕　大蒜

枸杞　　✓　　✓　人参

可补五脏、益气血　　　可填精补髓、活血调经

🌸 **养生堂**　　　　　**鸡肉**

◆ 具有益气养血、滋养补虚的功效。母鸡偏于补养阴血，用于老人、妇女产后虚弱、体弱多病者；公鸡偏于温补阳气，青壮年食之较为适宜。

◆ 鸡屁股应去之不要。

◆ 老人、体弱者宜食。痛风病人不宜食用鸡汤。

口味小煎鸡米

原料： 鸡脯肉 100 克，青椒、红椒各 10 克，胡萝卜 10 克，玉米粒 10 克。

调料： 植物油、精盐、味精、鸡精、料酒、香辣酱、姜、葱、红油、香油、水淀粉。

做法：

① 将鸡脯肉改切成米粒状，用少许精盐、水淀粉上浆入味。

② 将青椒、红椒去蒂、去籽后切成米粒状，胡萝卜、姜也切成米粒状，葱切花，玉米粒煮熟。

③ 锅置旺火上，放油烧至五成热，下入鸡脯肉滑油至熟，倒入漏勺中将油沥尽。

④ 锅内留少许底油，下入姜米、青椒米、红椒米、胡萝卜粒、玉米粒略炒，加入精盐、味精、鸡精、料酒、香辣酱翻炒均匀入味，再倒入鸡脯肉，勾芡，淋上红油、香油，撒上葱花，出锅装盘即可。

秘制鸡腿

原料： 鸡腿 500 克。

调料： 精盐、味精、鸡精、冰糖、老抽、胡椒粉、黄酒、八角、桂皮、肉桂、丁香、肉蔻、山柰、白芷、花椒、砂仁、香叶、老姜、葱、鲜汤。

做法：

① 将鸡腿洗净、去血水，漂洗后用细针在腿上扎洞，用黄酒、老抽、味精、鸡精、胡椒粉腌制；老姜切片，葱挽结。

② 将鸡腿放入汤锅内，倒入鲜汤，加入八角、桂皮、肉桂、丁香、肉蔻、山柰、白芷、花椒、砂仁、香叶、姜片、葱结、冰糖和精盐，用旺火烧开后撇去浮沫，转用小火煨制 20 分钟后关火，继续焖制 15 分钟，出锅装盘即可。

荸荠熘鸡片

原料： 削皮荸荠 200 克，鸡脯肉 200 克，鲜红泡椒 25 克。

调料： 植物油、盐、味精、鸡精、料酒、水淀粉、鸡油、姜片、鲜汤。

做法：

① 将削皮荸荠洗净，切成 0.3 厘米厚的片；将鲜红泡椒去蒂、去籽，洗净后切成菱形片。

② 将鸡脯肉斜切成薄片，用料酒、盐、味精、稠水淀粉抓匀腌制。

③ 净锅置旺火上，放植物油 500 克烧至六成热，下入鸡片用筷子拨散，倒入漏勺中沥干油。

④ 锅内留底油，下入姜片、红椒片煸香，下入荸荠，放盐、味精、鸡精，将荸荠炒熟后放鲜汤，勾薄芡，淋尾油，下入鸡片翻炒几下，淋鸡油即成。

要点： 下入鸡片后，操作手法要轻。

原料：鲜百合 2 个，鸡脯肉 150 克，红椒片 50 克，鸡蛋 1 个。

调料：植物油、盐、味精、鸡精、料酒、干淀粉、水淀粉、白糖、香油、葱花、姜片、鲜汤。

做法：

❶ 将鲜百合剥散，清洗干净。

❷ 将鸡脯肉洗净，斜切成薄片，放入汤碗中，倒入料酒、鸡蛋清、味精和干淀粉拌匀，腌制一下。

❸ 锅置旺火上，放植物油 500 克烧至六成热，下入腌制好的鸡片，并用筷子拨散，倒入漏勺中沥干油。

❹ 锅内留底油，下入姜片、红椒片一同煸香，放入鲜汤、盐、味精、鸡精、白糖，然后勾水淀粉、淋香油，待芡粉糊化、油起大泡时下入鸡片、百合一同翻炒几下，撒葱花，即可出锅。

要点：操作手法一定要轻，因为百合、鸡片都很嫩。

百合熘鸡脯

原料：绿豆芽 300 克，净鸡肉 200 克，红泡椒 50 克，青椒 50 克，木耳 50 克。

调料：植物油、盐、味精、鸡精、料酒、水淀粉、干淀粉、香油、姜丝、鲜汤。

做法：

❶ 将绿豆芽摘去根须，洗净；将青椒、红泡椒去蒂、去籽后洗净，与木耳（洗净）一起切成丝。

❷ 将鸡肉洗净后切成丝，放入碗中，放入盐、味精、料酒、干淀粉抓匀腌制。

❸ 锅置旺火上，放植物油 500 克烧至六成热，将鸡丝下入油锅过油，用筷子拨散，倒入漏勺沥干油。

❹ 锅内留底油，下入姜丝煸香，再下入红椒丝、青椒丝、木耳丝炒熟，随即下入绿豆芽，放盐、味精、鸡精略翻炒后，倒入鲜汤，勾水淀粉、淋香油，下入鸡丝翻炒均匀后即可装盘。

要点：绿豆芽一定只能炒至五成熟。

五彩银芽鸡丝

原料：金针菇 150 克，鸡脯肉 150 克，鲜红椒 4 克。

调料：植物油、盐、味精、水淀粉、胡椒粉、香油、葱段、姜丝。

做法：

❶ 将金针菇去蒂，清洗干净，去掉老的部分，切成 6 厘米长的段；将鲜红椒洗净后切丝。

❷ 将鸡脯肉切成丝，用盐、水淀粉上浆入味，下入五成热油锅里滑油至熟，倒入漏勺中沥尽油。

❸ 锅内留少许底油，下入姜丝、金针菇，放盐、味精拌炒入味，随后下入鸡丝、红椒丝、葱段，放胡椒粉一起拌炒，勾少许水淀粉、淋香油，出锅装入盘中。

要点：鸡丝滑油时，油温不能过高，五成热油温适宜。

金针菇熘鸡丝

狂辣子鸡

原料： 净子鸡肉150克。

调料： 油、盐、酱油、蚝油、味精、鸡精、香辣酱、米醋、料酒、水淀粉、红油、香油、干椒段、蒜片。

做法：

① 将鸡肉厚的部位用刀片薄，用刀背把肉的一面捶松，再把鸡肉切成鸡丁，盛入碗中，放少许酱油、盐、味精、水淀粉上浆，抓匀，再放少许油。

② 锅内放油，烧至六成热，下入鸡丁过油，使鸡丁全部散开，用漏勺捞出，将油续烧至七成热，再将鸡丁下锅炸至金黄色，使之外焦内嫩，倒入漏勺中沥净油。如此反复，过2次油。

③ 锅内留底油，放红油、干椒段、蒜片、香辣酱炒香，下入鸡丁，炒匀后烹料酒，放米醋、盐、味精、鸡精、蚝油，拌炒入味后勾水淀粉，淋香油，出锅装盘。

要点： 捶松鸡肉，以利烹调入味及肉更易酥烂；鸡丁过油的质量要高，即色泽金黄且肉已熟。

酸辣鸡腿丁

原料： 鸡腿肉150克，泡椒丁15克，泡菜丁75克，青椒丁、红椒丁各5克。

调料： 油、盐、味精、鸡精、干椒末、酱油、米醋、料酒、水淀粉、香油、红油、葱花、大蒜。

做法：

① 将鸡腿剔出鸡骨，将肉厚部位一分为二剔薄，用刀背捶松鸡肉，切成小方丁，放料酒、酱油、少量盐、水淀粉上浆入味，再放少许清油拌匀。

② 锅内烧油至六成热，下入上好浆的鸡丁，过油至金黄色，使之外焦内熟，倒入漏勺沥净油。

③ 锅内留底油，加入红油，下干椒末和其他原料，将鸡丁倒入锅内，烹料酒、米醋，加盐、味精、酱油、鸡精、大蒜拌炒入味，勾水淀粉，淋上香油，撒葱花，出锅装盘。

要点： ①鸡腿去骨时，用刀尖按鸡腿骨骼走向剔出鸡骨，上浆后拌清油，过油时鸡丁才不会粘连，容易滑散。②鸡丁过油，最好像"狂辣子鸡"一样过2次油，效果更佳。

干锅子土鸡

原料： 子土鸡750克，青椒片、红椒片各20克。

调料： 干锅味油、红油、精盐、味精、鸡精粉、生抽、干椒段、谷酒、米醋、老姜、蒜子。

做法：

① 将子土鸡宰杀，去毛、去内脏，洗净后剁成块。

② 锅内放干锅味油、姜片、干椒段炒香，下入鸡块炒干水汽，烹入谷酒，放米醋、精盐、味精、鸡精粉煸炒，装入干锅内。

③ 锅内放红油、蒜子、青椒片、红椒片、精盐、生抽、味精翻炒均匀，淋上干锅味油，出锅浇盖在干锅鸡块上即可。

要点： 干锅味油配方及炼制：花生油1500克，整干椒、八角、罗汉果、木香、陈皮、香附各15克，桂皮、干草、花椒、丁香、小茴香各10克，香叶5克，洋葱、姜各50克；将冷花生油放入锅内置文火上，再放入以上原料烧煮，用文火将其药汁全部炼出，然后用纱布沥油盛入干净汤碗中备用。

原料： 净土鸡半只（约 500 克），老姜 150 克，水发木耳 50 克。

调料： 植物油、盐、味精、鸡精、酱油、豆瓣酱、辣妹子辣酱、料酒、蚝油、整干椒、葱花、蒜粒、鲜汤、八角、桂皮、草果、波扣、香叶、花椒。

做法：

① 将土鸡洗净后砍成块，下入开水锅中焯水断生。

② 将老姜洗干净，不刨皮，切成大片；将泡发的木耳择洗干净。

③ 锅内放植物油，下入老姜片炒香，再放入鸡块，在锅中反复炒至水汽收干后，烹入料酒，放豆瓣酱、辣妹子辣酱、酱油、八角、桂皮、草果、波扣、香叶、花椒和整干椒炒至上色后，倒入鲜汤，汤烧开后改用小火将鸡煨烂（也可用高压锅上大汽炖 10 分钟），夹去香料，再下入木耳、蒜粒，放盐、味精、鸡精和蚝油，待汤汁稠浓时撒葱花，即可出锅。

要点： 汤汁如果收得很浓稠，可不勾芡；如果不够浓稠，则需勾芡。

老姜红煨鸡

原料： 鸡肉 250 克，板栗肉 150 克。

调料： 油、盐、味精、鸡精、料酒、红油、香油、酱油、水淀粉、姜片、葱花、整干椒、鲜汤。

做法：

① 将鸡肉平放，用刀背将肉捶松，切成 3 厘米见方的块，抓少许盐、料酒、水淀粉上浆入味。

② 将板栗切一刀，入开水锅内烫至板栗壳裂开后捞出剥壳。

③ 锅置旺火上，放油烧至六成热后，下入鸡块，炸至金黄色即捞出沥油，随即下板栗炸熟，捞出沥油。

④ 锅内留底油，下入姜片、整干椒炒香，随即下入鸡块、板栗，烹入料酒，放盐、味精、鸡精、酱油调好味，拌炒入味后放鲜汤，改用小火煨炖。待汤汁浓稠时勾水淀粉，淋红油、香油，撒上葱花出锅。

要点： 鸡块不能太大，板栗、鸡块都要炸熟，烹汤焖入味。板栗剥皮，照上述方法皮容易剥掉。

板栗煨鸡

原料： 净土鸡 500 克，啤酒半瓶（约 300 毫升），红椒片 2 克。

调料： 油、盐、味精、鸡精、香料（桂皮、八角、草果、波扣）、香辣酱、红油、香油、姜片、葱花、整干椒。

做法：

① 将土鸡洗净，切成大块，入沸水中焯水后捞出沥干水。

② 净锅置旺火上，放油烧热后，下姜片、香料、整干椒煸炒出香味，即下入鸡块，煸至鸡块水分收干、要出油时（五六成熟）下啤酒，用大火烧开后改用小火焖至土鸡酥烂，放盐、味精、鸡精、香辣酱进行调味，待汤汁收浓时放入红椒片，淋香油、红油，撒葱花，装盘即可。

要点： 鸡肉炒香后再烹入啤酒，啤酒香味才会进入鸡肉中。

啤酒焖土鸡

肚片煨土鸡

原料： 净土鸡 250 克，熟肚条 150 克，红椒片 2 克。

调料： 油、盐、味精、鸡精、胡椒粉、料酒、姜片、葱花、鲜汤。

做法：

① 将鸡肉平放，用刀背捶松（如果是鸡腿肉还要用刀划开），放入沸水中焯水，捞出沥干水后切成宽条。

② 净锅置旺火上，放油烧热后下入姜片煸香，随后下鸡肉和熟肚条煸炒至水分收干，烹入料酒，一起合炒，然后放鲜汤（以淹没菜为度），用大火烧开后，改用小火煨至肉酥烂，再放盐、味精、鸡精调好味，待汤汁浓郁时放入红椒片，撒上胡椒粉、葱花出锅。

要点： 鸡腿肉要划开，肉要捶松，以利入味，煸炒至出香味后才烹入料酒。鲜汤不能放太多，若用高压锅，上大汽后需 15 分钟左右。

浏阳河鸡

原料： 子土公鸡 1 只（约重 750 克），路边筋 15 克，黄芪 10 克，干紫苏梗 30 克。

调料： 植物油、精盐、白酒、姜、鲜汤。

做法：

① 将子土公鸡宰杀、烫水褪毛，开膛去内脏，洗净后剁成 3 厘米见方的块。

② 将路边筋、黄芪、干紫苏梗、瓷片洗净，姜切成 3 厘米长、1 厘米宽、0.2 厘米厚的片。

③ 锅内放入植物油，烧至四成热时下入姜片煸香，再放入子土公鸡用旺火煸炒，不断地烹入白酒，炒香后放路边筋、黄芪、干紫苏梗、干净瓷片一起翻炒，加入鲜汤、精盐，烧开后撇去浮沫，倒入罐子内用小火煨 20 分钟至鸡肉软烂，夹去路边筋、黄芪、干紫苏梗、瓷片，倒入锅内，用旺火收干汤汁，出锅装盘。

要点： 民间菜式，风湿病患者，特别是脚抽筋患者食用多次后有比较明显的效果。

荸荠蒸整鸡

原料： 土母鸡 1 只（1000 克），枸杞 3 克，削皮荸荠 200 克。

调料： 盐、味精、鸡精、白糖、胡椒粉、鲜汤。

做法：

① 将鸡宰杀、处理干净，去掉内脏，保留整鸡形状，下入沸水锅焯水，去掉血水腥气，用清水洗净，剁去嘴尖和膝以下脚爪，切掉下唇，割除尾骚，用刀背砸断大腿骨。

② 将整鸡放入大钵内，撒上盐，上蒸笼先干蒸约 40 分钟，取出再加入鲜汤，放味精、白糖、鸡精、荸荠，调好盐味，再入蒸笼蒸至鸡肉软烂，撒上胡椒粉和枸杞即可。

要点： 整鸡先干蒸的目的是为了保持原汁原味。整鸡一定要蒸入味（用高压锅则需 30 分钟左右）。也可用桂圆、红枣、荔枝、去皮通心白莲、枸杞代替荸荠，即为"五元蒸鸡"。

原料：土鸡半只（约 500 克），开胃酱（制法见第 202 面"蒸开胃猪脚"）30 克。

调料：盐、味精、料酒、葱花、姜末。

做法：

❶　将土鸡洗净，砍成 3 厘米见方的小块，放入开水中焯水，捞出用清水洗净，沥干水。

❷　将鸡块用盐、味精、姜末、料酒拌匀，扣入蒸钵中腌入味，将开胃酱码放在鸡上，上笼蒸 30 分钟（用筷子插试，鸡肉一插即入为烂了，若不行再蒸），蒸烂之后装盘，撒葱花上桌。

要点：亦可用旺火一次将鸡蒸烂。

开胃鸡块

原料：净鸡块 250 克，熟腊肉 150 克，豆豉辣椒料（制法见第 181 面"厨艺分享"）30 克。

调料：油、盐、味精、鸡精、蚝油、浏阳豆豉、干椒末、蒜茸、姜末、葱花。

做法：

❶　将鸡块放入沸水锅中焯水，捞出沥干；腊肉切成厚片。

❷　净锅放灶上，放油烧热后下入姜末、干椒末、豆豉、蒜茸、盐、味精、鸡精，放蚝油，拌匀后下入鸡块，再拌匀后扣入钵中。

❸　将腊肉片盖在鸡块上面，上放豆豉辣椒料，上笼蒸 30 分钟至腊肉透油、鸡块酥烂后取出，撒葱花即可。

要点：干椒与豆豉要放调料拌炒入味，腊肉片要盖放在鸡块上，让腊肉的油及香味渗透到鸡块之中。

腊肉蒸鸡块

原料：带骨白条鸡 500 克，豆豉辣椒料（制法见第 181 面"厨艺分享"）30 克。

调料：盐、味精、鸡精、料酒、蚝油、葱花、鲜汤。

做法：

❶　将鸡肉的一面用刀背捶松，划开腿肉，把鸡砍成 3 厘米见方的块，入沸水中焯水，去掉血水腥气，捞出沥干水。

❷　将鸡块拌入盐、味精、鸡精、料酒、蚝油、鲜汤，扣入蒸钵中，将豆豉辣椒料撒在鸡块上，上笼蒸 25 分钟至熟后取出。

要点：鸡肉应蒸至离骨。

豆豉辣椒蒸鸡

板栗蒸鸡块

原料： 净鸡 300 克，板栗 150 克。

调料： 油、盐、味精、鸡精、蚝油、胡椒粉、白糖、料酒、姜片、鲜汤。

做法：

① 将鸡肉的一面用刀背捶松，用刀尖划开腿肉，把鸡砍成 3 厘米见方的块，在沸水中加入料酒，放入鸡块焯水，去掉血腥气，捞出沥干水。

② 将姜片、鸡块放入钵中，放油 20 克、盐、味精、鸡精、蚝油、白糖拌匀，加入鲜汤，上笼蒸 15 分钟至鸡块七成熟后取出。

③ 将板栗用刀从中间砍一口子，入水锅中煮开，捞出去皮壳，削去黑点，大者切成 2 瓣，下入热油锅内炸成金黄色捞出。

④ 将炸好的板栗放入蒸鸡块的钵中，与鸡块一起拌匀，放胡椒粉，一起再入笼蒸 10 分钟后取出。

要点： 鸡块要先蒸至七成烂，板栗要入油锅炸至金黄色，蒸出来才会鸡块酥烂、板栗糯香、味道鲜美。

剁辣椒蒸鸡

原料： 净鸡 300 克，剁辣椒（自制方法见第 79 面"厨艺分享"）75 克。

调料： 油、盐、味精、鸡精、蚝油、白糖、料酒、红油、香油、姜末、蒜茸、葱花。

做法：

① 将净鸡砍成 3 厘米见方的块，在沸水中加入料酒、盐，将鸡块放入沸水中焯水，捞出沥干水。

② 将剁辣椒盛入碗中，放油、味精、鸡精、蚝油、白糖、红油，加入姜末、蒜茸，一起拌匀后放入鸡块再次拌匀，使剁辣椒都粘在鸡块上，上笼蒸 15 分钟至鸡块酥烂后取出，淋香油、撒葱花即可。

要点： 剁辣椒要先下调料拌匀，再与鸡块拌匀，然后入笼蒸烂。盐味要调准，剁辣椒较咸，是否还要加盐应根据实际情况灵活掌握。

黄焖子鸡

原料： 去骨子鸡 300 克，紫苏 3 克，香菇 3 克。

调料： 油、盐、味精、八角、桂皮、料酒、鲜汤、香油、水淀粉、姜片、葱段。

做法：

① 将去骨子鸡切成 1 厘米见方的小块，用盐、味精、料酒、水淀粉腌制，备用。

② 锅内放油 500 克，烧至八成热时将腌制好的鸡块过大油，沥出。

③ 锅内留底油，将姜片、八角、桂皮煸香，下入子鸡块一同煸炒，烹入料酒，调整盐味，放入鲜汤，下香菇，用小火将鸡焖烂，下紫苏，略勾芡，淋香油、撒葱段，装入碗中即成。成菜带汤汁。

要点： 鲜汤需放准量，在焖制时使汤汁淹过鸡肉，注意火候，不让汤汁烧干。也可用高压锅，上大汽后需 7 分钟。成菜要有汤汁，刚好齐鸡肉为好。

原料：去骨子鸡 300 克，老姜 100 克，水发云耳 50 克。

调料：油、盐、味精、鸡精、蚝油、料酒、水淀粉、葱段、鲜汤。

做法：

❶ 将去骨子鸡切成 1 厘米见方的小块，用料酒、盐、味精、水淀粉腌制。

❷ 云耳洗净，姜切菱形片。

❸ 锅内放油 500 克，烧至八成热，将腌制好的鸡块过大油，沥出。

❹ 锅内留底油，烧热，下姜片煸香，下入云耳、鸡块一同煸炒，烹入料酒，调正盐味，放鸡精、蚝油、放鲜汤，煨焖一会，勾淀粉，放葱段，淋尾油，装盘即成。

老姜云耳焖子鸡

原料：土鸡 1 只（约重 1500 克），南瓜 500 克，红枣 20 克。

调料：植物油、精盐、味精、姜、白酒、鲜汤。

做法：

❶ 将土鸡宰杀，去毛、去内脏，洗净后剁成 4 厘米见方的块；南瓜也切成 4 厘米见方的块；姜切片；红枣用热水泡发。

❷ 锅置旺火上，放入植物油，烧热后放入姜片炒香，再下入鸡块炒至断生，烹入白酒炒香，加入鲜汤，旺火烧开后撇去浮沫，转用小火煨至鸡块八成烂时，加入南瓜、红枣、精盐、味精，继续煨至鸡块软烂入味，旺火收浓汤汁即可。

乡村特色南瓜鸡

原料：土鸡 500 克。

调料：油、盐、味精、胡椒粉、料酒、姜片、葱结、葱花、鲜汤。

做法：

❶ 将土鸡洗净，砍切成 3 厘米见方的块，入沸水中焯水，捞出沥干。

❷ 锅内放油，烧至八成热，下姜片煸香，下入土鸡块炒至收干水分，烹入料酒，然后下入鲜汤，用大火将汤烧开，再改用小火保持汤水微开，将土鸡炖烂，放入盐、味精、葱结，撒上胡椒粉，出锅装入汤碗中，撒上葱花即成。

要点：一定要用微火炖，汤水才会清澈。

清炖土鸡块

土豆粉皮炖土鸡块

原料：土鸡 500 克，土豆 150 克，粉皮 100 克。

调料：油、盐、味精、蚝油、料酒、八角、桂皮、胡椒粉、姜片、葱花、葱结、鲜汤。

做法：

① 将土鸡洗干净，砍成 3 厘米见方的块，下入开水中汆至断生。

② 土豆切成与土鸡同样大的块；粉皮用开水泡发。

③ 锅内放油，下姜片、八角、桂皮煸香，下鸡块煸炒，烹入料酒，下鲜汤、葱结、八角、桂皮，汤烧开后，改用小火将鸡炖至八成熟，下土豆、粉皮，再炖至鸡肉酥烂，夹去八角、桂皮、葱结，放盐、味精、蚝油调好味，装入汤碗，撒上葱花、胡椒粉即可。

要点：要选用质量好的粉皮为原料，以免粉皮散碎、汤成稠汁。此菜的关键在于运用蚝油。

一品土鸡

原料：土鸡 1 只（约重 1000 克）。

调料：植物油、精盐、味精、鸡精粉、胡椒粉、白酒、老姜、鸡油、鲜汤。

做法：

① 将土鸡宰杀后去毛、去内脏（取鸡血、鸡杂）洗净，剁成 2.5 厘米见方的块，入沸水锅内焯水，去除血污，捞出沥干水分；姜切大片，鸡血烫熟，鸡杂切薄片。

② 锅置旺火上，放入底油烧热，下姜片炒香，加土鸡、白酒同炒，待鸡肉水分炒干时加入鲜汤、精盐、味精，旺火烧开后撇去浮沫，转用小火焖至鸡肉软烂，再加入鸡杂、鸡血、胡椒粉、鸡精粉，淋上鸡油，出锅装盘即可。

要点：宜选用老土鸡。白酒配老土鸡具有祛风湿、温肾阳的功效。

农家老姜鸡

原料：子土鸡 750 克。

调料：植物油、精盐、味精、白酒、老姜、鲜汤。

做法：

① 将子土鸡宰杀去毛、去内脏后洗净，剁成 2.5 厘米见方的丁；老姜切成 2 厘米长、1.5 厘米宽、0.3 厘米厚的片。

② 锅置旺火上，放入植物油烧至五成热时，下姜片煸香，再放入土鸡，烹入白酒、精盐，待鸡的水分炒干后，加入鲜汤，焖至汤色乳白、肉烂脱骨时加入味精，出锅装入汤碗即可。

原料： 嫩母鸡肉 500 克，云耳 50 克，香菇 50 克，口蘑 50 克，独头蒜 50 克。

调料： 植物油、精盐、味精、料酒、葱、姜、鲜汤。

做法：

❶ 将云耳、香菇、口蘑漂洗干净；鸡肉剁成 2.5 厘米见方的块；蒜盛入碗内，上笼蒸烂；葱切段，姜切片。

❷ 锅置旺火上，放入植物油，烧热后下入云耳、香菇、口蘑炒干水汽，盛出待用。

❸ 锅置旺火上，放入植物油，烧热后放入鸡块、姜、料酒炒出香味，加入鲜汤，烧沸后撇去浮沫，移至小火上炖至鸡块八成熟时，加入云耳、香菇、口蘑、精盐、味精和蒸熟的蒜，再炖至鸡块熟透，装入汤盅内撒上葱段即可。

要点： 独头蒜系指仅为一棵的蒜，该蒜气味很香。

三菌炖鸡

原料： 土母鸡 1 只（约重 750 克），人参 15 克，水发香菇 15 克，玉兰片 10 克，枸杞 5 克。

调料： 精盐、味精、鸡精粉、胡椒粉、料酒、姜、葱、鲜汤。

做法：

❶ 将土母鸡宰杀后去毛、去内脏洗净；人参用开水浸泡，上笼蒸 30 分钟，取出切段；水发香菇、玉兰片、姜均切成 0.2 厘米厚的片，取 10 克葱打成结，5 克葱切花，枸杞洗净。

❷ 将鸡放入沸水锅内，加入料酒，去除血污后捞出沥干水分，剁成 4 厘米见方的块。

❸ 将上述原料和调料放入沙罐内，再放入大罐中，生上炭火，煨制 2~3 小时，取出去掉葱结，撒上胡椒粉、葱花即可。

清炖人参鸡

原料： 净土鸡半只（约 500 克），山药 250 克，青椒 1 个。

调料： 猪油、盐、味精、鸡精、料酒、胡椒粉、白糖、鸡油、葱花、姜片、鲜汤、八角。

做法：

❶ 将山药用刨子刨去皮，用滚刀法切成马蹄块，泡入冷水中；将青椒洗净。

❷ 将土鸡洗净后剁成 3 厘米见方的块，下入开水锅中焯水，捞出漂洗干净。

❸ 锅内放猪油，下入姜片煸香，再下入鸡块一同炒干水汽，烹入料酒，放入鲜汤，放入八角、鲜青椒，汤开后改用小火煨炖，下入山药，将鸡炖烂后再放盐、味精、鸡精、白糖、胡椒粉，夹去八角、青椒，出锅盛入汤盆中，淋入鸡油、撒上葱花即成。

要点： 用小火炖时，只有保持锅内汤微开，炖出来的汤才会清亮。

山药炖土鸡

沙锅云耳炖土鸡

原料：净土鸡 500 克，云耳（水发）100 克。

调料：油、料酒、盐、味精、鸡精、姜片、葱结、葱花、鲜汤。

做法：

❶ 将鸡肉平放，用刀背捶松，鸡腿肉用刀划开，均剁成块状，入沸水中焯水后捞出沥干；水发云耳洗干净。

❷ 净锅置旺火上，放油烧热后下入姜片煸香，下入鸡块煸炒至水分收干后烹入料酒，拌炒后放入鲜汤，转入沙锅中，放葱结，用大火烧开后再用小火煨至鸡肉酥烂（高压锅约压15 分钟），再放盐、味精、鸡精调好味，下入云耳，稍煨一下，撒葱花出锅。

要点：鸡肉要捶松，云耳后下，以免煮得太烂。

子姜煨乌鸡

原料：乌鸡 300 克，子姜 100 克（切片）。

调料：油、盐、味精、鸡精、料酒、糖、酱油、香油、葱花、鲜汤。

做法：

❶ 将乌鸡平放，用刀背将肉捶松，切成 3 厘米见方的块，用少许料酒、盐腌一下。

❷ 净锅置旺火上，放油烧热后下入姜片炒香，下乌鸡煸炒，水分收干后烹入料酒，加入鲜汤，用大火烧开后改用小火煨至鸡肉酥烂，放盐、味精、鸡精、糖、酱油调好味，待汤汁浓郁时撒葱花、淋香油装入盘中。

要点：成品带少量汤汁。鸡肉要用刀背捶松，以便入味。此菜带有药性，子姜驱寒，乌鸡滋补。

黄鳝戏乌鸡

原料：乌鸡 1 只（约 750 克），黄鳝 150 克，天麻 10 克，枸杞3 克。

调料：精盐、味精、姜、葱、鲜汤。

做法：

❶ 将乌鸡宰杀后去毛、去内脏，放入沸水锅内焯水，去除血污，捞出沥干水分。

❷ 将姜切片，葱打结。

❸ 将黄鳝宰杀后去内脏，洗净后剁成 2 厘米长的段，放入沸水内焯水，去除血污后捞出沥干水分。

❹ 将乌鸡剁成块后与黄鳝一起放入大沙罐内，再加入天麻、姜片、葱结、鲜汤，放精盐、味精调好味，用旺火烧开后，撇去浮沫，转用小火煨至鸡肉酥烂，夹出葱结、姜片，撒上枸杞即成。

原料： 白条鸡 1 只（约重 750 克），带皮五花肉 250 克，黄椒段、红椒段各 30 克。

调料： 植物油、盐、味精、鸡精、酱油、蒸鱼豉油、料酒、白糖、香油、姜片、大蒜叶、鲜汤。

做法：

❶ 将鸡清洗干净，剁成大块；将五花肉于火上燎去绒毛，于温水中刮洗干净，切成厚片。

❷ 锅内放油，下入姜片，再下入五花肉爆炒至吐油，下入鸡块煸炒，烹料酒、蒸鱼豉油、酱油，放盐、鸡精、味精、白糖入味上色，倒入鲜汤，用大火烧开后转小火煨至待汤汁收干、鸡肉酥烂，下入黄椒段、红椒段，淋香油，撒大蒜叶，盛入汤钵中。

五花肉烧鸡

原料： 土鸡 1 只（约重 750 克），青椒、红椒各 10 克。

调料： 植物油、盐、味精、鸡精、料酒、白糖、香油、红油、姜片、鲜汤。

做法：

❶ 将鸡宰杀，烫水煺毛，开剖去内脏，剁成大块。

❷ 锅内放油，下入姜片，随即放鸡块，烹料酒煸炒，放盐、味精、鸡精、白糖调味，倒入鲜汤，用大火烧开后转小火焖至鸡肉酥烂、汤汁收干，淋香油、红油，放青椒、红椒一起拌匀，出锅盛入大汤碗中，带火上桌。

鸿福土鸡钵

原料： 白条土鸡 600 克，红椒段 100 克，姜片 30 克，大蒜叶 20 克。

调料： 植物油、盐、味精、鸡精、料酒、白醋、白糖、香油、红油、花椒、鲜汤。

做法：

❶ 将土鸡剁成条状。

❷ 锅内放油烧热，下入姜片、花椒炒香，下入鸡条煸炒，烹入料酒、白醋，待鸡炒出香味时，放盐、味精、鸡精、白糖调味，入味后放鲜汤焖至鸡肉酥烂，待汤汁浓郁时撒入红椒、大蒜叶一起拌炒，淋香油、红油，出锅装盘。

宝庆酸辣鸡

东安鸡

原料： 白条鸡 1 只（约重 750 克），红椒 10 克。

调料： 植物油、盐、味精、鸡精、料酒、白醋、白糖、干椒末、生姜、香油、红油、鲜汤。

做法：

❶ 将鸡剁成小块，姜切丝，红椒切成条状。

❷ 锅内放油，下入姜丝，随即放鸡块煸炒，烹料酒、白醋，放干椒末拌炒，放盐、味精、鸡精、白糖调味，待鸡肉入味后放少许鲜汤，焖至鸡肉酥烂、酸辣味香后，放入红椒，淋香油、红油，出锅装入碗中。

口水鸡

原料： 白条鸡 1 只（约重 750 克），鲜黄椒 30 克。

调料： 植物油、盐、味精、鸡精、料酒、白醋、香油、大蒜叶、姜片、鲜汤。

做法：

❶ 将鸡洗净，剁成条状。

❷ 净锅内放油，下入姜片，再下入鸡条，烹料酒、白醋爆炒，放盐、味精、鸡精调味，待鸡肉入味熟后，放鲜汤、鲜黄椒，用大火烧开后转小火焖煮至汤汁收干、鸡肉酥烂，淋香油、撒大蒜叶，出锅盛入汤碗中。

宁乡焖土鸡

原料： 白条土鸡 1 只（约重 600 克），鲜红椒 50 克。

调料： 植物油、盐、味精、料酒、白醋、香油、红油、葱花、姜片、鲜汤。

做法：

❶ 将鸡剁成块，鲜红椒切成末。

❷ 锅内放油，下入姜片，随即下入鸡块，烹料酒煸炒，放盐、味精、白醋，入味后放鲜汤，用大火烧开后转小火焖至鸡肉酥烂，下入鲜红椒一起拌炒，淋红油、香油，撒葱花即可出锅。

原料：乌鸡 1 只（约重 600 克），剥壳熟鸡蛋 10 枚，桂花 5 克，鲜红椒圈 10 克。

调料：植物油、盐、味精、鸡精、酱油、蚝油、料酒、白糖、香油、红油、葱花、生姜、鲜汤。

做法：

① 将乌鸡宰杀、烫水、煺毛、开剖，去内脏，清洗干净，将鸡翅取下，鸡肉解切成块；将生姜拍松。

② 锅内放油，下入生姜，油出姜味时，将姜取出，下入乌鸡，烹料酒，放酱油、盐、鸡精、味精、白糖、料酒、蚝油煸炒，待鸡肉入味、熟后，倒入鲜汤（以淹没鸡为度），下入熟鸡蛋，用大火烧开后转小火煨焖至鸡肉酥烂、汤汁红亮，撒入红椒圈，出锅盛入钵中（生姜取出不用），将鸡蛋围在钵边，撒上桂花和葱花。

桂花乌鸡煲

原料：农家散养鸡 1 只（约 1500 克），鲜红椒段 20 克，大蒜叶段 10 克。

调料：植物油、盐、味精、料酒、姜片、蒜粒。

做法：

① 将鸡宰杀、烫水煺毛、去内脏，处理干净后剁成小块，鸡血、鸡杂留下待用。

② 锅内放油烧热，下入姜片、鸡块煸炒出香味，烹入料酒，放盐、味精拌炒，倒入泉水（以略淹过鸡为度），用大火烧开后改用小火将鸡焖熟。

③ 下入蒜粒、红椒段、鸡血、鸡杂，再焖 10 分钟，撒入大蒜叶段，即可出锅。

桃源土鸡钵子

原料：三黄鸡 1 只（约 1250 克），熟芝麻 10 克，去皮油炸花生 15 克。

调料：植物油、盐、味精、料酒、香油、姜米、蒜蓉、葱段、沙姜粉、干椒丝。

做法：

① 将鸡宰杀、煺毛、去内脏，洗净后用盐、料酒、沙姜粉腌制 30 分钟，焯水后放入卤锅中卤至七八成熟，取出放凉后撕成小拇指粗的条。

② 锅内放油烧至六成热，下入鸡条炸至金黄色，沥出。

③ 锅内留底油，放姜米、蒜蓉、干椒丝煸香，放入鸡丝、盐、味精拌炒，撒上熟芝麻、去皮油炸花生，撒入葱段、淋香油，炒匀后起锅装盘。

香辣手撕鸡

口蘑鸡片汤

原料： 口蘑 150 克，鸡脯肉 100 克，菜胆 10 个。

调料： 盐、味精、鸡精、水淀粉、胡椒粉、鸡油、葱花、姜片、鲜汤。

做法：

① 将口蘑去蒂，清洗干净，沥干水分，用刀切成 2 厘米厚的薄片，放入碗中，放少许盐和鲜汤，上笼蒸 15 分钟后取出，待用（蒸汁留用）；菜胆洗净后入沸水中焯水，捞出垫入碗底。

② 将鸡脯肉切成片，用盐、水淀粉上浆抓匀，放入沸水锅内焯水后捞出。

③ 净锅置灶上，放鲜汤，烧开后放盐、味精、鸡精、姜片调味，随即下入蒸好的口蘑片和蒸汁，烧开后下入鸡片并用筷子拨散；再次烧开后撒胡椒粉和葱花，淋鸡油，出锅，盛入垫有菜胆的大汤碗中。

要点： 口蘑要切成片，上笼蒸可以使口蘑的鲜味完全透出来。鸡片要用水淀粉上浆焯水后肉质才嫩。

五元蒸鸡

原料： 土肥母鸡 1 只（1000 克），桂圆 50 克，红枣 50 克，荔枝 50 克，去皮通心白莲 25 克，枸杞 3 克，冰糖 100 克。

调料： 盐、胡椒粉、葱花、鲜汤。

做法：

① 鸡的处理见"清蒸整鸡"；桂圆、荔枝去壳，用水泡发；莲子、红枣、枸杞用清水洗干净，用水泡发。

② 在整鸡上撒盐 1 克，上笼干蒸约 40 分钟后取出，加入漂洗干净的桂圆、荔枝、红枣、莲子，加入鲜汤，上笼蒸至鸡肉酥烂，取出后放入冰糖、盐，再蒸 10 分钟，取出放上枸杞，撒胡椒粉、葱花即可。

要点： 整鸡一定要蒸入味（用高压锅则需 30 分钟左右）。

清蒸整鸡

原料： 土肥母鸡 1 只（1000 克），水香菇 50 克，菜胆 10 个。

调料： 盐、味精、鸡精、胡椒粉、鲜汤。

做法：

① 将鸡宰杀、去毛、去内脏，保留整鸡形状，焯水后洗净，剁去嘴尖、膝以下脚爪，切掉下唇，割除尾骚，用刀背砸断大腿骨。

② 将整鸡放入汤钵内，均匀地撒上盐，入笼先干蒸约 40 分钟（高压锅蒸 20 分钟），取出加鲜汤，再蒸至鸡肉软烂为止。

③ 把香菇、菜胆入沸水焯一下，捞出。

④ 净锅置旺火上，将鸡汤倒入锅内，下入盐、味精、鸡精、胡椒粉、香菇、菜胆，用手勺将汤钵内的整鸡翻个边，把鸡汤倒入盛鸡的汤钵中，将菜胆、香菇均匀地放在整鸡周围。

原料：乌鸡1只（约750克），当归10克，白条参5克，熟地10克，白芍10克，知母10克，地骨皮10克，枸杞3克。

调料：精盐、味精、姜、鲜汤。

做法：

❶ 将乌鸡宰杀后去毛、去内脏，放入沸水锅内焯水，去除血污，捞出沥干水分。

❷ 将当归、白条参、熟地、白芍、知母、地骨皮、姜放入鸡腹内，用线缝好，放入鲜汤内，用旺火烧开，撇去浮沫，加入精盐、味精调好味，转用小火煮至鸡肉软烂，去掉鸡腹内的药，撒上枸杞，食肉喝汤。

乌鸡补血汤

原料：乌鸡1只（约750克），天麻10克，党参8克，枸杞3克。

调料：精盐、味精、姜、鲜汤。

做法：

❶ 将乌鸡宰杀后去毛、去内脏，放入沸水锅内焯水，去除血污，捞出沥干水分。

❷ 姜切片。

❸ 将乌鸡剁成小块后放入大沙罐内，再加入天麻、党参、姜片，倒入鲜汤，放精盐、味精调好味，用旺火烧开后撇去浮沫，转用小火煨至鸡肉酥烂，夹出姜片，撒上枸杞即成。

乌鸡炖天麻

※ 养生堂　　　　　　　　乌鸡

◆补虚劳、养身体的上好佳品。食用乌鸡可以提高生理机能、延缓衰老、强筋健骨，对防治骨质疏松、佝偻病、妇女缺铁性贫血症等有明显功效。《本草纲目》认为乌鸡有补虚劳赢弱，治消渴，益产妇，治妇人崩中带下及一切虚损诸病的功用。

◆适合大众人群，尤其对体虚血亏、肝肾不足、脾胃不健的人效果更佳。

◆连骨（砸碎）熬汤滋补效果最佳。炖煮时不要用高压锅，使用沙锅文火慢炖最好。

※ 养生堂　　　　　　　　鸡杂

◆鸡杂包括鸡胗、鸡心、鸡肝、鸡肾、鸡肠等，鲜美可口，中医认为它们皆有助消化、和脾胃之功效。

◆鸡胗有健脾和胃的作用，是补铁的佳品，韧脆适中、口感好，蛋白质也十分丰富。

◆鸡肠有助消化、和脾胃之功效。

◆鸡血口感鲜嫩，具有祛风、通络活血的功效。

泰式凤爪

原料： 去骨凤爪（即鸡爪）300克，西芹100克，洋葱40克。

调料： 精盐、味粉、冰糖粉、姜、玫瑰露酒、小米辣椒、红泡椒、小米辣水、凉开水。

做法：

① 将去骨凤爪入沸水锅中稍煮，捞出后用清水漂洗2小时，捞出沥干水，改刀，备用；将西芹、洋葱、姜切片待用。

② 将西芹片、洋葱片、姜片、小米辣椒、小米辣水、红泡椒和以上调料（除玫瑰露酒外）放入凉开水中调好味，再放入凤爪，加入玫瑰露酒浸泡4小时，捞出装盘即可。

虎皮凤爪

原料： 净鸡爪400克。

调料： 植物油、麦芽糖、白糖、红卤水。

做法：

① 将鸡爪去指尖，放入加有麦芽糖、白糖的沸水锅中焯水。

② 锅置旺火上，放入植物油，烧至七成热时下入鸡爪炸至起泡，捞出沥干油。

③ 再将鸡爪放入红卤水锅中卤至软烂入味，捞出装盘即可。

要点： 红卤水制法见本书前面"烹饪基础"。

湘式凤爪

原料： 鸡爪2000克，柠檬1个，红椒1根，青椒1根，洋葱1个。

调料： 红油、精盐、味精、詹王鸡粉、鱼露、料酒、玫瑰露酒、生抽、食用纯碱。

做法：

① 将鸡爪清洗干净，适当解刀以便入味，下入水锅内煮至五成熟，取出浸泡于食用纯碱热水中1小时后，取出放在清水中冲洗干净。

② 将柠檬、红椒、青椒、洋葱切成片，与剩下的调料（除红油外）一起倒入凉开水中，下入鸡爪，浸泡12小时至入味，再捞出装盘，淋上红油即可食用。

原料： 鲜鸡胗 300 克，野山椒 150 克，罂粟粉 8 克。

调料： 精盐、味精、白糖、花椒油、料酒、青花椒、姜、葱白。

做法：

① 将鸡胗洗净、切片；野山椒从中剖切；姜切片。

② 将鸡胗用罂粟粉稍微抓匀，加入姜片、葱白、青花椒、料酒和精盐，入蒸柜中蒸 3 分钟，取出晾凉。

③ 在凉透的鸡胗内加入剩余的调料和原料搅拌均匀，装盘即可。

香糯鸡胗

原料： 鸡胗（鸡菌）250 克，豌豆（蚕豆亦可）150 克，干椒段 30 克（或尖椒圈），排冬菜（或酸菜、盐菜）10 克。

调料： 油、盐、味精、蚝油、鲜汤、水淀粉、蒜茸、姜米。

做法：

① 将鸡胗去掉外膜，切成薄片，放盐、味精、水淀粉上浆腌制。排冬菜剁碎。

② 锅内放油 500 克，烧至七成热，将豌豆、鸡胗同时下锅过大油，至熟后捞出沥净油。

③ 锅内留底油，下蒜茸、姜米、排冬菜、干椒段煸香，将豌豆、鸡胗下锅翻炒，放盐、味精、蚝油，加鲜汤微焖，勾水淀粉，淋尾油，装盘即成。

要点： 此菜一定要注意川豆必须熟透。放排冬菜的目的：豌豆难入盐味，让排冬菜附着在川豆上，俗称"打口"，吃起来才有滋有味。

豌豆熘鸡胗

原料： 鸡胗 150 克，青椒、红椒各 5 克。

调料： 植物油、精盐、味精、鸡精、料酒、生抽、香辣酱、葱花、姜末、蒜末、红油、香油、水淀粉。

做法：

① 将鸡胗交叉剞十字花刀后切成两半，用精盐、料酒、水淀粉上浆入味。

② 将青椒、红椒去蒂、去籽后切成米粒状。

③ 锅置旺火上，放油烧至六成热，下入鸡胗过油至熟后，倒入漏勺中将油沥干。

④ 锅内留少许底油，下入姜末、蒜末、青椒米、红椒米炒香，随即下入鸡胗花，加入精盐、味精、鸡精、生抽、香辣酱，烹入料酒，翻炒均匀，勾芡，淋红油、香油，撒上葱花，出锅装盘即可。

口味鸡胗花

尖椒炒腊鸡肠

原料： 腊鸡肠 300 克，尖红椒、尖青椒各 60 克。

调料： 植物油、精盐、味精、白糖、蚝油、红油、香油、葱、蒜子、姜、鲜汤。

做法：

① 腊鸡肠用旺火蒸至软烂后切成 2 厘米长的段，尖红椒、尖青椒切成 0.3 厘米厚的圈，蒜子切成指甲片，姜切菱形片，葱切段。

② 锅置旺火上，放入底油，烧至五成热时下入腊鸡肠炒香，放入姜片、蒜片和尖红椒、尖青椒煸炒均匀，加入精盐、味精、蚝油、白糖炒拌入味，再烹入鲜汤稍焖，待汤汁烧干时淋上红油、香油，撒上葱段，出锅装盘即可。

香油韵味鸡血

原料： 鸡血 200 克，干酸菜 5 克，青椒、红椒各 3 克。

调料： 熟猪油、精盐、味精、鸡精、葱、姜、蒜子、香油、鲜汤。

做法：

① 将鸡血切成 0.5 厘米厚的片，放入沸水中氽一下后捞出，沥干水。

② 将青椒、红椒去蒂、去籽后切成米粒状，姜、蒜子切末，葱切花。

③ 锅内倒入鲜汤，煮开后放入干酸菜、姜末、蒜末、精盐、味精、鸡精，下入鸡血和青椒米、红椒米，淋上熟猪油和香油，撒上葱花，出锅装入碗中即可。

泡黄瓜炒鸡杂

原料： 鸡杂（鸡肫、鸡肠等）350 克，泡黄瓜 150 克，尖椒 10 克。

调料： 植物油、精盐、味精、料酒、酱油、辣酱、葱、蒜子、红油、香油、水淀粉。

做法：

① 将鸡杂洗净，切成片，用料酒稍腌，入沸水锅内焯水，断生后捞出，沥干水分；泡黄瓜切成与鸡杂大小相同的片，尖椒切成小片，蒜切成指甲片，葱切段。

② 锅置旺火上，放入植物油，烧热后下尖椒、泡黄瓜、蒜片炒香，加入鸡杂、精盐、味精、辣酱、酱油炒拌均匀，用水淀粉勾芡，淋上香油、红油，撒上葱段，装盘即成。

干锅口味鸡杂

原料：鸡胗、鸡肝、鸡心、鸡肠、鸡血各30克，青椒片、红椒片各10克，香菜20克。

调料：植物油、精盐、味精、鸡精、香辣酱、料酒、蒜片、葱花、姜片、红油、香油、鲜汤。

做法：

❶ 将鸡胗交叉剞十字花刀后切成四瓣，鸡肝、鸡心、鸡血均切片，鸡肠洗净后改切成小段。

❷ 在沸水锅内下入料酒，再将鸡胗、鸡肝、鸡心、鸡肠、鸡血倒入锅内，焯水至熟后捞出，沥干水。

❸ 锅内放入底油烧热后下入姜片、蒜片、香辣酱，加入精盐、味精、鸡精拌炒，倒入鲜汤、鸡胗、鸡肝、鸡心、鸡肠、鸡血，烧开后下入青椒、红椒，稍煮入味后倒入干锅。

❹ 将干锅移至小火上，淋入红油、香油，撒上葱花，边煮边食（香菜可先与青椒、红椒一同下锅，也可边吃边下）。

要点：本菜中，如果只用一种主料，如鸡胗，则用量为150克。

盐水鸭

原料：水鸭1只（约重2000克），香菜20克，烧鹅针1根。

调料：精盐、味精、白糖、广东米酒、老姜、香葱、蒜子、花椒粉。

做法：

❶ 将水鸭宰杀净，香菜洗净，蒜子切米。

❷ 将老姜、香葱、香菜、花椒粉、蒜米、味精10克、精盐15克、白糖10克、广东米酒20克混合在一起，均匀地抹在鸭腹内，用烧鹅针封口，腌渍1天。

❸ 锅内放清水，烧开后放入水鸭，烫至皮紧捞出，再冲水洗净，去掉腌料。

❹ 将剩余的调料同清水一起煮沸，放入鸭再煮沸5分钟，关火焖10分钟，一共重复3次，待汤汁冷却后，取出切片食用。

🌓 相宜相克　　　　　**鸭肉**

易引起阴盛阳虚、水肿　　　易引起身体不适

甲鱼　✕　　　　　　　✕　黑木耳

鸭 肉

山药　✓　　　　　　　✓　白菜

可滋阴补肺　　　　　促进胆固醇的代谢

🌼 养生堂　　　　　**鸭肉**

◆滋补养胃、补肾益阴、除虚弱、止热痢、止咳化痰，对阴虚水肿、羸弱乏力、大便秘结、贫血、慢性肾炎等疾病有辅助治疗作用。

◆鸭肉补阴，与山药伴食可消除油腻，同时能很好地补肺。

◆体质虚寒、胃腹疼痛、腹泻腰痛及胆囊炎、痛经患者不宜食用。

大葱烧鸭

原料： 水鸭 1 只（约 750 克），大葱段 250 克，红椒丝 3 克。

调料： 猪油、盐、味精、鸡精、酱油、蒜茸香辣酱、料酒、水淀粉、红油、白糖、干椒末、整干椒、姜片、姜丝、八角、桂皮。

做法：

① 锅中放水烧开，放入八角、桂皮、整干椒、料酒、姜片、盐，将水鸭宰杀后放入水中煮至六成熟，捞出洗净。

② 将鸭子砍成块，扣在蒸钵里，放姜片、盐、味精、酱油、白糖、蒜茸香辣酱、干椒末和适量的水，上笼蒸烂，取出蒸钵待用。

③ 锅置旺火上，放猪油烧至八成热，放入红椒丝、姜丝、大葱段，放盐炒蒿后，出锅装在盘中，将蒸钵内的蒸汁沥在锅内，再将鸭块反扣到放有大葱的盘子中间。

④ 将蒸汁烧开后放盐、味精、鸡精调好味，勾水淀粉、淋红油，出锅浇淋在鸭块上即成。

要点： 鸭块一定要蒸烂。

口味鸭条

原料： 洋鸭 1000 克。

调料： 植物油、精盐、味精、辣酱、啤酒、糖色、八角、桂皮、整干椒、香叶、草果、姜、葱、香油、水淀粉、鲜汤。

做法：

① 将洋鸭宰杀，去毛、去内脏，洗净后剁成条状，入沸水锅内焯水，去除血污后捞出，沥干水分，放入垫有竹筛的高压锅内。

② 姜拍破，10 克葱挽结，5 克葱切花。

③ 锅置旺火上，放入底油，下入姜块、八角、桂皮、整干椒、香叶、草果、葱结煸炒出香味，加入啤酒、鲜汤，放入精盐、味精、辣酱烧开，加糖色调好色后，倒入高压锅内，加热至上气后再压 15~20 分钟，将鸭条取出，摆入盘内。

④ 将原汁倒入锅中，勾芡，淋香油，出锅浇在鸭条上，撒上葱花即成。

湘味扣红鸭

原料： 洋鸭半只（约重 700 克），梅干菜 200 克，五花肉丁 50 克，白菜心 10 棵。

调料： 植物油、精盐、味精、白糖、酱油、料酒、白醋、胡椒粉、辣椒粉、八角、花椒、整干椒、蒜末、姜、葱、红油、香油、水淀粉、鲜汤。

做法：

① 将梅干菜泡发后炒干水分；白糖下锅炒出糖色，加清水调稀；白菜心放精盐、味精、植物油焯水；锅内放油、蒜末、五花肉丁炒香，放梅干菜、精盐、味精、辣椒粉、白醋炒拌成味码。

② 锅内放洋鸭、鲜汤、精盐、葱、姜、料酒、八角、整干椒、花椒煮入味，捞出抹干后放入糖色水中浸泡 5 分钟，再下入七成热油锅中炸成红色，剁成条后扣入钵内，加放精盐、味精、酱油、鲜汤、味码，蒸 2 小时后取出反扣于盘中。

③ 锅内放红油、蒜末炒香，倒入蒸汁、勾芡，淋香油、撒胡椒粉，出锅浇在洋鸭上，围上白菜心即可。

原料：洋鸭肉 350 克，尖椒 50 克。

调料：植物油、精盐、味精、料酒、红油、酱油、香油、蒜子。

做法：

① 将鸭肉切成 5 厘米长的细丝，用精盐、料酒腌制 15 分钟；尖椒、蒜子均切成丝。

② 锅置旺火上，放入植物油，烧至五成热，下入尖椒丝、蒜丝炒香，再放入鸭肉丝，加入精盐、味精、酱油炒拌入味，往锅内淋入红油、香油，出锅装盘即可。

要点：料酒在烹饪中的主要作用为去腥膻、解油腻。

小炒洋鸭

原料：去骨嫩鸭肉 400 克，红椒片、青椒片各 25 克。

调料：红油、精盐、味精、鸡精粉、酱油、料酒、甜面酱、柱候酱、花生酱、辣酱、五香粉、整干椒、姜片、葱段、香油、花椒油、鲜汤。

做法：

① 将鸭肉洗净，剁成 2 厘米见方的块。

② 锅置旺火上，放入红油烧至

六成热，下姜片、鸭块炒香，烹入料酒，炒干水汽后放干椒段略为炒拌，再加入甜面酱、柱候酱、花生酱、精盐、酱油、五香粉、辣酱（如辣妹子辣酱）炒拌入味，烹入鲜汤，烧开后撇去浮沫，改小火煨至鸭肉酥烂，放入红椒、青椒、味精、鸡精粉，旺火收浓汤汁，淋花椒油、香油，撒上葱段，出锅装盘即可。

辣妹子光棍鸭

原料：麻鸭 1 只（约重 1000 克），红椒圈、青椒圈各 15 克。

调料：植物油、精盐、味精、料酒、酱油、豆瓣酱、蒜茸酱、胡椒粉、姜、葱、香料（八角、桂皮、草果、豆蔻、整干椒）、红油、香油、水淀粉、鲜汤。

做法：

① 将鸭子宰杀处理后切成块，用葱、姜、料酒、精盐腌 30 分钟，再放入六成热油锅炸至金黄色，捞出沥油。

② 锅内放植物油烧热后下入

香料炒香，加入鸭块、料酒煸干水分，再放入蒜茸酱、酱油、豆瓣酱、精盐、味精、鲜汤，旺火烧沸后撇去浮沫，倒入高压锅，加热至上汽后压 12 分钟出锅，去掉香料。

③ 取竹笼垫上荷叶，入蒸柜蒸香。锅内放植物油，下入红椒、青椒略炒，倒入鸭块、鲜汤烧沸，旺火收浓汤汁，勾芡后淋上香油、红油，撒上胡椒粉，装入竹笼即可。

竹香婆婆鸭

竹笋麻鸭煲

原料： 麻鸭1只（约重1000克），火腿50克，竹笋20克，小白菜心10棵。

调料： 植物油、精盐、味精、白糖、鸡精粉、胡椒粉、鲜汤。

做法：

① 将鸭宰杀后去毛、去内脏、去爪，洗净待用；火腿切成2厘米长的象眼片；小白菜心修齐根部后入沸水锅内，加入精盐、味精、植物油，烫至断生后捞出。

② 竹笋切丝，入沸水锅内焯水后捞出沥干水分，再放入锅内炒干水汽，加入植物油、精盐、味精煸炒入味，加入少量鲜汤略焖，垫于煲底。

③ 将鸭入沸水锅内焯水，去除血污后捞出，放入煲中，加入鲜汤，用旺火烧沸后撇去浮沫，放入火腿片，转用小火焖至鸭肉八成烂时，加入精盐、味精、白糖、鸡精粉、胡椒粉，继续焖烧至鸭肉入味、肉骨分离，再整齐地围上小白菜心即可上桌。

茅根韵味鸭

原料： 麻鸭1只（约重1000克），红椒片、青椒片各60克，茅根50克。

调料： 植物油、精盐、味精、蚝油、辣酱、啤酒、整干椒、八角、桂皮、蒜子、姜块、红油、香油。

做法：

① 将鸭子宰杀后剁成3厘米长、2厘米宽的条；茅根洗净后入高压锅，加入350毫升清水，上火压15分钟后取汁待用。

② 锅内放红油烧热后下入八角、桂皮、姜块、整干椒炒香，加入鸭块炒干水分至肉香味浓时，放入啤酒、精盐、味精、蚝油、辣酱和茅根水，旺火烧开后撇去浮沫，倒入高压锅，加热至上汽后再压10分钟出锅，夹出鸭块。

③ 锅内放植物油，下入蒜子炒香，再倒入鸭块、鲜汤烧沸，放入红椒片、青椒片，旺火收浓汤汁，淋上香油，出锅装盘即可。

莴笋烧鸭块

原料： 白条鸭1只（约750克），净莴笋头150克。

调料： 猪油、盐、味精、蒜茸香辣酱、料酒、水淀粉、红油、香油、姜片、整干椒、葱结、鲜汤、八角、桂皮、草果。

做法：

① 锅内放猪油烧至六成热，将净莴笋头用滚刀法切成转头形后，下入油锅中过油至六成熟，倒入漏勺中沥尽油。

② 锅内放水烧开，放料酒，将白条鸭去内脏、清洗干净后剁成块，放入锅中焯水后捞出，洗去血沫，沥干水。

③ 锅内放油烧热，下入姜片、整干椒、葱结、八角、桂皮、草果煸香，下入鸭块，烹入料酒，放盐、味精、蒜茸香辣酱拌炒入味，倒入鲜汤，煨烧至鸭块酥烂时下入莴笋头，一起拌炒、烧入味后，去掉整干椒、葱结和香料，勾水淀粉，淋红油、香油，出锅装盘。

原料：去骨鸭 200 克，熟奶油玉米粒 100 克，尖红椒 20 克。

调料：油、盐、味精、白糖、料酒、蚝油、辣妹子辣酱、白醋、水淀粉、干椒段、姜片、蒜片、鲜汤。

做法：

❶ 将去骨鸭切成 1 厘米左右的丁，用盐、味精、料酒、水淀粉腌制。

❷ 锅内放油，烧至八成热，将鸭丁过大油，沥干。

❸ 锅内留底油，下姜片、蒜片、干椒段煸香，下入玉米粒、鸭丁、红尖椒一同翻炒，放盐、味精、白糖、白醋、辣妹子辣酱，加鲜汤略焖，勾水淀粉、淋尾油即成。

要点：玉米一定要选用奶油玉米，菜味更香。

尖椒玉米鸭

原料：小米辣椒 50 克，带骨鸭半只（约 750 克）。

调料：油、盐、味精、八角、桂皮、料酒、白糖、蒸鱼豉油、姜片、蒜子、干椒段、葱花、鲜汤。

做法：

❶ 将鸭子砍成 3 厘米左右的块，入沸水焯水，沥干。小米辣椒切碎。

❷ 锅内放油，下姜片、干椒段、八角、桂皮煸香，下鸭块煸炒至水干时，烹料酒，下盐、味精、蒜子、白糖、蚝油、蒸鱼豉油再煸炒，加鲜汤，小火煨焖至鸭子酥烂，再下入小米辣椒，煨至汤汁浓郁时即可装入干锅，撒葱花，带火上桌。

要点：小米辣椒带甜酸味，才使此鸭颇具特色，所以一定要用小米辣椒为此菜配料。

小米可口鸭

原料：水鸭 1 只（约重 1000 克），肥肠 200 克。

调料：植物油、精盐、味精、白糖、辣酱、姜、整干椒、蒜子、八角、草果、茴香、桂皮、鲜汤。

做法：

❶ 将水鸭宰杀，去毛、去内脏，洗净后剁成 3 厘米见方的块，入沸水锅内焯水，去除血污后捞出，沥干水分；肥肠用面粉反复抓洗干净，去除臭味后放入冷水锅内焯水，断生后捞出，晾凉切成菱形片；姜切片，蒜子去蒂。

❷ 锅置旺火上，放入植物油烧热，下入鸭块、肥肠、姜片炒干水汽，再下入八角、草果、茴香、桂皮炒香，加入精盐、味精、整干椒、白糖、辣酱、蒜子、鲜汤，旺火烧开后撇去浮沫，转用小火煨至鸭肉软烂入味即可。

沙锅肥肠鸭

笋干煲老鸭

原料： 老水鸭 1 只（约 750 克），笋干片 150 克。

调料： 油、盐、味精、料酒、胡椒粉、香油、姜片、葱结、葱花、鲜汤。

做法：

① 将水鸭从肚处剖开，清除内脏、喉管、食管、肺叶，洗干净后放入开水中余至断生；笋干片焯水待用。

② 在沙锅内放入竹篾垫垫在底部，将水鸭平放在竹篾垫上，上面用盘子压住。在沙锅内倒入鲜汤，放入油、姜片、葱结、笋干片、料酒，用大火烧开后改用小火炖至鸭肉熟烂，放盐、味精调好味，撒上胡椒粉、葱花，淋上香油即可。

要点： 此菜的目的就是要让笋干的香鲜透入鸭子的汤汁中。炖时垫篾垫是防止整鸭粘锅底。鸭上压盘是保证鸭一直在汤中，不会浮在汤上，这样鸭肉的鲜味就能完全炖出来。

山药百合炖水鸭

原料： 净水鸭 500 克，鲜山药 150 克，百合 100 克。

调料： 油、盐、味精、鸡精、料酒、白糖、胡椒粉、姜片、葱结、葱花、鲜汤。

做法：

① 将水鸭平放，用刀背捶松，划开腿肉，砍成大块，入沸水中焯水后捞出，沥干水。

② 山药去皮，用滚刀法切成 1 厘米厚的马蹄块，洗净、沥干。

③ 将百合泡入冷水中待用。

④ 锅内放油烧热后下入姜片，炒香后下入鸭块，拌炒至水分收干时烹入料酒，炒至鸭块熟时倒入鲜汤，下葱结，与山药一起倒入大沙罐中，用大火烧开后改用小火煨炖，下入百合，放盐、味精、鸡精、白糖调好味，再稍炖一会，撒胡椒粉和葱花即可。

要点： 鸭块要先炒至七成熟，再下山药一起炖烂入味。百合用冷水泡的目的是使其不变色。

✳ **养生堂**　　　　**鸭掌**

◆ 鸭掌含有丰富的胶原蛋白，和同等质量的熊掌的营养相当。

◆ 鸭掌多含蛋白质，低糖，少有脂肪，能补肝肾、强筋骨、软化血管，同时具有美容减肥的功效。

◯ **相宜相克**　　　　**鹅肉**

对肾脏刺激较大　　　在胃中生成不易消化的硬块，导致腹痛、腹泻

鸭梨　　　　　　　　柿子

山药　　　　　　　　冬瓜

鹅肉

煮熟服食，有益气、养阴、清热、生津之功效　　　清热消火，健胃利脾

芷江鸭

原料：芷江鸭 1 只（约重 750 克），油炸板栗肉 200 克，红椒片 10 克。

调料：植物油、盐、味精、鸡精、酱油、豆瓣酱、蒜蓉香辣酱、永丰辣酱、蒸鱼豉油、蚝油、料酒、白糖、香油、红油、整干椒、姜片、鲜汤、香料（八角、桂皮、草果）。

做法：

❶ 将鸭宰杀，烫水煺毛，去内脏，清洗干净，剁成块。

❷ 锅内放少许油，先下入姜片、整干椒、香料炒香，再下入鸭块，放料酒、蒸鱼豉油、盐、味精、鸡精、蒜蓉香辣酱、永丰辣酱、豆瓣酱、酱油、蚝油、白糖，上色入味后倒入鲜汤（以淹没鸭为度），用大火烧开后移至小火，煨至鸭块熟烂红亮，下入板栗、红椒片，拣出香料，淋红油、香油即可。

家乡米粉鸭

原料：净鸭丁 300 克，蒸肉米粉 100 克，西兰花 150 克，鲜红椒圈 5 克。

调料：植物油、盐、味精、鸡精、酱油、蒸鱼豉油、料酒、胡椒粉、白糖、香油、葱花、鲜汤。

做法：

❶ 将鸭丁用盐、味精、鸡精、料酒、酱油、白糖、胡椒粉腌制 10 分钟，拌入蒸肉米粉，放入抹油后的盘中，烹少许鲜汤，入笼蒸 20 分钟，熟后取出待用。

❷ 锅内放油烧至六成热，下入蒸好的鸭丁，炸至色泽金黄捞出。

❸ 锅内放少许油，下入鲜红椒圈，随即下入炸好的鸭丁，烹蒸鱼豉油、香油炒匀，撒上葱花，盛入盘中。

❹ 在沸水锅中放盐、油，下入西兰花，焯熟后捞出，拼入碗边。

布衣老鸭

原料：净白条老鸭 1 只（约重 1000 克）。

调料：植物油、盐、味精、鸡精、白醋、白糖、整干椒、料酒、生姜、鲜汤、香料（八角、桂皮、草果、波扣、香叶、花椒）、糖色。

做法：

❶ 将鸭焯水至熟，捞出清洗干净，放入锅内，倒入鲜汤至淹没鸭。将上述除植物油、糖色外的所有调料放入锅中，上大火煮开后移至小火，煨至鸭肉酥烂入味后取出。

❷ 用洁布擦干鸭身的水分，将糖色均匀抹在鸭皮上，下入七成热油锅内，将鸭炸至色泽红亮焦熟，取出放入钵中，放少许鲜汤调味，入笼蒸 15 分钟，待鸭肉熟后取出即可。

攸县血鸭

原料： 攸县活鸭 1 只（约重 750 克），红尖椒圈 30 克。

调料： 植物油、盐、味精、鸡精、酱油、豆瓣酱、蒜蓉香辣酱、永丰辣酱、辣妹子辣酱、蒸鱼豉油、蚝油、料酒、白醋、白糖、香油、红油、整干椒、葱花、姜片、蒜片、鲜汤、香料（八角、桂皮）。

做法：

❶ 将鸭宰杀，取鸭血放少许白醋待用；将鸭烫水、煺毛，去内脏，清洗干净，剁成块，抓少许料酒、酱油腌入味。

❷ 锅内放少许油，下入香料、姜片炒香，将香料、整干椒拣出，下入鸭块爆炒，放料酒、豆瓣酱、蒜蓉香辣酱、永丰辣酱、辣妹子辣酱、蒸鱼豉油、蚝油、白醋、白糖、味精、鸡精、盐，上色入味后放少许鲜汤，焖至鸭块酥烂、汤汁收干，下入鸭血、红尖椒圈、蒜片拌炒入味，淋香油、红油，出锅，撒上葱花即可。

子姜炒米鸭

原料： 净鸭肉 500 克，卜豆角 30 克，青椒、红椒各 20 克。

调料： 植物油、盐、味精、鸡精、酱油、豆瓣酱、永丰辣酱、蒸鱼豉油、蚝油、料酒、白醋、白糖、香油、红油、葱段、姜丁。

做法：

❶ 将鸭肉、青椒、红椒、卜

豆角均切成丁。

❷ 锅内放油，先下姜丁、卜豆角，后下鸭丁拌炒，烹料酒、蒸鱼豉油，放酱油、豆瓣酱、永丰辣酱、盐、味精、鸡精、蚝油、白醋、白糖，炒至鸭丁熟烂入味后，淋红油、香油，撒红椒丁、青椒丁、葱段即可。

五香去骨鸭

原料： 肉鸭 1 只（1 年生鸭约 800 克），冬笋 50 克，红尖椒 20 克。

调料： 植物油、盐、味精、酱油、白糖、香油、五香粉、水淀粉、姜片、蒜片、大蒜叶、卤水。

做法：

❶ 将肉鸭宰杀、去毛、去内脏，洗净后在沸水中焯水，捞出备用；将红椒切一字条，冬笋切片，大蒜叶切成耳朵状。

❷ 把鸭子放入卤水中卤熟后捞出，冷却后剁成骨牌块。

❸ 锅内放油烧至六成热，将鸭子下入油锅炸成金黄色，捞出。

❹ 净锅上火，放少许油烧至六成热，下入姜片、蒜片煸香后，下入红椒、冬笋翻炒，再倒入鸭子，用盐、味精、酱油、白糖、香油、五香粉、水淀粉调成味汁后淋入锅内，放大蒜叶翻炒出锅，装盘即成。

原料：去骨鸭掌 500 克。

调料：花椒粉、干椒粉、红油、香油、蚝油、卤水。

做法：

❶　将去骨鸭掌入沸水锅内焯水后捞出，沥干水分，再放入卤水锅内卤透入味，捞出待用。

❷　将花椒粉、干椒粉、红油、香油、蚝油和 40 克卤水调匀成汁，放入鸭掌拌匀，装盘即可。

椒麻鸭掌

原料：（水发）鸭掌 600 克，泡酸萝卜 50 克，红椒、蒜苗各 25 克。

调料：植物油、精盐、味精、料酒、酱油、白醋、干椒粉、葱、姜、蒜子、红油、香油、水淀粉、鲜汤。

做法：

❶　将鸭掌切成小块，入冷水锅内，放入料酒，去掉腥味后捞出，剔去掌骨。

❷　将泡酸萝卜切丁，姜、蒜、红椒、蒜苗均切成米，葱切花。

❸　锅置旺火上，放入植物油，烧至六成热时，下姜米、蒜米、红椒米、泡酸萝卜丁、蒜苗米、干椒粉炒香，加入鸭掌、精盐、味精、酱油、白醋炒拌入味，再加入鲜汤略焖，勾芡，淋红油、香油，撒葱花，出锅装盘即可。

香辣无骨鸭掌

原料：去骨鸭掌 300 克，青椒（切圈）100 克。

调料：植物油、盐、味精、料酒、香辣酱、水淀粉、红油、香油、蒜片、大蒜叶、姜片、葱段、鲜汤。

做法：

❶　将鸭脚趾去掉，顺着将鸭掌剖成两边。

❷　将鸭掌用盐、料酒、水淀粉上浆入味后，下入七成热油锅内过油至熟，捞出沥净油。

❸　锅内留少许底油，下入姜片、蒜片、青椒圈，放盐、味精一起拌炒，随后下入鸭掌，放香辣酱，加鲜汤，下大蒜叶焖入味，后勾少许水淀粉，炒匀后淋红油、香油，拌匀即可出锅装盘。

要点：鸭掌一定要焖一下才会入味。在选用鸭掌时，一定要注意不要选用碱发的和用过氧化氢漂白的，这样的鸭掌一下锅遇热就溶化。

青椒炒鸭掌

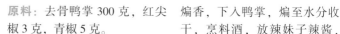

干锅烧鸭掌

原料：去骨鸭掌 300 克，红尖椒 3 克，青椒 5 克。

调料：油、盐、味精、辣妹子辣酱、蚝油、料酒、姜片、蒜子、大蒜叶、鲜汤。

做法：

❶ 将去骨鸭掌焯水，把每个鸭掌切成 2 片。

❷ 将红尖椒、青椒均切成长形筒。

❸ 锅内放油，下姜片、蒜子煸香，下入鸭掌，煸至水分收干，烹料酒，放辣妹子辣酱，加鲜汤，煨焖至鸭掌入味，倒入盘中备用。

❹ 锅内放油，下红尖椒、青椒，放盐煸炒，下入已煨制的鸭掌，调入味精、蚝油，即可装入干锅，撒上大蒜叶，带火上桌。

要点：鸭掌必须焯水，然后煨制入味。

宝庆腊鸭掌

原料：腊鸭掌 300 克，腊鸭肫 150 克，干红椒 15 克。

调料：植物油、味精、鸡精、料酒、香油、红油、大蒜叶、鲜汤。

做法：

❶ 将腊鸭掌解切成小块，鸭肫切片，扣入钵中，放少许味精、鸡精、料酒、鲜汤，上笼蒸至酥烂，入味后取出。

❷ 锅内放植物油，下入干红椒炒香后，放鸭掌、鸭肫一起拌炒，淋上香油、红油，撒上大蒜叶，出锅装盘。

要点：腊鸭掌、腊鸭肫本身在带咸味，故未放盐。如需要，可酌量放盐。

金鱼鸭掌

原料：鲢鱼 1 条（2000 克以上），水发去骨鸭掌 500 克，红椒、青椒、海带、西红柿各 50 克，青豆 20 克，香肠 20 克。

调料：盐、味精、蛋清、胡椒粉、湿淀粉、清鸡汤。

做法：

❶ 将鲢鱼宰杀后去骨去皮，取净肉制成鱼蓉，放盐、味精、蛋清拌匀调好味。

❷ 将鸭掌焯水后洗净，放盐、胡椒粉加清鸡汤煮熟，选取形态完整者剖成鱼尾状。

❸ 将鱼蓉制成鱼身，捏成金鱼鳞状（与鸭掌相近），用红椒、青椒、海带、西红柿、青豆、香肠装饰，放入蒸笼中蒸 5 分钟，取出与鸭掌一起装盘。

❹ 锅内放煮鸭掌的原汤烧开，放盐、味精调味，勾湿淀粉，出锅浇入盘中。

原料：鸭舌 300 克，基围虾 100 克，白萝卜 50 克，菜心 12 个，枸杞 2 克，柠檬 2 片。

调料：色拉油、盐、味精、鸡精、生抽、香油、湿淀粉、香料、高汤。

做法：

❶ 先将白萝卜切成圆柱形，中间挖空，抹盐、味精，放入高汤中，上笼蒸熟，捞出摆在盘子的中间。

❷ 基围虾去皮，放入加有柠檬的沸水中氽熟，捞出后依次摆在蒸熟的萝卜上。

❸ 锅内放高汤，下入鸭舌、香料，放盐、味精、鸡精煨透入味后，将鸭舌捞出，摆在盘子的四周（紧挨虾边）；菜心用开水氽熟，将枸杞插在菜心根部，摆在盘的四角。

❹ 锅上火，倒入适量高汤，放色拉油、盐、味精、鸡精、香油，调芡，勾玻璃流芡淋在鸭舌、菜心上，将生抽淋在基围虾上即成。

鲍汁鸭舌烩虾

原料：鸭舌 28 只，百灵菇 500 克，菜心 20 个。

调料：盐、鸡粉、胡椒粉、湿淀粉、鸡油、葱、姜、高汤。

做法：

❶ 将鸭舌清理干净，焯水后放入沙煲中，放入高汤、葱、姜，用小火煨制，放盐、鸡粉、胡椒粉调味。

❷ 将菜心下入沸水锅中，放盐焯熟入味；将百灵菇焯水、切片，放入碗中，加入盐、鸡粉，入笼蒸熟后反扣入盘内，拼上菜心。

❸ 将煨鸭舌的原汤汁倒入锅中烧开，略放盐、鸡粉调好味，勾湿淀粉，淋入鸡油，出锅浇盖在鸭舌、菜心上即成。

鸡汁鸭舌万年锅

原料：鸭舌 400 克，青尖椒、红尖椒共 50 克。

调料：植物油、盐、味精、香油、豆瓣酱、葱段、姜片、蒜片、卤水（制法见"烹饪基础"）。

做法：

❶ 将鸭舌粗加工，去粗皮后用卤水卤制 20 分钟。

❷ 锅内放油烧热，放豆瓣酱、姜片、蒜片炒香，下入鸭舌合炒，倒入适量卤制鸭舌的卤水，将鸭舌煨至酥烂，放入青尖椒、红尖椒略炒，放盐、味精调好味，淋上香油，撒入葱段即可。

吊锅鸭舌

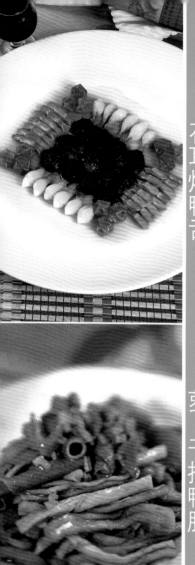

石耳烩鸭舌

原料： 鸭舌 300 克，石耳 150 克，胡萝卜 200 克，菜心 500 克，鱼蓉 500 克。

调料： 盐、鸡精、鸡粉、鸡汁、蛋清、干淀粉、湿淀粉、鸡油、清鸡汤、高汤。

做法：

❶ 将鸭舌洗净后焯水；石耳洗净后切丝，放盐拌入味；胡萝卜雕成球，与菜心分别焯水。

❷ 在鱼蓉中加蛋清、盐、鸡精、鸡粉、干淀粉、适量清水打上劲，制成丸子，裹上石耳丝，做成绣球状，上笼蒸熟后摆入盘中。

❸ 锅内放高汤，下入鸭舌，放盐、鸡粉、鸡精煨透入味后，将鸭舌捞出拼摆在墨鱼绣球两边，拼上菜心、胡萝卜球。

❹ 锅内倒清鸡汤烧开，放盐、鸡粉、鸡精调好味，勾芡，淋入鸡汁、鸡油，出锅浇入盘中即可。

萝卜干拌鸭肠

原料： 净鸭肠 200 克，发好的萝卜干 40 克。

调料： 新式酸辣汁、香葱、姜。

做法：

❶ 将香葱挽结，姜拍破；将净鸭肠放入沸水锅中，加入葱结、姜块，焯水断生后再放入冰水中过凉，捞出沥干水。

❷ 将萝卜干切成小丁，鸭肠切成 8 厘米长的段。

❸ 将鸭肠条和萝卜干丁一同放入盆中，加入新式酸辣汁拌匀即可装盘。

豉香鹅肠

原料： 卤鹅肠 120 克。

调料： 精盐、味精、白糖、整干椒、蒜子、姜、浏阳豆豉、葱油、香油。

做法：

❶ 将卤鹅肠切成丝，摆入盘中；姜、蒜子切米，整干椒切成段。

❷ 锅内放入葱油，烧热后下入豆豉、干椒段煸香，再放入姜、蒜米、精盐、味精、白糖、香油炒匀，浇在鹅肠上即可。

要点： 豆豉香味浓郁，香辣。豆豉是我国人民的传统发酵大豆食品，具有开胃增食、消积化滞、祛风散寒以及预防心脑血管疾病等功效。

原料：乳鸽2只（约500克）。

调料：植物油、香油、红卤水、椒盐味碟、美极鲜酱油味碟。

做法：

❶ 将乳鸽宰杀、烫水去毛、去内脏后清洗干净，放入沸水锅中焯水，去除血污，断生后捞出，洗净后沥干水分。

❷ 将乳鸽放入红卤水卤煮20分钟上色入味，至熟后捞出，再放入五成热油锅内炸至色泽红亮、鸽肉酥香后，倒入漏勺中沥尽油。

❸ 将乳鸽分别改切成小块，按乳鸽形状整齐地拼入盘中，并在鸽肉上均匀地抹上香油，配上椒盐味碟、美极鲜酱油味碟上桌即可。

要点：红卤水的制法见"烹饪基础"。

脆皮乳鸽

原料：乳鸽2只（约500克）。

调料：植物油、红卤水、白卤水、香油、辣酱味碟、美极鲜酱油味碟。

做法：

❶ 将乳鸽宰杀、烫水去毛、去内脏后清洗干净，放入沸水锅中焯水，去除血污，断生后捞出，洗净后沥干水分。

❷ 将2只乳鸽分别放入红卤水、白卤水中，卤煮20分钟至上色入味后捞出。

❸ 将从红卤水中捞出的乳鸽放入五成热油锅内，炸至色泽红亮、鸽肉酥香后，倒入漏勺中沥尽油。

❹ 将2只乳鸽分别改切成小块，按乳鸽形状拼入盘中，在鸽肉上均匀地抹上香油，配上辣酱味碟、美极鲜酱油味碟上桌即可。

要点：红卤水、白卤水的制法见"烹饪基础"。

口味双色乳鸽

 养生堂 | 肉鸽

◆ 肉质细嫩味美，为血肉品之首；含有17种以上的氨基酸，是高蛋白、低脂肪的理想食品。

◆ 骨、肉均可入药，能调心、养血、补气，消除疲劳、增进食欲；能祛风解毒，对病后虚弱、头晕神疲、血虚闭经有很好的补益食疗作用。

◆ 食用时以清蒸或煲汤最佳，以很好地保留其营养成分。

◆ 尤其适合中老年人、手术病人、体虚病弱者食用。

相宜相克 | 鹌鹑

将维生素C氧化，失去营养价值　　令人颜面生黑或引发痔疮

猪肝　✕　木耳

红枣　✓　鹌鹑　✓　桂圆

煲汤对女子贫血、脸色苍白有很好的疗效

补益肝肾、养心和胃

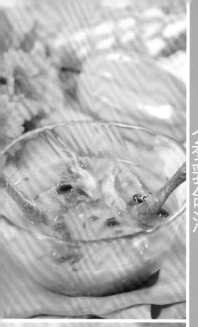

人参乳鸽汤

原料： 乳鸽 2 只，人参 1 根（约 50 克），枸杞 3 克。

调料： 油、盐、味精、香油、料酒、白糖、胡椒粉、姜片、葱花、鲜汤。

做法：

① 将乳鸽剖开，挖出内脏，洗净，每只砍成 4 块，放入沸水中焯水，捞出沥干。

② 将乳鸽、人参放入沙锅，放油，同时放入枸杞、姜片、料酒、鲜汤，用大火烧开后改用小火炖至乳鸽酥烂、汤色乳白，放盐、味精、白糖调好味，装入碗中，撒上葱花、胡椒粉，淋上香油即可。

要点： 用小火使汤保持微开，炖出来的汤汁才更理想。

一品鸳鸯鸽

原料： 乳鸽 2 只（约 500 克），人参 1 根，黄芪 5 克，天麻 10 克，枸杞 3 克。

调料： 精盐、味精、鸡精、胡椒粉、葱、鲜汤。

做法：

① 将乳鸽宰杀、烫水去毛、去内脏后清洗干净，放入沸水锅中焯水，断生后捞出，洗净后沥干水分；葱挽结。

② 将人参、黄芪、天麻用水洗净后，与乳鸽一起放入大沙罐内，加入鲜汤、葱结，用旺火烧开后撇去浮沫，转用小火煨 2 小时，待汤汁浓香、鸽肉鲜烂后捞出葱结，放入精盐、味精、鸡精、胡椒粉调好味，最后撒上枸杞即可。

✿ **养生堂**　　　鹌鹑

◆ 含有丰富的蛋白质和维生素，是极好的营养补品，有"动物人参"之称。

◆ 长期食用对血管硬化、高血压、神经衰弱、结核病及肝炎都有一定疗效。

◆ 鹌鹑肉加当归头片、红枣煲汤，对女子贫血、脸色苍白有很好疗效。

◆ 一般人皆可食用。

相宜相克　　　鸡蛋

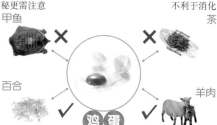

原料：鹌鹑2只（约300克），鲜红椒25克。

调料：植物油、精盐、味精、鸡精、香辣酱、葱、姜、蒜子、水淀粉、香油、红油。

做法：

❶ 将鹌鹑宰杀、烫水去毛、去内脏后清洗干净，剁成3厘米左右的块，再用精盐、水淀粉上浆入味；将鲜红椒去蒂、去籽后切菱形片，姜切菱形片，蒜子切片，葱切段。

❷ 锅置旺火上，放油烧至六成热，下入鹌鹑过油至熟后再倒入漏勺中，将油沥尽。

❸ 锅内留底油，下入姜片，放香辣酱炒香后下入蒜片、鲜红椒、鹌鹑一起拌炒，加入精盐、味精、鸡精一起炒拌均匀入味，再勾芡，淋上香油、红油，撒上葱段一起拌匀，出锅装入盘中即可。

口味小炒鹌鹑

原料：净冬笋肉200克，鹌鹑2只（250克，半成品），鲜红椒片10克。

调料：油、盐、味精、鸡精、料酒、香辣酱、香油、蒜片、姜片、葱段、鲜汤、水淀粉。

做法：

❶ 净冬笋肉煮透，切成片。

❷ 将鹌鹑剖开，在肉面用刀背捶松，切成方块，用料酒、盐、味精、少量水淀粉腌制待用。

❸ 锅内放油500克，烧至八成热，将鹌鹑放入大油中过油至焦黄，倒入漏勺，沥净油。

❹ 锅内留少许底油，将蒜片、姜片稍微煸香，下入冬笋放盐煸炒一下，下入鹌鹑，放香辣酱、鸡精，一起爆炒至焦香，加鲜汤略焖一下，撒鲜红椒片、葱段一起拌炒，入味后勾水淀粉、淋香油即成。

要点：爆炒即用大油、大火反复炒，食物一般不上浆或仅上薄浆。

冬笋爆炒鹌鹑

原料：鹌鹑2只（约300克），百合20克，鲜红椒5克。

调料：植物油、精盐、味精、鸡精、白糖、葱、姜、水淀粉、香油、鲜汤。

做法：

❶ 将鹌鹑宰杀、烫水去毛、去内脏后清洗干净，剁成3厘米左右的块，再用精盐、水淀粉上浆入味；将鲜红椒去蒂、去籽后切菱形片，姜切小片，葱切段。

❷ 锅置旺火上，放入植物油，烧至六成热，下入鹌鹑过油断生后倒入漏勺中，将油沥尽。

❸ 锅内留底油，下入姜片、红椒片、百合稍炒，随即下入鹌鹑，放精盐、味精、鸡精、白糖调好味，翻炒均匀，倒入鲜汤稍焖，勾芡，淋上香油、撒上葱段，出锅装入盘中。

百合鹌鹑

泡椒蒸鹌鹑

原料：鹌鹑2只（约300克），泡椒10克。

调料：植物油、精盐、味精、鸡精、蒸鱼豉油、野山椒、蒜子、葱、姜、红油香辣酱。

做法：

❶ 将鹌鹑宰杀、烫水去毛、去内脏后清洗干净，剁成大块。

❷ 将泡椒、野山椒、蒜子、姜均切成末，葱切花。

❸ 在鹌鹑中加入上述原料、调料拌匀，入笼蒸15分钟至熟后取出，撒上葱花即成。

红枣桂圆蛋

原料：土鸡蛋5个，红枣10粒，桂圆肉25克，枸杞3克。

调料：白糖。

做法：

❶ 将土鸡蛋放入冷水锅中，开火煮熟后捞出，剥壳待用；将红枣、桂圆肉洗净，沥干水。

❷ 在净沙罐中放入清水750毫升，下入红枣、桂圆和熟鸡蛋，用大火烧开后改用小火煨煮15分钟，放入白糖再煮，烧开后倒入大汤碗中，撒枸杞即成。

🌸 **养生堂** 　　　　**鸡蛋**　　　🎵 **厨艺分享**　　　**巧分蛋清蛋黄**

◆ 腹泻后不宜吃鸡蛋；鸡蛋不可与豆浆同食，否则影响消化；不宜与糖同煮；茶叶蛋影响消化。

◆ 肾炎病人、皮肤生疮化脓的人不宜吃。

◆ 产妇吃鸡蛋不是越多越好。产妇每天吃3个左右的鸡蛋就足够了。

◆ 婴幼儿、老年人、病人吃鸡蛋以煮、蒸为好。对儿童来说，则以蒸蛋羹、蛋花汤最适合，可保证营养极易被儿童吸收。婴儿不宜吃鸡蛋清。

　　需要用蛋清时，可用针在蛋壳的两端各扎一个孔，蛋清会从孔流出来，而蛋黄仍留在蛋壳里；也可用纸卷成一个漏斗，漏斗口下放杯子或碗，把蛋打开倒进纸漏斗里，蛋清会顺着漏斗流入容器内，而蛋黄则整个留在漏斗里。如果把蛋壳打成两半，下面放一容器，把蛋黄在两瓣蛋壳里来回倒2~3次，蛋清、蛋黄也可分开。

原料： 土鸡蛋12个，茶叶30克。

调料： 盐、桂皮、八角、干紫苏菀、五香粉。

做法：

❶ 将鸡蛋放入冷水锅中，开火煮熟后捞出，将蛋壳砸破、开缝（以便入味），待用；将干紫苏菀放在火上烧一下，再剁成入口大小。

❷ 在大沙钵内放冷水，放盐、桂皮、八角、干紫苏菀、五香粉、茶叶，在旺火上烧开，放入破壳鸡蛋，改用中小火煮至鸡蛋入味上色，即成。

要点： 鸡蛋煮熟后切不可将蛋壳剥去，否则鸡蛋质老。该蛋携带方便，可供外出旅游时食用。紫苏菀就是干紫苏的根须部分。

五香破壳茶盐蛋

原料： 鸡蛋8个，胡萝卜、玉米粒、青豆各10克。

调料： 精盐、味精、白糖、广东米酒、香油、吉士粉、泡打粉。

做法：

❶ 将鸡蛋打散，用纱布过滤；将胡萝卜切成青豆大小的粒。

❷ 锅内放入清水，烧开后放入胡萝卜粒、玉米粒，青豆焯水断生，捞出放入冷水中过凉，再沥干水分，倒入过滤的蛋汁中，加入上述调料。

❸ 在模型盒中铺上保鲜膜，倒入蛋汁，入蒸柜用大火蒸3分钟后改小火蒸12分钟，待凉后倒扣出来，切厚片摆盘食用。

蔬菜蛋羹

原料： 鸡蛋3个，蒸蛋石灰粉1包250克（超市有售）。

调料： 盐、味精、生抽、香油、葱花。

做法：

❶ 调制石灰水：取蒸蛋石灰粉1包，放入碗中，倒入清水500毫升，搅匀即成石灰水。

❷ 将鸡蛋打入碗中，放盐、味精搅散，放澄清后的石灰水（250克）再次搅匀，入笼蒸，上汽后8分钟即可取出，淋生抽、香油，撒葱花即可。

要点： 蒸蛋时，所放石灰水的量与蛋液相当。生抽和老抽都是经过酿造发酵加工而成的酱油。生抽颜色淡、咸味重；老抽颜色深、咸味淡。为保证蒸出来的蛋色泽诱人，故选用生抽。石灰水要澄清，只用上面的水，不用沉下的渣。

石灰水蒸蛋

臭腐乳蒸鸡蛋

原料：鸡蛋4个，臭腐乳60克。

调料：精盐、味精、鸡油、酱油、香油、葱、鲜汤。

做法：

❶ 将鸡蛋磕入碗内，臭腐乳捣碎成糊状后放入蛋液内，再加入精盐、味精、鲜汤一起搅拌均匀；葱切成葱花。

❷ 将鸡蛋入笼，用旺火蒸5分钟后取出，淋上酱油、鸡油、香油，撒上葱花即可。

三色蒸水蛋

原料：鸡蛋3个，皮蛋2个，熟盐蛋2个，石灰水100克（制法见"石灰水蒸蛋"），红泡椒1个。

调料：猪油、盐、味精、生抽、香油、葱花、冷鲜汤。

做法：

❶ 将熟盐蛋、皮蛋剥壳，切成1厘米大小的丁；红泡椒切成末；在冷鲜汤中对入石灰水，待用。

❷ 将鸡蛋打入碗中，放盐、味精搅散，放入蛋液等量的冷鲜汤，再一次搅匀（倒出1/3的蛋液于另一碗中备用），入笼上汽蒸8分钟，至熟后取出。

❸ 将熟盐蛋与皮蛋排列在蒸蛋上，将剩下的蛋液均匀地倒在熟盐蛋与皮蛋上，放猪油，再入笼蒸熟后速取出，淋香油、生抽，撒葱花、红椒末即可。

要点：在第1步中，也可以将熟盐蛋和皮蛋均切成1厘米见方的小颗粒。蛋液中加入的冷鲜汤的量应与蛋液相同，少了蛋容易老，多了则蛋太嫩，蒸不拢。

五彩蒸蛋

原料：鸡蛋4个（约重200克），净鱼肉25克，香菇（泡发）10克，玉米（罐装）20克，枸杞10克。

调料：猪油、精盐、味精、葱花、水淀粉、鲜汤、蒸蛋石灰粉。

做法：

❶ 将鸡蛋磕入汤碗内打散；石灰倒入鲜汤内调匀，滤去渣滓，再倒入装有蛋液的汤碗内，加入精盐搅拌均匀，入笼用旺火蒸10分钟后取出。

❷ 将鱼肉洗净切成0.8厘米见方的丁；香菇切丁；玉米入沸水锅内焯水后捞出备用。

❸ 锅内加入猪油烧热后下入鱼丁、香菇丁、玉米粒、枸杞炒拌均匀，加入鲜汤、精盐、味精略烧入味，勾芡，撒葱花，浇在蒸好的鸡蛋上即可。

鸡油无黄银球

原料： 鸡蛋 8 个，菜胆 12 个，红椒末 1 克。

调料： 植物油、盐、味精、水淀粉、鸡油、蚝油、鲜汤。

做法：

① 将菜胆放少许盐、味精焯水入味，沥干水后围入盘边。

② 将鸡蛋去黄留白，打入碗中，加盐、味精搅散，加入浓水淀粉再次搅匀，倒入抹有油的碗中，入笼蒸，上汽 8 分钟至熟后取出，即成蛋白糕。

③ 用挖球器将蒸熟的蛋白糕挖成小银球，放入扣碗中，放少许盐、味精、植物油、蚝油、鲜汤，入笼蒸入味后取出，蒸汁留用，将蛋球（无黄银球）反扣入盘中，用红椒末点缀。

④ 锅置灶上，放鲜汤和蒸汁，放盐、味精调味，烧开后勾水淀粉，淋鸡油，出锅浇淋在无黄银球上即可。

要点： 在碗中抹油，是防止蒸制时菜肴与盛器粘在一起。

时令香椿煎蛋

原料： 鸡蛋 4 个，香椿 50 克。

调料： 植物油、盐、味精。

做法：

① 将香椿清洗干净，放入沸水中焯水，捞出切碎。

② 将鸡蛋打入碗中，放盐、味精搅散，然后下入香椿搅匀。

③ 净锅置旺火上，先放少许植物油滑锅，再放植物油，烧热后倒入蛋液，摊开煎至金黄色后出锅装入盘中。

要点： 炒时要用旺火热油快炒。在第 3 步中，将蛋液倒入锅中不翻炒，煎成蛋饼也可。

♪ 厨艺分享　**鸡蛋巧选购**

　　鲜蛋的蛋壳上附着一层霜状粉末，看上去外壳光亮，而陈蛋表面无光泽，有的有裂纹；鲜蛋摸起来发涩、手感较沉，陈蛋摸起来发滑、手感轻飘；鲜蛋闻起来不会有特殊的气味，且蛋壳颜色鲜明、气孔明显。用手轻轻摇动，没有水声的是鲜蛋，有水声的是陈蛋；将鸡蛋放入冷水中，下沉的是鲜蛋，上浮的是陈蛋。

♪ 厨艺分享　**鸡蛋巧储存**

　　鸡蛋最好放在冰箱内保存，温度保持在 5℃~7℃。码放鸡蛋时应大头朝上、小头朝下，这样可以让鸡蛋更好地"呼吸"，延长保鲜时间。买回来的鸡蛋，即使外表有污垢也不能用水洗，因为鸡蛋表面的胶状物质如果被洗掉，细菌便很容易从蛋壳的小孔侵入，使鸡蛋变质，最好的办法是用干抹布擦掉污垢再存放。鸡蛋在 25℃左右的常温下可保存 15 天。

青椒煎蛋

原料：鸡蛋 3 个，青椒 25 克。

调料：植物油、盐、味精。

做法：

① 将青椒去蒂，洗净后去籽，用刀切成小颗粒，放入锅中，放少许盐、味精炒熟入味。

② 将鸡蛋打入碗中，放盐、味精搅散，随后放入青椒一起搅匀。

③ 净锅置旺火上，放植物油，烧热后倒入蛋液，煎至两面呈金黄色，熟后出锅装入盘中。

要点：青椒必须先炒熟入味，再倒入蛋液中。

韭菜炒蛋

原料：鸡蛋 4 个，韭菜 75 克。

调料：植物油、盐、味精。

做法：

① 将韭菜择洗干净后切碎。

② 将鸡蛋打入碗中，搅散，放盐、味精、韭菜后再次搅匀。

③ 净锅置灶上，放植物油，烧热后倒入蛋液，用锅勺推炒至熟，出锅装入盘中。

要点：在第 3 步中，也可以将蛋煎熟而不是炒熟。

黄瓜丁炒蛋

原料：鸡蛋 4 个，黄瓜 250 克。

调料：植物油、盐、味精、鸡精、剁辣椒、姜末。

做法：

① 将黄瓜切去两头的蒂，一剖四开，去籽、洗净，切成 0.8 厘米宽的条，再横切成 0.8 厘米见方的丁。

② 将鸡蛋打入碗中，放盐 1 克，搅散成蛋液。

③ 锅置旺火上，放植物油，烧至七成热，下入姜末煸香，再下入黄瓜丁翻炒，放盐、味精、鸡精，炒至黄瓜丁转色后倒入蛋液，放剁辣椒，翻炒至蛋熟即可。

要点：在第 3 步中，也可以将蛋煎熟而不是炒熟。

酸菜干椒炒蛋

原料：鸡蛋 4 个，酸菜 50 克。

调料：植物油、盐、味精、香油、干椒末、葱花。

做法：

❶ 将酸菜清洗干净，挤干水，剁碎后加入干椒末拌匀。

❷ 锅置旺火上，放 15 克植物油烧热，下入酸菜拌炒，放少许盐、味精，入味后出锅装入盘中。

❸ 将鸡蛋打入碗中，搅散，放盐、味精，加入炒好的酸菜再次搅匀。

❹ 净锅置旺火上，放 15 克植物油，烧热后倒入蛋液，用锅勺不停地拌炒，蛋熟后撒葱花、淋香油，出锅装盘。

要点：酸菜与干椒末要先拌炒入味，炒蛋时要用旺火热油快炒。在第 4 步中，将蛋液倒入锅中不翻炒，煎成蛋饼就是"土酸菜煎鸡蛋"。

糊蛋汤

原料：鸡蛋清 3 枚，熟玉米粒 10 克，枸杞子 5 克，白芝麻 5 克。

调料：水淀粉、白糖。

做法：

❶ 将鸡蛋取蛋清搅散。

❷ 锅内放清水，下入白糖，烧开后勾水淀粉成二流芡汁，淋入鸡蛋清，撒上枸杞、玉米粒、白芝麻，汤开后出锅盛入碗中。

蛋皮炒银芽

原料：鸡蛋 2 个，绿豆芽 200 克，鲜红椒 2 个，韭菜 50 克。

调料：植物油、盐、味精、水淀粉、香油、葱段、姜丝。

做法：

❶ 将绿豆芽摘去两头，清洗干净，沥干水；将鲜红椒去蒂、去籽后洗净，切成丝；将韭菜择洗干净，切成 5 厘米长的段。

❷ 将鸡蛋打入碗中，放少许盐搅匀，再加适量的浓水淀粉，再次搅匀。

❸ 在净锅内擦上油，上火烧热，倒入蛋液烫成蛋皮，盛出后切成丝。

❹ 净锅置旺火上，放植物油，烧热后下入姜丝、绿豆芽、韭菜，放盐、味精拌炒，随即下入蛋皮丝、葱段、红椒丝炒匀，淋香油，出锅装入盘中。

要点：旺火，热油，快炒。

肉末蒸水蛋

原料： 鸡蛋 3 个，鲜猪肉 50 克。

调料： 盐、味精、生抽、胡椒粉、香油、葱花、鲜汤。

做法：

① 将鲜猪肉洗净后剁成肉末，放盐、味精、胡椒粉，加适量清水搅匀。

② 将鸡蛋打入碗中，用筷子搅散，放盐、味精，加适量冷鲜汤后再次搅匀，将肉末放入蛋液中，入笼蒸，上汽后蒸 10 分钟至熟后取出，淋香油、生抽，撒葱花即可。

要点： 在一般情况下，蒸蛋时，上汽 8 分钟就可以了，时间长了蛋会蒸老。此处改为 10 分钟，主要是有肉末在内。

紫苏煎蛋

原料： 鸡蛋 3 个，紫苏 25 克。

调料： 植物油、盐、味精。

做法：

① 将紫苏清洗干净，切碎。

② 将蛋打入碗中，放盐、味精搅散，再放入紫苏搅匀。

③ 净锅置火上，将锅烧热后放少许植物油滑锅，再放植物油烧至七成热，倒入蛋液，煎至两面金黄，熟后出锅装盘。

蒸金钱蛋塔

原料： 鸡蛋 3 个，日本豆腐、火腿肠各 1 根，鲜猪肉 100 克，鲜红椒（圆片）5 克。

调料： 猪油、盐、味精、鸡精、水淀粉、香油、鲜汤。

做法：

① 鸡蛋煮熟后剥壳，与日本豆腐、火腿肠一起切成 1 厘米厚的片，各 10 片。

② 将鲜猪肉洗净后剁成蓉，加入盐、味精、香油和少许水淀粉搅匀，成肉蓉料。

③ 将肉蓉料均匀地抹在蛋饼上，再按日本豆腐→肉蓉料→火腿肠→肉蓉料→红椒片的顺序叠放（即成金钱蛋塔），整齐地摆入盘中，上笼蒸 10 分钟，熟后取出。

④ 净锅置旺火上，倒入鲜汤，放猪油，放盐、味精、鸡精，汤烧开后勾水淀粉，即成芡汁，出锅浇淋在金钱蛋塔上即成。

要点： 蛋饼、日本豆腐片、火腿片要厚薄均匀；肉蓉料不可抹得过厚、过多，以免成品的形色差。上笼蒸的时间不能太久，否则过老。

原料：苦瓜 200 克，鸡蛋 4 个，红泡椒 50 克。

调料：猪油、盐、味精、鸡精。

做法：

❶ 将苦瓜切去蒂，顺直剖开，用刀柄蹭去瓤和子，切成 0.5 厘米大小的颗粒。

❷ 将鸡蛋打入碗中，用筷子搅散；将红泡椒去蒂、去籽后洗净，切成与苦瓜一样大小的颗粒。

❸ 锅内放水烧开，放入苦瓜焯水，捞出沥干。

❹ 锅内放猪油，烧至八成热，下入苦瓜、红椒翻炒，再放盐、味精、鸡精炒几下，然后将蛋液倒入锅内一同翻炒，直至蛋液完全凝固，即可出锅。

要点：此菜用油可能会多一点。

苦瓜红椒炒蛋

原料：鸡蛋 4 个，腊八豆 75 克。

调料：油、盐、味精、香油、葱花。

做法：

❶ 将鸡蛋打入碗中搅散，放盐、味精搅匀，然后炒熟，装入盘中。

❷ 净锅置旺火上，放油烧热后，下入腊八豆爆炒香。下入炒好的蛋，拌炒均匀，后撒葱花，拌匀，淋香油，出锅装盘。

要点：腊八豆最好用比较干爽的那种，如派字腊八豆。腊八豆要爆炒香。

腊八豆炒蛋

原料：鸡蛋 4 个，鲜红泡椒 5 克。

调料：植物油、盐、味精、陈醋、稠水淀粉、葱花。

做法：

❶ 将鸡蛋打入碗中搅散，放盐、味精、陈醋、水淀粉再次搅匀；将鲜红泡椒去蒂、去籽后洗净，切成米。

❷ 净锅置旺火上，放植物油，烧热后倒入蛋液，将其烹熟后放入红椒米、葱花，炒匀后出锅装盘。

要点：将植物油全部放入锅中烧至八成热，倒入蛋液，不要翻炒，让油将蛋烹熟，这样蛋才会嫩。

香辣烹蛋

酸辣金钱蛋

原料： 熟鸡蛋 5 个，鲜红椒 3 克。

调料： 油、盐、味精、鸡精、酱油、鲜汤、红油、香油、干淀粉、水淀粉、陈醋、姜米、蒜蓉、干椒米、葱花。

做法：

① 将熟鸡蛋切成片，整齐地码入盘中，两面均匀拍上少量干淀粉；将鲜红椒切成米。

② 将姜米、蒜蓉、干椒米、葱花、鲜红椒米放在碗中，加入盐、味精、酱油、鸡精、陈醋、水淀粉拌匀（此为兑汁）。

③ 锅置旺火上，放油烧热后，将蛋下入油锅内，煎至两面金黄，然后将兑好的汁倒入锅中，待芡粉糊化（即芡起浓汁），即淋香油、红油，出锅装盘。

要点： 蛋饼煎至两面黄，烹调时只能用将炒瓢往前推炒的方法蛋饼才不会破烂。

红椒炒双蛋

原料： 皮蛋 4 个，鲜红泡椒 50 克，鸡蛋 4 个。

调料： 植物油、盐、味精、鸡精、葱花、姜末、蒜蓉。

做法：

① 将皮蛋上笼蒸熟，剥去壳，切成 1.5 厘米见方的丁，备用；将鲜红泡椒去蒂、去籽后洗净，切成小丁。

② 将鸡蛋打入碗中，放少许盐、味精、鸡精，用筷子搅散。

③ 锅内放植物油，烧至八成热，下入姜末、蒜蓉煸香，再放入红椒丁炒熟，下入皮蛋炒熟后，倒入蛋液拌炒，待蛋液凝固后撒入葱花即成。

要点： 创意新菜。蒸皮蛋时，一定要蒸熟蒸透。

蛋皮炒双丝

原料： 鸡蛋 2 个，火腿肠 100 克，鲜红椒 50 克。

调料： 植物油、盐、味精、水淀粉、香油、葱段、姜丝。

做法：

① 将鲜红椒去蒂、去籽后洗净，切成丝；将火腿肠切成丝。

② 将鸡蛋打入碗中，搅散，放少许盐、水淀粉搅匀。

③ 在锅内抹油，烧热后将蛋液倒入锅中烫成蛋皮，盛出后切成丝。

④ 净锅置旺火上，放植物油，烧热后下入姜丝、红椒丝、火腿肠拌炒，放盐、味精一起合炒，熟时下蛋皮丝、葱段一起拌炒均匀，勾水淀粉、淋香油，出锅装入盘中。

要点： 旺火、热油、快炒。

原料：鸡蛋4个，荸荠150克，火腿肠1根，虾米10克。

调料：植物油、盐、味精、鸡精、蚝油、水淀粉、鲜汤。

做法：

❶ 将荸荠削皮，切成小颗粒；将火腿肠切成小颗粒，待用。

❷ 将鸡蛋打入碗中，放入荸荠、火腿肠、虾米，放盐、味精、鸡精、蚝油、水淀粉、鲜汤，用筷子充分搅散。

❸ 锅置旺火上，放植物油，烧至八成热，将鸡蛋倒入锅中，慢慢翻炒以免粘锅，蛋熟透时即可出锅。

要点：一定要掌握好，使蛋不粘锅。

炒黄菜

原料：鸡蛋4个，泡椒50克，猪里脊肉20克，水发木耳15克。

调料：植物油、精盐、味精、白糖、料酒、酱油、白醋、豆瓣酱、辣酱、姜、葱、香油。

做法：

❶ 猪里脊肉、水发木耳、泡椒、葱、姜均切成丝。

❷ 将精盐、味精、白糖、酱油、料酒、白醋、辣酱、豆瓣酱、香油调成对汁芡。

❸ 鸡蛋打入碗内，加精盐搅匀。

❹ 锅置旺火上，放入底油，烧热后下姜丝、泡椒丝、葱丝、肉丝、木耳丝炒散，再下入蛋液炒散，倒入对汁芡，迅速翻炒均匀，出锅装盘即可。

鱼香炒蛋

原料：鸡蛋4个，腊八豆150克。

调料：植物油、盐、味精、鸡精、蒜蓉香辣酱、干椒段、姜末、蒜蓉、大蒜叶。

做法：

❶ 将鸡蛋打入碗中，放少许盐（不用筷子搅散）。

❷ 锅内放植物油20克烧至八成热，将蛋液倒入锅中，煎成4个连在一起的荷包蛋（两面煎黄），取出切成菱形块，待用。

❸ 锅内放油30克，下入姜末、蒜蓉、干椒段煸香，再放入腊八豆煸香，放入荷包蛋，放蒜蓉香辣酱炒至回油时（因荷包蛋内含油）放味精、鸡精和大蒜叶，略放一点水翻炒，装盘即成。

要点：腊八豆最好选用真空包装的干颗粒腊八豆。在第3步放水时，只能是一点点，千万不要多，以免影响此菜的焦香。

腊八豆炒荷包蛋

青椒炒荷包蛋

原料： 鸡蛋 4 个，青椒 200 克。

调料： 植物油、盐、味精、鸡精、酱油、蚝油、红油、姜末、蒜片。

做法：

① 先煎蛋饼（煎法和切法见"腊八豆炒荷包蛋"）。

② 将青椒去蒂、去籽后洗净，切成马蹄形片。

③ 锅置火上，放入青椒，放少许盐拌炒，将青椒炒焉后盛出。

④ 将锅洗干净，置火上，放植物油 30 克，烧至八成热，放入姜末、蒜片煸香，放入青椒翻炒，放盐、味精、鸡精翻炒几下后，下入荷包蛋并放蚝油、酱油，放一点水，炒至回油（因荷包蛋内含油）时淋红油，出锅装盘。

要点： 青椒也可不切成马蹄形片，而是将整青椒拍碎。青椒一定要先炒入味和炒熟。

韭菜粉丝蛋饺

原料： 鸡蛋 6 个，韭菜 200 克，水发粉丝 100 克。

调料： 植物油、盐、味精、鸡精、辣妹子辣酱、酱油、水淀粉、香油、鲜汤。

做法：

① 将韭菜切成段；将水发粉丝剪成段；将鸡蛋 4 个打入碗中，放盐 1 克，搅散成蛋液。

② 锅内放植物油烧至八成热，倒入蛋液翻炒至蛋液凝固，下入韭菜和粉丝，放味精、鸡精，炒匀后出锅，即成馅心。

③ 在锅内用刷子略刷点植物

油，将鸡蛋 2 个打入碗中，放入稠水淀粉、盐 2 克，搅散后倒入锅中，烫成蛋皮 3 个，出锅后叠起来，切成 10 个直径 6 厘米的圆形蛋饼，即成饺皮。

④ 取饺皮放在掌心，用筷子将馅心挑在饺皮上，在饺皮四周抹一点稠水淀粉，对折叠起成蛋饺。做好（10 个）后入笼蒸 5 分钟后取出，反扣入盘中。

⑤ 锅置灶上，放入鲜汤、盐、酱油、辣妹子辣酱，调正盐味，勾薄芡、淋香油，出锅浇淋在蛋饺上即可。

走油换心蛋

原料： 鸡蛋 5 个，鲜肉泥 50 克，香菇米 10 克，红椒米 3 克。

调料： 油、盐、味精、蚝油、酱油、水淀粉、胡椒粉、姜米、葱花、鲜汤。

做法：

① 将鸡蛋 4 个蒸熟后剥壳，从中切开，挖出 8 瓣蛋黄，备用。

② 鲜肉泥中放鸡蛋 1 个，下入盐、味精、胡椒粉、姜米、香菇米搅拌成肉茸料，嵌入挖去蛋黄的蛋中，成换心蛋。

③ 在换心蛋中间抹上水淀粉，逐个合拢，恢复成 4 个蛋。

④ 锅内放油 500 克，烧至八成热，下蛋炸至金黄色，沥干油。锅中放入鲜汤，将炸好的蛋轻轻放入锅中，放盐、味精、酱油、蚝油，将蛋皮烧软。

⑤ 将蛋取出装入盘中，锅内汤汁勾芡成浓汁，淋上尾油，出锅浇淋在蛋上，撒上红椒米、葱花即成。

要点： 合成的蛋在炸制时一定要轻，不要使其散开。

原料：鸡蛋 6 个，水发小香菇 10 朵，菜胆 10 个。

调料：植物油、盐、味精、鸡精、蚝油、水淀粉、香油、姜片、鲜汤、鲍汁。

做法：

❶ 将水发香菇去蒂、洗净，将菜胆择洗干净。

❷ 将鸡蛋的蛋清和蛋黄分开放在两个碗中，各加盐少许，搅散后上笼蒸 8 分钟，制成蛋黄糕和蛋白糕，然后用挖球器挖成蛋白球和蛋黄球，待用。

❸ 锅置火上，放油烧热，下入姜片煸香，然后放入香菇，倒入鲜汤，烧开后放鲍鱼汁、盐、味精、鸡精、蚝油，调整味后下入蛋白球、蛋黄球、菜胆一同烧制，待汤汁稠浓时勾水淀粉、淋香油，然后用筷子将菜胆、香菇夹出，围在盘边，再将蛋球舀入盘中即可。

要点：菜胆不焯水而是直接烧熟，其目的是使其入味。鲍汁在大超市有售。

鲍汁三色蛋球

原料：鸡蛋 10 个，圣女果（小西红柿）20 粒。

调料：猪油、盐、味精、鸡精、水淀粉、鸡油、鲜汤。

做法：

❶ 将鸡蛋的蛋清、蛋黄分开，分别打入碗中搅散，放少许盐、味精、浓水淀粉再次搅匀，分别倒入抹有猪油的碗中，盖好绵白纸，上笼蒸 8 分钟至熟后取出（蒸的时间不能过久）；用挖球器分别挖取同样大小的球形（成双色鸳鸯蛋），放入扣碗中，加鲜汤少许和猪油，入笼蒸 3 分钟，熟后取出待用。

❷ 将圣女果焯水，捞出后将每粒一切两半，摆入盘边，再将蛋白球与蛋黄球分别拼摆入盘中，即成红珠鸳鸯蛋。

❸ 锅内放鲜汤，放盐、味精、鸡精，烧开后勾少许水淀粉，淋鸡油，成玻璃芡汁，起锅浇淋在红珠鸳鸯蛋上即可。

要点：将挖球器抹点油，所挖取的蛋白球、蛋黄球比较光滑形圆。

红珠鸳鸯蛋

原料：鸡蛋 5 个。

调料：猪油、盐、味精、鸡精、胡椒粉、葱花、鲜汤。

做法：

净锅置旺火上，放入鲜汤，将鸡蛋逐个打入汤中，煮熟后放盐、味精、鸡精、胡椒粉，淋少许熟猪油，撒葱花，出锅盛入大汤碗中。

要点：水煮荷包蛋不必将汤水烧开，而是在冷汤时即下入鸡蛋，让蛋温随汤的温度一起上升。汤开时，不能大开，而应用小火保持微开，否则会冲烂荷包蛋。还可加入剁碎的腌菜，成"腌菜煮荷包蛋"。

水煮荷包蛋

烧辣椒拌皮蛋

原料：皮蛋4个，鲜红泡椒250克。

调料：盐、味精、鸡精、生抽、蚝油、陈醋、香油、姜末、蒜蓉。

做法：

① 将鲜红泡椒放在明火上烧至外皮起黑煳壳（要用筷子夹住翻边烧），泡在冷水中，洗去外表的煳壳，再将辣椒撕开，摘去辣椒子，撕成条状，待用。

② 将盘子抹上少许生抽和香油，将皮蛋剥去外壳，切成橘瓣形（六瓣或八瓣），按一个方向围在盘中。

③ 将撕好的辣椒放入碗中，加入姜末、蒜蓉、盐、味精、鸡精、蚝油、陈醋、香油，拌匀后盖在皮蛋上即可。

要点：湖南传统菜肴，酸辣爽口。烧辣椒时，要烧得焦香，又不能烧得太熟。

剁辣椒拌皮蛋

原料：皮蛋4个，鲜红泡椒200克，尖红椒50克。

调料：盐、味精、生抽、香油、料酒、姜片、蒜片。

做法：

① 切皮蛋、装盘：见"烧辣椒拌皮蛋"的第1和第2步。

② 将鲜红泡椒、尖红椒去蒂、洗净后剁碎，放盐、味精、料酒、姜片、蒜片、香油，拌匀后腌制30分钟，即成剁辣椒。

③ 将自制的剁辣椒浇盖在皮蛋上即可。

🥄 厨艺分享　　　　**鸡蛋巧烹饪**

◆ 煎鸡蛋时忌用大火，最好用中火，否则会损失大量营养。

◆ 煎荷包蛋时，锅一定要烧热后才能放油，放油后调成中火，以免鸡蛋因温度太高而煎得过老、干硬。

◆ 炒鸡蛋应少放或不放味精。

◆ 煮鸡蛋宜用中火，关键是掌握好时间，一般以8~10分钟为宜，煮得太老或太生都不好。

◐ 相宜相克　　　　**皮蛋**

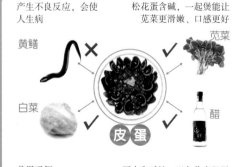

产生不良反应，会使人生病

松花蛋含碱，一起煲能让苋菜更滑嫩、口感更好

黄鳝 ✗

苋菜 ✓

白菜 ✓

醋 ✓

皮蛋

养胃通便

可中和碱性，以免伤害肠胃

原料：茄子 100 克，红泡椒 100 克，皮蛋 4 个。

调料：盐、味精、鸡精、酱油、蒸鱼豉油、白醋、陈醋、香油、姜末、蒜蓉。

做法：

❶ 将茄子和红泡椒分别放在明火上烧，不时用筷子翻动，烧至外皮焦煳后，再分别泡入水中，撕去烧焦的外皮；将茄子撕成条状形，将红泡椒撕去中间的子，也撕成条形。

❷ 在平底盘中间抹上香油少许和蒸鱼豉油，将皮蛋剥去外壳后切成橘瓣形，顺一个方向摆在盘子中。

❸ 将茄子、红泡椒分别放在两个碗中，各加入姜末、蒜蓉、盐、味精、鸡精、陈醋、白醋、酱油拌匀，先将红泡椒码放在皮蛋上，再将茄子码放在红泡椒上，淋上香油即可。

要点：在火上烧茄子和红泡椒时，既要烧熟，又不能烧得太过，一定要掌握好。

火烧双素拌皮蛋

原料：皮蛋 4 个，番茄沙司 15 克。

调料：植物油、水淀粉、白糖、香油、葱段、姜丝、蒜片、全蛋糊（见"烹饪基础"）。

做法：

❶ 将皮蛋上笼蒸熟，取出后剥去外壳，切成橘瓣形。

❷ 将皮蛋裹上全蛋糊，逐个下入七成热油锅内炸至金黄色，捞出沥油。

❸ 锅内留底油，放入姜丝、蒜片煸香，再放入白糖、番茄沙司，加水 10 毫升，待水烧开、白糖熔化后，勾水淀粉，淋香油，待芡汁冒油泡时下入炸好的皮蛋，撒上葱段，装盘即成。

要点：皮蛋一定要炸成外焦、色泽金黄。

茄汁滑皮蛋

原料：黄瓜 250 克，皮蛋 3 个，红椒片 3 克。

调料：熟猪油、盐、味精、鸡精、胡椒粉、姜丝、鲜汤。

做法：

❶ 皮蛋去壳，切成菊瓣形，黄瓜切成厚马蹄片。

❷ 净锅置旺火上，放鲜汤烧开后下入姜丝、红椒片、黄瓜、皮蛋，改用小火保持汤水微开，将黄瓜煮熟，放盐、味精、鸡精、熟猪油、胡椒粉，调好味，用勺轻轻推动，出锅。

要点：①一定要将皮蛋久煮，汤中才会有皮蛋的鲜香味。②怎样切红椒菱形片：先将大红椒剖成 2 块，剔平，修切成长条，再斜切，自然成菱形片。

黄瓜煮皮蛋

彩椒炒盐蛋黄

原料：盐蛋黄 6 个，鲜红泡椒 100 克，鲜青椒 100 克。

调料：猪油、盐、味精、鸡精、蚝油、蒜粒。

做法：

① 将盐蛋黄蒸熟，然后在砧板上剁成蛋黄泥，待用。

② 将青椒、红椒去蒂，洗干净，然后用刀拍碎；蒜粒拍碎。

③ 锅内不放油，先将青椒、红椒在锅中炒焉（炒时可放盐少许），盛出。

④ 锅洗干净，置旺火上，放猪油烧热，下入蒜子煸香，再放入青椒、红椒翻炒，同时放盐、味精、鸡精和蚝油，待炒热后放入盐蛋黄一起翻炒，至蛋黄全部附着在辣椒上即可起锅装盘。

要点：盐蛋黄起沙，掺入辣椒中，更具风味。一定要使盐蛋黄全部附着在青椒、红椒上。

青椒炒咸蛋

原料：咸鸭蛋黄 4 个，青椒 160 克。

调料：植物油、精盐、味精、酱油、白糖、蒜子、葱、香油。

做法：

① 咸鸭蛋去壳装入碗内，蛋黄用刀切碎，青椒切成 0.2 厘米厚的圈，葱切段，蒜子切成指甲片。

② 锅置火上，放入植物油，烧至六成热时，倒入咸鸭蛋炸至成形后倒入漏勺沥油。

③ 锅内留底油，放蒜片、青椒炒香，加精盐、味精、白糖、酱油炒拌入味，再倒入咸鸭蛋翻炒均匀，淋香油，撒葱段，出锅装盘即可。

🌀 相宜相克　　　　　　　　**咸鸭蛋**

两物皆属凉性，不宜同食，否则会引起身体不适　　　　引起胃痛

鳖肉　　　　　　　　　　　　　桑葚

咸鸭蛋

滋肾补脑，对用脑过度、头昏、记忆力减退等都有一定疗效　　　滋肾补脑，可用于头晕及用脑过度

✳ 养生堂　　　　　　　　　　**鹌鹑蛋**

◆对贫血、营养不良、神经衰弱、月经不调、高血压、支气管炎、血管硬化等病症患者具有调补作用；对贫血、月经不调的女性，调补、养颜、美肤功效尤为显著。坚持早、晚各吃 2 个鹌鹑蛋，对神经衰弱、失眠多梦者有效。

◆一般人均可食用，适宜婴幼儿、孕产妇、老人、病人及身体虚弱的人食用，但脑血管病患者不宜多食鹌鹑蛋。

原料：苦瓜 250 克，咸蛋黄 4 个，红椒米 5 克。

调料：油、盐、味精、姜米、蒜蓉。

做法：

❶ 苦瓜剖开，去籽，横刀切成片。

❷ 咸蛋黄蒸熟，然后用刀将其拍成粉状，越细越好。

❸ 苦瓜焯水，至五成熟（苦瓜已转色），捞出。

❹ 锅内放油，下苦瓜，放盐焖炒至入味。

❺ 锅内放油，将盐蛋黄下锅烹炒（有时加点水），至蛋黄起泡沫，然后下苦瓜，放味精、蒜蓉、姜米，炒至蛋黄全部附着在苦瓜上即可。出锅装盘撒红椒米即成。

要点：盐蛋黄一定要炒起泡沫，炒时少量烹点水才会起泡沫，蛋黄要全部附着在苦瓜上，吃起来苦瓜带沙，才算成功。

苦瓜炒咸蛋黄

原料：盐蛋黄 4 个，奶油玉米 1 根，豌豆、枸杞各 3 克。

调料：植物油、味精、姜末。

做法：

❶ 锅内放水，将奶油玉米放入锅中煮熟，捞出剥下玉米粒。

❷ 将盐蛋黄蒸熟，放在砧板上用刀背碾散，再剁碎成蛋黄泥。

❸ 净锅置旺火上，放植物油，烧至七成热，下入姜末炒香，再下入盐蛋黄，用力搅动，放入味精，炒至盐蛋黄起泡沫、膨胀后，下入玉米粒，拌炒至盐蛋黄裹在玉米粒上，撒豌豆、枸杞、玉米粒，出锅装盘。

要点：盐蛋黄起沙，掺入玉米粒中，更具风味。一定要使盐蛋黄全部附着在玉米粒上。

盐蛋黄炒玉米粒

原料：盐蛋黄 5 个，腊八豆 150 克。

调料：猪油、味精、鸡精、蚝油、干椒末、葱花、蒜蓉、大蒜叶。

做法：

❶ 将盐蛋黄蒸熟后，放在砧板上用刀剁碎，待用。

❷ 锅置旺火上，放猪油烧热，放入蒜蓉炒香，再放腊八豆炒至焦香，下入剁碎的盐蛋黄，放味精、鸡精、蚝油、干椒末、大蒜叶反复翻炒，至盐蛋黄全部裹在腊八豆上时撒入葱花，即可装盘。

要点：最好选用真空包装的干颗粒腊八豆，如派字腊八豆。此菜没有用盐，因为盐蛋黄和腊八豆都是咸的。

腊八豆炒盐蛋黄

青椒炒三蛋

原料：鸡蛋、皮蛋、咸蛋各 1 个，青椒 50 克，红椒 10 克。

调料：植物油、精盐、味精。

做法：

❶ 将鸡蛋煎熟，切成小丁；皮蛋去壳切丁，咸蛋取蛋黄切丁，青椒、红椒切小片。

❷ 锅置旺火上，放入底油，烧热后下青椒、红椒、精盐炒至六成熟，再加入鸡蛋、味精煸炒入味，下入皮蛋、咸蛋黄煸炒均匀，出锅装盘即可。

巧巧鹌鹑蛋

原料：鹌鹑蛋 15 个，香菜根 20 克，鲜红椒米 2 克，竹签 3 根。

调料：五香粉、生抽、精盐、味精、白糖、香葱、姜、花椒盐。

做法：

❶ 将五香粉、生抽、味精、白糖、香葱、姜、香菜根和 350 毫升清水放入锅内，烧开调成卤水；鲜红椒切米，用精盐稍腌。

❷ 将鹌鹑蛋煮熟后去壳，放入卤水中浸泡 30 分钟后捞出，再用竹签串好，撒上花椒盐、红椒米，装盘即可。

枸杞鹌鹑蛋

原料：鹌鹑蛋 240 克，枸杞 4 粒，茶叶 10 克。

调料：白糖、水淀粉。

做法：

❶ 将鹌鹑蛋煮熟去壳，枸杞用清水泡发。

❷ 锅内放入清水 500 毫升，加入熟鹌鹑蛋、茶叶、白糖，用旺火烧开后转用小火煮 20 分钟，捞出原料盛入碗内，再将原汁勾芡至汤汁浓稠，浇在鹌鹑蛋上，撒上枸杞即可。

湘辣晶莹鹌鹑蛋

原料：鹌鹑蛋 10 个，鸡脯肉 100 克，青椒片、红椒片各 20 克，鸡蛋 1 个。

调料：植物油、精盐、味精、鸡精、香辣酱、香油、红油、水淀粉、鲜汤。

做法：

① 将鹌鹑蛋煮熟后捞出，剥壳后改切成两半。

② 取鸡蛋的蛋清，将鸡脯肉剁成鸡茸后加入精盐、味精、鸡精、蛋清、鲜汤、水淀粉一起搅匀成鸡茸料。

③ 在盘底抹油，将鸡茸料均匀地抹在盘底，再将鹌鹑蛋紧贴在鸡茸料上，整齐地摆入盘中，上笼蒸 5 分钟至熟取出。

④ 锅内倒入鲜汤烧开后放精盐、味精调味，下入水淀粉，勾成玻璃芡汁，淋上少许植物油，出锅浇盖在盘中一半的鹌鹑蛋上；锅内放油，下入香辣酱，加入少量鲜汤，烧开后放味精，勾芡，淋红油、香油，出锅浇盖在盘中另一半鹌鹑蛋上，用青椒片、红椒片点缀。

香辣虎皮鹌鹑蛋

原料：鹌鹑蛋 500 克，菜胆 10 个，红泡椒末 3 克。

调料：植物油、盐、味精、鸡精、酱油、辣妹子辣酱、蚝油、水淀粉、香油、姜片、蒜片、鲜汤。

做法：

① 将鹌鹑蛋放入冷水锅中，开火煮熟后捞出剥去壳。

② 锅内放植物油 500 克烧至六成热，将鹌鹑蛋下锅炸至起虎皮的金黄色，捞出沥干油，扣入蒸钵中，放入盐、味精、鸡精、蚝油、酱油、辣妹子辣酱、鲜汤，上笼蒸 15 分钟后取出，蒸汁留用。

③ 锅内留底油，烧热后下姜片、蒜片煸香，将蒸汁倒入锅中（如汤汁太少，可加鲜汤补充），下入菜胆烧熟后用筷子夹出，围在盘边，将鹌鹑蛋倒入盘中。

④ 将锅内的汤汁放盐，调好味后烧开，勾水淀粉、淋香油，待油起泡后，出锅浇淋在蒸好的鹌鹑蛋上，撒上红椒末即成。

要点：鹌鹑蛋上笼蒸制时，一定要蒸到回软方可。

鹌鹑蛋烧豆腐

原料：鹌鹑蛋 10 个，豆腐 4 片，菜胆 10 个。

调料：植物油、盐、味精、酱油、蚝油、永丰辣酱、水淀粉、香油、红油、葱花、姜末、蒜蓉、鲜汤。

做法：

① 将鹌鹑蛋下入冷水锅中，开火煮熟后剥壳待用；将菜胆放少许盐、味精焯水入味后捞出，围入盘边。

② 在沸水锅中放盐、酱油，将豆腐切成 4 厘米见方的大丁后放入锅中焯水入味，捞出沥干水。

③ 锅内放植物油烧热后下入姜末、蒜蓉、永丰辣酱炒香，下入鹌鹑蛋、豆腐，放盐、味精、蚝油，推炒入味后倒入鲜汤，略焖一下，勾少许水淀粉，淋香油、红油，撒葱花，出锅装入盘中。

要点：做此菜手要轻，用推炒方法，以免豆腐散碎。

双色熘鸽蛋

原料：鸽蛋 400 克，菠菜心 200 克。

调料：猪油、盐、味精、鸡精、酱油、辣妹子辣酱、蚝油、水淀粉、香油、红油、浓缩鸡汁、姜末、蒜蓉、鲜汤。

做法：

① 将鸽蛋放入冷水锅中上火煮熟，剥壳后分成 2 份待用。

② 锅内放猪油烧至六成热，下入 1 份鸽蛋，炸至起虎皮并转金黄色，捞出沥干油。

③ 取蒸钵 2 个，1 个放炸好的鸽蛋、姜末、蒜蓉、辣妹子辣酱、盐、味精、鸡精、蚝油、酱油、鲜汤少许；另一个放未炸的鸽蛋、姜末、盐、味精、浓缩鸡汁、鲜汤少许。

④ 将 2 份鸽蛋上笼蒸约 15 分钟，取出。

⑤ 锅内留底油，放入菠菜心炒熟，垫在鱼盘中间，将 2 份鸽蛋分别沥出蒸汁，倒在鱼盘的两头，形成一红一白两种颜色。

⑥ 分别将两种汤汁下锅烧开，勾水淀粉，淋香油和红油，出锅浇淋在各自对应的鸽蛋上即成。

当归川芎煲鸽蛋

原料：鸽蛋 200 克，当归、川芎各 75 克，黑豆、红枣各 50 克。

做法：

将当归、川芎洗干净，连同鸽蛋、黑豆一起放入沙煲中，放满清水，上大火烧开后放入红枣，改用小火保持汤水微开，慢慢煮。待鸽蛋熟时，取出剥去外壳，仍放入沙煲中煲煮。食用时，凭个人爱好加糖食用。

要点：此菜为家庭偏方，具有补中益气、调经活血之功效。

鸽蛋银耳汤

原料：鸽蛋 150 克，水发银耳 150 克，鸡脯肉 100 克。

调料：猪油、盐、味精、鸡精、鸡油、姜片、鲜汤。

做法：

① 将鸽蛋放入冷水锅中，上火煮熟，剥去外壳，待用。

② 将水发银耳择洗干净；将鸡脯肉切成薄片，放少许盐、味精拌匀腌制。

③ 锅内倒入鲜汤，下入姜片，烧开后，放入鸡片，用筷子拨散，用小火熬 5 分钟，再下入鸽蛋，放盐、味精、鸡精、猪油，调正口味后放入银耳，淋入鸡油即可出锅。

要点：熬制时一定要用小火，汤保持微开。

第 4 篇

水产类

刨盐鱼

原料： 草鱼 600 克。

调料： 植物油、精盐、味精、辣酱、姜、蚝油、红油、香油、葱、豆豉、干椒末、料酒、鲜汤。

做法：

① 将草鱼宰杀后取肉剁成块，用精盐、料酒、姜、葱腌渍 3~4 天，再去掉葱、姜待用。

② 尖椒切成斜片，姜切片。

③ 锅内放油烧至六成热，将鱼块炸至金黄色后捞出。

④ 锅内留底油，下入干椒末、姜片、豆豉炒香，再放入鱼块、辣酱、味精、蚝油、鲜汤，焖至鱼肉成熟，夹出姜片，淋入红油、香油，装入盘中即可。

花岗岩鱼片

原料： 净草鱼肉 450 克，黄瓜 80 克，泡红椒片 50 克，鸡蛋 2 个，水发香菇片 15 克，生菜 70 克。

调料： 植物油、精盐、味精、鸡精粉、料酒、胡椒粉、辣酱、紫苏、姜末、蒜末、红油、香油、干淀粉、鲜汤。

做法：

① 鱼肉洗净后切成片，去皮，加入精盐、料酒、干淀粉、鸡蛋清，抓匀上浆。

② 将鱼片下入四成热油锅内滑油，拨散后捞出沥油。

③ 锅内留底油，下入姜末、蒜末、红椒片炒香后，放黄瓜片、香菇、紫苏、精盐、味精、鸡精粉、辣酱炒拌均匀，倒入鲜汤，烧开后勾薄芡，下入鱼片轻轻推匀，淋上红油、香油，撒胡椒粉，出锅装入汤碗内。

④ 将花岗岩碗放入烤箱内加热后，垫上生菜叶，放在盘中，倒入烹制好的鱼片，盖上盖，1 分钟后即可食用。

番茄熘鱼丁

原料： 草鱼（去脊骨）一边，番茄 300 克，鸡蛋 1 个，青豆 5 克。

调料： 植物油、盐、味精、鸡精、蒸鱼豉油、白醋、水淀粉、香油、姜片、鲜汤。

做法：

❶ 将番茄洗净，切成 1.5 厘米见方的小颗粒。

❷ 将草鱼剔去皮，剔去鱼排刺，切成 1 厘米见方的鱼丁，放入碗中，放入蛋清、盐、味精、稠水淀粉反复抓匀。

❸ 锅置旺火上，放植物油 500 克烧至六成热，下入鱼丁，用筷子拨散，倒入漏勺沥干油。

❹ 锅内留底油，下入姜片煸香，下入番茄、青豆翻炒几下后，放盐、味精、鸡精、蒸鱼豉油、白醋，略放鲜汤，勾水淀粉，淋香油，待油冒大泡时下入鱼丁，轻轻推动，直至芡汁全部裹在鱼丁上，即可。

要点： 番茄本身含水量大，故鲜汤注意要少放一些。另外，番茄带酸，故醋的用量也要少。

丝瓜熘鱼片

原料： 嫩丝瓜 400 克，净草鱼肉 150 克，鲜红椒片 50 克。

调料： 植物油、盐、味精、鸡精、白醋、水淀粉、香油、姜片、鲜汤。

做法：

❶ 将丝瓜切去蒂，刨去粗皮，去籽洗净，切成长 3 厘米的骨牌片；将净鱼肉斜刀切成厚 0.25 厘米、长 3 厘米的鱼片，拌入少许盐、味精、水淀粉上浆入味。

❷ 将丝瓜下入沸水锅焯水，熟后捞出，沥干水。

❸ 锅内放植物油烧至五成热，下入鱼片，用筷子拨散，滑油至熟后捞出，沥尽油。

❹ 锅内留底油，烧热后下入姜片、红椒片、丝瓜拌炒，放盐、味精、白醋、鸡精调味，放入鲜汤，汤烧开后勾水淀粉，淋香油，下入鱼片推匀，即可出锅装盘。

🌸 养生堂　　　　草鱼

◆ 我国四大淡水鱼之一，含丰富的不饱和脂肪酸，肉质细嫩、营养丰富。

◆ 暖胃和中、滋补开胃，经常食用可抗衰养颜；平肝、祛风、治痹，对肿瘤有防治作用。

◆ 一般人群均可食用，尤其适宜患有虚劳、风虚头痛、久疟、心血管病的人。但是一次不可食用过多。

🎵 厨艺分享　　　　草鱼

◆ 草鱼肉质细、纤维短、极易破碎，切时应将鱼皮朝下，刀口斜入，最好顺着鱼刺切。

◆ 煮时火力不能太大，以免把鱼肉煮散。

◆ 鱼皮有一层黏液非常滑，在切鱼时将手放在盐水中浸泡一会儿，切起来就不会打滑了。此方法适用许多鱼类。

◆ 烹调时不宜放味精。

灰树菇熘鱼片

原料：水发灰树菇 300 克，净草鱼肉 250 克，红泡椒 2 个。

调料：植物油、盐、味精、鸡精、料酒、白醋、水淀粉、干淀粉、香油、葱段、姜片、鲜汤。

做法：

❶ 将泡发的灰树菇清洗干净，撕成适口大小；将净草鱼肉切成长 5 厘米、宽 2 厘米的片，拌入盐、味精、干淀粉，腌制一下；将红泡椒切成菱形片。

❷ 锅内放水烧开，下入灰树菇焯水，捞出沥干水分。

❸ 净锅置旺火上，放植物油 500 克，烧至七成热，下入鱼片，用筷子拨散，倒入漏勺中沥尽油。

❹ 锅内留底油，下入姜片煸香，然后下入灰树菇，烹入料酒煸炒至香，放入鲜汤，放盐、味精、鸡精、白醋煨焖 2 分钟，勾水淀粉，待水淀粉糊化后淋入少许热植物油、香油，下入鱼片、红椒片，轻轻翻炒几下，撒上葱段即可。

茶陵米江野生草鱼

原料：茶陵米江野生草鱼 1 条（750 克），青椒段 25 克，红椒段 50 克。

调料：熟猪油、盐、味精、鸡精、料酒、白醋、葱段、姜丝、鲜汤。

做法：

❶ 将草鱼打鳞挖鳃，剖腹去内脏，清洗干净，取下头尾，剔鱼骨，将鱼肉切成片，用盐、味精、鸡精、料酒腌渍入味。

❷ 锅内放鲜汤烧开，放熟猪油、盐、味精、白醋、鸡精调味，下入鱼头、鱼尾，煮至熟后捞出待用；将鱼骨放入汤锅内，煮至待汤汁浓郁捞出鱼骨，下入鱼片煮熟后取出。

❸ 将鱼头、鱼尾整齐地拼入汤碗中，倒入锅内原汤，上席时把鱼片倒入碗内，撒上青椒段、红椒段、葱段、姜丝即可。

要点：如无野生草鱼，也可以一般的草鱼代替。

皮蛋烧瓦块鱼

原料：皮蛋 2 个，净草鱼肉 500 克，紫苏叶 1 克，鲜红椒 5 克。

调料：植物油、盐、味精、鸡精、酱油、蒸鱼豉油、料酒、陈醋、葱段、姜丝、鲜汤。

做法：

❶ 将皮蛋上笼蒸熟、剥去外壳后，切成橘瓣形，待用；将紫苏叶摘洗干净后切碎；鲜红椒去蒂、去子，洗净后切成片。

❷ 将净鱼肉切成瓦块状，洗净血水，再用料酒、盐、味精腌制 10 分钟。

❸ 锅置旺火上，放植物油 500 克，烧至八成热，下入鱼块炸成金黄色，捞出沥干油。

❹ 锅内留底油，下入姜丝煸香，再下入鱼块，放盐、味精、鸡精、酱油、陈醋、蒸鱼豉油，翻匀后倒入鲜汤，放皮蛋、紫苏叶，等汤大开后改用小火保持微开，炖约 10 分钟，放入红椒片，撒上葱段即可出锅。

要点：鲜汤的量要放得适中，以鱼烧好后汤汁刚好稠浓最佳。

双味银芽熘鱼丝

滑子菇滑鱼丁

鱼米之乡

原料：绿豆芽 500 克，净草鱼肉丝 400 克，鲜红椒丝 3 克。

调料：植物油、盐、味精、辣妹子辣酱、白醋、陈醋、料酒、香油、红油、水淀粉、干淀粉、葱段、姜丝、鲜汤。

做法：

❶ 将绿豆芽摘去根须和头，只留芽干（即成银芽），洗净。

❷ 将净草鱼肉丝用盐、味精、料酒和干淀粉抓匀腌制。

❸ 锅内放油烧至六成热，下入鱼丝，拨散，倒入漏勺沥油。

❹ 将银芽、鱼丝各分成 2 份。

锅内放底油，下姜丝煸香，再下一份银芽，放盐翻炒，倒入鲜汤，放味精、白醋，勾水淀粉，淋香油，下入一份鱼丝、葱段翻炒，装入盘的一边。

❺ 锅内放底油，下入红椒丝、姜丝煸香，放入一份银芽、辣妹子辣酱翻炒，倒入鲜汤，放盐、味精、陈醋，勾水淀粉，淋红油，下入一份鱼丝、葱段翻炒，出锅装入盘子的另一边。

要点：操作此菜动作一定要快，银芽只要炒至五成熟即可。

原料：滑子菇 200 克，净草鱼肉 150 克，鸡蛋 1 个（取蛋清），鲜红椒 2 克。

调料：植物油、盐、味精、鸡精、料酒、白醋、干淀粉、香油、葱段、姜片、鲜汤。

做法：

❶ 将滑子菇择洗干净，净草鱼肉切丁，鲜红椒切菱形片。

❷ 将鱼丁放入碗内，放入料酒、盐、味精、蛋清反复抓匀，放入稠水淀粉抓匀，再放入少许植物油拌匀。

❸ 锅置旺火上，放植物油 500 克烧至七成热，下入鱼丁，用筷子拨散，捞出沥干油。

❹ 锅内留底油，下姜片煸香，放入滑子菇翻炒，放盐、味精、鸡精调味，然后倒入鲜汤，烧开后稍焖一下，勾芡，待淀粉糊化，淋香油，倒入鱼丁、红椒片，烹白醋，撒葱段，轻轻翻炒后即可出锅装盘。

要点：腌制鱼丁时放油是为使鱼丁在走油时容易散开。

原料：净草鱼肉 500 克，甜糯玉米粒 100 克，松子 10 克，鲜红椒、鲜青椒各 5 克。

调料：植物油、盐、味精、干淀粉、水淀粉、香油、葱姜料酒汁、鸡蛋清。

做法：

❶ 将净草鱼肉切成玉米粒大小的鱼丁，用鸡蛋清、葱姜料酒汁、干淀粉上浆，抓少许盐、味精入味。

❷ 将鲜红椒、鲜青椒切成小菱形片；将松子下入温油锅内炸熟。

❸ 锅内放植物油烧至六成热，将鱼丁下入，用筷子拨散，过油至熟；将玉米粒焯水过凉，松子炸熟。

❹ 锅中放少许植物油，下玉米粒拌炒，放入盐、味精，随即下入鱼丁、青椒片、红椒片，翻炒均匀。

❺ 锅内勾入少许水淀粉，淋上香油，撒上熟松子即可出锅。

原料：净鱼肉 100 克，豆腐 4 片，莴笋头 50 克，鲜红椒 50 克。

调料：植物油、盐、味精、水淀粉、香油、葱花、姜末、蒜茸、鲜汤。

做法：

① 将莴笋头与鲜红椒洗净，均切成 1 厘米见方的丁；在沸水锅中放少许盐，将豆腐切成 5 厘米见方的丁后放入锅中焯水后捞出，沥干水；将净草鱼肉切成 1 厘米见方的丁，抓少许盐与水淀粉上浆入味。

② 净锅置旺火上，放植物油烧至五成热，下入鱼丁过油至熟，用漏勺捞出，沥干油。

③ 锅内留底油，下入姜末、蒜茸、莴笋丁、红椒丁拌炒，放盐、味精调味，下入豆腐丁、鱼丁合炒，入味后倒入鲜汤微焖，勾少许水淀粉，撒葱花，淋香油，出锅装入盘中。

豆腐三色鱼丁

原料：茄子 200 克，净草鱼肉 100 克，洋葱 50 克，鲜红椒末 1 克，黑胡椒 4 克。

调料：植物油、盐、味精、蒸鱼豉油、白醋、白糖、香油、葱花、姜末、鲜汤。

做法：

① 将茄子去皮、洗净后切成条，洋葱洗净后切成米粒状；将净草鱼肉切成 2 厘米见方的丁，用盐、味精、水淀粉拌匀，上浆入味，下入五成热油锅内滑油至熟。

② 锅内留底油，下入洋葱米、姜末、黑胡椒煸香，下入茄条拌炒，放盐、味精、蒸鱼豉油、白醋、白糖少许炒熟，再下入鱼丁推炒并放鲜汤略焖，待汤汁收干时撒葱花、红椒末，淋香油，出锅装入沙煲中。

要点：切好茄子后，应趁着还没变色，立刻放入油里直接炸，以炸出茄子中多余的水分，在炖煮时也容易入味。油炸茄子会造成一些营养大量损失，挂糊上浆后炸制能减少这种损失。

黑椒茄子鱼丁煲

原料：草鱼1 条（750 克），豆豉辣椒料（制法见第 181 面"厨艺分享"）30 克。

调料：盐、味精、料酒、姜末、葱花。

做法：

① 将草鱼打鳞、去鳃、破肚去内脏，洗净后砍成小块，用姜末、盐、味精、料酒腌制 30 分钟，然后轻轻洗干净，沥干水放入蒸钵内。

② 将豆豉辣椒料码放在蒸钵内的鱼块上，上笼蒸 10 分钟即可。

要点：鱼要先腌制一下，鱼肉腌紧后才更入味。

豆豉辣椒蒸鱼块

水煮活鱼

原料：活鳊鱼 1 条（约 750 克），青椒 100 克，紫苏 3 克。

调料：油、盐、味精、蒸鱼豉油、白醋、胡椒粉、料酒、姜片、蒜段、鲜汤。

做法：

① 将鳊鱼打鳞、去鳃，从背脊处剖开，挖去内脏，清洗干净，鱼鳔要留下。

② 青椒切厚圈，紫苏切碎。

③ 锅内放油，烧至八成热，将鱼皮面朝下，下入锅中煎至嫩黄色，下入鲜汤、姜片、青椒、料酒，烧开后改用小火将鱼汤煮至乳白色，放盐、味精、蒸鱼豉油、紫苏、白醋，略煮一下撒胡椒粉，放葱段即可。

要点：放青椒的目的是使鱼香中透着清香。若喜欢吃辣的，青椒量也可加大。鱼用小火久煮，越煮香味愈浓、汤愈鲜。

鳊鱼头火锅

原料：鳊鱼头 700 克，嫩豆腐 4 块，紫苏 5 克。

调料：植物油、精盐、味精、料酒、姜、葱、鲜汤。

做法：

① 将鱼头去鳃洗净，将豆腐交叉切成 4 块，姜切片，葱切段，紫苏切碎。

② 净锅置旺火上，放入植物油，烧热后放入鱼头略煎，再放入鲜汤、料酒、姜片，煮至汤汁浓白时加入精盐、味精，再下入豆腐、紫苏煮透入味，撒上葱段，倒入火锅内即可。

要点：汤要用小火炖，只要保持微开即可，才能保持汤色清澈。还可加入白萝卜丝一起煮，即为"银丝豆腐鳊鱼头"。

❀ 养生堂　　　　　　　　鳊鱼

◆ 又名胖头鱼，头部含脂肪最多，属于高蛋白、低脂肪、低胆固醇鱼类，对心血管系统有保护作用。

◆ 一般人群均能食用，适宜体质虚弱、脾胃虚寒、营养不良之人，特别适宜患有咳嗽、水肿、肝炎、眩晕、肾炎等病症和身体虚弱的人士。

◆ 性偏温，热病患者及有内热者，患有荨麻疹、癣病、瘙痒性皮肤病的人应忌食。

🥄 厨艺分享　　　　　　　鳊鱼

◆ 鳊鱼头历来被美食家所推崇。湖南名菜"剁辣椒蒸鱼头"选用的正是鳊鱼头。

◆ 鳊鱼头最宜清蒸、水煮。

◆ 煮鱼头时要用小火，保持汤水微开即可，越煮香味愈浓、汤愈鲜，而且汤色清澈。

◆ 变质鱼、死了太久的鱼，其鱼头都不要吃；若发现鱼头有异味也不要吃；鱼头一定要煮熟、煮透方可食用。

原料：鲜鳙鱼头 2000 克，鲜红椒丁、鲜黄椒丁各 200 克。

调料：盐、味精、浏阳豆豉、葱花、姜片、花椒、红油、香油、剁辣椒。

做法：

❶ 将姜片、红椒丁在鱼盘上铺底。

❷ 将鱼头剖开，用花椒、料酒、盐腌制后平铺在鱼盘中，撒上味精、姜片、剁辣椒、豆豉、黄椒丁，上笼蒸制 15 分钟，熟后取出，淋入香油、红油，撒上葱花即成。

洞庭鱼头王

原料：鱼云 500 克。

调料：色拉油、盐、味精、生抽王、料酒、酱椒、红剁椒、葱花。

做法：

❶ 将鱼云洗干净，放盐、味精、料酒、生抽王腌制 10 分钟，分别摆入盘中。

❷ 将酱椒切碎，放少许色拉油、盐、味精、生抽王拌匀后，均匀地盖在一半的鱼云上；将红剁椒放少许色拉油、味精、生抽王拌匀后，均匀地盖在另一半鱼云上。

❸ 将鱼云入笼蒸 7 分钟，取出后撒上葱花、淋热尾油即可。

开胃鱼云

原料：（常德）柳叶湖野生大鳙鱼头 1 个，腊肉、香菇各 30 克，鲜红椒 1 个。

调料：植物油、盐、味精、姜丝、葱段、葱姜料酒汁、高汤。

做法：

❶ 将鱼头挖腮、剖成两半、清洗干净，用盐、味精、葱姜料酒汁腌制 20 分钟；将腊肉、香菇、鲜红椒切丝。

❷ 锅内放油烧热，下入鱼头煎至两面金黄，倒入高汤，下入腊肉丝，放盐、味精调味，炖制 30 分钟后撒入香菇丝、红椒丝、姜丝、葱段，略炖后即可出锅。

柳叶鱼头王

黄材野生鱼头王

原料：野生鳙鱼头 4000 克，湖藕 1500 克，特制辣椒 200 克。

调料：盐、味精、清鸡汤、自制中药包。

做法：

① 把鱼头洗净、剖开，抹盐、味精腌制。

② 用取自野生鳙鱼生长地的泉水，加入自制中药包、清鸡汤煲成汤。

③ 将湖藕切成段，放入汤内，再将鱼头架在湖藕上，使鱼头接触少许汤面，放上特制辣椒，一起蒸 20 分钟，用汤的蒸汽将鱼蒸熟。

要点：抹盐时一定要抹透，这样鱼才更入味。

精品鱼嘴

原料：鳙鱼嘴 4 个（净重 3000 克），大红椒 100 克，小米椒 50 克。

调料：猪油、盐、味精、料酒、姜末、豆豉、剁辣椒。

做法：

① 将大红椒、小米椒洗净后切成细末。

② 将鳙鱼嘴洗净，平切对开，整齐地摆在大碗中，放上剁辣椒、姜末、豆豉，放料酒、盐、味精，浇上猪油，上蒸笼蒸 10 分钟，蒸熟后取出。

鸡汁玫瑰鱼

原料：鳙鱼 1 条（约 1500 克），青椒片 50 克。

调料：茶油、盐、味精、鸡汁、姜块、葱结、水淀粉、鸡蛋清、鲜汤。

做法：

① 将鳙鱼宰杀、处理干净，取下鱼头，放入锅内，加清水、姜块、葱结、青椒片，放盐、味精、鸡汁，熬制成鱼胶冻。

② 将鱼肉剁成蓉，放盐、味精、鸡蛋清调味打发，装入裱花嘴中，在沸水锅中裱成长条，捞出。

③ 将鱼胶冻用鱼条缠上，制成玫瑰形，放入盘中，上笼蒸熟后取出。

④ 锅内倒入鲜汤，烧开后倒入鸡汁、熟茶油，勾水淀粉，出锅浇盖在玫瑰鱼上。

油豆腐烩鱼头

原料：鳙鱼头 1 个（约 750 克），油豆腐 250 克，小米辣椒 50 克，酱椒 50 克。

调料：植物油、盐、味精、鸡精、蒸鱼豉油、蚝油、料酒、姜末、蒜茸、葱花、鲜汤。

做法：

① 将鳙鱼头去鳞、去鳃，清洗干净；将油豆腐洗净，一切两半。

② 将小米辣椒、酱椒剁碎成辣椒茸，同放入碗中，放入姜末、蒜茸、蒸鱼豉油、蚝油、料酒、味精、鸡精、植物油拌匀，制成开胃酱料。

③ 将鱼头盖上开胃酱料，入笼上汽蒸 13 分钟取出，装入火锅中。

④ 净锅置旺火上，倒入鲜汤和蒸鱼的汤汁烧开后放盐、蒸鱼豉油、油豆腐烧开，倒入火锅中，撒上葱花，带火上桌。

要点：用小米辣椒、酱椒当调味料，制成开胃酱料来烩油豆腐，别具一番风味。第 4 步中鲜汤放多少，要视鱼头蒸出后汤汁的多少而定。整个菜的汤汁以淹住大部分菜为准。

剁椒蒸鳙鱼头

原料：鳙鱼头 1 个（约 1250 克）。

调料：植物油、精盐、味精、鸡精粉、白糖、胡椒粉、剁辣椒、紫苏、姜、葱、海鲜酱油。

做法：

① 将姜拍破，10 克葱挽结，5 克葱切花。

② 将鳙鱼头洗净，置入盘中，淋上剁辣椒，放入精盐、味精、鸡精粉、白糖、紫苏、姜块、葱结、海鲜酱油，入蒸笼用旺火蒸 8 分钟至熟透，取出生姜、葱结，再撒上葱花、胡椒粉、淋热油即成。

要点：除加剁辣椒外，还可野山椒或酱椒与鱼头一起蒸，即为"双椒鱼头王"。剁辣椒、酱辣椒制法分别见第 67 面、第 80 面"厨艺分享"。

相宜相克　　　　鲫鱼

易引起人体脱水

冬瓜 ✕

易引起中毒、身体不适

蜂蜜 ✕

红枣 ✓

鲫鱼

猪肉 ✕

可祛头风，改善体质

易引起消化不良、身体不适

养生堂　　　　鲫鱼

◆味甘性平，入脾、胃、大肠经，具有健脾、开胃、益气、利水、通乳、除湿之功效。

◆适宜：患有慢性肾炎水肿、肝硬化腹水、营养不良性浮肿之人；乳汁缺少的产妇；脾胃虚弱、饮食不香之人；小儿麻疹初期或麻疹透发不快者；痔疮出血、慢性久痢者。

◆感冒发热期间不宜多吃。

沙滩鲫鱼

原料：鸡蛋 3 个，鲫鱼 1 条（约 250 克）。

调料：植物油、盐、味精、白酱油、香油、葱花、葱结、姜片、鲜汤、红椒末。

做法：

❶ 将鲫鱼打鳞、去鳃，剖开去内脏，清洗干净，在鱼身上抹盐腌 10 分钟后，平放在抹了植物油的盘中，在鱼上面放姜片、葱结，入笼蒸 8 分钟至熟后取出，去掉葱姜。

❷ 将鸡蛋打入碗中，放少许盐、味精搅散，按 1/3 的比例对入鲜汤再次搅匀后，均匀地浇在鲫鱼上，入笼蒸，上汽后 5 分钟至蛋熟后取出，淋香油、白酱油，撒葱花、红椒末即成。

要点：白酱油即无色酱油，是西餐中常用的一种调料。没有白酱油可以用普通酱油，但蛋的颜色会黑一些，不太美观。在盘中抹油是为了鱼在蒸的过程中不粘在盘子上而影响整体效果。

石锅鲫鱼仔

原料：鲫鱼 4 条（每条约重 200 克），尖椒 30 克。

调料：植物油、精盐、味精、酱油、料酒、辣酱、剁辣椒、葱、紫苏、姜、蒜子、红油、香油、鲜汤。

做法：

❶ 将鲫鱼宰杀，去鳞、鳃、内脏，洗净，用精盐、料酒腌制 10 分钟；姜、蒜子切末，尖椒切圈，紫苏切碎，葱切段。

❷ 锅置旺火上，放入植物油，烧至六成热时下入鲫鱼，转用小火将鱼两面煎黄，再放入尖椒、姜末、蒜末、精盐、味精、酱油、辣酱、剁辣椒、红油、紫苏、鲜汤，旺火烧开后撇去浮沫，转用中火焖至鱼肉入味成熟。

❸ 将石锅在旺火上烧热，再将焖好的鲫鱼连汤一起倒入石锅中，淋上香油，撒上葱段即可。

要点：石锅为一种器皿，由大理石制成。

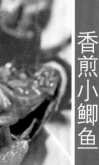

香煎小鲫鱼

原料：小鲫鱼 5 条（约重 500 克），香菜 10 克，尖椒 10 克。

调料：植物油、精盐、味精、蚝油、红油、香油、葱、姜、蒜子。

做法：

❶ 将鲫鱼宰杀，去鳞、鳃、内脏，洗净后用精盐腌 5 小时；香菜切末，尖椒切碎，姜、蒜子切末，葱切花。

❷ 锅置小火上，加入植物油，烧至七成热时，放入小鲫鱼煎至两面金黄，再将鲫鱼拨至锅的一边，倒出余油，下入红油、尖椒、姜、蒜末、蚝油、味精，翻炒入味，再盛出摆入盘中。

❸ 锅置旺火上，下入香油、葱花、香菜末略为翻炒，再盖在鲫鱼上即可。

原料： 鲫鱼 600 克，干红薯叶 100 克，鲜红椒片 5 克。

调料： 植物油、盐、味精、鸡精、蒸鱼豉油、料酒、白醋、姜片、鲜汤。

做法：

❶ 将鲫鱼打鳞挖鳃、开剖去内脏，清洗干净，用盐、料酒腌渍 10 分钟，待用。

❷ 锅内放油烧热，下入姜片，随即下入鲫鱼，煎至两面黄，烹白醋，放鲜汤、盐、味精、鸡精、蒸鱼豉油，用大火烧开后转小火焖煮，下入红薯叶、红椒片，煮至汤汁乳白、鱼肉鲜嫩时出锅，带火上桌。

红薯叶煮土鲫鱼

原料： 鲫鱼 2 条（共 400 克），白萝卜丝 300 克，红椒丝 5 克，枸杞子 2 克。

调料： 植物油、盐、味精、鸡精、姜丝、葱段、鲜汤。

做法：

❶ 将鲫鱼宰杀、挖腮打鳞、去内脏，处理干净后在鱼身上抹少许盐腌制一下。

❷ 锅内放油烧至七成热，下入鲫鱼煎至两面金黄，下入姜丝，放鲜汤、盐、味精、鸡精，用大火烧开后下入萝卜丝，再次烧开后改用小火煨煮至汤汁呈奶白色，撒上红椒丝、枸杞子、葱段，淋热尾油，即可出锅。

银丝鲫鱼

原料： 鲫鱼 2 条（约重 600 克），黄尖椒圈、青椒圈各 25 克。

调料： 植物油、盐、味精、鸡精、酱油、豆瓣酱、蒜蓉香辣酱、永丰辣酱、辣妹子辣酱、蒸鱼豉油、蚝油、料酒、白醋、香油、红油、姜丝、鲜汤、豆豉。

做法：

❶ 将鲫鱼打鳞挖鳃，去内脏，清洗干净，在鱼身剞一字花刀，抹少许盐、料酒腌 10 分钟。

❷ 锅内放油，下入鲫鱼煎至色泽金黄、外焦内酥，烹料酒、白醋、蒜蓉香辣酱、永丰辣酱、辣妹子辣酱、蒸鱼豉油、豆瓣酱、蚝油，放盐、酱油、味精、鸡精、豆豉，烹少许鲜汤，下入姜丝、黄尖椒圈、青椒圈，待汤汁干、鱼肉油亮即淋红油、香油，出锅盛入盘中。

油辣鲫鱼

招牌腊鲫鱼

原料: 鲫鱼1条(约750克),红尖椒5克。

调料: 植物油、盐、味精、葱姜料酒汁、大蒜叶、八角、花椒、五香粉。

做法:

❶ 将鲫鱼宰杀、处理洗净,抹盐、味精、葱姜料酒汁腌制,放在通风处风干后,用八角、花椒、五香粉将鱼熏制好;将红尖椒、大蒜叶(取茎)切圈。

❷ 锅内放油烧热,将鱼下入锅中煎熟,下入红椒圈、青蒜圈,放少许盐、味精略炒,即可装盘。

葱香烧鲫鱼

原料: 鲫鱼2条(约重750克)。

调料: 植物油、盐、味精、鸡精、酱油、蒸鱼豉油、料酒、白醋、白糖、葱、生姜、鲜汤。

做法:

❶ 将鲫鱼打鳞挖鳃,开剖、去内脏,清洗干净,在背部划一直刀,鱼身斜剞一字花刀。用葱、姜、料酒、酱油、白糖腌渍20分钟待用。

❷ 锅置灶上,放油烧至七成热,下入鲫鱼,连煎带炸至色泽金黄、外焦内熟,盛出,将油沥尽。

❸ 锅内放少许底油,下入葱、姜爆香后取出,放入鲫鱼,烹白醋、盐、味精、鸡精、蒸鱼豉油调味,放少许鲜汤,焖至鲫鱼酥软入味后,出锅装盘。

糯米荷叶蒸鲫鱼

原料: 鲫鱼1条(约重500克),糯米150克,红椒10克,鲜荷叶1张。

调料: 猪油、精盐、味精、胡椒粉、姜、葱。

做法:

❶ 将鲫鱼宰杀后去鳞、鳃、内脏,洗净后抹匀精盐、味精,腌制20分钟;葱白切段,葱绿、红椒、姜均切成细丝。

❷ 糯米淘洗净,蒸熟后拌入精盐、味精、胡椒粉、猪油。

❸ 将鲫鱼放在荷叶上,撒上姜丝、葱段,糯米饭放在鱼身周围,再放入蒸笼,上火用旺火蒸5~6分钟,取出夹去葱白段,放入葱绿丝、红椒丝,淋入热油即可。

原料：鲫鱼 400 克，腊八豆 250 克。

调料：熟猪油、精盐、味精、胡椒粉、生抽、姜。

做法：

❶　将鲫鱼宰杀后去鳞、鳃、内脏，洗净后剞上一字花刀，在刀口和鱼肚内抹上精盐，放入盘中；姜切末。

❷　锅置旺火上，放入底油，下入腊八豆、姜末炒香，出锅浇盖在鱼上，再撒上味精，淋上生抽，上笼用旺火蒸 4 分钟，取出后撒上胡椒粉，淋上烧热的猪油即可。

腊八豆蒸鲫鱼

原料：青鱼 1 条（约重 750 克），小米椒 50 克。

调料：熟猪油、盐、味精、鸡精、蒸鱼豉油、豆豉、料酒、姜片、鲜汤。

做法：

❶　将鱼打鳞挖鳃开剖，去内脏，清洗干净，将鱼的头、尾、骨与肉分离，将鱼肉解切成块，用盐、料酒腌渍入味；将小米椒切碎待用。

❷　锅内放鲜汤烧开，下入姜片、熟猪油、鱼骨，待汤汁乳白、味香浓郁时，捞出鱼骨，下入小米椒、豆豉，随即放鱼肉块，放盐、味精、鸡精、蒸鱼豉油调味，待肉熟汤鲜出锅，带火上桌。

干锅江水鱼

原料：净青鱼肉 150 克，熟玉米粒 100 克，青椒、红椒、胡萝卜各 5 克，鸡蛋 1 个。

调料：植物油、精盐、味精、鸡精、白糖、姜、葱、水淀粉。

做法：

❶　将青鱼肉改切成米粒状，将青椒、红椒去蒂、去籽，切成比玉米粒稍小的片；胡萝卜切成小丁，姜切末，葱切花。

❷　取鸡蛋的蛋清，将鱼肉用精盐、味精、蛋清、水淀粉上浆入味。

❸　锅置旺火上，放入植物油烧至五成热，放入鱼肉丁滑油至熟，倒入漏勺中沥干油。

❹　锅内留少许底油，下入姜末、玉米粒、胡萝卜丁拌炒，随即下入鱼肉丁，放盐、味精、鸡精、白糖拌炒入味，再放入青椒丁、红椒丁，勾芡，炒匀后撒上葱花，出锅装盘即可。

洞庭鱼米香

油辣鱼

原料：净青鱼肉 450 克。

调料：植物油、精盐、味精、白糖、豆豉、整干椒、葱、红油、香油。

做法：

① 将青鱼肉剁成 3 厘米见方的块，整干椒切成 1 厘米长的段，备用。

② 锅置旺火上，放入植物油，烧至七成热时，倒入鱼块炸至金黄色，捞出沥干油，装入钵内，撒上精盐、味精、白糖。

③ 锅内留底油，下豆豉、干椒段炒香，再盖在鱼块上，入笼用旺火蒸 8~10 分钟取出，淋上烧热的红油、香油，撒上葱花即可。

蝴蝶火锅

原料：净青鱼肉 400 克，白菜心 200 克，水发粉丝 200 克，肥膘肉 100 克，腐竹 100 克。

调料：植物油、精盐、味精、料酒、姜、腐乳、辣椒油、鲜汤。

做法：

① 将鱼肉切成 5 厘米长、3 厘米宽、0.2 厘米厚的片，白菜心切块，腐竹泡发后切段，粉丝切断，分别装入小碟；肥膘肉切片，姜切末。

② 将鲜汤倒入火锅，放入肥膘肉及上述调味品，烧沸后与其他原料一起上桌即可。

❉ 养生堂 　　　　才鱼

◆ 即黑鱼，又名乌鱼，有补脾利水、去淤生新、清热祛风、补肝肾等功效。

◆ 含有丰富的不饱和脂肪酸、DHA 和维生素 E，其营养成分比一般畜肉食品更利于人体吸收，对成长中的小孩和老人的营养补充很有帮助。特别是才鱼有愈合伤口的功效。

◆ 与生姜、红枣共煮能辅助治疗肺结核，与红糖炖煮可治肾炎。产妇食清蒸才鱼可催乳补血。

🥄 厨艺分享　　防止煎鱼粘锅

◆ 鲜鱼可不除鳞，将鱼洗净后晾去水分，下热油煎；腌鱼则煎前应除鱼鳞、洗净。

◆ 将锅烧热后多放些油，将鱼晾去水分后放在锅铲上，再将锅铲放入油锅中，先使鱼在铲上预热，然后放入油中慢煎。

◆ 锅洗净，坐锅后用一块鲜姜断面将热锅擦一遍，再倒油，用锅铲搅动使锅壁沾遍油，热后放鱼。

◆ 在热油锅中放入少许白糖，待白糖呈微黄时，将鱼放入锅中，不仅不粘锅，且色美味香。

◆ 在鱼体上涂些食醋，也可防止粘锅。

香脆鱼片

原料：净青鱼肉 500 克，熟芝麻 20 克。

调料：植物油、盐、味精、辣妹子辣酱、蒸鱼豉油、料酒、水淀粉、香油、红油、干椒末、葱花。

做法：

❶ 将青鱼肉切成略厚的片，放盐、料酒、蒸鱼豉油腌制入味，黏上水淀粉，下入六成热油锅内通炸至色泽金黄、外焦内熟，捞出沥尽油。

❷ 锅内放油，下入干椒末，放辣妹子辣酱、少许盐、味精、蒸鱼豉油，用勺推动，待呈稠状时即下入炸好的青鱼肉，翻炒均匀，撒上熟芝麻和葱花，淋香油、红油即可。

酸汤鱼

原料：青鱼 1 条（约重 600 克），红椒片 10 克。

调料：熟猪油、盐、味精、鸡精、蒸鱼豉油、料酒、白醋、白糖、葱段、姜片、鲜汤。

做法：

❶ 将青鱼打鳞挖鳃、去内脏，清洗干净，取下鱼头、鱼尾待用，将鱼身切成瓦块形的片，抹盐、料酒、蒸鱼豉油腌入味。

❷ 锅内放鲜汤，下入姜片，放熟猪油、盐、味精、鸡精、白醋、白糖，烧开后下入鱼头、鱼尾，煮熟后下入鱼片，待鱼肉熟嫩、鱼汤呈乳白色时下入红椒片、葱段，出锅盛入汤钵中。

茄汁菠萝鱼

原料：青鱼 1 尾（约 1500 克），鸡蛋 2 个，青椒 6 个。

调料：花生油、盐、味精、料酒、白糖、米醋、番茄酱、干淀粉、水淀粉、葱、姜。

做法：

❶ 将青鱼打鳞挖鳃、剖腹去内脏，处理干净后去全骨，分成两片带皮的净鱼肉，剞十字花刀，切成长约 10 厘米的段，用盐、味精、葱姜料酒汁腌制 30 分钟；将青椒雕成菠萝叶形。

❷ 锅内放油烧热，将腌好的鱼肉抓上蛋清、拍上干淀粉，下入油锅中炸至色泽金黄时捞出，装入盘中。

❸ 锅内留底油，下番茄酱、白糖、米醋、清水，用水淀粉勾芡成浓汁，淋少许热尾油，出锅浇在菠萝鱼上，插上菠萝叶即成。

苗香酸辣鱼

原料：青鱼 1 条（约重 750 克），鲊辣椒粉 150 克。

调料：植物油、盐、味精、鸡精、蒸鱼豉油、料酒、米酒、白糖、香油、红油。

做法：

① 将青鱼打鳞挖鳃、剖腹、去内脏，清洗干净；取下头、尾，用盐、料酒、味精、鸡精腌制入味；将鱼身去骨、皮，切成 15 片，用米酒、盐、蒸鱼豉油、白糖腌制 10 分钟入味。

② 将鱼头、尾下入七成热油锅内炸熟，拼入盘两边。

③ 将鱼片裹上鲊辣椒粉，下入六成热油锅内通炸至外焦内酥、色泽金黄后捞出，淋香油、红油，整齐地码入盘中。

要点：鲊辣椒制法见 68 面"厨艺分享"。

农家口味鱼

原料：青鱼 1 条（约重 600 克），鲜红椒末、鲜黄椒末各 20 克。

调料：植物油、盐、味精、鸡精、酱油、豆瓣酱、蒜蓉香辣酱、永丰辣酱、辣妹子辣酱、蒸鱼豉油、料酒、白醋、白糖、香油、红油、葱花、鲜汤。

做法：

① 将鱼身剞斜刀，抹少许盐、料酒腌制 30 分钟入味，待用。

② 锅内放油烧至七成热，下入青鱼煎至两面色泽金黄、外焦内熟，烹料酒，放蒸鱼豉油、盐、味精、鸡精、酱油、豆瓣酱、蒜蓉香辣酱、永丰辣酱、辣妹子辣酱、蒸鱼豉油、白糖、白醋、红椒末、黄椒末，放少许鲜汤，烧至鱼入味、汤汁干时，撒葱花，淋红油、香油，出锅盛入盘中。

椒香鱼

原料：青鱼 1 条（约 750 克），红椒圈、黄椒圈各 75 克。

调料：植物油、盐、味精、鸡精、料酒、蒸鱼豉油、白醋、葱花、姜片、香油、鲜汤。

做法：

① 将鱼去鳞、挖腮、去内脏，洗净，剁成大块，抹少许盐、料酒腌制 10 分钟。

② 锅内放油烧热，下入姜片，再下入鱼块，煎至鱼肉呈金黄色，沥去锅内余油，烹白醋、料酒、蒸鱼豉油，放盐、味精、鸡精，下入红椒圈、黄椒圈，倒入鲜汤（以淹没鱼为度），用大火烧开后转小火煨至鱼肉味鲜、汤汁浓郁，撒入葱花、淋香油，即可出锅。

原料：鸡蛋 5 个，净才鱼肉 150 克，水发木耳 50 克，鲜红椒片 2 克。

调料：植物油、盐、味精、鸡精、料酒、白醋、水淀粉、干淀粉、白糖、香油、姜片、鲜汤。

做法：

① 将 4 个鸡蛋取蛋黄，打入碗中，放少许盐搅散后，上笼蒸 8 分钟成蛋黄糕，冷却后斜切成片。

② 将水发木耳择洗干净，大片撕开。

③ 将净才鱼肉切成片，放入碗中，打入 1 个鸡蛋的蛋清，放入料酒、盐、味精、干淀粉腌制，下入六成热油锅中，用筷子拨散，捞出沥干油。

④ 锅内留底油，下入姜片煸香，下入木耳煸炒，倒入鲜汤烧开，放盐、味精、鸡精、白醋、白糖，烧开后勾水淀粉，淋香油，然后下入蛋黄片、才鱼片、红椒片，轻轻翻炒几下，即可出锅装盘。

要点：操作手法一定要轻，否则蛋黄片容易破碎。

蛋黄滑熘才鱼片

原料：净才鱼肉 300 克，鸡蛋 1 个，鲜红椒片、鲜青椒片各 10 克，香菜叶 3 克。

调料：植物油、精盐、味精、鸡精、料酒、白醋、干淀粉、水淀粉。

做法：

① 将才鱼肉切成薄片，一半用蛋黄、精盐、味精、干淀粉上浆入味，一半用蛋清、盐、味精、干淀粉上浆入味。

② 锅置旺火上，放入植物油烧至四成热，先下入用蛋清上浆的鱼片滑油至熟（银鱼片），捞出放入盘中；再下入用蛋黄上浆的鱼片滑油至熟（金鱼片），捞出放入盘中。

③ 锅内留少许底油，下入红椒片、银鱼片，放精盐、味精、鸡精，烹入料酒、白醋，勾芡，炒拌入味后出锅装入盘的一边。

④ 按照第 3 步将青椒片、金鱼片炒拌入味后装入盘的另一边。

⑤ 拼上香菜叶点缀即可。

金银才鱼片

原料：净才鱼肉 500 克，千张皮 300 克，青椒 2 个。

调料：猪油、盐、味精、鸡精、蒸鱼豉油、料酒、白醋、葱段、姜丝、食用纯碱。

做法：

① 将才鱼肉切成瓦块形，再用活水漂净血水；青椒去蒂。

② 在开水中加入食用纯碱，将千张皮切成细丝后泡入开水中，捞出后在活水中漂洗干净，去尽碱味，沥干水待用。

③ 锅内放猪油，下入姜丝煸香，倒入冷水，放入瓦块才鱼，烧开后放料酒、盐、味精、鸡精、蒸鱼豉油、白醋、青椒，改用小火将才鱼汤煨烧成乳白色，下入千张丝煮至千张皮回软，夹去青椒，出锅装入沙锅中，撒上葱段，带火上桌。

要点：放整青椒的目的是使汤汁清香。水可一次性多放点，越炖越鲜，但要防止汤汁烧干。千张皮放食用纯碱泡可变软糯，但一定要漂洗干净、去尽碱味。

干丝煮才鱼

鲜美愈合汤

原料： 才鱼 1 条（约 750 克），水发香菇 10 克，菜胆 10 个，枸杞 3 克。

调料： 油、盐、味精、鸡精、胡椒粉、料酒、水淀粉、姜片、葱结、鲜汤。

做法：

① 将才鱼剖腹、挖鳃、去内脏，清洗干净，剁下头尾备用；将鱼身纵剖切成两半，剔下鱼骨、鱼皮备用；将鱼肉切成薄片，用盐、料酒、水淀粉抓匀。

② 将菜胆、水发香菇依次放入沸水中，放盐、味精、少量油汆熟，捞出垫入汤碗底部。

枸杞用清水泡发。

③ 锅内放油烧热后下入姜片炒香，下入鱼头、鱼尾、鱼骨、鱼皮略煎一下，放入鲜汤、葱结，用大火烧开后改用小火将汤熬成奶白色，将锅内东西捞出，在汤中放盐、味精、鸡精调味，汤开后下入鱼片汆熟，撇去浮沫，撒胡椒粉和枸杞，出锅倒入盛有香菇和菜胆的汤碗中即可。

要点： 才鱼有愈合伤口的功效，所以取名"鲜美愈合汤"。鱼骨熬汤，鱼片无刺，也适合病人吃。

锦绣鱼片汤

原料： 才鱼肉 150 克，香菇 3 克，冬笋 3 克，胡萝卜 2 克，白萝卜 2 克，莴苣 2 克，黄瓜 2 克，小菜胆 10 个，鸡蛋 1 个，枸杞 2 克。

调料： 盐、味精、鸡精、熟鸡油、胡椒粉、水淀粉、姜、鲜汤。

做法：

① 将才鱼肉切成片，用盐、味精、水淀粉、蛋清抓匀上浆；枸杞用水浸泡。

② 将香菇、冬笋、胡萝卜、

白萝卜、莴苣、黄瓜、姜均切成菱形片。

③ 净锅置旺火上，倒入鲜汤，烧开后下入姜片、冬笋片、香菇片、胡萝卜片、白萝卜片、莴苣片、黄瓜片，焯熟后放盐、味精、鸡精调味，汤再烧开后迅速下才鱼片、菜胆继续煮开，待鱼片熟后淋鸡油、撒胡椒粉，放入枸杞，出锅盛入大汤盅中。

要点： 才鱼片不要煮得过老，焯熟即可。

原料：才鱼 1000 克，胡萝卜片、南瓜片、莴苣片、红椒圈各 10 克。

调料：植物油、鸡蛋清、水淀粉、高汤、香葱。

做法：

❶ 将藕去皮后切成薄片，将才鱼剔下鱼骨，鱼肉切成薄片备用。

❷ 将鱼骨下入油锅稍煎片刻，放入高汤（高汤已调味）中熬制。

❸ 将鱼片用鸡蛋清、水淀粉上浆，与胡萝卜片、南瓜片、莴苣片、红椒圈、香葱一起在盘中摆成蝴蝶形状。

❹ 将高汤带火上桌，鱼片涮着吃。

蝴蝶生鱼

原料：鲜白灵菇 150 克，才鱼片 200 克。

调料：植物油、盐、味精、鸡精、料酒、水淀粉、白糖、香油、姜片、鲜汤。

做法：

❶ 将白灵菇清洗干净，横向切成 0.5 厘米厚的片。

❷ 在才鱼片中加入料酒、盐、味精、稠水淀粉，拌匀调味。

❸ 锅置旺火上，放入植物油，烧至八成热时，下入白灵菇过

大油，捞出沥干。

❹ 将油仍留在锅中，烧至六成热，将才鱼片下入油锅，用筷子将才鱼片拨散，用漏勺捞出沥干油。

❺ 锅内留底油，下姜片煸香，放入白灵菇，倒入鲜汤，放盐、味精、鸡精、白糖，至汤汁将浓时勾薄芡，然后放入才鱼片，轻轻推动，淋香油即成。

白灵菇熘才鱼片

原料：羊肚菌 300 克，才鱼 1 条（约 500 克），肥肉 100 克，菜心 150 克，鱼子酱 50 克，西兰花 200 克，鸡蛋 2 个。

调料：植物油、盐、鸡精、干淀粉、水淀粉、清鸡汤、蛋泡糊。

做法：

❶ 将才鱼宰杀、处理干净，取净鱼肉，将一部分切成鱼丝，用盐、蛋泡糊上浆；将剩余的净鱼肉和肥肉一起剁碎，拌入盐、干淀粉、蛋清、适量清鸡汤，制成鱼蓉。

❷ 将羊肚菌用清鸡汤煨透，

放盐、鸡精调好味。

❸ 将鱼蓉酿入羊肚菌中，入笼蒸 2 分钟取出；西兰花、菜心余水备用。

❹ 锅内放油烧热，下入鱼丝滑熟，倒入漏勺中；锅内留底油，加入少许清鸡汤，放盐、鸡精、勾水淀粉，倒入鱼丝，轻轻翻锅。

❺ 将鱼丝盛入盘中，鱼丝上放鱼子酱点缀，菜心围在鱼丝边，羊肚菌、西兰花围入盘边，浇汁即成。

羊肚菌熘鱼丝

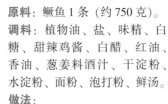

红汁鳜鱼

原料：鳜鱼 1 条（约 750 克）。

调料：植物油、盐、味精、白糖、甜辣鸡酱、白醋、红油、香油、葱姜料酒汁、干淀粉、水淀粉、面粉、泡打粉、鲜汤。

做法：

① 将鳜鱼宰杀、处理干净，将头、尾取下，取鱼肉去皮去刺，切成 6 厘米长、3 厘米宽的片；将干淀粉、面粉、泡打粉加适量水调制成脆糊，待用。

② 将鱼片用少许盐、味精、葱姜料酒汁腌入味，挂上脆糊，下入六成热油锅内炸至外焦内嫩、色泽金黄，捞出后在盘中拼摆成鱼身。

③ 将鱼头、鱼尾用葱姜料酒汁腌制入味，下入七成热油锅内炸熟，捞出后整形，在盘中拼摆成鱼形。

④ 锅内放少许油，下入甜辣鸡酱、盐、味精、白糖、白醋、鲜汤，烧开后勾少许水淀粉，淋入红油、香油、少许热尾油，出锅浇在鱼上即可。

鳜鱼炖鱼腐

原料：鳜鱼 1000 克，鱼腐 150 克，青椒圈、红椒圈各 30 克。

调料：菜子油、盐、味精、料酒、姜片、蒜片、鲜汤。

做法：

① 将鱼腐下入沸水中焯水，捞出待用。

② 将鳜鱼打鳞、挖腮、剖腹、去内脏，洗净后抹盐、料酒腌制。

③ 锅内放菜子油，烧热后下入鳜鱼煎至两面黄色，加鲜汤炖至鱼汤浓稠时加入鱼腐，放盐、味精、姜片、蒜片、青椒圈、红椒圈，入味后即可出锅。

鲍汁鳜鱼

原料：鳜鱼 1000 克。

调料：植物油、盐、味精、鲍鱼汁、葱姜料酒汁。

做法：

① 将鳜鱼宰杀、清理干净，取下头、尾及净肉。

② 将鱼肉切成蝴蝶片，用葱姜料酒汁、盐、味精将鱼片、鱼头、鱼尾腌制 10 分钟。

③ 将鱼片、鱼头、鱼尾在盘中拼摆成形，入蒸笼蒸 8 分钟，熟后取出，滗出蒸鱼原汤。

④ 锅内放油烧热，倒入鲍鱼汁和蒸鱼原汤，烧开后出锅浇在鳜鱼上。

原料：净鳜鱼肉 1000 克，甜酒 250 克，水发香菇 10 克，胡萝卜、白萝卜各 20 克，冬瓜 10 克。

调料：植物油、盐、味精、蒜蓉、姜末、番茄酱、水淀粉、鲜汤。

做法：

❶　将香菇、胡萝卜、白萝卜切成米粒状；将净鳜鱼肉切成大薄片，用盐、味精腌制，用水淀粉上浆。

❷　锅内放底油，下入姜末、蒜蓉、香菇米、胡萝卜粒、白萝卜粒，放盐、味精拌炒入味，勾水淀粉，做成馅料。将鱼片包上馅料，放入抹油的盘中，入笼蒸 5 分钟，熟后取出。

❸　将冬瓜切片，隔入汤盅；将鱼片分别放在汤盅的两边。

❹　锅内放番茄酱、清水烧开，倒入甜酒，勾水淀粉成稠状，浇盖在汤盅一半的鱼片上（红色，甜酸味）；锅内倒入鲜汤烧开，放盐、味精调味，勾水淀粉成稠状，浇在汤盅的另一边（白色，咸鲜味）。

鸳鸯鳜鱼

原料：鳜鱼 1 条（约 1000 克），番茄 100 克，西兰花 100 克，三丝（大葱丝、青椒丝、红椒丝各 5 克）。

调料：植物油、盐、味精、料酒、水淀粉、鸡蛋清、鱼汤。

做法：

❶　将鳜鱼宰杀、处理洗净，取净肉切成厚片，用盐、味精、料酒腌制 10 分钟；将鱼头、鱼尾、鱼骨入笼蒸 8 分钟。

❷　锅内放油烧至六成热，将鱼片用水淀粉、鸡蛋清上浆，下锅滑油，沥出；将蒸好的鱼头、鱼尾、鱼骨摆入明炉内，鱼片盖在鱼骨上。

❸　在净锅内倒入鱼汤烧开，放盐、味精调味，勾薄芡，淋少许热尾油，出锅浇在鱼片上。

❹　将西兰花放入沸水中加少许油、盐焯水，番茄切片，一起摆在鳜鱼的两边，将三丝放在鱼肉上，淋热油即成。

明炉鳜鱼

原料：净鳜鱼 3 条（约重 1200 克），藕丝 250 克，熟腊肉丁 40 克，蒜苗丁 10 克。

调料：植物油、盐、味精、鸡精、酱油、蒸鱼豉油、蚝油、料酒、白糖、香油、红油、干椒段、鲜汤、全蛋糊。

做法：

❶　将鳜鱼打鳞、挖鳃、剖开，去内脏，清洗干净，用盐、料酒腌渍 10 分钟待用。

❷　将藕丝放全蛋糊搅匀，下入油锅，连煎带炸，制成藕丝锅巴，垫入盘底。

❸　锅内放油烧至七成热，下入鳜鱼炸至色泽金黄，外焦内酥，放入垫有锅巴的盘中。

❹　锅内放少许底油，下入干椒段、腊肉丁、蒜苗丁拌炒，放盐、鸡精、味精、酱油、蒸鱼豉油、蚝油、白糖，炒香入味后，烹少许鲜汤，淋上香油、红油，出锅浇盖在鳜鱼上。

锅巴藕烧小鳜鱼

香辣鳜鱼仔

原料：鳜鱼仔 3 条（约重 750 克），青椒 100 克。

调料：植物油、盐、味精、鸡精、蒸鱼豉油、料酒、白醋、香油、红油、干椒末、葱花、鲜汤、葱姜料酒汁。

做法：

❶ 将鳜鱼打鳞挖鳃，去内脏，清洗干净，在鱼身交叉剞十字花刀，抹盐、葱姜料酒汁腌制20分钟。

❷ 锅内放油烧热，下入鳜鱼煎至两面黄色，外焦内嫩，下入干椒末，烹白醋、料酒、蒸鱼豉油，放盐、味精、鸡精，倒入鲜汤（以淹没鱼为度），焖至鱼熟入味，汁干油亮时，下入青椒，淋红油、香油，撒上葱花，出锅放入平锅内，带火上桌。

碳烧鳜鱼仔

原料：鳜鱼仔 4 条（约重 750 克），大河虾 100 克，鲜红椒片 100 克。

调料：植物油、盐、味精、鸡精、蒜蓉香辣酱、永丰辣酱、辣妹子辣酱、蒸鱼豉油、料酒、白醋、白糖、香油、红油、葱花、姜片、鲜汤。

做法：

❶ 将鳜鱼打鳞挖鳃，去内脏，清洗干净，抹用少许盐、料酒腌入味。

❷ 净锅内放油，下入姜片，随即下入鳜鱼煎至两面呈黄色，放料酒、白糖、白醋、蒸鱼豉油、盐、味精、鸡精、蒜蓉香辣酱、永丰辣酱、辣妹子辣酱、鲜红椒，倒入鲜汤，用大火烧开后转小火焖至鳜鱼肉熟、汤汁浓郁，下入大河虾一起焖煮，淋红油、香油，撒葱花，出锅盛入钵中。

陈妈臭鳜鱼

原料：鳜鱼 600 克，红椒圈 5 克，香菜 5 克。

调料：植物油、盐、味精、鸡精、酱油、豆瓣酱、蒜蓉香辣酱、辣妹子辣酱、蒸鱼豉油、料酒、白醋、白糖、香油、红油、大蒜粒、鲜汤。

做法：

❶ 将鳜鱼打鳞、挖鳃、开剖，去内脏，清洗干净，抹盐或用淡盐水腌渍，放入容器，加盖密封，放入冰箱，几天后鱼即散发一种似臭非臭的气味，鱼身略有些发白，即可取出烹饪。

❷ 锅置柴火灶上，放油烧热，下入鳜鱼煎至色泽金黄，烹入白醋，放豆瓣酱、蒜蓉香辣酱、辣妹子辣酱、蒸鱼豉油、味精、鸡精、酱油、白糖调味，入味后烹入鲜汤，焖至鱼肉入味，汤汁浓郁时，放入红椒圈、大蒜粒，淋红油、香油，出锅盛入盘中，撒上香菜即可。

要点：鳜鱼抹盐后不能放得太久，如果鱼发黄发绿则已变质，不能食用。

原料：鳜鱼仔 500 克，泡椒 100 克，泡萝卜 50 克。

调料：油、盐、味精、蒸鱼豉油、陈醋、姜片、蒜茸、鲜汤。

做法：

① 将鳜鱼仔打鳞、去鳃、剖肚、去内脏后洗干净，留下桂花。

② 泡椒和泡萝卜切成米粒状。

③ 锅内放油，烧至八成热，逐条下入鳜鱼仔，炸至两面金黄，捞出沥干油。

④ 内留底油，下入姜片、蒜茸、泡椒米、泡萝卜米煸香，将炸好的鳜鱼仔摆入锅中，倒入鲜汤，放盐、味精、蒸鱼豉油、陈醋，用小火煮至鳜鱼熟透，汤汁收到刚好淹着鳜鱼即可装盘。

要点：尽量用最小的火煮鳜鱼，这样才能使汤味鲜美无比。

泡椒鳜鱼仔汤

原料：鳜鱼仔 4 条，水发香菇 3 克，红尖椒圈 1 克。

调料：油、盐、味精、陈醋、蒸鱼豉油、料酒、姜片、蒜片、干椒段、大蒜叶、鲜汤。

做法：

① 鳜鱼刮去鳞片，去掉鱼鳃，从肚处剖开，去内脏，洗净，在鱼身上交叉剞十字花刀，用料酒、盐、味精腌制。

② 将香菇切斜片。

③ 锅内放油 500 克，烧至八成热，将鳜鱼逐条下锅，炸成金黄色，取出。

④ 锅内留底油，下姜片、干椒段、蒜片煸香，将鳜鱼整齐地摆放在锅内，加入鲜汤，调盐、味精，下陈醋、蒸鱼豉油，将鱼烧熟，倒入干锅中，撒上大蒜叶、红尖椒圈。带火上桌。

要点：炸制鳜鱼时，一定要炸成金黄色。

干锅鳜鱼

⚫ 相宜相克　　　　　　　　🎵 鲈鱼

影响钙的消化吸收，引起身体不适

奶酪 ✕

姜 ✓

鲈鱼

影响口味，并对健康不利

牛羊油 ✕

香菇 ✓

补虚养身，健脾开胃，调理贫血

健身补血，健脾益气

🎵 厨艺分享　　　　巧去鱼腥

◆ 将鱼去鳞、剖腹洗净后，放入盆中，倒一些黄酒，就能除去鱼的腥味，并能使鱼滋味鲜美。

◆ 将剖开洗净的鱼放在牛奶中泡一会儿，既可除腥，又能增加鲜味。

◆ 吃过鱼后嚼上三五片茶叶，立刻口气清新。

清蒸鲈鱼

原料：鲈鱼 1 条（500 克），三丝（大葱丝 10 克，姜丝 10 克，红椒丝 10 克）。

调料：油、盐、味精、蒸鱼豉油、料酒、姜片、大葱段。

做法：

❶ 处理鲈鱼：将鲈鱼打鳞去鳃，从肚皮正中处剖开，除去内脏，再在背脊上肉厚的地方左右各开一刀，以便盐味进入。扯开肚皮，让鲈鱼肚皮朝下竖在盘中。

❷ 在鱼身上撒盐、味精，放上姜片、大葱段，最后淋上料酒，上笼大汽蒸 8 分钟即出笼，去掉姜片、大葱段，淋上蒸鱼豉油，撒上三丝，冲沸油即成。

要点：①一定注意蒸制时要放入已上汽的热笼中，控制在大火蒸 8 分钟，这样才能达到鱼眼鼓出、鱼肉熟嫩的效果。②"三丝"是蒸制鱼类的必备辅料，见"烹饪基础"。

开胃鲈鱼

原料：鲈鱼 1 条（500 克），开胃酱（制法见第 212 面"蒸开胃猪脚"）50 克，葱花 2 克。

做法：

❶ 处理鲈鱼：见"清蒸鲈鱼"。

❷ 将开胃酱码放在鲈鱼上，上笼用大火蒸 8 分钟，出锅撒上葱花即成。

要点：蒸制时间一定要控制在 8 分钟，否则鱼肉会蒸老。

老干妈蒸鲈鱼

原料：鲈鱼 1 条（500 克），老干妈 50 克。

调料：油、味精、蚝油、姜末、葱花、蒜茸。

做法：

❶ 处理鲈鱼：见"清蒸鲈鱼"。

❷ 将老干妈放在碗中，加入蒜茸、姜末、味精、蚝油，拌匀后码在鲈鱼上，上笼蒸 8 分钟即可出笼，撒上葱花、冲沸油即成。

要点：一定要掌握好蒸制时间 8 分钟。冲油的方法和目的见第 181 面"厨艺分享"。

原料：鳊鱼 1 条（500 克），三丝（大葱丝、姜丝、红椒丝各 3 克）。

调料：油、盐、味精、蒸鱼豉油、姜末。

做法：

❶　将鳊鱼打鳞去鳃，从肚正中剖开，除去内脏，洗净。

❷　开屏鳊鱼的刀法：第一步，先去头尾。切头部时从鳍下下刀，切下尾部后，把中间的脊骨去掉，保留两边的皮和尾部的鳍，去脊骨的目的是为使鱼尾能竖起来。

❸　第二步，身段剖刀。将鳊鱼脊背处切断，肚皮处一定要连刀。鱼身上下的鳍都要切掉。

❹　将切好的鱼装在盘中开屏。

❺　在鱼身上撒上盐、姜末、味精，上笼蒸 8 分钟出笼，撒上三丝，淋上蒸鱼豉油，冲沸油，即成。

要点：①剖刀时，肚皮处一定要连刀。②蒸制时间一定要控制在 8 分钟。③三丝制法见"厨艺基础"。

清蒸开屏鳊鱼

原料：鳊鱼 1 条（500 克），剁辣椒 50 克。

调料：油、味精、蚝油、红油、姜末、蒜茸、葱花。

做法：

❶　鳊鱼开屏剖刀：见"清蒸开屏鳊鱼"。

❷　将鳊鱼摆放在盘中开屏后，把剁辣椒放入碗中，放入蒜茸、姜末、味精、蚝油、红油，拌匀后码放在鱼上，上笼大汽蒸 8 分钟即出锅，冲沸油、撒葱花上桌。

要点：①开屏鳊鱼剖刀时，刀工一定要精细。②冲油的目的和方法见 181 面"厨艺分享"。

剁辣椒开屏鳊鱼

🎵 **厨艺分享**　　　　　　**黄鸭叫**

◆黄鸭叫是长沙人对黄颡鱼的习惯叫法。黄鸭叫又名黄鸭咕，体色艳丽，少刺无鳞，肉质细嫩，肉鲜味美，营养丰富，无肌间刺，身上长有 3 根锋利粗壮的硬刺，因被抓住时会发出"咕咕"的叫声而得名。

◆黄鸭叫是鱼中珍品，具有消炎、镇痛等疗效，蛋白质、脂肪、钙、磷含量居江河鱼类之冠，有益体强身、催乳之功效。

🌀 **相宜相克**　　　　　　**甲鱼**

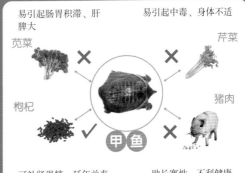

易引起肠胃积滞、肝脾大
苋菜 ✕

易引起中毒、身体不适
芹菜 ✕

枸杞 ✓

猪肉 ✕

甲鱼

可补肾强精，延年益寿　　　助长寒性，不利健康

干锅黄鸭叫

原料：（18厘米左右长的）黄鸭叫4条，紫苏3克，青尖椒片、红尖椒片各25克。

调料：油、盐、味精、辣妹子辣酱、陈醋、蒸鱼豉油、姜丝、蒜片、大蒜叶、鲜汤。

做法：

① 将黄鸭叫从下鳃处撕开，去内脏，洗净。

② 锅内放油500克，烧至八成热后，将黄鸭叫下锅，炸至金黄色，沥干油。

③ 锅内留底油，下姜丝、蒜片煸香，下鲜汤，调正盐味，放辣妹子辣酱、陈醋、蒸鱼豉油、味精，将黄鸭叫放入汤汁中，下入紫苏一同煨至黄鸭叫熟透（用筷子插试，能轻轻插入即为熟透），倒入干锅中，撒上青尖椒片、红尖椒片、大蒜叶，带火上桌。

要点：黄鸭叫一定要烧熟透。

开胃黄鸭叫

原料：（约18厘米长的）黄鸭叫4条，黄灯笼辣酱25克，红椒米1克，紫苏末1克。

调料：油、盐、味精、蒸鱼豉油、料酒、陈醋、豆瓣酱、葱花、姜丝、蒜片、鲜汤。

做法：

① 黄鸭叫从下鳃处撕开，清去内脏，洗干净。

② 锅内放油烧至八成热，将黄鸭叫炸至金黄色。

③ 锅内留底油，下姜丝、蒜片煸香，放盐，放鲜汤，下豆瓣酱、黄灯笼辣酱、味精、蒸鱼豉油、紫苏、料酒、陈醋，将黄鸭叫放入汤中烧熟，然后整齐地摆放在盘中，将剩余的汤汁勾芡，淋在摆好的黄鸭叫上，撒上红椒米、葱花即成。

黄鸭叫煮油豆腐

原料：黄鸭叫500克，油豆腐150克，红椒、青椒各30克，香菜10克。

调料：植物油、精盐、味精、鸡精、料酒、香辣酱、辣妹子辣酱、姜、葱、蒜子、红油、香油、鲜汤。

做法：

① 将黄鸭叫剖杀、去内脏，清洗干净，用盐、料酒腌制5分钟后，下入六成热油锅内过油至熟。

② 将姜切片，青椒、红椒、葱切段。

③ 锅内放入少许植物油和红油，下入姜片、蒜子、香辣酱、辣妹子辣酱炒香后倒入鲜汤，烧开后下入黄鸭叫、油豆腐，放精盐、味精、鸡精，烹入料酒，略煮至鱼入味、油豆腐软烂后，下入青椒、红椒稍煮后倒入垫有香菜的干锅内，撒上葱段，淋香油，移小火，边吃边煮。

原料：刀子鱼 300 克，青椒圈 100 克。

调料：油、盐、味精、料酒、蚝油、蒸鱼豉油、红油、香油、豆豉、姜末、蒜茸、葱花。

做法：

❶ 将刀子鱼去内脏，清理干净，放盐、味精、料酒腌一会，待用。

❷ 将青椒圈、豆豉、姜末、蒜茸、油、盐、味精、蚝油、蒸鱼豉油、红油一起拌匀。

❸ 将腌好的刀子鱼取出，整齐地码入碗中，腌出的水倒掉，把拌好的青椒、姜末等均匀地撒在刀子鱼上，入笼蒸 20 分钟，熟后取出，淋香油、撒葱花即可。

要点：刀子鱼要清洗干净，先放盐、味精、料酒腌一会，才入味。

青椒蒸刀子鱼

原料：刀子鱼 500 克（以 10 厘米长为宜）。

调料：油、盐、味精、陈醋、白糖、蚝油、鲜汤、香油、干椒段、葱花、芝麻、蒜茸、姜米。

做法：

❶ 将刀子鱼在肚子上划一刀，挤去内脏，洗净沥干水，放一点盐腌制半小时。

❷ 将所有调料（除油、芝麻、香油外）放入一个碗中搅匀，对成汁。

❸ 锅内放油，烧至八成热，将腌制好的刀子鱼下油锅炸至酥脆，捞出沥干油。

❹ 锅内留底油，倒入刀子鱼，将对汁烹淋在刀子鱼上，迅速翻炒几下，撒上芝麻，淋香油即可。

要点：刀子鱼一定要炸得酥脆，才会吸附对汁。

干煸刀子鱼

原料：黄鱼 4 条（250 克），腊八豆 50 克。

调料：油、味精、料酒、蒜茸、姜末。

做法：

❶ 将黄鱼打鳞、去内脏、洗干净，烹入料酒，扣在蒸钵内。

❷ 在腊八豆中加入蒜茸、姜末、味精、油拌匀，然后码放在小黄鱼上，上笼蒸 8 分钟即可出锅，倒入盘中，冲入沸油即可。

要点：冲油的方法和目的见第 181 面"厨艺分享"。

腊八豆蒸黄鱼

乡里炒水鱼

原料：水鱼 1 只（约重 500 克），尖红椒 50 克，尖青椒 50 克，青蒜 50 克。

调料：植物油、精盐、味精、蚝油、酱油、白酒、胡椒粉、姜、香油。

做法：

❶ 将水鱼剁下头、放净血，在清水中浸泡 1 小时，再放入开水中烫一下，除去体表黑膜及爪尖，剔开壳，去掉内脏，洗净后剁成 0.5 厘米见方的丁，尖红椒、尖青椒切圈，姜切片，青蒜切段。

❷ 锅置旺火上，放入植物油，烧热后下姜片、尖红椒、尖青椒炒香，再放入水鱼，烹入白酒，炒干水汽后放入青蒜段、精盐、味精、蚝油和酱油炒拌均匀入味，淋香油，撒胡椒粉，出锅装盘即可。

干锅水鱼

原料：水鱼 1 只（约重 850 克），猪五花肉 100 克。

调料：干锅味油、红油、精盐、味精、鸡精粉、蚝油、胡椒粉、辣酱、排骨酱、牛肉酱、啤酒、白酒、干椒段、姜片、蒜子、葱段、香油。

做法：

❶ 将水鱼杀净后，将肉砍成 3 厘米见方的块；猪五花肉切成片。

❷ 锅内放入干锅味油烧至五成热，下猪五花肉片煸炒出油，再放入姜片、干椒、蒜子炒香，倒入水鱼，烹入白酒，翻炒至水鱼八成熟时，加精盐、味精、鸡精粉、蚝油、辣酱、排骨酱和牛肉酱翻拌均匀，倒入啤酒，用旺火烧开后撇去浮沫，转用小火煨至水鱼熟烂，再用旺火收浓汤汁，淋上红油、香油，撒上葱段、胡椒粉拌匀，出锅放入干锅内。

风味锅子龟

原料：鲜山龟 750 克，牛肝菌 200 克。

调料：花生油、精盐、味精、蚝油、辣酱、葱段、姜片、白酒、香料（整干椒、八角、桂皮、沙姜、砂仁、公丁香、母丁香、花椒）、鲜汤。

做法：

❶ 将龟宰杀净后烫去粗皮，砍成 2.5 厘米见方的块，入沸水锅内焯水，去尽血污，捞出沥干水分；牛肝菌泡发洗净。

❷ 锅置旺火上，放入花生油，烧热后下入姜片煸香，再放入龟肉，烹入白酒，炒干水汽后加入香料炒香，加入精盐、味精、辣酱、蚝油、鲜汤，用旺火烧沸后撇去浮沫，转用小火煨至龟肉软烂，夹去香料。

❸ 另起炒锅，放入牛肝菌，倒入煨制龟肉的原汁，将牛肝菌烧透入味，放入锅内垫底，再盖上龟肉，撒上葱段，带火上桌即可。

原料：甲鱼 1 只（约重 750 克），红椒片 10 克。

调料：植物油、盐、味精、鸡精、料酒、胡椒粉、白糖、葱花、姜片、蒜粒、鲜汤。

做法：

❶ 将甲鱼宰杀烫水，刮去粗皮，开剖去内脏，清洗干净，将壳剁成 4 块，肉剁小块。

❷ 锅内放油烧热，下入姜片，随即下入甲鱼，放料酒、味精、鸡精、白糖、盐、胡椒粉，倒入鲜汤，用大火烧开后转小火煨至甲鱼酥烂、汤汁收干，撒上大蒜粒、红椒片，将甲鱼肉出锅盛入盘中，将壳覆盖在甲鱼肉上，撒上葱花即可。

黄焖甲鱼

原料：净龟肉 500 克，河蚌肉 150 克，蒜蓉 75 克，大蒜叶（取茎）100 克，红椒圈 50 克。

调料：植物油、盐、味精、鸡精、酱油、料酒、白醋、蒜蓉香辣酱、红油、香油、生姜、整干椒、香料（桂皮、八角、香果）、鲜汤。

做法：

❶ 将龟肉烫水、去粗皮、剁去脚趾，剁成小块；将河蚌肉用盐、白醋抓洗干净，用自来水冲去其异味。

❷ 锅内放油，下入香料、整干椒、生姜炒香后，下入龟肉、河蚌肉，烹料酒爆炒，放盐、味精、鸡精、酱油、蒜蓉香辣酱炒入味，倒入鲜汤，用大火烧开后转小火煨至龟肉、河蚌肉熟烂入味，拣去香料、整干椒、生姜，下入蒜蓉、大蒜叶、红椒圈，淋红油、香油，即可出锅。

洞庭蒜香龟

原料：水鱼裙边 500 克，菜心 250 克，兰花 4 朵。

调料：盐、鸡精、料酒、水淀粉、胡椒粉、姜、葱、鸡油、鸡汤。

做法：

❶ 将水鱼裙边切成片，用姜、葱、料酒焯水，刮洗干净后放入沙煲中，倒入鸡汤和料酒，用文火煨制约 60 分钟，放盐、鸡精、胡椒粉调好味。

❷ 将菜心下入沸水锅中，放盐、鸡精焯熟入味后，与裙边、兰花一起整齐地拼摆在盘内。

❸ 锅内放煨裙边的原汁烧开，放盐、鸡精调味，勾入水淀粉，淋入鸡油，出锅浇入盘中。

浇汁裙边

洞庭柳叶水鱼

原料： 野生水鱼 1500 克，去皮五花肉 250 克。

调料： 植物油、盐、料酒、自制酱料、自制味粉、姜片、蒜粒、干红椒、肉桂、鲜汤。

做法：

① 将甲鱼宰杀、烫水去皮膜，去内脏，带壳砍成大块；将五花肉切厚片。

② 锅内放油，烧热后下入五花肉、姜片煸香，再下入水鱼、干红椒、肉桂、自制酱料、自制味粉、盐，烹入料酒，煸炒一定程度后倒入鲜汤，用文火烧焖，下入蒜粒、收汁，将干红椒、姜片夹出即成。

香卤水鱼仔

原料： 水鱼仔 10 只（约 1500 克）。

调料： 葱姜料酒汁、香辣卤水、香油。

做法：

① 将水鱼仔宰杀、烫水，刮去粗皮，从腹部剖开，去头、去内脏，斩去脚趾，洗净。

② 将水鱼仔放入沸水中，加入葱姜料酒汁，焯 2 分钟后捞出。

③ 将水鱼仔下入烧沸的香辣卤水中浸卤 3 分钟，然后离火浸泡 15 分钟，捞出刷上香油，装盘即成。

武陵水鱼裙爪

原料： 野生活水鱼 3 只（约 3000 克），五花肉 200 克，熟火腿 50 克，菜胆 10 个，枸杞子 2 克。

调料： 盐、味精、料酒、姜葱结、胡椒粉、鸡油、鲜汤。

做法：

① 将五花肉切大片，焯熟后洗净；火腿切薄片，姜拍松。

② 将水鱼宰杀、放净血，烫皮、刮去黑膜，剁去脚趾，开膛去内脏，洗净后取下壳待用，取下裙爪洗净沥干。

③ 裙爪中放盐、料酒、胡椒粉拌匀，装入蒸盆内，盖上水鱼壳，放姜、葱结、五花肉、火腿，用保鲜膜封严，上笼干蒸半小时，夹去五花肉、姜、葱结、火腿，倒入鲜汤，放盐、味精再蒸半小时，取出后放入焯熟的菜胆，撒胡椒粉、枸杞子，淋鸡油即成。

原料：水发香菇 100 克，甲鱼裙边 250 克，甲鱼脚爪 4 只，肥膘 50 克。

调料：猪油、盐、味精、鸡精、料酒、胡椒粉、白糖、葱花、葱结、姜片、鲜汤。

做法：

❶　将甲鱼裙边和脚爪用开水焯过，捞出清除外皮，用刀刮洗干净，将裙边切成 5 厘米见方的块，将脚爪去除爪尖。

❷　将肥膘切成大片；香菇去蒂洗净，大的切小。

❸　将裙边、脚爪放入汤碗中，上放香菇，放入姜片、葱结、肥膘，调入盐、味精、鸡精、胡椒粉、白糖、料酒、猪油、鲜汤，上笼蒸 30 分钟。

❹　将香菇裙爪从笼中取出，用筷子将姜片、葱结、肥膘夹去，往汤碗中撒上葱花即成。

要点：裙边、脚爪要清洗干净，去除爪尖。一定要放肥膘，以提鲜、透油。

香菇蒸甲鱼裙爪

原料：活水鱼 1 只（约重 500 克），冬虫夏草（虫草）10 克，红枣 10 粒。

调料：精盐、味精、料酒、胡椒粉、姜、葱、鲜汤。

做法：

❶　将水鱼初加工，剁成 2.5 厘米见方的块；将冬虫夏草、红枣洗净，葱挽结，姜切片。

❷　将水鱼块放入沸水锅内焯水，去尽血污后捞出，沥干水。

❸　将水鱼、冬虫夏草、红枣、姜片、葱结、精盐、味精、鲜汤、料酒一起放入罐中，盖上盖，用锡纸封好，放入大罐中，生上炭火煨制 2 小时，去掉葱结，撒胡椒粉即可。

虫草红枣炖水鱼

原料：水鱼 750 克，马蹄（荸荠）150 克，红椒片 10 克。

调料：油、盐、味精、蚝油、辣妹子辣酱、海鲜酱、料酒、胡椒粉、姜片、蒜子、整干椒、鲜汤。

做法：

❶　将水鱼从脖子处开刀，放尽血，用开水烫后，洗去外皮，将壳取下，取出内脏，砍成 4 厘米左右的大块，下开水汆至断生，捞出沥干。马蹄去皮，洗净。

❷　锅内放油烧至八成热，下入姜片、整干椒炒香，下入水鱼，烹入料酒，再下入辣妹子辣酱、海鲜酱、蚝油，炒至水鱼回油时倒入鲜汤，下入马蹄、蒜子，放盐、味精，用小火将水鱼烧煮出浓汁、马蹄烧软后，撒胡椒粉，下入红椒片，出锅装入盘中即可。

要点：一定要将水鱼的胶状汤汁熬出来，这样才会使马蹄浸透水鱼的鲜味。

开胃马蹄水鱼

香酥火焙鱼

原料： 火焙鱼 200 克。

调料： 植物油、精盐、味精、辣妹子辣椒酱、蚝油、黄干椒粉、红油、香油、陈醋、姜、蒜子。

做法：

❶ 将姜、蒜子均切米。

❷ 锅置旺火上，放入植物油，烧至六成热时下入火焙鱼炸酥，倒入漏勺沥干油。

❸ 锅内放入红油，下姜米、蒜米爆香，再放入精盐、味精、辣妹子辣椒酱、蚝油、黄干椒粉和火焙鱼，翻炒均匀，再烹入陈醋继续翻炒至火焙鱼酥香，淋上香油，出锅装盘即可。

青椒蒸火焙鱼

原料： 火焙鱼 300 克，青椒圈 100 克。

调料： 油、盐、味精、蚝油、蒸鱼豉油、红油、香油、豆豉、姜末、蒜茸、葱花。

做法：

❶ 将火焙鱼清理干净，用盐腌一下。

❷ 将青椒圈、豆豉、姜末、蒜茸、油、盐、味精、蚝油、蒸鱼豉油、红油一起拌匀。

❸ 将火焙鱼整齐地码入碗中，将拌好的青椒圈均匀浇盖在鱼上，入笼蒸 15 分钟，熟后取出，撒葱花、淋香油即成。

要点： 火焙鱼需清理干净，蒸鱼的时间不能过长，否则鱼太烂且无火焙鱼香味。

农家火焙鱼钵

原料： 8 厘米长的嫩火焙鱼 300 克，尖红椒圈 10 克，青椒圈 10 克，紫苏 1 克。

调料： 油、盐、味精、陈醋、蒜茸、姜米、葱花、鲜汤。

做法：

❶ 锅内放油，烧至八成热，将火焙鱼炸成金黄色。

❷ 锅内留底油，下入青椒圈、尖红椒圈、蒜茸、姜米煸香，调整盐味，放味精，下入火焙鱼，烹陈醋，轻轻翻炒，下鲜汤、紫苏，待汤汁浓郁时即装入沙钵中，撒上葱花即可。

要点： 火焙鱼油炸时不能过久，否则易煳、苦。

原料：吕宋芒果 10 个，草虾仁 200 克，松子 100 克，杏仁 100 克，青豆 100 克。

调料：植物油、精盐、味精、鸡精粉、白糖、水淀粉。

做法：

① 将草虾仁从脊背剖一刀；芒果洗净，一剖两开，去核，将肉挖出切成丁。

② 锅置旺火上，放入植物油，烧至四成热时，下入虾仁滑油，断生后倒入漏勺沥干油。

③ 锅内留底油，放入芒果丁、松子、杏仁、青豆、精盐、味精、鸡精粉、白糖炒拌均匀，加入虾仁，用水淀粉勾芡，淋明油，出锅装入挖空的芒果内，再整齐地摆入盘中即可。

香芒鲜虾盅

原料：草虾 500 克，面包糠 200 克，西兰花 200 克。

调料：植物油、红油、精盐、味精、干椒粉、淡奶、胡椒粉、椒盐粉。

做法：

① 将草虾斩去头、脚，从背部剖一刀，用精盐、味精腌制 20 分钟；西兰花摘成朵，放入沸水锅中，加入精盐、味精焯水后捞出，沥干水分。

② 锅置旺火上，放入植物油，烧至六成热时，下入草虾过油，断生后倒入漏勺沥干油。

③ 锅内加入红油，下入面包糠炒至金黄色，再加入草虾、干椒粉、胡椒粉、椒盐粉、淡奶炒香，装入盘中，周围摆上西兰花即可。

湘味金沙虾

🥄 相宜相克　　　　　　　　　　虾

易引起中毒、身体不适　　　互相抵触，降低营养价值

红枣　✕　　鸡肉　✕

香菜　✓　　红糖　✕

虾

可益气抚痘　　　　　　　互相抵触，降低营养价值

🌸 养生堂　　　　　　　　　虾

◆适宜肾虚阳痿、患不育症的男性和腰脚无力之人食用；适宜因缺钙而小腿抽筋的中老年人食用；孕妇和心血管病患者更适合食用。

◆有宿疾者、正值上火之时不宜食虾；患过敏性鼻炎、支气管炎、反复发作性过敏性皮炎的老年人不宜吃虾；患有皮肤疥癣者忌食。

火爆虾球

原料：基围虾 350 克，红椒 25 克。

调料：植物油、精盐、味精、料酒、白糖、葱、姜、香油、干淀粉。

做法：

① 将基围虾去头、去壳留尾，剖开尾部，用精盐、料酒、干淀粉上浆。

② 红椒切成丁，葱切花，姜切末。

③ 锅置旺火上，放入植物油，烧至五成热时倒入基围虾，炸至虾肉卷成球形、色泽金红时捞出，沥干油。

④ 锅内留底油，烧热后下入姜末炒香，再加入红椒丁、精盐、味精、白糖炒拌入味，下入虾球炒匀，勾芡，淋入香油，撒上葱花，出锅装盘即可。

串烧基围虾

原料：基围虾 400 克。

调料：植物油、豆豉、精盐、味精、料酒、蚝油、白醋、孜然、整干椒、蒜子、姜、葱、红油、香油。

做法：

① 将虾去头，从尾部插入牙签串好，用葱、姜、料酒、精盐腌渍 10 分钟；另取姜、蒜切末，整干椒切段。

② 锅置旺火上，放入植物油，烧至六成热时下入虾串，炸成金红色后倒入漏勺沥油。

③ 锅内留底油，烧热后下入干椒段、姜末、蒜末煸香，放入豆豉、虾串、精盐、味精、蚝油、孜然、白醋炒拌均匀，淋入红油、香油，出锅装盘即可。

香辣基围虾

原料：基围虾 500 克。

调料：油、盐、味精、鸡精、蒜茸香辣酱、吉士粉、料酒、白糖、米醋、干淀粉、水淀粉、红油、香油、干椒段、蒜茸、姜米、葱花、鸡蛋黄、熟芝麻、香菜。

做法：

① 将基围虾用淡盐水洗净，去头留尾，用料酒、盐、味精、吉士粉、干淀粉、鸡蛋黄拌均匀，入味后下入七成热油锅内炸至焦黄，倒入漏勺沥净油。

② 锅内留少许底油，下入姜米、蒜茸、蒜茸香辣酱、干椒段、白糖、鸡精煸炒，下入基围虾翻炒，烹料酒、米醋，勾水淀粉，淋红油、香油，出锅装盘，撒熟芝麻、葱花，拼上香菜即可。

要点：基围虾要入味，拌吉士粉、鸡蛋黄、干淀粉上浆。

猴王茶香基围虾

原料：基围虾 500 克，猴王牌茉莉花茶 20 克。

调料：盐、味精、鸡精、白糖、料酒。

做法：

❶ 将基围虾用淡盐水洗干净，去头留尾，从虾背片开，用料酒、盐、味精腌入味，5 分钟后下入七成热油锅，过油至熟，倒入漏勺，沥净油。

❷ 将茶泡开，将泡发的茶叶下入热油锅内炒香，放入盐、味精、鸡精、白糖，下入基围虾，一起拌炒，烹茶汁，略焖一下，入味后出锅装盘。

要点：将基围虾腌制入味非常重要。

灯笼基围虾

原料：大基围虾 20 个，青椒、红椒各 40 克，香菜叶 3 克。

调料：植物油、精盐、味精、料酒、葱姜汁、香油。

做法：

❶ 将基围虾去头、去尾后用淡盐水洗净，用料酒、精盐、味精、葱姜汁腌制 5 分钟，入味后下入六成热油锅内过油至熟，倒入漏勺中将油沥尽。

❷ 将 20 克红椒切丝，用精盐、味精、香油腌制 1 分钟，使之入味；将青椒和剩下的红椒切成半圆状，用精盐、味精、香油腌制 1 分钟，使之入味。

❸ 将基围虾、青椒、红椒在盘中拼摆成灯笼形状，淋少许香油，拼上香菜叶点缀即可。

穿椒基围虾

原料：大基围虾 20 个，青椒、红椒各 30 克，香菜叶 3 克。

调料：植物油、精盐、味精、豆豉、料酒、葱花、葱姜汁、香油、水淀粉。

做法：

❶ 将基围虾去头尾，剥壳后用淡盐水洗净，用料酒、精盐、味精、葱姜汁腌制 5 分钟。

❷ 将青椒、红椒一半切圈，一半切丁，将虾仁穿入青椒圈、红椒圈内，下入五成热油锅内过油至熟，捞出将油沥尽，摆入盘中。

❸ 锅内留少许底油，下入虾仁，放少许精盐、味精拌炒入味，勾芡，淋香油，盛入盘中。

❹ 锅内留少许底油，烧热后下入豆豉、青椒丁、红椒丁，放精盐、味精，撒上葱花，拌炒入味后盛出，盖在虾仁上，拼上香菜叶点缀即可。

纸锅香辣虾

原料： 基围虾 300 克，青辣椒、红辣椒各 30 克。

调料： 植物油、精盐、味精、鸡精、香辣酱、水淀粉、红油、香油。

做法：

❶ 将基围虾去头、留尾，剖开后用淡盐水洗净，捞出后沥干水，用精盐、味精、水淀粉上浆入味后，下入六成热油锅内过油至熟。

❷ 将青辣椒、红辣椒均切成斜圈。

❸ 锅内放底油，烧热后下入青辣椒、红辣椒、虾，放香辣酱、精盐、味精、鸡精，炒拌入味，勾芡，淋香油、红油，出锅装入纸锅内。

蒜茸开边虾

原料： 基围虾 500 克。

调料： 油、盐、味精、蚝油、料酒、胡椒粉、水淀粉、蒜茸、姜末、鲜汤。

做法：

❶ 处理基围虾：将基围虾剥去头，在虾背上剖一刀至肚（但虾尾处必须连在一起），然后整齐地将虾摆放在盘上，剖开的虾肉朝上，虾尾竖立。

❷ 自制蒜茸酱：锅中放油，下入蒜茸，放盐、味精、蚝油、鲜汤、胡椒粉、料酒，在火上拌炒至微开，出锅装入碗中，下入水淀粉，拌匀即可。

❸ 用汤匙将自制的蒜茸酱浇在虾肉上，上笼蒸 3 分钟即出锅，冲油上桌。

要点： ①虾子一定不要蒸太长时间（3 分钟为宜）。②冲油的目的和方法见第 181 面"厨艺分享"。

剁辣椒开边基围虾

原料： 基围虾 500 克。

调料： 油、蚝油、蒜茸、姜末、葱花、剁辣椒。

做法：

❶ 处理基围虾：见"蒜茸开边虾"。

❷ 在剁辣椒中拌入油、蒜茸、姜末、蚝油，用汤匙将剁辣椒浇在虾肉上，上笼蒸 3 分钟即可出笼，冲沸油，上桌。

要点： ①蒸鲜虾的要领：蒸锅内的水先烧开上汽，放入虾子后用大火蒸 3 分钟。时间一定要卡准，蒸出的虾才既熟又嫩。蒸过头的虾子太老。②冲油的方法和目的见第 181 面"厨艺分享"。③剁辣椒自制方法见第 80 面"厨艺分享"。

原料：基围虾 300 克，泡椒 60 克，蒜苗 20 克，莴笋头 20 克。

调料：植物油、盐、味精、鸡精粉、白糖、料酒、蚝油、白醋、胡椒粉、香油、水淀粉。

做法：

❶ 基围虾去头、去壳后用盐、料酒腌制 20 分钟，泡椒切段，莴笋头切片，蒜苗切成小段。

❷ 锅置旺火上，放少量油，烧热后下入莴笋片，加入盐、味精炒至断生，盛入汤盘内垫底。

❸ 锅置旺火上，放油烧至五成热，下入基围虾过油，断生后倒入漏勺沥油。

❹ 锅内留底油，烧至五成热时下入泡椒、蒜苗煸香，再下入基围虾、盐、味精、鸡精粉、白糖、蚝油和白醋，炒拌入味，勾芡，撒胡椒粉，淋香油，出锅装盘即成。

泡椒基围虾

原料：上好猪五花肉 1000 克，鲍鱼仔 500 克，青椒 100 克，大蒜叶 30 克。

调料：色拉油、盐、味精、酱油、水淀粉、蒜粒、姜块、桂皮、八角、整干椒、鲜汤。

做法：

❶ 将猪五花肉烫毛洗净，放入清水锅中煮至五成熟，沥出切成 2.5 厘米见方的块备用。

❷ 取鲍鱼仔净肉，焯水后放入鲜汤中煨至六七成熟，备用。

❸ 锅至旺火上，放色拉油，放入姜块、桂皮、八角、整干椒煸香，下入肉块煸至肉将出油，放酱油、盐、味精上色入味，倒入鲜汤煨至七成熟，再放入鲍鱼仔、蒜粒同煨 10 分钟。

❹ 把煨好的红烧肉扣入碗中，铜锅内垫青椒，扣入红烧肉，放上鲍鱼仔；将锅内汤汁用水淀粉挂玻璃芡汁，出锅浇入铜锅中，放上大蒜叶，带火上桌。

红烧肉烧鲍鱼仔

原料：水发鲍鱼 9 个，鸡蛋 9 个，西兰花 20 小朵，平菇 9 个。

调料：植物油、盐、鸡粉、料酒、水淀粉、葱、姜、鸡油、鸡汤、高汤（用土母鸡、猪肘、火腿、瑶柱熬制）。

做法：

❶ 将水发鲍鱼解刀；将鸡蛋的一头磕一个小洞，逐个倒出蛋清，分出蛋黄，洗净蛋壳，沥干水分；西兰花、平菇分别用鸡汤放盐、鸡粉余熟。

❶ 在蛋清中加入适量鸡汤，放盐、鸡粉调味，搅匀后均匀地灌入蛋壳，入笼蒸熟后剥壳取出，放入鸡汤中保温。

❶ 锅内放油烧热，下入葱、姜煸炒，再下入鲍鱼，烹入料酒，倒入高汤，用大火烧开后放盐、鸡粉，改用小火煨 48 小时，入味后夹出鲍鱼装盘，拼上已入味的西兰花、平菇和无黄蛋，浇上芡汁、淋入鸡油即可。

明珠鲍鱼

组庵双鲍

原料：水发南非干鲍 500 克，南瓜 800 克，小白菜 500 克，老母鸡 1500 克，猪肘子 1000 克，筒子骨 800 克，鲜凤爪 500 克，干贝 200 克，金华火腿 1000 克，猪里脊肉 500 克，猪肉皮 500 克，肉排 500 克。

调料：盐、味精、鲍鱼香精、家乐鸡汁、水淀粉、鸡油。

做法：

❶ 将老母鸡、猪肘子、筒子骨、凤爪、干贝、金华火腿、猪里脊肉、猪肉皮、肉排分别汆水，除去血沫，一起放入汤桶，加水，用小火煲 5~6 小时，制成鲍汁。

❷ 将水发南非干鲍加鲍汁，放盐、味精调好味，码入碗中，入蒸柜蒸 50 分钟，取出反扣入盘中；将南瓜雕刻成素鲍，加入鲍汁，蒸 10 分钟。将小白菜焯熟，与素鲍一起拼入盘中。

❸ 锅中下入鲍汁，放盐、味精、鲍鱼香精、鸡汁调好味，勾入水淀粉，淋入鸡油，出锅淋在菜品上。

一品鲍脯

原料：水发鲍鱼 12 只（约 380 克），土母鸡 1500 克，肘子 1000 克，菜心 16 个。

调料：盐、鸡粉、料酒、鸡油、香油、水淀粉、葱结、姜片、杂骨汤、鸡汤。

做法：

❶ 将鲍鱼洗净，剞成兰花形，放入杂骨汤中汆一下，放入用竹箅子垫底的锅中，再放入土母鸡、肘子，加入料酒、葱结、姜片、鸡汤，煨制约 2 小时，等汤汁稠浓时离火，将鲍鱼夹出待用。

❷ 将菜心下入沸水锅中，放盐，汆熟入味后捞出。

❸ 将煨好的鲍鱼整齐地摆入盘中，周围拼上菜心。

❹ 将煨鲍鱼的原汁倒入锅中，加盐、鸡粉、香油、鸡油、水淀粉，收成浓汁后，出锅淋入盘中即成。

🌀 **厨艺分享**   **鲍鱼巧选购**

◆色泽观察。鲍鱼呈米黄色或浅棕色。

◆外形观察。呈椭圆形，鲍身完整，个头均匀。表面有薄薄的盐粉，若在灯影下鲍鱼呈红色更佳。

◆劣质鲍鱼的特征，从颜色观察其颜色灰暗、褐紫，无光泽，所以切勿选购

🌼 **养生堂**   **鲍鱼**

鲍鱼含有丰富的蛋白质，还有较多的钙、铁、甸和维生素 A 等营养元素。

宜吃人群：①夜尿频、气虚、血压不稳、精神难以集中者宜多吃。

②痛风患者不宜吃鲍鱼，只宜少量喝汤。

原料：河虾 350 克，韭菜 100 克，尖红椒 50 克。

调料：植物油、精盐、味精、白醋、料酒、白糖、蒜子、香油、红油。

做法：

❶　将河虾用精盐、料酒腌制 10 分钟，韭菜洗净后切成 1 厘米长的段，尖红椒切斜段，蒜子切末。

❷　锅置旺火上，放入植物油，烧至五成热时，倒入河虾炸至金红色，倒入漏勺沥油。

❸　锅内留底油，下入蒜末煸香，再放入尖红椒段、精盐、味精、白醋、白糖煸炒断生，再倒入河虾、韭菜，加入红油，翻拌均匀，淋香油，出锅装盘即可。

小炒河虾

原料：干河虾 300 克，香菜梗 100 克。

调料：植物油、精盐、味精、白糖、酱油、整干椒、姜、蒜子、红油、香油。

做法：

❶　将干河虾洗净，用 40℃的盐水浸泡 10 分钟，放入六成热的油锅中炸至香脆，倒入漏勺沥干油；香菜梗洗净，切成 2 厘米长的段；整干椒切段，姜、蒜切末。

❷　锅置旺火上，放入底油，烧至五成热时，下姜末、蒜末、干椒段炒香，放入河虾、精盐、味精、白糖、酱油煸炒入味，再放香菜梗炒拌均匀，淋香油、红油，出锅装盘即可。

香辣虾子

原料：四季豆 200 克，干河虾 100 克。

调料：植物油、盐、味精、蒸鱼豉油、料酒、香油、红油、干椒段、姜末、蒜茸。

做法：

❶　锅内放水烧开，放少许植物油、盐，将四季豆去蒂去筋，洗净后斜切成片，放入锅中焯水至熟，捞出沥干。

❷　将干河虾用淡盐水洗干净，捞出沥干水。

❸　锅置旺火上，放植物油烧热后下入姜末、干椒段、蒜茸，煸炒出香味后下入河虾爆炒，烹入料酒、蒸鱼豉油，放盐、味精，下入四季豆翻炒入味后淋少许香油、红油，出锅装入盘中。

要点：河虾不要泡，否则虾肉软烂，并且一定要炒焦香。

河虾炒四季豆

韭菜炒河虾

原料：韭菜 400 克，净河虾 150 克。

调料：植物油、盐、味精、鸡精、干椒末、姜末、蒜茸。

做法：

1 将韭菜择洗干净，切成 2 厘米长的段；将河虾摘走头、足，只取虾身。

2 锅置旺火上，放植物油烧至八成热，下入河虾炸焦，出锅倒入漏勺中，沥干油。

3 锅内留底油，下入姜末、蒜茸煸香，再下入河虾，放盐、味精、鸡精、干椒末炒至调料完全溶解在河虾上，放入韭菜翻炒几下，韭菜蔫即可出锅。

要点：韭菜不要炒太久，八成熟（即韭菜刚开始炒蔫）即可。

麻辣口味虾

原料：小龙虾 2000 克、小红椒 50 克、紫苏 50 克

调料：植物油、盐、酱油、味精、鸡精、桂皮、八角、花椒、芝麻油、香叶、孜然、蒜片、姜片、耗油、豆瓣酱、干辣椒、葱花

做法：

1 将虾刷干净、去头、沥水

2 锅内放酱油烧至六成热，下姜片、豆瓣酱、小红椒、花椒炒出红油后加入耗油倒入虾子，翻炒变红后加入鲜汤，鲜汤平虾子即可。加入八角、孜然、干辣椒。煮开后加入盐、味精、紫苏再煮 15–20 分钟入味后，加芝麻油、葱花即可出锅。

豌豆熘虾仁

原料：净虾仁 400 克，豌豆 200 克，香菇 25 克，红椒粒 20 克。

调料：植物油、盐、味精、鸡精、料酒、白醋、水淀粉、干淀粉、香油、鸡蛋清、姜片、鲜汤。

做法：

1 将豌豆用水洗净；将香菇泡发后切成米粒状；鲜红泡椒去蒂、去籽洗净后切成小颗粒。

2 将豌豆焯水后沥干；将净虾仁用淡盐水洗净后捞出，挤去水分，放入碗中，加入鸡蛋清、盐、味精、料酒、干淀粉拌匀腌制，再加入植物油 10 克拌匀。

3 锅内放植物油 500 克烧至六成热，下入虾仁过油，用筷子拨散，捞出沥干油。

● 锅内放底油，下入姜片煸香，下入豌豆、香菇粒、红椒粒，放盐翻炒，倒入鲜汤，放味精、鸡精、白醋，汤烧至大开后勾水淀粉、淋香油，待水淀粉糊化、起油泡时下入虾仁迅速翻炒，装盘即可。

原料：净虾仁 250 克，荷兰豆 250 克，鲜红椒片 3 克。

调料：植物油、盐、味精、鸡精、料酒、白醋、水淀粉、干淀粉、白糖、香油、鸡蛋清、姜片、鲜汤。

做法：

❶　将荷兰豆撕去筋膜，大片撕成两片，下入沸水锅焯水后迅速捞出沥干。

❷　将虾仁用淡盐水洗净，挤干水分，用蛋清、盐、味精、干淀粉、料酒抓匀，腌制入味。

❸　锅内放植物油烧至六成热，将虾仁下锅，用筷子拨散，用漏勺捞出，沥干油。

❹　锅内留底油，下入姜片、红椒片煸香后，下入荷兰豆翻炒几下，放盐、味精、鸡精、白糖、白醋，拌匀后倒入鲜汤，勾水淀粉，下入虾仁翻炒后淋香油，出锅装盘。

要点：操作手法要快，才能保持鲜艳的色彩。

荷兰豆熘虾仁

原料：冬瓜 1000 克，净虾仁 100 克，菜胆 10 个。

调料：植物油、盐、味精、水淀粉、干淀粉、鸡蛋清、鲜汤。

做法：

❶　将冬瓜去皮后洗净，用挖球器在冬瓜上挖取 30 粒冬瓜球，放入沸水锅中煮至八成熟后捞出待用。

❷　将菜胆放少许盐、味精、植物油焯水，捞出后围入盘边。

❸　将虾仁用淡盐水清洗干净，拌入鸡蛋清、干淀粉少许、盐少许上浆入味。

❹　净锅置旺火上，放植物油 500 克烧至五成热，下入虾仁滑油至熟，捞出沥尽油。

❺　锅内留底油，下入冬瓜球，放盐、味精推炒入味，放少许鲜汤略焖，勾水淀粉，然后用筷子夹出冬瓜球码入盘中，留汤汁在锅中。

❻　将虾仁下入锅中推炒入味后，出锅浇盖在冬瓜球上。

虾仁烧银球

原料：虾仁 100 克，白菜胆 20 个，枸杞 20 粒。

调料：植物油、精盐、味精、鸡精、胡椒粉、鸡蛋清、水淀粉。

做法：

❶　将虾仁用淡盐水洗净，捞出后沥干水，加入鸡蛋清、精盐、味精、水淀粉上浆入味。

❷　将白菜胆、枸杞洗净，将菜胆根部略剖开约 1 厘米，以便插入枸杞。

❸　将菜胆放精盐、味精、少许植物油焯熟，捞出沥干水，在根部插入枸杞，摆入盘中。

❹　锅置旺火上，放入植物油烧至五成热，下入虾仁滑油至熟，倒入漏勺中将油沥干。

❺　锅内留少许底油，烧热后下入虾仁，放入精盐、味精、鸡精炒拌入味，勾芡，撒上胡椒粉，盛出后摆放在菜胆上。

虾仁烧菜胆

什锦香辣虾仁

原料： 虾仁 100 克，白萝卜丁、莴苣丁、青辣椒丁、红辣椒丁、香菇丁、紫甘蓝（紫包菜）丁、冬笋丁各 30 克。

调料： 植物油、精盐、味精、鸡精、胡椒粉、水淀粉、香油、蒜茸辣椒酱。

做法：

❶ 将虾仁用淡盐水洗净，捞出后沥干水，加入精盐、味精、水淀粉上浆入味。

❷ 锅置旺火上，放入植物油，将虾仁下入锅内炒熟后装入盘中，待用。

❸ 净锅置旺火上，放入植物油烧热，依次下入冬笋丁、莴苣丁、白萝卜丁、青辣椒丁、红辣椒丁、香菇丁，加入精盐、味精、鸡精、蒜茸辣椒酱炒拌均匀入味，下入虾仁，勾芡，撒上胡椒粉，淋香油，出锅装入盘中。

要点： 原料中也可加入胡萝卜、荸荠等。

珍珠虾球

原料： 净虾仁 500 克，猪五花肉 100 克，水泡糯米 100 克，白菜胆 10 个，枸杞 10 粒。

调料： 熟猪油、精盐、味精、鸡精、胡椒粉、水淀粉、干淀粉、鸡蛋、鲜汤。

做法：

❶ 将虾仁用淡盐水洗净，捞出后沥干水，留 10 个放一旁待用，剩下的剁成虾茸。

❷ 将五花肉剁成茸，加入虾茸，打入鸡蛋，加入干淀粉、精盐、味精、胡椒粉搅匀，做成虾茸料。

❸ 将糯米用开水泡 15 分钟后捞出，沥干水。

❹ 将虾茸料挤成虾球，裹上糯米，摆入盘中，上笼蒸 15 分钟至熟后取出。

❺ 锅内放入熟猪油，烧热后下入留下的 10 个虾仁，放入精盐、味精、鸡精、胡椒粉、鲜汤，勾芡，撒下枸杞，一起出锅浇盖在虾球上。

❻ 将白菜胆放精盐、味精、少许植物油焯水至熟后捞出，拼入盘中。

虾仁扣冬瓜

原料： 长条形冬瓜 750 克，虾仁 100 克。

调料： 油、盐、味精、水淀粉。

做法：

❶ 将冬瓜去皮、去瓤、去籽，修成宽 4 厘米的条状，横刀切成"△"形片，再将大头对大头、尖头对尖头，扣在盘中，使其成为一个造型很漂亮的圆形或者扇形。在上面撒上盐、味精、油 10 克，上笼蒸 15 分钟，取出沥出汤水。

❷ 虾仁用盐水洗干净后，放入淡水中浸泡，捞出沥干水。

❸ 锅内放油 20 克烧热，倒入虾仁，放盐、味精，勾薄芡，淋尾油，出锅浇淋在冬瓜上即可。

要点： 此菜的刀工解决了冬瓜不好造型的问题。

原料：鲢鱼肉 200 克，膏蟹 400 克，干黄花菜 100 克，菜心 10 个。

调料：盐、味精、姜汁、葱汁、料酒、蛋清、鸡汤。

做法：

❶ 将干黄花菜泡发后放入锅中，放鸡汤、盐、味精，上笼蒸烂，取出捆成菊花状，放入盅内；膏蟹取蟹黄。

❷ 把鲢鱼肉剁成鱼蓉，放姜汁、葱汁、料酒、盐、味精、蛋清打发，挤入黄花菜中间，再撒上蟹黄。

❸ 在盅内倒入鸡汤，放入菜心，放盐、味精调味，上笼蒸熟即可。

黄花蟹子菊

原料：肉蟹 2 只，鳜鱼 500 克，青尖椒 25 克。

调料：植物油、盐、味精、米醋、料酒、高汤。

做法：

❶ 将肉蟹去腮、清理干净；将鳜鱼打鳞、挖腮、破腹、去内脏，片成两边，洗净后用少许盐、料酒腌制；将青尖椒切圈。

❷ 锅中放底油烧至七成热，下入鳜鱼煎至两面金黄，捞出；锅内放油 750 克烧热，下入肉蟹过油，捞出备用。

❸ 将锅洗净，倒入高汤，下入鳜鱼、肉蟹，用旺火烧开后改用小火焖至汤汁浓稠时放盐、味精、米醋，下入青尖椒圈略焖，待汤汁收干时即可出锅。

肉蟹焖鳜鱼仔

原料：柳叶湖蟹 8 只，胡萝卜 250 克，大红椒 50 克。

调料：猪油、盐、味精、香葱、生姜、啤酒、黄油、鲜汤。

做法：

❶ 将蟹去腮、刷洗干净，用草捆好；胡萝卜、大红椒切大片，生姜切块，香葱、红椒洗净待用。

❷ 锅中放水、姜块烧开，下入蟹煮至断生后捞出。

❸ 锅中放猪油烧热，下入生姜、香葱、胡萝卜、大红椒稍煸香，倒入鲜汤、黄油、啤酒，放盐、味精调味，烧开后放入蟹，用大火加盖焖制 15 分钟，起香后将蟹夹出摆盘，淋少许锅内原汤。

黄焖柳叶蟹

太极蟹黄饭

原料： 蟹黄 300 克，黑米、糯米各 150 克，海参、基围虾、鱿鱼、鸡肉、火腿各 10 克，菜心 20 个。

调料： 植物油、盐、味精、胡椒粉。

做法：

❶ 在沸水锅中放盐、味精，下入菜心焯熟入味。

❷ 锅内放植物油烧热，将水发好的海参、鱿鱼、鸡肉、火腿、基围虾切米，下入锅中，放盐、味精煸炒入味，出锅后与洗净的黑米、糯米一起拌匀，上笼蒸熟后，趁热拌入盐、味精、胡椒粉，在盘中做成太极形，围入菜心，点上蟹黄，上笼蒸熟。

湘辣芙蓉蟹斗

原料： 大肉蟹 10 只（约重 750 克），鸡蓉 150 克，鱼蓉 100 克，鸡蛋 1 个，鲜红椒片 15 克。

调料： 植物油、盐、味精、鸡精粉、香辣酱、干椒粉、蒜片、红油、香油、干淀粉、水淀粉、葱姜料酒汁、蛋泡糊、鲜汤。

做法：

❶ 将鸡蓉、鱼蓉混合，打入鸡蛋，加入盐、味精、干淀粉、葱姜料酒汁搅匀，制成鸡鱼蓉料。

❷ 将大肉蟹剖开、剥壳、去腮、洗净后剁成块；将蟹壳洗净后沥干，填入鸡鱼蓉料。

❸ 在蛋泡糊中加入干淀粉调匀，抹在蟹壳内的鸡鱼蓉料上，点缀，上笼蒸熟即成芙蓉蟹斗；将蟹肉块用少许盐、味精、少许干淀粉拌匀，下入六成热油锅内过油至熟，捞出沥油。

❹ 锅内留底油，下入干椒粉、鲜红椒片拌炒，下入蒜片、香辣酱、蟹肉，放盐、味精、鸡精，烹入料酒，加入鲜汤，焖至汤汁收干，勾芡，淋红油、香油，出锅装盘；将芙蓉蟹斗拼入盘边。

💧 **相宜相克** 蟹

易引起体内结石　　　　　易引起中毒、身体不适

红枣 × × 柑橘

花生 × × 泥鳅

蟹

易引起腹泻　　　　　互相抵触，降低营养价值

🌿 **养生堂** 蟹

◆食蟹五忌：忌食死蟹；忌食生蟹；忌食隔夜蟹；忌食蟹鳃、蟹肠、蟹心（俗称六角板）、蟹胃（即三角形的骨质小包，内有泥沙）；忌食过多，一般人每次以食 1~2 只为宜，且一周内食蟹不应超过 3 次。

◆以下人群忌食蟹：孕妇；肝病患者；肾功能不全者；高血压、高血脂、糖尿病及消化道疾病患者；过敏体质者；腹泻、胃痛、感冒发烧者；关节炎、痛风患者；老人。

原料：鸡蛋 3 个，小肉蟹 4 只（每只约 25 克，若是大的可只用 1 只）。

调料：猪油、盐、味精、白酱油、料酒、香油、葱花、葱结、姜片、鲜汤。

做法：

❶ 将肉蟹剖开蟹脐，去掉蟹盖，去鳃和内脏，清洗干净，平放于盘中，淋少许猪油，放上葱结、姜片，加入料酒，入笼蒸，上汽 8 分钟至熟后取出，去掉葱姜，蒸汁沥尽不要。

❷ 将鸡蛋打入碗中，搅散，放少许盐、味精搅匀，对入冷鲜汤搅匀后，再将蛋液浇淋在肉蟹上，入笼蒸，上汽 8 分钟至熟后取出，淋少许香油、白酱油，撒葱花即成。

要点：肉蟹要先蒸熟，再倒入蛋液，才能保证肉蟹蒸透。

沙滩肉蟹

原料：盐蛋黄 5 个，肉蟹 4 只（约 500 克）。

调料：植物油、味精、料酒、姜片、姜末、葱结。

做法：

❶ 将肉蟹的壳掀开、揭下，用刀刮去肉蟹的胆和杂物，清洗干净，切成 4 小块，然后用姜片、葱结、料酒腌制一下。

❷ 将盐蛋黄蒸熟后，放在砧板上用刀背碾散、剁碎，待用。

❸ 将肉蟹中的姜片、葱结夹出，用漏勺沥干水分，并用水冲洗干净。

❹ 锅置旺火上，放植物油 500 克，烧至八成热，下入肉蟹炸熟，倒入漏勺中沥尽油。

❺ 锅内留底油，下入姜末炒香，下入盐蛋黄用力搅炒，至盐蛋黄起泡沫时放入味精，下入肉蟹一起翻炒，至盐蛋黄全部裹在肉蟹上即可出锅。

要点：盐蛋黄较咸，肉蟹是海鲜，也带咸味，故本菜不放盐。

盐蛋黄焗肉蟹

原料：肉蟹 1200 克，尖红椒 30 克，野山椒 15 克，泡红椒 10 克。

调料：植物油、红油、精盐、味精、白糖、辣酱、花椒油、姜片、葱段、香油、鲜汤。

做法：

❶ 将肉蟹宰杀洗净后，剁成块；尖红椒切成 0.2 厘米厚的圈，野山椒、泡红椒切碎。

❷ 锅置旺火上，放入植物油，烧至六成热时下入肉蟹，炸至金黄色时倒入漏勺沥油。

❸ 锅置旺火上，加入红油，下入姜片、野山椒、泡红椒、尖红椒炒香，再加入肉蟹、辣酱、精盐、味精、白糖炒拌均匀，倒入鲜汤烧焖入味，待汤汁收干时撒上葱段，淋入香油、花椒油，装入干锅内即可。

干锅麻辣蟹

香辣蛋黄蟹

原料： 红花蟹 800 克，香菜段 80 克，尖红椒圈 100 克，咸蛋黄 3 个。

调料： 植物油、精盐、味精、鸡精粉、蚝油、辣酱、姜片、蒜片、红油、香油、水淀粉、鲜汤。

做法：

❶ 将红花蟹宰杀洗净后取壳，将蟹肉和蟹钳剁成 2.5 厘米见方的块；咸蛋蒸熟后冷却，挖取咸蛋黄，用刀碾烂待用。

❷ 锅置旺火上，放入植物油，烧至六成热，先将蟹壳炸熟捞出，再下入蟹肉，炸至六成熟时倒入漏勺沥干油。

❸ 锅置旺火上，放入红油，下姜片、蒜片、咸蛋黄炒香，再放入蟹块、精盐、味精、鸡精粉、辣酱、蚝油炒拌均匀，烹入鲜汤，稍焖入味，勾芡，淋香油，装入用香菜垫底的汤盘内，盖上蟹壳，淋上锅内余汁即可。

湘味大盆蟹

原料： 大肉蟹 500 克，莲藕片 100 克，黄瓜片 100 克，洋葱片 100 克，红椒片 100 克。

调料： 植物油、精盐、味精、鸡精粉、海鲜酱、香辣酱、白糖、料酒、香料（干椒段、姜、葱、桂皮、八角、草果、香叶）、红油、香油、水淀粉、鲜汤。

做法：

❶ 将肉蟹宰杀洗净后剁成块，用精盐、味精、料酒、水淀粉上浆，腌制入味。

❷ 锅置旺火上，放入植物油烧至七成热，下入肉蟹过油炸熟后倒入漏勺沥干油。

❸ 锅置旺火上，放入红油，下香料炒出香辣味后，下入各原料，放精盐、味精、鸡精粉、白糖、海鲜酱、香辣酱，烹入料酒，拌炒后加入鲜汤稍焖，待肉蟹入味后勾芡、淋香油，撒上葱段装入大盆中即可。

双色湘椒烧肉蟹

原料： 大肉蟹 6 只（约重 1000 克），红肉椒、青肉椒共 750 克。

调料： 植物油、精盐、味精、鸡精粉、白糖、料酒、香辛料（八角、桂皮、草果、大葱、姜、蒜子、干椒）、香辣酱、红油、香油、干淀粉、水淀粉、鲜汤。

做法：

❶ 将大肉蟹剖开、剥壳、去腮，将蟹肉洗净后剁成块，将蟹壳洗净后沥干。

❷ 将青肉椒、红肉椒去籽后改切成长条，入沸水中焯熟，拌入香油、精盐、味精。

❸ 将蟹肉用精盐、味精、白糖、料酒、干淀粉上浆入味。

❹ 锅内放植物油烧至六成热，将蟹肉、蟹壳下入锅内过油至熟，倒入漏勺中将油沥干。

❺ 锅内留底油，加入红油、香辛料炒香后下入蟹肉、蟹壳，烹料酒，放精盐、味精、鸡精粉、香辣酱、白糖拌炒入味后倒入鲜汤稍焖，待汤汁浓郁时夹出香辛料，勾芡，淋红油、香油，装入盘中造型即可。

原料：牛蛙 4 只（约重 600 克），朝天红椒圈 30 克，菜胆 10 个。

调料：红油、精盐、味精、鸡精粉、蚝油、白糖、白醋、生抽、料酒、红油豆瓣酱、辣酱、干椒段、姜末、葱段、香油、干淀粉、鸡蛋清、鲜汤。

做法：

❶ 牛蛙宰杀后洗干净，剁成 2.5 厘米见方的块，加入精盐、蛋清、生抽、料酒、干淀粉上浆；菜胆焯水，垫入盘底，红油豆瓣酱剁碎。

❷ 锅置旺火上，放入红油，烧至五成热，放干椒段炒香，倒入牛蛙，烹入料酒、白醋、炒干水汽后放入姜末、朝天红椒、红油豆瓣酱、辣酱，煸炒至牛蛙熟透变色时，再加入精盐、味精、鸡精粉、白糖、蚝油炒拌均匀，倒入鲜汤，烧焖入味后收浓汤汁，撒入葱段，淋上香油，出锅装盘即可。

爆辣牛蛙

原料：净牛蛙肉 250 克，红椒片、青椒片各 1 克，紫苏 2 克。

调料：油、盐、味精、豆瓣酱、辣妹子酱、陈醋、蚝油、水淀粉、料酒、姜片、蒜子、干椒段。

做法：

❶ 将牛蛙切成 3 厘米见方的块，用料酒、盐、味精腌制，待腌出水分后，挤干水分，抓入浓淀粉。

❷ 锅内放油烧至八成热，下入牛蛙，炸出金黄色，沥干油。

❸ 锅内留底油，下入姜片、蒜子、干椒段煸香后，放入牛蛙，待炒干水分后，烹入料酒，调准盐味，下豆瓣酱、辣妹子酱、陈醋、紫苏，加鲜汤，用小火焖烧至汤汁收浓时，下入青红椒滚刀片，勾水淀粉，淋尾油装盘即可。

要点：同"干锅牛蛙"。浓淀粉：水淀粉沉淀后，下面浓的部分。

口味牛蛙

✿ 养生堂　　　　　　　**牛蛙**

◆高蛋白质、低脂肪、低胆固醇的营养食品，能促进人体气血旺盛、精力充沛，滋阴壮阳，有养心、安神、补气之功效，有利于病人的康复。

◆一般人皆可食用，胃弱或胃酸过多的患者最宜食用。

◆食用时必须彻底加热，以防感染急性肠道传染病。

☯ 相宜相克　　　　　　**泥鳅**

伤身
狗肉　　　　　　　　　　强身壮体、润泽皮肤
　　　　　　　　　　　　　豆腐

鲜荷叶　　　　　　　　　　苹果

泥鳅

保护心脏，降低心脏病的发病率

共煮汤食，可用于消渴

吊锅牛蛙

原料：牛蛙 350 克，尖椒 50 克，酸萝卜 30 克。

调料：植物油、精盐、味精、酱油、辣酱、豆瓣酱、葱、蒜子、姜、红油、香油、啤酒。

做法：

① 将杀好的牛蛙剁成 1.2 厘米见方的丁，酸萝卜、蒜子、姜均切丁，尖椒切成小圈，葱切段。

② 锅置旺火上，放入植物油，烧至六成热时，下牛蛙煸炒断生，再下入姜丁、蒜丁、酸萝卜丁、尖椒、辣酱、豆瓣酱炒香，倒入啤酒，加入精盐、味精、酱油和红油，用旺火烧开后撇去浮沫，略烧入味，待汤汁收浓后淋入香油，撒葱段，出锅装入吊锅内即可。

干锅牛蛙

原料：净牛蛙 600 克，紫苏 2 克，青椒片、红椒片各 1 克，洋葱片 3 克。

调料：油、盐、味精、蚝油、料酒、辣妹子酱、豆瓣酱、水淀粉、姜片、蒜子、干椒段、葱段、鲜汤。

做法：

① 将净牛蛙切成 3 厘米左右的块，用盐、味精、料酒腌制，挤干水分，用水淀粉拌匀。

② 锅内放油，烧至八成热时，下入牛蛙，炸至金黄色，沥出。

③ 锅内留底油，下入姜片、蒜子、干椒段煸香，下入牛蛙，煸至水分收干时烹料酒，下豆瓣酱、辣妹子酱、盐、味精、蚝油，调正口味后放紫苏，略加鲜汤，倒入有洋葱片垫底的干锅中，上放青椒、红椒，撒葱段，带火上桌。

要点：牛蛙属水产动物，肉质中含有大量水分，用盐腌制后，大部分水分溢出，煸炒也会有水分溢出，一定要注意把牛蛙中的水分炒干。

农家牛蛙煲

原料：牛蛙 1000 克，尖红椒圈、尖青椒圈各 30 克。

调料：植物油、红油、精盐、味精、蚝油、酱油、辣酱、蒜子、姜片、紫苏、香油、鲜汤。

做法：

① 将牛蛙宰杀后用 60℃的温水烫一下，去皮、去内脏，洗净后剁成 2.5 厘米见方的块，加精盐、酱油腌制 5 分钟。

② 将紫苏切碎。

③ 锅置旺火上，放入植物油，烧至六成热时，倒入牛蛙，炸至金黄色倒入漏勺沥干油。

④ 锅内留底油，下蒜子、姜片、紫苏炒香，加入尖红椒、尖青椒、红油炒至六成熟，再放入精盐、味精、辣酱、蚝油，倒入牛蛙翻炒入味，加入鲜汤 20 克，稍焖后淋上香油，出锅装盘即可。

原料： 洞庭牛蛙 5 只（每只 400 克），青尖椒段 400 克，鲜紫苏 100 克。

调料： 菜子油、盐、味精、鸡粉、豆瓣酱、蚝油、十三香、蒜子、老姜片、香油、高汤。

做法：

❶　将牛蛙宰杀，去皮、去内脏，取其大腿，用刀背将肉质捶松，加盐腌制 15 分钟，再下入热油锅中过油，沥出。

❷　锅内放少许油烧至六成热，放蒜子、老姜片、青尖椒段、豆瓣酱煸出香味后，倒入高汤，烧开后放蚝油、盐、味精、鸡粉、十三香等，调好味。

❸　将过油后的牛蛙放入调制好的高汤内焖 5 分钟至入味，放入鲜紫苏、淋香油即可出锅。

洞庭牛蛙

原料： 牛蛙 1000 克，红尖椒 200 克，蒜苗 150 克，紫苏 100 克。

调料： 植物油、盐、味精、料酒、干淀粉、红油豆瓣酱、山胡椒油、蒜子、鲜汤。

做法：

❶　将牛蛙宰杀，去皮，处理干净后切成块，用盐、料酒腌制 10 分钟，再拌上干淀粉上浆；红尖椒、蒜苗切段。

❷　锅中放油烧至七成热，下入牛蛙过油至熟，捞出备用。

❸　锅内留少许底油，下入蒜子炒香，下入蒜苗、红尖椒拌炒，放红油豆瓣酱、牛蛙，烹入少许料酒，放盐、味精拌炒入味后，倒入鲜汤，下入紫苏、山胡椒油，煮至入味后即可出锅。

蒜香牛蛙

原料： 大鳝鱼肉 300 克，净牛蛙肉 300 克，红椒片 20 克，紫苏 10 克。

调料： 植物油、盐、味精、鸡精、辣妹子辣酱、料酒、白糖、香油、红油、整干椒、姜片、大蒜叶、鲜汤。

做法：

❶　将鳝鱼、牛蛙处理干净，鳝鱼切成段，牛蛙切成大丁。

❷　将锅置于柴火灶上，放油烧热，下入整干椒、姜片，炒香后下入鳝鱼，爆炒至鳝鱼酥软即盛出，再放牛蛙煸炒至熟，盛出。

❸　将鳝鱼、紫苏倒入锅内，烹料酒、辣妹子辣酱、盐、味精、鸡精、白糖一起调味，炒入味后，倒入鲜汤，用大火烧开后改小火焖至汤汁浓郁红亮（取出整干椒），撒上红椒片、大蒜叶，淋红油、香油，盛入汤锅内，带火上桌。

柴房芦鳝煮牛蛙

豉椒蒸牛蛙腿

原料： 牛蛙3只（约500克）。

调料： 植物油、精盐、味精、鸡精、白糖、料酒、干椒粉、豆豉、葱、红油、香油。

做法：

① 将牛蛙宰杀，取牛蛙腿洗净，剔除腿骨，用刀片开肉厚部位，用刀背将牛蛙腿肉捶松，剁成3厘米见方的块，放入精盐、味精、鸡精、料酒、白糖、红油拌匀，腌制约5分钟，入味后扣入碗中；葱切花。

② 净锅置旺火上，放油烧热后下入豆豉、干椒末，炒香后加入精盐、味精、鸡精拌匀，浇盖在牛蛙腿肉上，上笼蒸15分钟至熟后取出，淋上香油、撒上葱花即成。

土鸡蛋蒸泥鳅

原料： 土鸡蛋10枚，小泥鳅150克。

调料： 植物油、盐、味精、鸡精、蒸鱼豉油、料酒、香油、葱花。

做法：

① 将泥鳅松养4小时后，捞出沥尽水分，放盐、料酒腌制入味。

② 将盘底抹油，倒入泥鳅，放味精、鸡精、蒸鱼豉油，将蛋磕入盘中，入笼蒸8分钟至熟后取出，淋香油、撒葱花即可上桌。

🗨 **厨艺分享**   **泥鳅**

◆泥鳅买回家一定要用清水养几天，泥鳅会把肚中的泥沙吐出。这样做菜时就不会吃出泥沙。

◆泥鳅保鲜。买来的泥鳅用清水漂一下，放在装有少量水的塑料袋中。扎紧口。放在冰箱中冷冻，让泥鳅呈冬眠状态。

🥄 **养生堂**   **泥鳅**

◆泥鳅肉中有一种抵抗人体血衰老的重要物质，老年人食用泥鳅可以抵抗高血压等心血管疾病，并可延缓血管衰老。儿童食用泥鳅可以促进骨骼生长和发育。

◆泥鳅皮肤中分泌的黏液有较好的抗菌消炎作用，可治小便不适和便血、中耳炎等。

原料：泥鳅 12 条，五花肉泥 100 克，土鸡蛋 1 个，洋葱丝 100 克。

调料：植物油、盐、味精、葱姜料酒汁、干淀粉、十三香。

做法：

❶　将泥鳅松养 1 小时，宰杀，去头去骨，用盐、味精、葱姜料酒汁腌制 30 分钟，上笼蒸制成形，解刀成条。

❷　将土鸡蛋打散，将蒸好的泥鳅沾上蛋液，再拍上干淀粉，下入七成热油锅内炸至外焦里嫩，捞出沥油。

❸　将韩锅（平底锅）烧热，垫入洋葱丝，摆上炸好的泥鳅糕。

❹　锅内放少许油，下入五花肉泥，放盐、味精、十三香爆香，出锅浇盖在泥鳅糕上。

极品泥鳅糕

原料：熟腊肉 100 克，活泥鳅 250 克，水泡粉皮 100 克，红椒圈 50 克。

调料：油、盐、味精、鸡精、香辣酱、红油、香油、姜片、蒜片、葱花、紫苏、鲜汤。

做法：

❶　将泥鳅放入清水中松养 2 天后，捞出沥干水，备用；熟腊肉切片，紫苏切碎。

❷　净锅置旺火上，放油烧热后，下入腊肉煸炒，随即下入姜片、香辣酱、盐、味精、鸡精拌炒，然后放鲜汤烧开，下入泥鳅，盖上盖，用大火烧开后改用小火炖至泥鳅入味、肉骨将分离时下入粉皮、紫苏、红椒圈、蒜片，稍炖一下，淋红油、香油，撒葱花出锅，盛入大汤碗中。

要点：下泥鳅时要迅速盖上盖，防止泥鳅乱跳。用腊肉炖主要是增鲜和带熏香。

腊肉泥鳅炖粉皮

原料：泥鳅 250 克，豆腐 4 片。

调料：盐、味精、鸡精、胡椒粉、白醋、香油、姜片、葱花、鲜汤。

做法：

❶　将泥鳅放入清水中，松养 2 天后捞出沥干水，备用。

❷　豆腐切成小片。

❸　净锅放旺火上，放入鲜汤烧开后，将泥鳅、姜片下锅，迅速盖上盖，用大火烧开后改用小火煮炖至汤呈奶白色，泥鳅酥烂、骨肉将分离时，放盐、味精、鸡精、白醋调味，再下入豆腐，用小火稍煮，待泥鳅、豆腐入味后出锅，撒胡椒粉、葱花，淋香油即成。

要点：泥鳅要松养，使其吐尽泥渣及腹中秽物。

泥鳅炖豆腐

干煸鳝丝

原料： 鳝鱼 300 克。

调料： 植物油、精盐、味精、料酒、酱油、豆瓣酱、整干椒、姜、葱、香油、花椒油。

做法：

① 将鳝鱼切成 5 厘米长的丝，放入沸水锅内，加入料酒，烫至断生后捞出，沥干水分，再下入六成热的油锅内炸至外皮起酥，倒入漏勺沥油。

② 整干椒切成丝状，姜切成细丝，葱切段。

③ 锅置旺火上，放入植物油，下入豆瓣酱、干椒丝、姜丝炒香，再加入精盐、味精、酱油、鳝丝煸炒入味，淋上花椒油、香油，撒上葱段，出锅装盘。

泡椒口味鳝鱼

原料： 鳝鱼 300 克，泡椒（即小米辣）50 克，紫苏 4 克（切碎）。

调料： 油、盐、味精、辣妹子辣酱、蚝油、豆瓣酱、料酒、白醋、白糖、水淀粉、香油、红油、姜、蒜。

做法：

① 将鳝鱼切成段，清洗干净，放一点盐、味精、料酒腌制入味。泡椒切碎。

② 净锅置灶上，放油烧热后下入鳝鱼爆炒熟，出锅装入盘中，待用。

③ 锅内放油，下入姜米、泡椒、蒜、紫苏拌炒，炒香后下鳝鱼，再放盐、味精、辣妹子辣酱、白醋、白糖、蚝油、豆瓣酱，拌炒入味后，勾芡，淋红油、香油，出锅装盘。

要点： 一定要使鳝鱼爆起，呈现虎皮状。爆鳝鱼时，锅要洗干净，锅烧热后再放油，油温高，鳝鱼就不粘锅。

💬 相宜相克　　　　　　　鳝鱼

易上火伤身　　　　　易影响孕妇体内胎儿健康

狗肉 ✕　　　　　甲鱼

青辣椒 ✓　　　　　菠菜 ✕

鳝鱼

互相补充，增加营养价值　　互相冲突，且易导致腹泻

✳ 养生堂　　　　　　　鳝鱼

◆一般人群都可食用，特别适宜身体虚弱、气血不足、营养不良之人食用；脱肛、子宫脱垂、妇女劳伤、内痔出血之人也可多食；患有风湿痹痛、四肢酸疼无力、糖尿病、高血脂、冠心病、动脉硬化之人都可多食。

◆有瘙痒性皮肤病者忌食；有痼疾宿病（如支气管哮喘、淋巴结核、癌症、红斑性狼疮等）者应谨慎食用；凡病属虚热或热证初愈的人、痢疾患者、腹胀属实者不宜食用。

原料：极品野生鳝鱼 750 克，青尖椒 10 克，新鲜竹筒、竹叶适量。

调料：茶油、盐、味精、料酒、白糖、鲜汤。

做法：

❶ 将鲜活芦鳝宰杀去污、处理干净，切成段，下入七成热油锅内干炸。

❷ 锅内放少许油，下入鳝鱼，烹入料酒，放盐、味精、白糖煸炒入味，放入青尖椒，倒入鲜汤，用大火烧开后改用小火煨焖，装进竹筒，用猛火和竹叶蒸制 25 分钟。

❸ 将竹筒取出，在盘中装摆成形即可。

竹香芦鳝

原料：小鳝鱼 400 克，鲜红椒米 10 克。

调料：植物油、盐、味精、白醋、香油、姜末、蒜蓉、葱花。

做法：

❶ 将小鳝鱼用清水松养 4 小时，捞出后宰杀去内脏、处理干净，抹盐、料酒腌制。

❷ 锅内放油烧至七成热，下入鳝鱼炸至外焦内酥后捞出，沥油。

❸ 锅内留少许底油，放姜末、蒜蓉、鲜红椒米、盐、味精、白醋，倒入鳝鱼翻炒，淋香油，装盘后撒上葱花。

手撕盘龙鳝

原料：鳝鱼 400 克，尖椒 30 克，鸡蛋 5 个。

调料：植物油、盐、味精、生抽、香辣酱、姜、料酒、胡椒粉、红油、香油、水淀粉。

做法：

❶ 将剖杀好的鳝鱼肉洗净后切成丁，用少许盐、味精、水淀粉、料酒上浆入味。

❷ 将鸡蛋用清水煮熟后剥壳，改切成 0.4 厘米厚的片，整齐地铺在盘底；将尖椒、姜切成米粒状。

❸ 锅置旺火上，放入植物油烧至五成热时，下入鳝丁滑油至熟，倒入漏勺中沥干油。

❹ 锅内留少许底油，放入尖椒丁、姜米炒香，随即下入鳝丁，放盐、味精、香辣酱、生抽，烹入料酒，拌炒入味后勾芡，撒上胡椒粉，淋红油、香油，出锅均匀地浇盖在蛋片上即可。

金钱香辣鳝丁

五花肉烧鳝鱼

原料：净鳝鱼肉 300 克，整条鳝鱼 4 根，五花肉片 250 克，青椒段、红椒段各 40 克，紫苏 10 克。

调料：植物油、盐、味精、鸡精、酱油、蒸鱼豉油、料酒、白糖、香油、鲜汤。

做法：

❶ 将净鳝鱼肉清洗干净，切成小段。

❷ 锅内放油，下入五花肉片煸炒至吐油，下入鳝鱼、紫苏爆炒至熟，烹料酒、蒸鱼豉油、酱油，放盐、味精、鸡精、白糖上色入味后，下入青椒段、红椒段，倒入鲜汤，用大火烧开，待汤汁收干即淋香油，将整条鳝鱼夹出围入盘边，将锅内鳝鱼与肉片一起装入盘中，拼摆成形。

太极图

原料：活小鳝鱼 500 克，碎紫苏叶 5 克。

调料：植物油、盐、味精、蒸鱼豉油、料酒、白醋、白糖、香油、红油、干椒末、葱花、姜末、蒜蓉、鲜汤。

做法：

❶ 将小鳝鱼于清水中松养两天，捞出，下入七成热油锅内炸至卷曲呈太极形、外焦内酥后，捞出沥尽油。

❷ 锅内放少许油，下入干椒末、蒜蓉、姜末、碎紫苏叶，放盐、味精、白糖、蒸鱼豉油，倒入鳝鱼，烹料酒、白醋翻炒入味，烹少许鲜汤，撒上葱花，淋香油、红油，出锅盛入盘中。

鳝鱼炒油面

原料：净鳝鱼肉 200 克，油面 100 克，紫苏 10 克。

调料：植物油、盐、味精、鸡精、酱油、蒸鱼豉油、蚝油、料酒、白糖、香油、红油。

做法：

❶ 将鳝鱼肉下入锅内，炒熟后取出，切成粗丝；将油面下入锅内，放盐、味精，烹蒸鱼豉油，拌炒入味后，盛入碗底。

❷ 净锅放油，下入鳝鱼丝、紫苏，放盐、味精、鸡精、酱油、蚝油、白糖，烹料酒，拌炒入味后淋香油、红油，出锅浇盖在油面上。

原料：鳝鱼 250 克，茄子 150 克，紫苏 3 克，梅干菜 2 克，红尖椒圈 10 克。

调料：油、盐、味精、蚝油、陈醋、香辣酱、料酒、水淀粉、葱段、姜末、蒜茸、鲜汤。

做法：

❶ 将鳝鱼切成 8 厘米长的段，洗净。

❷ 茄子去皮，切成与鳝鱼同样长的段（不去皮也可）。

❸ 锅内放油，烧至八成热，将鳝鱼炸起虎皮，沥出。用八成以上油温将茄子炸黄。

❹ 锅内留底油，将蒜茸、姜米煸香，下入鳝鱼，烹料酒，放盐、味精，下梅干菜、陈醋、蚝油、香辣酱、鲜汤，将鳝鱼焖入味，后下入茄子、红尖椒圈，下紫苏，略翻炒，撒葱段，勾水淀粉，淋尾油，出锅装盘即可。

要点：炸茄子油温不能低，亦用高温，下锅即沥出。否则茄子会含油，影响出品质量。

茄子烧鳝鱼

原料：净鳝鱼肉 300 克，紫苏 5 克，尖红椒丝 5 克，黄瓜片 50 克，梅干菜 2 克。

调料：油、盐、味精、鸡精、料酒、白醋、酱油、鲜汤、香油、姜片、葱段。

做法：

❶ 将净鳝鱼肉用水清洗干净，切成 6 厘米长的条，沥干水。

❷ 锅置旺火上，放油烧至八成热，下入鳝鱼炸至起虎皮，捞出沥干油。

❸ 锅内留底油，下入姜片，随后下鳝鱼煸炒，烹入料酒、白醋，放盐、味精、鸡精、酱油调味，倒入鲜汤，用大火烧开后改用小火稍焖，下紫苏、尖红椒丝、黄瓜、梅干菜一起焖，待汤汁浓郁时放葱段、淋香油出锅，盛入汤碗中。

要点：黄焖鳝鱼一定要带汤，汤汁要稠浓且多。

黄焖鳝鱼

原料：去骨鳝鱼肉 300 克，蕨根粉 100 克，梅干菜 2 克，紫苏 1 克，小米椒 3 克，红椒片 1 克。

调料：油、盐、味精、陈醋、蚝油、蒜茸、姜末、葱花、鲜汤。

做法：

❶ 将鳝鱼肉洗净，砍成 5 厘米长的段，下入八成热的油锅炸至起虎皮，捞出沥干油。

❷ 蕨根粉用开水泡发，上笼蒸 7 分钟，取出沥干。

❸ 锅内放少许底油，下入蒜茸、姜末、小米椒煸香后，下鳝片煸炒，将鳝鱼炸至回油时放入鲜汤，改用小火煮，放入盐、味精、蚝油、陈醋、蕨根粉、梅干菜、紫苏等，待鳝鱼软糯时放入红椒片、撒上葱花出锅装入盘中。

要点：蕨根粉泡后，一定要上笼蒸才会发软。此菜用剁辣椒或小米椒，才会达到美味的效果。鳝鱼要洗净血水。

蕨根粉煮鳝鱼

口味鳝片

原料：净鳝鱼肉 400 克，尖椒 30 克。

调料：植物油、精盐、味精、胡椒粉、酱油、料酒、辣酱、蒜子、姜、紫苏、红油、香油、鲜汤。

做法：

❶ 将鳝鱼肉洗净后切成 5 厘米长的片，尖椒切成斜圈，蒜子去蒂切丁，姜切成丁，紫苏切碎。

❷ 锅置旺火上，放入植物油，烧至六成热时，下入鳝片煸炒断生，再烹入料酒，煸干水汽，放入尖椒、姜丁、蒜丁、精盐、味精、酱油、辣酱，煸炒均匀，再放入鲜汤，焖至汤浓入味后，撒胡椒粉、紫苏，淋红油、香油，出锅装盘即可。

蒜子鳝段

原料：净鳝鱼肉 400 克，蒜子 50 克。

调料：植物油、精盐、味精、蚝油、豆瓣酱、辣酱、香油、鲜汤。

做法：

❶ 将鳝鱼肉洗净，切成 5 厘米长的段，入六成热的油锅内炸至皮皱，倒入漏勺沥干油；将蒜子去蒂，放入六成热油锅内略炸后捞出。

❷ 锅内留底油，放入豆瓣酱、辣酱炒香，再放入精盐、味精、蚝油、蒜子、鳝段、鲜汤，用旺火烧开后撇去浮沫，转为小火煨至鳝鱼酥烂，再用旺火收浓汤汁，淋上香油，出锅装盘即可。

山药百合炖白鳝

原料：白鳝 1 条（约重 600 克），山药、百合各 50 克，桔梗 10 克。

调料：精盐、味精、鸡精粉、料酒、姜、葱、鲜汤。

做法：

❶ 将白鳝宰杀后去内脏洗净，砍成 2 厘米长的段，入沸水锅内焯水，去除血污后捞出，沥干水分；山药、百合洗净，姜切片，葱挽结，桔梗洗净。

❷ 将上述原料、调料一起放入罐子中，盖上盖，用锡纸封好，放入大瓦罐中，生上炭火煨制 2~3 小时，取出去掉葱结即成。

原料：田螺 200 克，腊肉、腊鸡腿各 150 克，红尖椒圈 3 克。

调料：油、盐、味精、辣妹子辣酱、料酒、鲜汤、水淀粉、大蒜叶、姜片、蒜片、干椒段。

做法：

① 将田螺用盐、醋抓洗干净。剞花刀后用盐、味精、料酒腌制，放水淀粉抓匀，下入八成热油锅过大油，沥出。

② 腊肉切厚片，腊鸡腿砍成块，同时下锅焯水，沥干。

③ 锅内留底油，下入姜片、蒜片、干椒段煸香，后下入腊肉、腊鸡块煸炒至回油，加入鲜汤，用小火烧至腊肉、腊鸡酥烂，再下入田螺，放辣妹子辣酱、红尖椒圈一同煨烧，下入大蒜叶，待汤汁收干时，淋尾油装入干锅中，带火上桌。

要点：田螺一定要用盐、醋抓洗干净，以除腥味，同时要注意将泥沙清洗干净。田螺剞花刀的目的是更易熟。田螺下锅，若用大火一次炸熟，可咬得动，再回锅煮，会变老，致使咬不动。因此，再下锅的田螺一定要煨透、煨烂才咬得动。

干锅双腊田螺

原料：鲜螺蛳肉 500 克，泡酱椒（切颗粒）30 克，鲜红椒圈 3 克。

调料：油、盐、味精、料酒、米醋、生抽、水淀粉、红油、香油、蒜茸、姜米、大蒜段。

做法：

① 将螺蛳肉用盐、米醋抓洗干净，剞十字花刀，用料酒、盐、味精、水淀粉上浆入味，腌 2 分钟，沥干水后下入七成热油锅中过油至熟，沥出。

② 锅内留底油，下入泡酱椒、鲜红椒圈、姜米、蒜茸，放盐少许炒香，随后下入螺蛳肉翻炒，烹料酒、米醋，放味精、生抽、大蒜段拌炒，入味后勾水淀粉，淋红油、香油，出锅装盘。

要点：螺蛳肉一定要用少许盐、米醋抓洗干净。螺蛳肉剞十字花刀的目的是便于入味和易炒熟。剞十字花刀：就是在螺蛳肉体上横一刀，竖一刀，但都不要将螺蛳切断，要使之连在一起。

泡椒炒螺蛳肉

相宜相克　　　　　　　　　　田螺

易引起中毒、身体不适　　　　易引起消化不良

蛤蜊　　　　　　　　　　　　冷饮

猪肉　　　　　　　　　　　　玉米

田　螺

易伤肠胃　　　　　　　　　易引起中毒、身体不适

相宜相克　　　　　　　　　　鱿鱼

对人体有害　　　　　健脾益气、健身美容、减肥

茄子　　　　　　　　　　　　黄瓜

木耳　　　　　　　　　　　　虾

鱿　鱼

可使皮肤嫩滑且有血色　　　煮汤不仅味道鲜美，还能在冬天抵抗寒冷

老干妈炒螺蛳肉

原料：净螺蛳肉 250 克，尖红椒 10 克，香菜 10 克。

调料：植物油、精盐、味精、料酒、辣酱、姜、蒜子、红油、香油、水淀粉。

做法：

❶ 将螺蛳肉用精盐、料酒抓匀，入清水中洗净泥沙，入锅内炒干水分；尖红椒切碎，香菜切成段，姜、蒜子切末。

❷ 锅置旺火上，加入植物油，烧热后放入姜末、蒜末、尖红椒末、辣酱（如湖南老干妈辣酱）煸香，再下入螺蛳肉、精盐、味精和红油，炒拌入味，勾芡，淋入香油，撒香菜段，出锅装盘即可。

白辣椒蒸螺蛳肉

原料：水发螺蛳肉 250 克，白辣椒 100 克。

调料：油、盐、味精、料酒、醋、蚝油、豆豉、姜末、蒜茸。

做法：

❶ 将水发螺蛳肉用盐、醋抓洗干净，沥干水后，拌入盐、味精、料酒、姜末、蒜茸，扣入蒸钵中。

❷ 将白辣椒切成 0.8 厘米长的碎段，用水泡发，挤干水分后拌入豆豉、味精、油、姜末、蒜茸、蚝油，码放在螺蛳肉上，上笼用旺火蒸 15 分钟即可。

要点：螺蛳肉一定要用盐、醋抓洗。蒸螺蛳肉的火功要一次到位，以保证螺肉既熟又嫩，过了则螺肉咬不动。若咬不动，则需久蒸，直至蒸烂。

黄豆炖河蚌

原料：黄豆 300 克，新鲜河蚌肉 250 克，水发香菇 50 克。

调料：猪油、盐、味精、鸡精、蚝油、白醋、胡椒粉、香油、葱花、姜片。

做法：

❶ 将黄豆洗干净；将香菇去蒂、洗净。

❷ 将河蚌肉清去肠肚，用盐、白醋抓洗干净，放入沸水中焯一下，捞出沥干水。

❸ 在沙锅中放猪油，加入清水 1000 毫升烧开，将黄豆、河蚌、香菇一同放入，下入姜片，等汤烧开后改用小火煨炖，直至蚌肉软烂时再放盐、味精、鸡精、蚝油、胡椒粉调好味，出锅装入汤碗，撒上葱花、淋上香油即成。

原料：鱼子 200 克，青椒 50 克，鸡蛋 2 个。

调料：红油、精盐、味精、白糖、料酒、胡椒粉、整干椒、葱、蒜子、香油。

做法：

❶ 鸡蛋磕入碗内，放入洗净的鱼子、精盐、胡椒粉，搅打均匀；青椒切成小菱形片，整干椒切成段，蒜子切片；取 5 克葱切花，另取葱挽结。

❷ 锅置小火上，放入红油，烧至四成热，放入葱结熬出香味，夹出葱结，再下入蒜片、干椒段、青椒片、精盐、白糖炒香，倒入鱼子和蛋液，烹入料酒，炒至鱼子熟透，放入味精、葱花，淋上香油，出锅装盘即可。

红油葱香鱼子

原料：派字腊八豆 75 克，鱼子 250 克。

调料：油、盐、味精、鸡精、陈醋、大蒜叶、蒜茸、姜米、干椒段、鲜汤。

做法：

❶ 将鱼子稍微撒一点盐，蒸熟后切成 1.5 厘米见方的丁。

❷ 锅内放油烧至八成热，下蒜茸、姜米、干椒段煸香，然后下腊八豆煸香，再下鱼子，放盐、味精、鸡精，烹陈醋，翻炒，下大蒜叶，加鲜汤，至汤汁收干即可出锅装盘。

要点：用派字腊八豆可使此菜效果更佳。

腊八豆爆鱼子

原料：熟鱼子 200 克，豆腐 6 片，青椒米、红椒米各 3 克，香菇米 3 克。

调料：油、盐、味精、鸡精、香辣酱、陈醋、蒸鱼豉油、水淀粉、鲜汤、红油、蒜茸、葱花、姜末。

做法：

❶ 鱼子用冷水淋洗干净，拌少许盐，蒸熟后切成厚块。

❷ 将豆腐切成约 4 厘米见方的方块，焯水后沥干。

❸ 净锅上旺火，放油烧热后下姜末、蒜茸炒香，放鱼子、香辣酱、陈醋，烹蒸鱼豉油略炒，随即下豆腐、香菇米，放盐、味精、鸡精、陈醋，拌炒入味后下青椒米、红椒米，放鲜汤烧开后勾水淀粉，撒葱花，淋红油，出锅装盘。

要点：豆腐要焯水。鱼子下锅炒即会散。

鱼子烧豆腐

韭黄红椒鱿鱼丝

原料：猪后腿肉 100 克，鱿鱼 150 克，韭黄 250 克，红椒丝 10 克。

调料：油、盐、味精、鸡精、鲜汤、水淀粉、香油。

做法：

① 将鱿鱼切成丝，肉切成丝，韭黄切 5 厘米长段。

② 将肉丝用盐、味精腌制入味。锅内放油烧至八成热，将肉丝过油，用筷子拨散，备用。

③ 锅内放水，鱿鱼丝焯水，沥干备用。

④ 锅内放油，将肉丝、鱿鱼丝、红椒丝一同下锅煸香，放盐、味精、鸡精，调好味，下韭黄略翻炒，略加鲜汤，韭黄发软时用水淀粉勾芡，淋香油，出锅装盘。

要点：肉丝、鱿鱼丝要煸香。下韭黄后若不加汤会太干，加汤又不能多。韭黄微软即要出锅，炒得过久韭黄会出水，成菜不漂亮。

香菜干煸鱿鱼丝

原料：水发鱿鱼 450 克（切丝），香菜段 150 克。

调料：油、盐、味精、十三香牌麻辣鲜、辣妹子辣酱、蚝油、料酒、干椒段、蒜茸、姜米。

做法：

① 锅内放水烧开，放盐、味精、料酒，将鱿鱼丝焯水，沥干待用。

② 锅内放油 500 克烧至九成热，下入鱿鱼丝过大油，捞出沥净油。

③ 锅内留底油，下蒜茸、姜米、干椒段煸香，加盐、味精、麻辣鲜、辣妹子辣酱、蚝油，拌炒均匀后倒入鱿鱼丝，迅速翻炒，下香菜翻炒几下，淋尾油，装盘即可。

要点：水发鱿鱼要先焯水，焯水时放盐、料酒，沥干水再下油锅中煸炒才不会出水。鱿鱼丝焯水、过油都是为了使其脱干水分，这样煸出的鱿鱼丝才会焦香。香菜只需短时间翻炒几下，否则会软蹋，香味散失。

🥄 厨艺分享　　**鱿鱼和墨鱼的涨发**

鱿鱼、墨鱼体表有一层特别坚硬的薄膜，抗渗透力强，因此涨发墨鱼、鱿鱼要用碱。方法是：食用纯碱 50 克兑 1000 克水，放在非铁制品容器中搅成溶液，鱿鱼直接放在其中，墨鱼则先用温水泡软后放入碱水中。浸泡 10 余小时后，将鱿鱼或墨鱼和碱水一同上火烧开，冷却，再烧开。如此两次，鱿鱼或墨鱼已涨发。倒掉碱水，再换开水洗净鱿鱼、墨鱼上的碱味，才可食用。

🌓 相宜相克　　**墨鱼**

容易引起霍乱
茄子 ✕

清热利尿、健脾益气，有健身美容和减肥功效
黄瓜 ✓

木瓜 ✓
乌发须、护眉毛、补肝肾

墨鱼

银耳 ✓
适用于肝肾不足或精神紧张、面生黑斑、腰膝酸痛等症

原料：水发鱿鱼 250 克，肉片、肉泥各 200 克，猪肚片、猪肝片、油发猪肉皮各 100 克，黑木耳、玉兰片各 100 克，鸡蛋 3 个。

调料：猪油、盐、味精、酱油、香油、胡椒粉、葱姜料酒汁、干淀粉、水淀粉、葱段、鲜汤。

做法：

❶ 将 1 个鸡蛋打散，加盐、干淀粉搅匀，下油锅烫成蛋皮。

❷ 在肉泥中打入 2 个鸡蛋，加盐、味精、干淀粉，加适量水拌匀，取 1/3 用蛋皮包好，做成蛋卷，蒸熟后斜切成块；另 1/3 挤成肉丸，炸熟；剩下的用刀刮成橄榄状，蒸熟。

❸ 将鱿鱼切成片，放入沸水中，放葱姜料酒汁、酱油，焯水。

❹ 将玉兰片、肉片、猪肚片、猪肝片、油发猪肉皮、黑木耳下油锅煸炒，放盐、味精、酱油，倒入鲜汤烧开，勾水淀粉，下入油炸肉丸、蛋卷、橄榄肉丸稍煮，盛入汤碗中。

❺ 鱿鱼片下油锅放盐、味精、酱油拌炒，放少许鲜汤，勾水淀粉，撒胡椒粉、淋香油，烧开后撒上葱段，淋热尾油，出锅浇入汤碗中。

鱿鱼杂烩

原料：鲜鱿鱼 500 克，鲜草鱼肉 250 克，菜心 150 克，红椒丝 10 克。

调料：植物油、盐、味精、白糖、柠檬汁、姜丝、水淀粉。

做法：

❶ 将草鱼肉切丝，放盐、味精、湿淀粉上浆入味；将鲜鱿鱼去头尾，取净肉切成玉米形状；将菜心下入沸水锅焯熟。

❷ 锅内放水烧开，下入鱿鱼氽成卷，捞出沥水。

❸ 锅内放油烧至六成热，下入鱼丝滑油，捞出沥油。

❹ 锅内放少许油烧热，下入姜丝、红椒丝翻炒，放盐、味精调味，勾水淀粉，下入鱼丝轻轻推动，出锅装盘。

❺ 锅内放少许油烧热，倒入柠檬汁、白糖，下入鱿鱼卷翻炒，出锅装盘，用菜心点缀即成。

玉米鱼丝

原料：鲜鱿鱼 500 克，心灵美萝卜 500 克，白萝卜 200 克，净鱼肉 100 克，黄瓜 1 根，猪肥膘肉末 20 克。

调料：植物油、盐、味精、鸡粉、干淀粉、水淀粉、辣椒油、蒜汁、鸡油、鸡蛋清、清鸡汤。

做法：

❶ 将鱼蓉与猪肥膘肉末一起加入鸡蛋清、盐、味精、水淀粉、适量清水搅拌成鱼胶；两种萝卜均用刀修成球形，中间挖空，酿入鱼胶；将黄瓜取皮雕成葡萄叶、荔枝叶。

❷ 在碗中放清鸡汤、盐、味精、鸡粉、萝卜球，上笼蒸 30 分钟，取出摆于盘的一边，成一串葡萄形，用葡萄叶点缀。

❸ 锅中放清鸡汤、盐、味精，烧开后勾薄芡，淋入鸡油，出锅均匀地浇在萝卜球上。

❹ 将鲜鱿鱼交叉剞十字花刀，背面不断，用盐、干淀粉拌匀，下入油锅走油成荔枝形，摆于盘的一边，用荔枝叶点缀。

❺ 锅中放清鸡汤、盐、味精、辣椒油、蒜汁，烧开勾薄芡，出锅均匀地浇在鱿鱼上即可。

秋映葡提荔

干锅苦瓜鱿鱼

原料： 苦瓜 300 克，水发鱿鱼 200 克，香菇 25 克，五花肉 30 克，红椒片 2 克。

调料： 油、盐、味精、蚝油、料酒、姜片、大蒜子、葱段、鲜汤。

做法：

① 将苦瓜剖开，去籽，然后斜切成片。

② 鱿鱼刮去筋膜，斜切成片。

③ 将苦瓜、鱿鱼分别焯水后，沥干水。

④ 锅上旺火，放油烧热，下姜片煸香，下五花肉，煸散，再下入苦瓜、鱿鱼、香菇煸炒，烹料酒，调正盐味，下蚝油、味精，待苦瓜略转色时下红椒片，放鲜汤、大蒜子，倒入干锅中，撒上葱段，带火上桌。

要点： 鱿鱼焯水时要放盐、料酒，苦瓜焯水时速度要快，不可太熟。

西兰花烧鲜鱿

原料： 西兰花 200 克，鲜鱿 150 克，鲜红椒片 5 克。

调料： 植物油、盐、味精、水淀粉、香油、姜片、食用纯碱。

做法：

① 将西兰花洗净后顺枝切成适口大小，放入沸水锅中焯水（同时放少许植物油和食用纯碱），捞出沥干水。

② 将鲜鱿清洗干净，交叉剞十字花刀，切成小块，拌入盐、酱油、水淀粉上浆。

③ 锅内放植物油 500 克烧至七成热，将鲜鱿下入锅中过油至熟，捞出沥尽油。

④ 锅内留底油，下入姜片、鲜红椒片煸炒，随后下入西兰花与鲜鱿，放盐、味精拌炒，入味后勾浓芡、淋香油，出锅装入盘中。

要点： 西兰花焯水的时间不宜太长，否则会失去脆感。

菊花墨鱼

原料： 深海墨鱼 400 克，鲜百合 150 克，野生水鱼裙边 100 克，菜心 20 个，枸杞子 5 克。

调料： 盐、味精、料酒、干淀粉、葱、姜、（已调好味的）高汤。

做法：

① 将深海墨鱼宰杀、去内脏，用干净毛巾吸去水分，剁成泥，加盐、味精、干淀粉、适量清水打发，制成胶；百合剪制，与墨鱼胶一起做成菊花状，用泡发的枸杞子点缀。

② 将裙边切片，用葱、姜、料酒焯水，刮洗干净后放入炖锅中，倒入高汤，煨至滑烂，再放入菊花墨鱼、菜心氽制，出锅入盅即成。

原料：深海墨鱼 400 克，鲜百合 150 克，野生水鱼裙边 100 克，菜心 20 个，枸杞子 5 克。

调料：盐、味精、料酒、干淀粉、葱、姜、（已调好味的）高汤。

做法：

❶ 将深海墨鱼宰杀、去内脏，用干净毛巾吸去水分，剁成泥，加盐、味精、干淀粉、适量清水打发，制成胶；百合剪制，与墨鱼胶一起做成荷花状，用泡发的枸杞子点缀。

❷ 将裙边切片，用葱、姜、料酒焯水，刮洗干净后放入炖锅中，倒入高汤，煨至滑烂，再放入荷花墨鱼、菜心余制，出锅入盅即成。

荷花墨鱼

原料：墨鱼 150 克，黄瓜 500 克，红椒片 5 克。

调料：油、盐、味精、胡椒粉、食用纯碱、蚝油、姜片、鲜汤。

做法：

❶ 将墨鱼浸入放有食用纯碱的温水中泡 30 分钟（使其发软，便于炖烂），捞出清洗干净后，切成条状。

❷ 将黄瓜斜刀切成厚片。

❸ 在沙锅内放入鲜汤、姜片、墨鱼，上大火烧开后改用小火炖 30 分钟，使墨鱼的香气鲜味充分发挥，然后下黄瓜片，放油，炖 10 分钟后放盐、味精、蚝油，放入红椒片，撒上胡椒粉，即成。

要点：黄瓜越煮越鲜。一定要在此菜肴中让两种原料发挥各自的特点。

墨鱼炖黄瓜

原料：带鱼 250 克。

调料：植物油、盐、味精、陈醋、白糖、蚝油、水淀粉、香油、干淀粉、蒜茸、姜米、紫苏、干椒粉、葱花。

做法：

❶ 将带鱼切成菱形块，洗净，沥干水分，撒上干淀粉拌匀。

❷ 锅内放油，烧至八成热，逐块下入带鱼，炸至金黄色，沥出。

❸ 将蒜茸、姜米、干椒粉、葱花、紫苏放在碗内，再放盐、味精、白糖、陈醋、蚝油、水淀粉，用筷子拌匀。

❹ 将炸好的带鱼放在锅内，快速将对好的汁烹在带鱼中，汁收干时淋上香油，装盘。

香辣带鱼

青瓜海蜇丝

原料：海蜇皮300克，黄瓜皮100克，红椒10克。

调料：精盐、味粉、白糖、白醋、红油、香油、葱香油（制法见第63面"拍黄瓜"）、蚝油。

做法：

❶ 将海蜇皮切丝、焯水后，用清水漂1~2小时；黄瓜皮切丝，红椒去籽切丝。

❷ 将海蜇丝、黄瓜丝和红椒丝拌在一起，加入精盐、味粉、白糖、白醋稍腌，挤去过多水分，再加入红油、蚝油、香油和葱香油调拌均匀，装盘即可。

珍珠蜇球

原料：海蜇球（袋装）150克。

调料：盐、味精、詹王鸡粉、白糖、干椒粉、姜、蒜子、红油、香油、葱白。

做法：

❶ 将葱白、姜、蒜子均切成米粒状。

❷ 将海蜇球漂洗干净，放入65℃的温开水中浸泡3~4分钟，捞出放入冰水中过凉，再捞出沥干水分。

❸ 将海蜇球与调料（除葱白外）拌匀，装入盘中，上面撒上葱白米即可。

养生堂　　海蜇

◆ 新鲜海蜇不宜食用；海蜇头在焯水时水温不宜过高。

◆ 适宜食用人群：患有中老年急慢性支气管炎、咳嗽哮喘、痰多黄稠之人；患有高血压、头昏脑涨、烦热口渴以及大便秘结的人；单纯性甲状腺肿患者；醉酒后烦渴者。

◆ 脾胃虚寒者慎食。

相宜相克　　带鱼

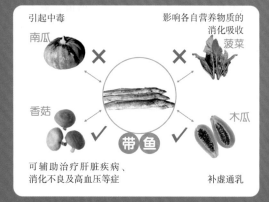

引起中毒
南瓜 ✕

影响各自营养物质的消化吸收
菠菜

香菇 ✓

木瓜 ✓

带鱼

可辅助治疗肝脏疾病、消化不良及高血压等症

补虚通乳

原料：豆腐 100 克，水发鱼翅 25 克，菜心 20 克。

调料：盐、鸡粉、料酒、胡椒粉、水淀粉、葱段、姜块、鸡油、清鸡汤。

做法：

❶　将沙锅用竹箅子垫底，放葱段、姜块，再放入用干净白纱布包好的鱼翅，同时加入清鸡汤、料酒、盐、鸡粉，盖上盖，用小火煨至鱼翅软烂入味。

❷　锅内放清水烧开，将豆腐切丝，下入锅中焯水，捞出。

❸　锅内放清鸡汤烧开，下豆腐丝、鱼翅，放盐、鸡粉调味，再下入菜心，用水淀粉勾芡，淋入鸡油、撒上胡椒粉，即可出锅盛入汤盅。

鱼翅豆腐羹

原料：极品天九翅 200 克，日本豆腐（切段）300 克，老母鸡块 500 克，龙骨 250 克，筒子骨 500 克，菜心 100 克，胡萝卜丁、韭菜各 20 克。

调料：植物油、盐、味精、料酒、葱段、姜块、鸡汁。

做法：

❶　将天九翅涨发，下入冷水锅，放料酒烧开 2 分钟，用冷水洗 3 次，将黏连的翅身撕开；将鸡块、龙骨、筒子骨下入冷水锅烧开，捞出洗净；将菜心焯熟，在根部插上胡萝卜丁。

❷　沙锅用竹箅子垫底，放入龙骨、筒子骨、葱段、姜块，再放入用干净白纱布包好的天九翅、鸡块，放料酒、盐、味精、清水，盖上盖，先用旺火烧开 3 分钟，再改用小火煨至天九翅浓香软烂、汤汁稠浓。

❸　锅内放油烧至六成热，下入日本豆腐炸至色泽金黄，捞出放凉后挖空 2/3，灌入煨好的天九翅和原汁，以韭菜为绳，将头部捆好，上笼蒸 5 分钟，出笼与菜心一同摆盘，勾入鸡汁即可。

布袋天九翅

原料：水发鱼翅 500 克，上海青 250 克。

调料：盐、味精、鸡精、料酒、水淀粉、葱段、姜块、上等高汤。

做法：

❶　在沙煲中用竹箅子垫底，放入葱段、姜块，再放入用干净白纱布包好的鱼翅，同时加入上等高汤、料酒、盐、味精、鸡精，盖上盖，煲制 3 小时，将鱼翅煨至软烂入味。

❷　将上海青修成菜心，下入放有盐、味精的沸水锅中焯水入味，捞出摆盘，将入好味的鱼翅整齐地摆放在菜心中间。

❸　用上等高汤勾芡，淋在鱼翅上即可。

组庵红烧翅

白花荷包翅

原料：水发金钩翅 300 克，虾仁、鸡脯肉、净鱼肉、生肥膘肉各 50 克，鸡蛋 3 个，菜心 20 个，红椒、紫菜各 5 克。

调料：盐、味精、料酒、水淀粉、胡椒粉、葱、鸡油、鸡汤。

做法：

❶ 将鸡脯肉、虾仁、鱼肉、肥膘肉剁成蓉，加蛋清和盐、味精、料酒、胡椒粉、鸡汤制成三合馅，填入抹了油的汤匙中，做成白花 16 个，用葱、红椒、紫菜点缀，蒸熟待用。

❷ 将水发金钩翅用鸡汤煨至软烂，装入盘中，围上焯熟的菜心，拼上白花。

❸ 锅内放鸡汤烧开，放盐、味精，勾水淀粉，淋鸡油，出锅浇入盘中。

鱼翅蟹黄玉扇

原料：(煨制好的) 鱼翅 150 克，蟹黄 50 克，冬瓜 1000 克，口蘑 20 个，蟹柳 50 克，蛋皮 50 克。

调料：盐、鸡粉、水淀粉、鸡油、鸡汤。

做法：

❶ 将冬瓜解切成梯形片，将中间掏空成框，下入锅中，加水，放盐、鸡粉略煮入味。

❷ 将冬瓜框在盘中拼摆成扇形，酿入鱼翅、蟹黄，拼摆成形。

❸ 将口蘑、蟹柳、蛋皮解切成形，放盐、鸡粉腌制入味后拼摆在扇形冬瓜盘中，上笼蒸熟。

❹ 净锅内放鸡汤，放盐、鸡粉烧开，勾水淀粉、淋鸡油，出锅浇入扇形冬瓜盘中。

棋乐翅盅

原料：水发金钩鱼翅 1500 克，肥母鸡、猪肘各 500 克，瑶柱 (干贝) 50 克，金华火腿 75 克，冬瓜 500 克，胡萝卜 100 克。

调料：盐、鸡粉、料酒、葱段、姜片、鸡油。

做法：

❶ 将水发鱼翅下入冷水锅，放料酒烧开 2 分钟，再用冷水洗 3 次，将粘连的翅身撕开。

❷ 将肥母鸡、猪肘、金华火腿下入冷水锅烧开后沥出；瑶柱加适量清水上笼蒸发，待用。

❸ 取大石钵，用竹箅子垫底，上放猪肘、葱段、姜片，再放入用干净白纱布包好的鱼翅、鸡块，同时加入瑶柱汤、料酒、盐、鸡粉、清水，盖上盖，先用旺火烧开 3 分钟，再改用小火煨至鱼翅软烂。

❹ 将鱼翅取出，盛入用冬瓜、胡萝卜制作的棋盅中，对入原汁汤、淋入鸡油即可。

三鲜杂烩

原料：水发响皮肚（油发猪肉皮）、炸黄雀肉、熟蛋卷、油炸肉丸各 100 克，水发墨鱼、水发海参、猪里脊肉片、熟鸡肉片、熟猪肚片、净猪腰片、水发冬菇、水发云耳、熟冬笋片各 50 克，小白菜胆 12 个。

调料：熟猪油、盐、味精、酱油、胡椒粉、水淀粉、葱花、鸡油、鲜汤。

做法：

❶ 将油炸肉丸、炸黄雀肉装入碗内，加适量鲜汤，上笼蒸15 分钟后取出，扣入大汤碗中。

❷ 将其他的荤、素原料分别焯水，除去异味。

❸ 锅内放猪油烧热，下入冬笋片、冬菇、云耳、墨鱼、水发响皮肚、猪里脊肉片、肚片、腰片、鸡肉片、海参，放入盐、味精、酱油，拌炒入味后倒入鲜汤，放蛋卷、小白菜胆，用大火烧开，勾少许水淀粉，淋入鸡油，撒胡椒粉，出锅盛入大汤碗中，撒上葱花即可。

盛世参宝

原料：水发辽参 12 个，菜心 500 克。

调料：盐、鸡粉、胡椒粉、水淀粉、葱、姜、料酒、鸡油、浓鸡汤。

做法：

❶ 将水发辽参用葱、姜、料酒焯水，去尽腥味；菜心焯熟。

❷ 将辽参放入沙煲，放鸡汤、盐、鸡粉、胡椒粉，上火煨制约 2 小时，取出装盘，围上菜心。

❸ 锅内倒入适量鸡汤烧开，放盐、鸡粉调味，勾入水淀粉，淋入鸡油，出锅浇入盘中。

全家福

原料：辽参、水鱼裙边、鱿鱼、橄榄皮、发皮、鱼糕、虾仁、蛋卷各 200 克，菜心 40 个。

调料：猪油、盐、味精、清鸡汤。

做法：

❶ 将辽参、水鱼裙边、鱿鱼、橄榄皮、发皮、鱼糕、虾仁、蛋卷分别加工成形，再分别烩制入味；将菜心用沸水（放盐）焯水入味。

❷ 将以上原料装入火锅内，倒入清鸡汤，烧开后撇去浮沫，放猪油，炖制 2 小时后放盐、味精调味，即可。

特点：外形大方，色彩缤纷，汤汁浓厚，原料众多，意寓阖家团圆。清鸡汤是用老母鸡加清水用小火炖成。

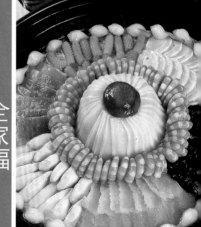

乌龙戏珠

原料: 水发辽参 1200 克,鳜鱼肉 300 克,菜心 200 克。

调料: 盐、味精、鸡汁、鲍汁、蛋清、高汤。

做法:

❶ 将水发辽参下入冷水锅中,烧开后捞出,放入锅中,放高汤、盐、味精、鲍汁煨至入味,待用。

❷ 将鳜鱼肉打成鱼蓉,加盐、味精、鸡汁、蛋清搅成鱼胶,挤成鱼丸后氽熟。

❸ 将辽参装入盘中,淋上鲍汁;围上鱼丸,淋上鸡汁,最后围上用盐、沸水焯熟入味的菜心即成。

黄金万两

原料: 刺参 50 克,火龙果条、苹果条、木瓜条、哈密瓜条各 20 克,鸡蛋 2 个(取蛋黄),面包渣 200 克,威化纸 12 张,橙子 200 克,柠檬 50 克。

调料: 植物油、盐、味精、料酒、干淀粉、水淀粉、蜂蜜、鸡汤。

做法:

❶ 将刺参涨发,切成 6 厘米长的条,下入沸水锅中,放盐、料酒焯 2 次,沥干,下入油锅内炒一下,烹入料酒,加入鸡汤、盐、味精,将刺参煨入味待用。

❷ 用威化纸分别卷上 4 种水果条和刺参,沾上干淀粉,裹上蛋黄、面包渣,下入热油锅炸至金黄色后捞出装盘。

❸ 将橙子和柠檬用榨汁机榨汁,倒入锅中,加入蜂蜜、少许盐、水,熬开后勾入水淀粉,装入小容器即为水果卷的蘸汁。

东方参素鲍

原料: 干辽参 200 克,冬瓜 1500 克,菜心 12 个。

调料: 盐、味精、鸡精、胡椒粉、水淀粉、鸡汤。

做法:

❶ 将干辽参充分涨发(耗时 3 天),下入冷水锅中,烧开后捞出海参泡入开水中;将菜心下入沸水锅中焯熟。

❷ 锅内倒入鸡汤,放入辽参烧开,放盐、味精、鸡精、胡椒粉煨至入味。

❸ 将冬瓜雕成鲍鱼状(每个 60 克),放入锅中,加鸡汤、盐、味精、鸡精煨好,与辽参、菜心一起整齐地摆入盘中。

❹ 锅内放适量鸡汤烧开,放少许盐、味精、鸡精、胡椒粉,用水淀粉勾芡,出锅浇入盘中。

第 5 篇

点心主食

冰醋凤梨

原料：凤梨 500 克，冰糖 700 克，大红浙醋 250 克，精盐 5 克。

做法：

❶ 将锅内放入 350 毫升清水，加冰糖、精盐烧开后晾凉，再加入大红浙醋搅匀，成冰糖醋水。

❷ 将凤梨去皮，放入冰糖醋水中浸泡 6 小时，取出改刀装盘即可。

百合蒸贡梨

原料：大贡梨 1 个（300 克），百合 40 克，冰糖 80 克，枸杞 3 克（尖贝 5 克），水 50 克。

做法：

❶ 将大贡梨削皮，在梨把下端两指处用小刀戳成锯齿形，分开后即成梨盖和梨身；将梨身挖空去核，入清水中清洗干净；百合剥开，与枸杞一起放入水中清洗干净；冰糖打碎。

❷ 在梨身中灌入百合、冰糖，放入碗中，加水和剩余的冰糖，一起入笼蒸 15 分钟至梨与百合熟后取出，撒枸杞即可。

要点：百合蒸贡梨有润肺止咳、清心安神之功效。梨子削皮后如果不马上蒸，应马上泡入清水中，以免氧化发黑。冰糖最好敲碎后再蒸，以便于融化。

麻茸吉士香蕉

原料： 香蕉 4 支，面包糠 80 克，芝麻仁 10 克。

调料： 植物油、糖粉、干淀粉、脆糊（制法见"烹饪基础"）。

做法：

❶ 将香蕉去皮，用刀切成厚 0.3 厘米的椭圆片，粘上干淀粉，裹上脆糊，再粘上面包糠备用。

❷ 锅置旺火上，放入植物油，烧至六成热时下入香蕉片炸至金黄色，倒入漏勺沥干油，再整齐地摆入盘中，撒上糖粉、芝麻仁即可。

麻仁香蕉球

原料： 香蕉 3 根，芝麻仁 15 克。

调料： 植物油、奇妙酱、干淀粉、脆糊（制法见"烹饪基础"）。

做法：

❶ 将香蕉切成 2 厘米长的段，拍上干淀粉待用。

❷ 锅置旺火上，倒入植物油，烧至四成热，将香蕉块裹上脆糊，下入油锅炸至金黄色，捞出沥干油，均匀地粘上奇妙酱、芝麻仁，出锅装盘即成。

炸菠萝圈

原料： 菠萝圈 14 圈，面包糠 80 克（实耗 40 克）。

调料： 植物油、蜂蜜、白糖、干淀粉、脆糊（制法见"烹饪基础"）。

做法：

❶ 将蜂蜜、白糖、凉开水调匀，放入菠萝圈浸泡 15 分钟，取出后擦干水分，拍上干淀粉待用。

❷ 锅置旺火上，放入植物油烧至五成热，将菠萝圈裹上脆糊，再粘上面包糠，下锅炸至金黄色，捞出沥干油，装盘即成。

要点： 在本品中，用苹果、哈密瓜等原料制作也可。

原料：菠萝肉 100 克，花生仁 10 克。

调料：植物油、脆糊（制法见"烹饪基础"）。

做法：

❶　用挖球器将菠萝肉挖制成球状。

❷　锅置旺火上，放入植物油烧至四成热时，将菠萝球裹上脆糊，粘上花生仁，下入油锅内炸至金黄色后捞出沥干油，装盘即可。

花生仁菠萝球

原料：无子西瓜 1 个（净重 650 克），芝麻仁 3 克。

调料：植物油、蜂蜜、脆糊（制法见"烹饪基础"）。

做法：

❶　将蜂蜜入蒸柜内蒸热；西瓜肉用挖球器制成球状。

❷　锅置旺火上，倒入植物油，烧至四成热，将西瓜球裹上脆糊，逐一下锅内炸至金黄色，捞出后沥干油，装入盘内，倒上热蜂蜜、撒上芝麻仁即成。

麻茸蜜汁西瓜球

原料：哈密瓜肉 100 克，芝麻仁 15 克。

调料：植物油、脆糊（制法见"烹饪基础"）。

做法：

❶　用挖球器将哈密瓜肉挖制成球状。

❷　锅置旺火上，倒入植物油烧至四成热，将哈密瓜球裹上脆糊，粘上芝麻仁，下入油锅炸至金黄色时出锅沥干油，装盘即成。

麻仁哈密瓜球

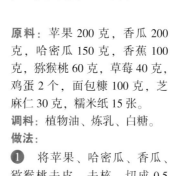

脆香什锦鲜果

原料：苹果200克，香瓜200克，哈密瓜150克，香蕉100克，猕猴桃60克，草莓40克，鸡蛋2个，面包糠100克，芝麻仁30克，糯米纸15张。

调料：植物油、炼乳、白糖。

做法：

❶ 将苹果、哈密瓜、香瓜、猕猴桃去皮、去核，切成0.5厘米见方的小丁，草莓也切成0.5厘米见方的丁；将以上原料均放入碗中，加白糖拌匀制成果馅；香蕉去皮，捣碎成泥后拌入果馅中；鸡蛋磕入碗中，打散成蛋液。

❷ 用糯米纸将果馅包成圆形，裹上蛋液，均匀地粘上芝麻仁和面包糠。

❸ 锅置旺火上，放入植物油，烧至五成热时，下入包好的果馅炸至金黄色，捞出沥干油，再整齐地摆放在盘子中，配上一小碟炼乳上桌即可。

冰镇四喜香瓜盅

原料：香瓜3个，贡梨1个，菠萝1个，西瓜瓤100克，木瓜2个。

调料：白糖。

做法：

❶ 将香瓜2个在有蒂一端的下方1/4处横切一刀，揭下后挖去瓤和籽（瓤留用），成香瓜盖；再将3/4的香瓜挖空（肉留用），成香瓜盅；将贡梨、菠萝、木瓜去皮。

❷ 将另一个香瓜的瓤与西瓜瓤、贡梨、菠萝、木瓜均切成1厘米见方的丁。

❸ 净锅置旺火上，放清水750毫升，加入白糖，待白糖熔化、糖水烧开后下入贡梨丁、菠萝丁、香瓜丁、木瓜丁，出锅装入碗中，撒下西瓜丁，放凉后灌入挖空的香瓜盅内，放入冰箱5分钟冷冻后即可取出食用。

要点：香甜味爽。香瓜含大量糖类物质及柠檬酸等，且水分充沛，可消暑清热、生津解渴、除烦。香瓜能帮助肾脏病患者吸收营养。

拔丝香瓜

原料：香瓜2个，白糖200克。

调料：植物油、香油、蛋黄糊（制法见"烹饪基础"）。

做法：

❶ 将香瓜削皮，剖开，清去瓜瓤和瓜子，洗净后切成2厘米厚的块。

❷ 锅置旺火上，放植物油500克烧至七成热，将香瓜块放入蛋黄糊中拌匀，用筷子夹住逐块下入油锅炸成金黄色，然后离火吞炸至焦黄，倒入漏勺沥尽油。

❸ 锅内留底油，下入白糖（留少许待用），炒至白糖刚开始熔化时即下入香瓜块，迅速翻炒几下，淋入香油，即装入撒有白糖的盘子中即可。

要点：拔丝分为水拔法和油拔法两种，此处介绍的是油拔法。当白糖在油中刚熔化时，就要下入香瓜，翻炒几下立即出锅，否则就会炒老，无法拔出丝，且使糖形成硬块，无法咬动。

原料：南瓜 500 克，蜜枣 5 粒。
调料：精盐、白糖、水淀粉。
做法：
❶　将南瓜去皮、去籽，切成 0.5 厘米厚的片。

❷　将蜜枣放入汤盘内，盖上南瓜，撒上精盐、白糖，上旺火蒸 30 分钟后取出，将原汁倒入锅内，勾芡，出锅浇淋在南瓜上即可。

蜜汁南瓜

原料：罐装玉米粒 200 克，鸡蛋 3 个。
调料：植物油、白糖、干淀粉、吉士粉。
做法：
❶　从罐头中倒出玉米粒，沥干水分。

❷　鸡蛋取蛋黄，加入干淀粉、吉士粉、清水调匀，再倒入玉米粒拌匀。
❸　锅置旺火上，放入植物油，烧至七成热时倒入拌好的玉米糊烘炸至金黄色，捞出沥干油，装入盘中，撒上白糖即可。

蜂窝玉米粒

原料：玉米片 150 克。
调料：植物油、盐、白糖。
做法：
❶　将玉米片清理干净；净锅置旺火上，放入植物油烧至五

成热时下入玉米片，炸至又脆又酥又香，倒入漏勺沥干油。
❷　将锅离火，将玉米片倒入锅内，下入白糖、盐，与玉米片一起拌匀，出锅装入盘中。

香甜玉米片

拔丝土豆

原料：土豆 250 克。

调料：植物油、白糖、干淀粉、脆糊（制法见"烹饪基础"）。

做法：

❶ 将土豆洗净去皮，切成 5 厘米长、1 厘米宽的条，入清水碗内浸洗干净，倒出沥干水分，拍上干淀粉待用。

❷ 锅置旺火上，放油烧至七成热，将土豆逐一挂上脆糊，入锅内炸至金黄，捞出沥干油。

❸ 锅内留底油，放入白糖，开小火炒至白糖熔化成米黄色糖浆，倒入炸好的土豆条炒拌均匀，出锅装入底部抹油的盘内，配上一碗凉开水上桌即可。

麻甜土豆片

原料：土豆 1 个（约重 250 克），熟芝麻 50 克。

调料：植物油、红油、精盐、味精、花椒油、糖粉、葱花末、姜末、蒜末、香油。

做法：

❶ 将土豆削皮洗净，切成 0.1 厘米厚的片，入清水内漂洗，捞出沥干水分。

❷ 锅置旺火上，放入植物油烧至五成热，倒入土豆片炸成金黄色后捞出，放入红油中浸泡至红亮后捞出，装入盘中；将熟芝麻和糖粉拌匀，撒在土豆上。

❸ 将葱花、姜末、蒜末放入味碟内，淋上热香油，加入精盐、味精、花椒油、沸水调匀，做成味碟，与土豆一起上桌。

脆香吐司松

原料：土豆 500 克，熟芝麻 10 克。

调料：植物油、白糖。

做法：

❶ 将土豆削皮洗净，切成 0.2 厘米见方的细丝，入清水中浸泡 30 分钟，捞出沥干水分。

❷ 锅置旺火上，放入植物油，烧至六成热时将土豆丝下入油锅中炸至金黄色，倒入漏勺沥干油，再拌上熟芝麻和白糖，装入盘中即可。

原料：土豆 300 克，苹果 200 克，白糖 150 克，糯米 150 克，红樱桃 3 个。

调料：植物油、猪油、蜂蜜、精盐、水淀粉。

做法：

❶ 将苹果去皮，挖出直径为 1.5 厘米的苹果球，再在球上挖一个圆洞，入水中浸泡 5 分钟；在樱桃上挖出同苹果的圆洞一样大小的樱桃肉，塞入苹果的圆洞里，放入抹有冷冻猪油的碗内。

❷ 将糯米洗净，用清水浸泡 1 小时后蒸熟，加白糖、精盐、猪油拌匀，倒在苹果球上。

❸ 将土豆去皮切成片，入笼蒸熟后，捣烂成泥，加入白糖拌匀，再倒在糯米上。

❹ 将苹果球入笼用旺火蒸 12 分钟至苹果熟透后取出，反扣在汤盘内。

❺ 锅内放清水、蜂蜜烧开后勾芡，淋入明油（烧热的植物油），出锅浇在苹果球上即可。

蜜汁糯香吐司

原料：土豆 350 克。

调料：植物油、桂花糖、白糖、白醋、姜、精盐、水淀粉、全蛋糊（制法见"烹饪基础"）。

做法：

❶ 将土豆削去皮，切成 0.1 厘米见方的细丝，用精盐腌软后放入清水中洗净，倒入漏勺沥干水分；姜切末。

❷ 将土豆丝拌入全蛋糊中，挤成球状，放入五成热的油锅中炸成金黄色，倒入漏勺沥干油，再装入盘中。

❸ 锅置旺火上，放入植物油，下入姜末炒香，加入清水，放白糖、白醋、桂花糖，烧沸后勾芡，淋入明油，再浇在土豆球上即可。

炸吐司球

原料：香芋 350 克，鸡蛋 5 个，咸蛋黄 6 个，糯米纸 12 张，面包糠 200 克。

调料：植物油、白糖、炼乳、吉士粉、干淀粉。

做法：

❶ 香芋去皮，切成薄片，上笼蒸 40 分钟，取出捣碎成泥，加入吉士粉、白糖、炼乳、干淀粉拌匀；咸蛋黄蒸熟待用，鸡蛋磕入碗内搅散。

❷ 将香芋泥捏成大小相同的剂子（剂子为白案中的术语，意为一小团一小团）12 个，按成条状；咸蛋黄一切为二，也按成条状。

❸ 将香芋条、咸蛋黄条包入糯米纸中，裹上蛋液，粘上面包糠，做成香芋卷。

❹ 锅置旺火上，放入植物油，烧至四成热时下入香芋卷，炸至香芋熟透、色泽金黄时捞出，沥干油，整齐地摆入盘中即可。

黄金香芋卷

麻香芋泥吐司

原料：芋头 300 克，咸面包 300 克，芝麻仁 100 克，鸡蛋 2 个。

调料：植物油、白糖、吉士粉、炼乳。

做法：

❶ 将芋头削皮洗净，切成薄片放入碗中，入笼用旺火蒸 30 分钟至熟透后取出，捣成泥，再加入白糖、吉士粉搅拌均匀；鸡蛋磕入碗中，搅打均匀。

❷ 将咸面包切成 5 厘米长、4 厘米宽、0.4 厘米厚的片，再在两片咸面包中间夹上芋泥，裹上蛋液，粘上芝麻仁。

❸ 锅置旺火上，放入植物油，烧至五成热，放入咸面包炸成金黄色后倒入漏勺，沥干油后整齐地摆在盘子内，配上一小碟炼乳上桌即可。

香芋萝卜球

原料：香芋（槟榔芋）2500 克，糯米粉 500 克，白萝卜 500 克，小馒头 50 克。

调料：植物油、精盐、味精、胡椒粉。

做法：

❶ 将香芋去皮后切成块，蒸 40 分钟后取出打成泥，待用。

❷ 将白萝卜去皮后切成米粒状，放盐腌制 2 分钟后挤干水分；小馒头切成小颗粒。

❸ 在香芋泥中加入萝卜粒，再加入糯米粉、精盐、味精、胡椒粉搅拌均匀，搓成重约 30 克的小球，裹上馒头粒。

❹ 锅置旺火上，放入植物油，烧至四成热时，下入香芋萝卜球，转用小火浸炸至香芋球成熟，再用旺火炸至馒头粒呈金黄色，捞出沥干油，出锅装盘即可。

雪花蜜汁红薯球

原料：红薯 150 克。

调料：植物油、糖粉、蜂蜜、脆糊（制法见"烹饪基础"）。

做法：

❶ 将红薯去皮、洗净，用挖球器挖成球状；蜂蜜倒入容器，入蒸柜蒸热。

❷ 锅置旺火上，倒入植物油，烧至四成热，将红薯球裹上脆糊，逐一下入锅内炸至金黄色，起锅、沥油后装入盘内。

❸ 把热蜂蜜倒在红薯球上，然后撒上糖粉即成。

原料：红心红薯 200 克，糯米粉 45 克，干淀粉 12 克。

调料：植物油、玫瑰糖、白糖。

做法：

❶　将红薯去皮、洗净后切片，入沸水锅中煮至断生，捞出后压制成泥，然后加糯米粉、干淀粉和白糖拌匀。

❷　锅置旺火上，放入植物油烧至五成热，将红薯泥挤成球状，依次下锅炸至金黄，捞出后沥干油，装入盘中；将玫瑰糖加热成糖浆，浇在红薯球上即成。

玫瑰薯球

原料：干红枣 30 粒，糯米粉 100 克，芝麻仁 10 克。

调料：植物油、白糖、蜂蜜、水淀粉。

❶　将红枣用热水泡发，去核待用；将糯米粉与清水和匀，捏成橄榄形，放入红枣内。

❷　锅置旺火上，放入清水烧沸，将糯米红枣下入水中煮熟，捞出沥干水分，放入盘中。

❸　锅置旺火上，放入清水、蜂蜜、白糖，烧开后放入芝麻仁，用水淀粉勾玻璃芡（将水烧开，放盐、味精、稀的水淀粉，勾成透明状的薄芡），淋入明油（烧热的植物油），浇淋在红枣上即成。

蜜汁糯香红枣

原料：去核桂圆 100 克，芝麻仁 15 克。

调料：植物油、脆糊（制法见"烹饪基础"）。

做法：

　　锅置旺火上，倒入植物油烧至四成热，将桂圆裹上脆糊，粘上芝麻仁，下油锅炸至金黄色，捞出沥干油，装盘即可。

桂圆麻仁球

琉璃核桃仁

原料：核桃仁 80 克，芝麻仁 3 克。

调料：植物油、白糖、蜂蜜、矿泉水。

做法：

❶ 锅内放植物油烧至四成热，下入核桃仁稍炸，捞出沥干油，装入盘中。

❷ 将矿泉水、白糖、蜂蜜加入净锅中，用中火加热制成蜜汁，再浇盖在核桃仁上，撒上芝麻仁即可。

双色双味核桃

原料：澄面 200 克，奶皇馅 200 克，麻仁五仁馅 200 克。

调料：猪油、糖粉、生粉、巧克力粉。

做法：

❶ 将澄面与糖粉、生粉和匀，用开水烫熟后，加猪油揉成白玉色面团。

❷ 将面团一半加入巧克力粉揉成咖啡色。

❸ 分别将面团分成小件（15 克），包入奶皇馅（22 克）和麻仁五仁馅（22 克），用工具制成核桃状，上笼蒸 5~6 分钟即可。

四仁黄金吐司

原料：吐司面包 200 克，松子仁 8 克，核桃仁 10 克，开心果仁 8 克，杏仁 8 克，鸡蛋 4 个。

调料：植物油、番茄酱、白糖。

做法：

❶ 将鸡蛋磕入碗内，打散成鸡蛋液；吐司面包切丁待用。

❷ 将面包丁均匀地裹上鸡蛋液，下入五成热油锅中炸至金黄色，倒入漏勺内沥干油，装入盘中。

❸ 锅内留底油，烧热后下入番茄酱、白糖炒匀，出锅浇在面包丁上，再撒上四仁（松子仁、核桃仁、开心果仁、杏仁）即可。

用料：中筋面粉 1000 克，鸡蛋 3 个，幼砂糖 150 克，黄油 150 克，吉士粉 50 克，水 400 毫升，麦奇淋酥油片 1 片（1000 克）。

馅料：榴莲、白莲蓉。

做法：

❶ 将面粉倒在案台上，中间挖一个坑，打入鸡蛋，加入幼砂糖、黄油、吉士粉揉匀后加水搅匀，擦入干面粉、和成面团，反复擦压，待用。

❷ 将麦奇淋酥油片捶软，捶成面皮的一半大小，放在面皮上，将面皮对折盖好，将边缘沾上水捏紧。用擀面杖从中间往边上捶开，再擀成长方形，折三折，叠起来后擀开再折三折，重复 3 次后擀成 4 毫米厚的圆形面皮。

❸ 将榴莲去皮，取出肉，按 1:3 的比例加入白莲蓉，掺在一起揉匀即可。

❹ 用面皮包入馅料，收口，在收口部分用黏上蛋黄液的紫菜丝捆扎，在表面用剪出小刺，在表面刷上蛋黄液，下入热油锅炸至表面呈金黄色，捞出装盘。

榴莲酥

用料：中筋面粉 300 克，糯米粉、澄粉各 75 克，精盐 5 克，白糖 150 克，清水 300 毫升，吉士粉 5 克，菠菜汁 10 克，红曲水适量，植物油、香油各 15 克。

馅料：白糖、玫瑰糖（切碎）、熟黑芝麻、奶油、面粉、清水。

做法：

❶ 净锅内放入清水 300 毫升、白糖、精盐、吉士粉烧沸，倒入面粉、糯米粉、澄粉搅拌、擦揉成浅黄色软熟无筋粉团。取一小面粉团（约 50 克）黏上菠菜汁，染成翠绿色粉团。

❷ 将白糖、玫瑰糖、熟黑芝麻、奶油加清水拌匀，拌入面粉反复擦起芽口，即成玫瑰馅。

❸ 将翠绿色粉团分出小剂子，擀成桃叶形，用餐刀按出叶纹；将微黄粉团分出剂子，搓光洁，挖一个凹窝，放入玫瑰馅，收口朝下，搓成桃子形状，用刀背按压槽印，用筷子钻一个桃眼，装入 2 片桃叶（贴在槽印下端），即成生坯。

❹ 将生坯蒸 5 分钟，在桃尖上刷喷红曲水，刷上香油即成。

南岳寿桃包

原料：鸡蛋 2 个，馒头 2 个，辣椒油 10 克，什锦菜 25 克，火腿肠 10 克，黄瓜 10 克，西红柿 10 克。

调料：猪油、盐、味精、香油。

做法：

❶ 将黄瓜、西红柿洗净，与火腿肠、馒头一起切成片。

❷ 净锅置旺火上，放猪油，烧热后打入鸡蛋，煎至蛋白已熟、外皮老化、蛋黄还未完全熟时出锅，撒上盐、味精、淋上香油，将鸡蛋、黄瓜片、火腿肠片、西红柿片夹入馒头内，立即上桌，跟碟配什锦菜、辣椒油各一小碟。

要点：蛋黄未完全熟的蛋叫溏心蛋，有些人偏爱吃这种蛋。什锦菜是一种受人们喜爱的腌制品，系由多种蔬菜制成的咸菜。

湘式汉堡

拔丝巧克力

原料： 巧克力 70 克（约 40 粒），面粉 100 克，干淀粉 50 克。

调料： 植物油、白糖、泡打粉。

做法：

❶ 将巧克力用酥皮包上（如用面皮包，则在面皮上均匀地沾上少量水），再均匀地沾上干淀粉；另将面粉、干淀粉、泡打粉加清水调匀，再加入少许植物油调制成脆糊待用。

❷ 炒锅内放油烧至七成热，将巧克力块逐一拌上脆糊入锅内炸至金黄色，倒入漏勺沥干油。

❸ 锅内留底油 10 克，加入白糖，开小火，用手勺按顺时针方向不停搅拌，直至白糖完全熔化成米黄色糖浆、微有黏性并起丝。

❹ 倒入巧克力块，用手勺轻轻地向前推匀、翻锅，使巧克力块均匀地裹上糖浆，出锅装入底部抹油的盘内。

甜酒年糕冲蛋

原料： 甜酒 250 克，年糕 100 克，鸡蛋 2 个。

调料： 白糖、胡椒粉。

做法：

❶ 将年糕切成小颗粒，鸡蛋打入碗中，搅散待用。

❷ 将净沙钵放在旺火上，放入清水，烧开后下入年糕煮熟，将搅散的蛋液均匀地淋入甜酒水中，再将甜酒下入锅中，放白糖，熟后立即离火，撒上胡椒粉即可食用。

要点： 酒香味甜。也可将年糕煮熟，放入甜酒、白糖，用小火保持甜酒汤微开，将鸡蛋打入大汤碗中搅散，将锅内的汤倒入汤碗中将鸡蛋冲熟，最后撒上胡椒粉。

松子球

用料： 水磨糯米粉 1000 克，白糖 200 克，猪油 100 克，澄粉 200 克，松子 500 克，色拉油（炸制用）2500 克，清水 350 毫升。

馅料： 糖油馅（将猪肥膘肉去瘦肉，绞成泥，加入白糖、盐、香兰素搅匀，即成）、白芝麻（按 2:1 的比例）。

做法：

❶ 将白芝麻炒熟后碾成粉，加入糖油馅拌匀即成。

❷ 将澄粉用开水烫熟（边烫边搅拌，成半透明状）。

❸ 在糯米粉中加入白糖、猪油、烫熟的澄粉、清水，和成糯米粉团。

❹ 将糯米粉团分成每个重 20 克的小团，包入馅料、搓圆，在表面喷上水，再黏满松子，即成型。

❺ 将色拉油倒入锅中，开火升温至 120℃，熄火，下入松子球，待浮起后开火升温，炸至松子微黄即可起锅装盘。

原料：面粉 150 克，干淀粉 150 克，吉士粉 50 克，罂粟粉 50 克。

调料：植物油、炼乳、白糖、干淀粉、脆糊（制法见"烹饪基础"）。

做法：

❶　将面粉、干淀粉和罂粟粉、清水调匀，倒入锅内，加入清水、白糖、炼乳搅匀，用小火慢慢熬熔，过筛后将一半倒入抹有猪油的托盘内，余下一半则加入吉士粉调匀，倒入另一托盘内；至冷却凝固后均切成长 3.5 厘米，宽、厚各 1.8 厘米的奶条，粘上干淀粉。

❷　锅置旺火上，放入植物油，烧至五成热时，将奶条挂上脆糊，分别下锅炸至金黄色和奶黄色，捞出沥干油，整齐地摆入盘内（金黄色奶条和奶黄色奶条各放一边），配上炼乳上桌。

炸鸳鸯脆奶

原料：豆沙 100 克，枣泥 100 克，山楂糕 150 克，鸡蛋 5 个，牛奶 15 克，珍珠汤圆 12 个，柠檬片 15 克。

调料：白糖、桂花酱、水淀粉。

做法：

❶　将鸡蛋打散，加入适量的牛奶和水淀粉，制成厚鸡蛋皮；将珍珠汤圆煮熟。

❷　在蛋皮上覆上一层豆沙，再盖一层蛋皮，再覆一层枣泥，入平油锅中用小火煎熟后装入盘内。

❸　将山楂糕碾成泥，加入白糖、桂花酱调成稠汁后，淋在煎好的坯料上，中间缀上熟珍珠汤圆，用柠檬片围边，即可食用。

萤火红月轮

原料：年糕 100 克，面粉 100 克，干淀粉 30 克，芝麻仁 15 克。

调料：植物油、桂花糖汁、蜂蜜、泡打粉。

❶　将年糕切成方块。

❷　锅置旺火上，倒入植物油，烧至四成热，将年糕块裹上脆糊，下入油锅炸至金黄色，捞出沥干油，均匀地粘上蜂蜜、桂花糖汁、芝麻仁，装入盘内即成。

要点：年糕属于糯米制品，宜加热后食用，且不宜一次食用过多，小孩或病人宜慎用。

桂花年糕蜜汁球

珍珠莲藕粥

原料：莲藕 450 克，糯米 250 克，西米 50 克，去心莲子 50 克，枸杞 20 克。

调料：白糖、精盐。

做法：

❶ 将莲藕去皮洗净，切成 2.5 厘米长的细丝；糯米放入清水中浸泡 2 小时，捞出沥干水；枸杞和莲子泡发、洗净。

❷ 罐内放清水 1200 毫升，倒入藕丝、糯米、莲子、西米，盖好盖，用旺火烧开后关小火煨 2.5 小时，装入汤杯，放入白糖、精盐、枸杞拌匀即可。

玫瑰莲藕粥

原料：嫩白藕 200 克，糯米 100 克，鸡蛋 2 个，枸杞 5 克，小米 50 克。

调料：玫瑰糖、白糖、精盐。

做法：

❶ 将藕削皮洗净，切成 0.1 厘米见方的细丝；糯米淘洗干净；鸡蛋磕入碗内，搅拌均匀；小米洗净。

❷ 锅内放入清水（约 800 毫升），用旺火烧开后放入藕丝、糯米、小米，再用小火煮至酥烂，加入白糖、精盐、玫瑰糖，调好滋味，再倒入蛋液搅拌均匀，烧沸后装入汤杯，撒上枸杞即可。

人参莲肉汤

原料：人参 50 克，去皮莲子 24 粒，枸杞 5 克。

调料：冰糖、精盐、清汤。

做法：

❶ 将人参洗干净，切成 2 厘米长的段；莲子入清水中浸泡 30 分钟，去心；冰糖隔水蒸 1 小时。

❷ 将人参、莲肉、枸杞、冰糖水、清汤、精盐一起放入罐内，盖上盖，用锡纸封好，放入大罐中，生炭火慢慢煨制 1 小时即可。

原料：泰国西米 50 克，桂圆肉 10 克，枸杞 4 粒。

调料：白糖、水淀粉。

做法：

❶ 将枸杞用清水泡发。

❷ 净锅上火，取清水适量倒入净锅中，下入泰国西米，待水烧沸后，改用小火煮至西米熟烂，再加入桂圆肉、白糖，勾薄芡，起锅盛入碗中，撒上枸杞即成。

要点：西米又叫西谷米，经常被用于制作粥、羹和点心。

西米桂圆羹

原料：干银耳 15 克，鲜黄菊花 1 朵，泡发枸杞 3 粒。

调料：白糖、水淀粉。

做法：

❶ 把干银耳用清水泡发，去根部，扯成若干小块。

❷ 将发好的银耳拌上白糖，入蒸柜蒸 15 分钟取出。

❸ 锅置旺火上，加入清水 180 毫升，烧开后加入白糖，待白糖完全溶解后放入蒸好的银耳，勾米汤芡，撒上菊花瓣，盛入碗中，撒上枸杞即可。

菊花银耳羹

原料：小青瓜 50 克，梅子肉 10 克，枸杞 5 粒。

调料：糯米粉、白糖。

❶ 将小青瓜洗净去心后切细条，梅子肉切成米粒状；糯米粉加冷水调匀。

❷ 净锅置旺火上，倒入糯米粉水，烧沸后下入青瓜条、梅肉米和白糖，将汤汁煮至稍浓稠时出锅盛入碗中，撒上枸杞即可。

青瓜梅肉羹

乡村锅摊

原料： 中筋面粉500克，鸡蛋2个，精盐2克，味精1克，香油2克，葱花10克，清水200毫升，色拉油（煎制用）150克。

做法：

❶ 将面粉放入盆内，打入鸡蛋，加入清水（一边加入清水，一边搅拌），搅拌均匀后加入精盐、味精、香油、葱花，再次搅拌均匀即可。

❷ 将不粘锅烧热，刷上油，用小汤勺将面浆淋入锅内（面浆直径6厘米左右，一次煎多少个视不粘锅大小而定），煎至两面起黄色小泡（边煎边加油），起锅装盘即成。

葱香煎包

用料： 低筋面粉500克，五花肉泥200克，香菜末100克。

调料： 植物油、精盐、鸡精粉、酱油、白糖、胡椒粉、香油、干酵母、葱花、姜末、泡打粉。

做法：

❶ 将面粉、泡打粉混合、开窝，将白糖、干酵母加清水调匀至白糖溶化后倒入面窝，揉成面团，醒置5分钟后再揉擦光，搓条下剂，擀成圆面皮。

❷ 在五花肉泥中加入精盐、酱油、鸡精粉、香油，分几次加入清水，打成糯糊状，加入葱花、香菜末、姜米、胡椒粉拌匀，放入冰箱冻2小时取出，包入面皮中，做成生坯。

❸ 在不粘锅内放少许植物油，逐个下入包子，煎至微黄时放清水淹过包子下半部分，盖上盖，用中火煮至包子色白松软、表皮不粘手时去掉部分水，放香油，煎至包子底板色泽金黄即可装盘。

玉米汁汤包

原料： 鲜玉米1000克，蜂蜜250克，玉米糖500克，淀面生粉200克。

调料： 鸡蛋、吉士粉、黄奶油、淀粉。

做法：

❶ 将玉米用榨汁机榨汁，加蜂蜜煮熟。

❷ 将玉米糖、黄奶油、吉士粉、淀粉混合，打入鸡蛋，搅匀成玉米奶黄馅。

❸ 将淀面生粉加水和匀揉透，放置片刻，擀成水饺皮，包入玉米奶黄馅，上笼蒸熟后装入小碗，浇入煮熟的玉米汁即可。

原料：面粉 300 克，菠菜 500 克，包菜 500 克，萝卜 500 克。

调料：猪油、盐、味精、酵母、泡打粉。

做法：

❶ 将菠菜榨成汁，倒入面粉中，加酵母、泡打粉和成面团。

❷ 将萝卜、包菜切成末，放猪油、盐、味精拌匀，制成馅心待用。

❸ 将面团搓成长条、下剂、擀皮，包入馅心，上笼蒸 5 分钟即成。

素菜包

原料：面粉 400 克，猪五花肉 200 克。

调料：精盐、味精、酱油、白糖、香油、胡椒粉、葱花、姜末。

做法：

❶ 将面粉加水和匀揉透，放置片刻。

❷ 将猪五花肉剁成肉泥，加入调料搅匀，制成馅料。

❸ 将面团搓成长条，揪成适量大小的面坯，擀成圆皮，加馅捏成提褶包，上蒸笼用旺火蒸 10 分钟即可。

灌汤包

原料：面粉 12.5 克，鲜肉 10 克，肉皮冻 10 克（每个用量）。

调料：香油、盐、味精、酱油、生姜、葱、胡椒。

❶ 把面粉放在案板上用开水烫熟，拌成雪花状，揉成面团，揉匀后搓成长条，下成 50 个剂子，撒点干面按扁，擀成圆形薄皮。

❷ 将鲜肉剁成泥，加入肉皮冻和调料搅匀，制成馅料。

❸ 左手拿皮子，右手抹馅料，用手顺饺子皮边从右到左捏合在一起，做成月牙形的饺子。

❹ 将饺子上笼蒸熟即可。

小笼蒸饺

虾仁四壳饺

原料： 面粉 300 克，澄面 100 克，鲜虾仁、韭黄末、胡萝卜末、香菇末、盐蛋黄、盐蛋白各 20 克，葱花 5 克。

调料： 色拉油、精盐、味精、香油。

做法：

❶ 将鲜虾仁取虾线后剁成泥，拌入韭黄末、胡萝卜末、香菇末（留一部分），加盐、味精和少许色拉油、香油搅拌均匀，成馅心。

❷ 将面粉、澄面混合，冲入开水搅拌成面团，揉匀揉透后搓长，摘成坯子 12 个，均擀成圆形皮子。

❸ 在皮子中间放上馅心，先将对面的两个皮子粘住，再将另两面的皮子粘住，露出四个洞眼，分别放入香菇末、香葱、盐蛋黄、盐蛋白等四色原料，即成四喜饺生坯。

❹ 把生坯上笼，用旺火蒸熟即可。

滚酥大油饼

原料： 中筋面粉 500 克，猪腿肉、猪肥肉各 500 克，水发香菇米 400 克。

调料： 色拉油、猪油、精盐、味精、酱油、胡椒粉、香油、葱花、姜末。

做法：

❶ 将猪腿肉、猪肥肉绞成泥，放精盐、味精、酱油、香油、胡椒粉搅匀，加入清水后再搅，加入葱花、姜末、香菇米拌匀成馅料。

❷ 在面粉中加入色拉油 100 克、50℃温水 300 毫升和成面团，揉光后用湿毛巾盖好，5 分钟后再揉光，再用湿毛巾盖好，等 5 分钟后将其压扁、擀成薄皮。

❸ 在薄面皮上刷上猪油，再撒上少许干面粉，卷成圆筒状，切分成面团。将面团从两端往中间挤压（切口朝上），放入馅料，包成圆球形，收口、压扁即成生坯。

❹ 净锅中放色拉油烧至 120℃后熄火，下入生坯，待浮起再开火升温，炸至表皮呈金黄色后起锅，切成 8 份装盘。

湘江挥饼

原料： 中筋面粉 500 克，鲜奶 60 克。

调料： 植物油、精盐、胡椒粉、草莓酱汁、葱花。

做法：

❶ 在水中加入精盐、鲜牛奶，倒入面粉揉匀，再放少许油揉光成面团；在案板上抹一层油，放上揉好的面团精发酵 1 小时以上，再揉成长条、分剂，分别揉成面团，抹上一层油继续放 1 小时，待用。

❷ 将面精团按平，慢慢挤开，手捏住胸前两边面精，用力均匀地在空中抛，将面精的厚度抛至跟白纸相仿后将其放在案板上，抹上草莓酱汁、葱花、胡椒粉，叠成长方形，使草莓酱汁不露在外面。

❸ 把面皮放在抹油的平锅内，用中火煎至表皮呈黄色时取出，切成条即可装盘。

原料：小米 60 克，鸡蛋 2 个。

调料：红糖。

做法：

❶ 小米洗净，备用。

❷ 锅置火上，放入适量清水、小米，用旺火煮沸成粥。

❸ 转小火熬煮至粥浓，打入鸡蛋稍煮，放红糖调味即可。

要点：此粥可为人体补充丰富的蛋白质和氨基酸，能强身健体，以对抗春季各种流行病的入侵。制作时，应待粥煮浓之后再打入鸡蛋，以免影响鸡蛋的嫩滑感。

小米鸡蛋粥

原料：大米 100 克，皮蛋 10 克，苦瓜 10 克，枸杞 5 克。

调料：冰糖。

做法：

❶ 皮蛋去壳切丁；苦瓜去瓤，切丁，焯水备用。

❷ 大米淘净，用清水浸半小时后放入锅中，加开水，大火煮开，再用小火熬煮20分钟。

❸ 下入皮蛋丁、苦瓜丁、冰糖、枸杞搅拌，煮熟即可。

要点：苦瓜应选表皮颗粒大的，因为苦瓜的营养素大部分都在这些颗粒里。此粥具有清热去火、祛暑生津、利尿、解劳清心之功效。

苦瓜皮蛋粥

原料：小米 120 克，南瓜 250 克，红枣 15 克。

调料：冰糖。

做法：

❶ 南瓜洗净，去皮去籽，切成小块；红枣洗净去核，沥干水分。

❷ 小米淘净，与南瓜块、红枣同放锅内，加水适量，置大火上烧沸。

❸ 开锅后转小火，倒入冰糖，煮至粥黏稠即可。

要点：把南瓜块放入开水中焯一下，再煮粥，这样会增加南瓜的香甜。此粥有保护胃黏膜、助消化作用，可活跃胃肠功能，促进营养吸收，强身健体。

南瓜小米粥

鱼肉牛奶粥

原料：大米 100 克，鱼肉 50 克，牛奶 10 克。

调料：盐。

做法：

❶ 将鱼肉拾掇干净，炖熟并捣碎。

❷ 大米洗净，放入锅内，加水煮沸成粥。

❸ 将鱼肉放入锅里，加牛奶与粥同煮，加入盐即可。

要点：此粥的鱼肉以鲫鱼最佳，药用价值更高。此粥富含各种人体所需营养成分，但脂肪及单糖含量低，特别适合高血压患者春季食用，防复发。

香葱鸡粒粥

原料：大米 100 克，鸡脯肉 50 克，冬菇 5 克，香葱 2 克。

调料：盐、淀粉、鸡粉、胡椒粉、植物油。

做法：

❶ 鸡肉切粒，用盐、淀粉腌 15 分钟；冬菇泡软；香葱切末。

❷ 大米洗净，放入锅内，加水适量，煮沸成粥。

❸ 下入鸡粒、冬菇及鸡粉、胡椒粉、油搅拌，煮 10 分钟，撒上香葱即可。

要点：焯水的鸡脯肉有腥味，放些黄酒即可去腥熬粥。此粥具有益五脏、补虚损、健胃等功效，且易被人体吸收利用，有增强体力、强身壮体的作用。

菠菜鸡肝粥

原料：大米 60 克，鸡肝 30 克，菠菜 20 克。

调料：姜、盐。

做法：

❶ 菠菜择洗干净，切段；鸡肝、姜分别洗净切丝，备用。

❷ 大米洗净，放入锅内，加水用旺火烧开，加入鸡肝丝续煮。

❸ 待粥黏稠时，放入菠菜段、姜丝、盐稍煮，搅拌即可。

要点：此粥中叶酸和维生素 A 含量较高，能促进早期胎儿神经和视力的健康发育。下粥前将鸡肝焯水一下，以去除其异味，粥的口感会更好。

原料：大米 100 克，皮蛋 2 个，猪瘦肉适量。

调料：姜、葱。

做法：

❶ 瘦肉洗净切片；皮蛋去壳切块；姜洗净切丝；葱洗净切粒，备用。

❷ 大米洗净后放入锅内，加清水适量煮沸。

❸ 放入皮蛋、猪瘦肉片，待粥黏稠后放姜丝、葱粒搅拌即可。

要点：此粥就春季而言，其食疗作用为清肝润燥、帮助消化、促进营养吸收。瘦肉和皮蛋不要过早下锅，否则会将粥煮得荤味过重，影响口感和色泽。

皮蛋瘦肉粥

原料：大米 100 克，牛肉 300 克，鸡蛋 1 个。

调料：姜、葱、香菜。

做法：

❶ 牛肉洗净切片；姜、葱分别洗净切丝；香菜洗净切末，备用。

❷ 大米洗净，入锅加水煮滚，加入牛肉片至肉色变白，打入鸡蛋。

❸ 加入葱丝、姜丝、香菜，末梢煮即可。

要点：牛肉可以用少量小苏打搅拌，易熟且嫩滑。此粥的蛋白质、氨基酸能在冬季为人体补充充足的能量，同时强筋健骨、补血益气。

滑蛋牛肉粥

原料：大米 60 克，鲜鱼肉 50 克，白萝卜 20 克。

调料：葱、姜、盐。

做法：

❶ 鱼肉洗净切片；姜洗净，去皮切丝；葱洗净切花；白萝卜去皮，洗净切片。

❷ 大米洗净，放入锅内，加水用旺火煮沸，再放入白萝卜片续煮成粥。

❸ 加入盐、姜丝、葱花、鱼肉片稍煮即可。

要点：此粥含有丰富的蛋白质、维生素 C 和微量元素锌，容易消化吸收，能帮助准妈妈增强机体的免疫功能、提高抗病能力。为了避免被鱼刺卡喉，取鱼肉时应顺着鱼肉的纹理入刀。

鲜鱼萝卜粥

莲子百合粥

原料： 大米 100 克，干百合、莲子各 25 克，枸杞 10 克。

调料： 冰糖。

做法：

❶ 将干百合、莲子、枸杞洗净，用热水稍泡，备用。

❷ 大米洗净，锅内加水，先放大米、百合烧沸，再放入莲子、枸杞。

❸ 改用中火继续熬煮至熟，最后放入冰糖即可。

要点： 加入适量鲜奶，味道更鲜美，养生又养颜。此粥具有益气清肠、解毒护肝、养心安神的功效。春季食用，食疗效果更为显著。

冬瓜薏米粥

原料： 大米 30 克，鲜冬瓜 120 克，薏苡仁（薏米）40 克。

做法：

❶ 冬瓜去籽去皮，洗净切块，备用。

❷ 将大米、薏苡仁分别洗净，备用。

❸ 将冬瓜块、大米、薏苡仁放入锅内，加水适量，旺火煮沸成粥即可。

要点： 冬瓜可带皮煲粥，因为药性在表皮。此粥具有解暑消滞、生津去涩、健脾补肺、清热利湿之功效。

莲藕燕麦粥

原料： 大米 100 克，干红枣 10 个，燕麦片、莲藕、胡萝卜各适量。

调料： 冰糖。

做法：

❶ 红枣洗净去核；燕麦片淘洗干净；莲藕、胡萝卜都切成丁，备用。

❷ 大米洗净，与其他原料一起放入锅内，加水适量煮沸成粥。

❸ 加入冰糖搅拌即可。

特点： 当作夜宵食用，清肺热的效果更为明显。此粥能改善因秋季气候干燥引起的肺热哮喘等，增加碳水化合物以确保养收。

原料：中筋面粉 500 克，油条精 10.5 克。

调料：植物油、精盐。

做法：

❶ 在温水（50℃以下）中加入油条精、精盐，放入面粉，揉光（盆光、手光、面光）后揉成 22 厘米长、10 厘米宽的长条状，放入抹有油的盘内，盖上湿纱布醒发 1 小时

❷ 在油条面上撒少量面粉，拉长后擀成长形皮块，切成 10 厘米长、2 厘米宽的小块，将每两块合成 1 块油条坯，再用刀背在胚面中间压道虚线；双手取油条两端，顺手向同一方向滚动并拉长至长约 22 厘米，下入六成热的热油锅内，炸至油条两面金黄酥脆时，夹出沥干油即可。

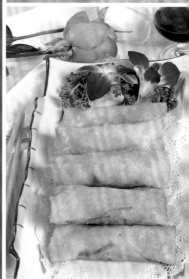

湘式快速油条

原料：面粉 60 克，鱿鱼丝、鲜肉丝各 10 克，冬笋丝、韭黄各 20 克。

调料：植物油、盐、味精、酱油、香油。

做法：

❶ 在面粉中放少许盐，逐渐加冷水 350 毫升，揉成面浆。

❷ 将平底锅（或特制铁板）在小火上烧热，用油布在锅中搭一遍，抓起面浆在锅底上迅速转动涂抹成直径 20 厘米左右的面皮，烘干后揭下即成春饼皮，逐个摊好后堆叠起来，盖上湿毛巾，待用。

❸ 炒锅在放少许油烧热，下入猪肉丝、鱿鱼丝略煸，放入冬笋丝、盐、味精、酱油，最后放韭黄炒均炒熟，淋入香油，出锅放凉，成馅料。

❹ 将春饼皮逐张摊开，放上馅料，折拢一边，再两边包折拢，包卷成长条，用面糊封口，下入中温油锅中炸至深黄色，捞起装盘。

注：以上为每个春卷的用料。

鱿鱼春卷

原料：中筋面粉 6750 克，白糖 500 克，纯碱 30 克（此为冷天用量，热天为 38 克），老面 1000 克（此为冷天用量，热天为 250 克），甜酒水 250 毫升。

做法：

❶ 在 500 克面粉中加入甜酒水拌匀，静置 12 小时待发起后，再加入 150 毫升水、250 克面粉搅拌均匀，重复 3 次（发起 3 次）后即为老面（又称"面娘"，只制作一次，以后每次留 500~1000 克作为老面即可）。

❷ 盆内倒水，加入老面、白糖搅匀，加入 5000 克面粉和成面团，盖好静置（冷天 12 小时，热天 6 小时），待面团发起、体积增加 3~4 倍后倒放在案台上。

❸ 将纯碱加水 2000 毫升，溶解后倒入发起的面团内，揉匀，加入 1000 克干面粉，揉匀后压 7~10 次，制成面皮，在表面喷上水，卷起切成馒头，上笼醒发 15~30 分钟，待发起一点后放入烤箱（底火、面火设为 70℃），待表面水分干了再上火蒸 15 分钟，即可出笼。

老面馒头

老面汤包

原料： 制作老面的原料（同"老面馒头"），猪腿肉、猪肥肉各 500 克，水发香菇米 400 克。

调料： 同"滚酥大油饼"。

做法：

❶ 老面制作：见"老面馒头"。

❷ 馅料制作：同"滚酥大油饼"。

❸ 取老面馒头面（不加干面粉），反复压 8~10 次，卷成条后分切成段，拍成圆皮，包入馅料，收口，用打折的方法捏成 16~18 个折，放入烤箱醒发 10~15 分钟（烤箱面火、底火均设为 70℃），取出后用旺火蒸 6 分钟后即可出笼装盘。

老面银丝卷

原料： 制作老面的原料（同"老面馒头"），肥膘肉 2500 克。

调料： 精盐、白糖、香兰素。

做法：

❶ 老面制作：见"老面馒头"。

❷ 馅料制作：将肥膘肉去瘦肉，用绞肉机绞成泥（绞 2 次），加入白糖 1750 克、精盐 3 克、香兰素 2 克搅拌均匀即可（糖油馅）。

❸ 取发起、打好碱的老面馒头面反复压 8~10 次，擀成条，在表面刮上一层薄薄的馅料，直线折三折，折齐后抓住两端拉长，拍均匀，使其厚薄一致，再用刀切成丝（每个切 6~7 刀，像切萝卜丝一样），取一个再拉长卷起即成形。

❹ 放入烤箱醒发 10~15 分钟（烤箱面火、底火设为 70℃），取出后用旺火蒸 6 分钟后即可出笼装盘。

腊味烧卖

原料： 中筋面粉、糯米各 1000 克，火腿米、腊肉米各 250 克，鲜红椒米 150 克。

调料： 猪油、精盐、味精、酱油、胡椒粉、葱花、鲜汤（筒子骨汤）。

做法：

❶ 在面粉中加入精盐 2 克、凉水 500 毫升和成面团，分剂后擀成圆面皮。

❷ 将糯米洗净、泡发（热天泡 4 小时，冷天泡 6 小时），沥干水后干蒸 30 分钟，加入腊肉米、火腿米、葱花、红椒米、猪油（250 克）、精盐、味精、酱油、胡椒粉、鲜汤（400 克）拌匀成馅料。

❸ 取圆面皮包入制好的馅料（每个重 40~50 克），收口、捏紧成生坯，上笼蒸 15 分钟，熟后出笼装盘。

原料： 中筋面粉 500 克，鸡蛋 1 个。

调料： 猪油、精盐、味精、酱油、葱花、蒜末、剁辣椒、干淀粉。

做法：

❶ 在中筋面粉中打入鸡蛋，加入精盐、水调拌，和成面团、揉光，醒 8 分钟后揉成长 18 厘米、宽 8 厘米的面皮，用干淀粉布袋（将干淀粉用干纱布袋包起）拍上干淀粉。

❷ 将面皮擀开后，用擀面棍卷起，边卷边拉，完全卷起后再用手在擀面棍上边转边压，将面皮完全吐开，并用擀面棍将面皮边缘擀薄；用擀面棍再次将面皮卷起，再吐开；如此重复 3 次，直至将面皮擀成 0.2 厘米厚。

❸ 将擀薄的面皮切成宽 15 厘米的面片（长不限），将其重叠在一起，斜切成三角形的面片，装盘待用。

❹ 在汤碗中放入酱油、味精、葱花、蒜末、猪油；将面片入沸水锅中煮熟后用捞出，倒入汤碗内，配上剁辣椒上桌即可。

湘手工面片

原料： 鲜湿米粉 350 克，鲜牛肉 70 克。

调料： 植物油、盐、味精、生姜、八角、桂皮、整干椒。

做法：

❶ 将牛肉漂腥水，煮熟后切成四方块，汤汁留用。

❷ 锅内放少许油烧热，放生姜、八角、桂皮、整干椒煸香，下入牛肉，放盐、味精炒入味，倒入原汁汤，用大火炖开后改用小火煨烂，烧出浓香味，即成浇头。

❸ 将米粉在开水锅里烫开，盛入碗内，浇上浇头和汤汁。

红烧牛肉粉

原料： 鲜湿米粉 350 克，鲜鸡脯肉丝、猪肉丝、鱿鱼丝各 30 克，红椒丝 10 克。

调料： 植物油、盐、味精、酱油、胡椒粉、干椒末、葱段、姜丝。

做法：

❶ 锅内放少许油烧热，下入葱头、姜丝炒香，再下入鸡肉丝、猪肉丝、鱿鱼丝、红椒丝翻炒，放盐、味精、酱油、胡椒粉、干椒末，拌炒入味。

❷ 将米粉下入锅中肉煸炒，略放盐、味精调味，炒熟即可。

三丝炒粉

图书在版编目（ＣＩＰ）数据

家常湘菜 1000 例 / 湖南科学技术出版社编. -- 长
沙:湖南科学技术出版社，2016.11（2023.10 重印）

ISBN 978-7-5357-9092-7

Ⅰ．①家… Ⅱ．①湖… Ⅲ．①湘菜－菜谱 Ⅳ.①TS97
2.182.64

中国版本图书馆 CIP 数据核字(2016)第 237016 号

家常湘菜 1000 例

编：本　社
出 版 人：潘晓山
责任编辑：郑　英　戴　涛
出版发行：湖南科学技术出版社
社　　　址：长沙市芙蓉中路416号泊富国际金融中心40楼
　　　　　　http://www.hnstp.com
印　　　刷：长沙超峰印刷有限公司
　　　　　　（印装质量问题请直接与本厂联系）
厂　　　址：宁乡市金洲新区泉洲北路 100 号
邮　　　编：410600
版　　　次：2016 年 11 月第 1 版
印　　　次：2023 年 10 月第 8 次印刷
开　　　本：710mm×970mm　1/16
印　　　张：25
书　　　号：ISBN 978-7-5357-9092-7
定　　　价：29.80 元